岭南建筑文化与美学丛书·第一辑

唐孝祥　主编

明清广州府传统村落空间审美维度

王东　著

中国建筑工业出版社

图书在版编目（CIP）数据

明清广州府传统村落空间审美维度 / 王东著．—北京：中国建筑工业出版社，2022.8
（岭南建筑文化与美学丛书 / 唐孝祥主编．第一辑）
ISBN 978-7-112-27820-6

Ⅰ．①明… Ⅱ．①王… Ⅲ．①村落—建筑美学—广州—明清时代 Ⅳ．① TU-80

中国版本图书馆 CIP 数据核字（2022）第 157300 号

明清广州府北靠南岭走廊，南临茫茫大海，多样的地形地貌，不同的民族（民系）分布，多元的经济形态，发达的宗族文化等因素孕育了众多的传统村落，在漫长的历史长河中，形成了自己独特的审美维度。本书基于建筑史学和建筑美学相结合的研究视角，借鉴审美文化学、文化地理学、社会学等学科的相关理论成果，以明清广州府传统村落为例，揭示出传统村落的空间审美维度，勾勒出明清广州府传统村落审美文化的历史演变，划分出其审美文化圈区划，探索明清广州府传统村落空间形态的多样性、社会内涵的丰富性、审美品格的深厚性，努力推进传统村落空间审美维度的理论研究，促进建筑美学、传统村落保护与发展等研究领域的进一步发展。

责任编辑：唐旭
文字编辑：陈畅　吴人杰
责任校对：王烨

岭南建筑文化与美学丛书 · 第一辑
唐孝祥　主编
明清广州府传统村落空间审美维度
王东　著
*
中国建筑工业出版社出版、发行（北京海淀三里河路 9 号）
各地新华书店、建筑书店经销
北京锋尚制版有限公司制版
北京中科印刷有限公司印刷
*
开本：787 毫米 ×1092 毫米　1/16　印张：19　字数：388 千字
2022 年 5 月第一版　　2022 年 5 月第一次印刷
定价：**59.00** 元
ISBN 978-7-112-27820-6
（39673）

序

岭南一词，特指南岭山脉（以越城、都庞、萌渚、骑田和大庾之五岭为最）之南的地域，始见于司马迁《史记》，自唐太宗贞观元年（公元627年）开始作为官方定名。

岭南文化，历史悠久，积淀深厚，城市建设史凡两千余年。不少国人艳羡当下华南的富足，却失语于它历史的馈赠、文化的滋养、审美的熏陶。泱泱华夏，四野异趣，建筑遗存，风姿绰约，价值丰厚。那些蕴藏于历史长廊的岭南建筑审美文化基因，或称南越古迹，或谓南汉古韵，如此等等，自成一派又一脉相承；至清末民国，西风东渐，融东西方建筑文化于一体，促成岭南建筑文化实现了从“得风气之先”到“开风气之先”的良性循环，铸塑岭南建筑的文化地域性格。改革开放，气象更新，岭南建筑，独领风骚。务实开放、兼容创新、世俗享乐的岭南建筑文化精神愈发彰显。

岭南建筑，类型丰富，特色鲜明。一座座城市、一个个镇村、一栋栋建筑、一处处遗址，串联起岭南文化的历史线索，表征岭南建筑的人文地理特征和审美文化精神，也呼唤着岭南建筑文化与美学的学术探究。

建筑美学是建筑学和美学相交而生的新兴交叉学科，具有广阔的学术前景和强大的学术生命力。“岭南建筑文化与美学”丛书的编写，旨在从建筑史学和建筑美学相结合的角度，并借鉴社会学、民族学、艺术学等其他不同学科的相关研究新成果，探索岭南建筑和聚落的选址布局、建造技艺、历史变迁和建筑意匠等方面的文化地域性格，总结地域技术特征，梳理社会时代精神，凝练人文艺术品格。

我自1993年从南开大学哲学系美学专业硕士毕业后来华南理工大学任教，便开展建筑美学理论研究，1997年有幸师从陆元鼎教授攻读建筑历史与理论专业博士学位，逐渐形成了建筑美学和风景园林美学两个主要研究方向，先后主持完成国家社会科学基金项目、国际合作项目、国家自然科学基金项目共4项，出版有《岭南近代建筑文化与美学》《建筑美学十五讲》等著（译）作12部，在《建筑学报》《中国园林》《南方建筑》《哲学动态》《广东社会科学》等重要期刊公开发表180多篇学术论文。我主持并主讲的《建筑美学》课程先后被列为国家级精品视频课程和国家级一流本科课程。经过近30年的持续努力逐渐形成了植根岭南地区的建筑美学研究团队。其中在“建筑美学”研究方向指导完成40余篇硕士学位论文和10余篇博士学位论文，在团队建设、人才培养、成果产出等方面已形成一定规模并取得一定成效。为了进一步推动建筑美学研究的纵深发展，展现团队研究成果，以“岭南建筑文化与美学丛书”之名，分辑出版。经过统筹规划和沟通协调，本丛书首辑以探索岭南建筑文化与美学由传统性向现代性的创造性转化和创新性发展为主题方向，挖掘和展示岭南传统建筑文化的精神内涵和当代价值。第二辑的主题是展现岭南建筑文化与美学由点连线成面的空间逻辑，以典型案例诠释岭南城乡传统建筑的审美文化特征，以比较研究揭示岭南建筑特别是岭南侨乡建筑的独特品格。这既是传承和发展岭南建筑特色的历史责任，也是岭南建筑创作溯根求源的时代需求，更是岭南建筑美学研究的学术使命。

“岭南建筑文化与美学丛书·第一辑”共三部，即郭焕宇著《近代广东侨乡民居文化比较》，李树宜著《闽海系建筑彩绘传统匠作文化》和王东著《明清广州府传统村落空间审美维度》。

本辑丛书的出版得到华南理工大学亚热带建筑科学国家重点实验室的资助，特此说明并致谢。

是为序！

唐孝祥

教授、博士生导师

华南理工大学建筑学院

亚热带建筑科学国家重点实验室

2022年3月15日

前言

明清广州府地形多样，经济形态多元，不同的民族（民系）分布、发达的宗族文化等因素孕育了众多的传统村落，在漫长的历史长河中，形成了自己独特的审美文化体系。本书在回顾、反思以往明清广州府传统村落研究的基础上，以“建筑美学的文化地域性格”理论为指导，明确提出明清广州府传统村落审美维度的时空演变规律、地域形态特征、社会文化内涵以及人文精神层面的深度研究的取向，进一步推动岭南建筑文化与美学的理论研究。

一

中国传统村落是民族文化的根基，世界的瑰宝，是中华儿女踏访历史和展望未来的时空桥梁，是华夏族群灵魂栖居与回归的精神家园。当前社会各界对传统村落的高度重视是我们践行文化自觉，提升文化自信，实现文化自强的契机。中华民族的崛起需要弘扬并传承中华优秀传统文化，而传统文化根系主要存留在传统村落中。但是随着全球化的蔓延、城镇化的推进以及工业化的深入，在广大的乡村，传统的生产、生活方式正在被快速的取代，传统文化形态发生裂变，内部结构也面临着被解构的危险，与此相伴的是传统村落从物质层面到非物质层面正在以惊人的速度消亡。清末诗人龚自珍有言“灭人之国，必先去其史”，站在中华民族的高度看，消亡的不仅仅是物化的村落，而是悠悠中华五千年的历史记忆、文化精神、审美价值。2017年1月26日，中共中央办公厅、国务院办公厅印发了《关于实施中华优秀传统文化传承发展工程的意见》，其核心要旨是全面复兴传统文化，传统文化的保护传承已被确定为文化国策。该意见指出：“实施中华优秀传统文化传承发展工程，是建设社会主义文化强国的重大战略任务，对传承中华文脉、全面提升人民群众文化素养、维护国家文化安全、增强国家文化软实力、推进国家治理体系和治理能力现代化具有重要意义”。[①]传统村落作为中国优秀传统文化的重要组成部分，对其研究是民族的需要，是时代的呼唤，是历史的必然，是人民的渴求。因此对包括明清广州府在内的中国传统村落审美维度研究意义重大。

---

① 中办、国办印发《关于实施中华优秀传统文化传承发展工程的意见》[N]. 新华社，2017-1-26.

2007年，广东省率先全国启动了“广东省古村落”普查认定工作，至今已公布共297个传统村落，其中明清广州府有62个村落列入《广东省古村落》（共5批），其数量比例占广东省的20.9%，15个村落列入《中国历史文化名村》（共7批），其数量比例占广东省（25个）60%，81个村落列入《中国传统村落名录》（共5批），其数量比例占广东省（263个）30.8%。社会各界从不同角度开展了积极的学术研究活动，取得了丰硕的研究成果。明清广州府连接南岭走廊与大海，是中原文化与海洋文明的通道，涉及不同的地理气候环境，涉及多种民族、民系文化，在这样土壤上发展出来的传统村落类型多样、地域特色鲜明，能比较集中地反映岭南地区传统村落的特征。同时得益于政治、经济、文化的高度发展，明清广州府传统村落是岭南聚落演变史上的鼎盛期、活跃期，同时也是定型期，与现代岭南村镇聚落的发展保持有密切的承袭性，是岭南传统村落的典型代表，也是现当代进行传统建筑设计、修缮等实践活动的直接依据。

虽然“明清广州府传统村落”已为学界作为研究对象而单独提出，但建筑学领域多集中于物质形态层面的研究，社会学、人类学等社会学科领域侧重于社会内涵、动因层面的研究，至于精神价值层面已有部分建筑学、美学、哲学、心理学领域的学者意识到加强“村落美学”或“村落审美文化”方面研究的重要性，然而多学科交叉综合研究的属性增加了研究难度，故这方面的学术研究成果目前还需要不断加强。同时明清广州府传统村落审美维度的研究与“海上丝绸之路”的战略发展、广东省文化大省建设、“乡村振兴战略”实施的时代需求相吻合，对其研究具有时代性。

中国传统村落是凝固的历史和文化，是文化遗产的重要载体。加强中国传统村落的学术研究和实践探索是弘扬优秀传统文化，“记住乡愁”的必然要求，是中华民族落实文化自觉、树立文化自信、实现文化自强的必由之路。明清广州府传统村落是中国传统村落的重要组成部分，具有鲜明的地域特征，是备受关注的文化遗产。明清广州府传统村落审美维度研究成果纳入岭南建筑文化体系，丰富了岭南建筑与传统村落文化的研究内容，拓展了建筑学等不同学科的研究领域，推进了跨学科交叉研究的深化，为岭南传统村落的保护与发展提供了理论指导，是文化建设的重要内容，具有重要的学理意义和实践价值。

从学理上看，明清广州府传统村落审美维度的研究，有助于探寻明清广州府文化的基本精神和审美品格，梳理其发展演变规律及其阶段性特征；从理论上看，村落审美研究有助于丰富建筑学、社会学、人类学等学科的基础理论架构及其内容体系，并反过来推动传统村落理论研究的深化，同时也有利于建筑美学、建筑史学、民居建筑学、乡村聚落美学等交叉学科的发展。

从实践上看，本书首先可为基于文化多样性原则开展传统村落保护与利用提供直接的理论依据。基于目前普遍存在的“技术到技术”的片面保护模式，存在保护性破坏或者是建设性破坏现象，提供系统深入的理论原则是必要的。其次，为全国其他地区进行传统村落审美研究提供学术参考。虽然当前国内传统村落保护与发展成为学术热点，但是以建筑美学切入，以多学科交叉综合研究传统村落的审美维度却不多见。再次，传统村落审美维度研究课题是基于建设美好村落人居环境的时代诉求为终极目标，这与当前美丽乡村建设、乡村振兴、传统村落保护发展的目标是一致的。因此该研究有利于为美丽乡村建设、乡村振兴、传统村落保护发展提供方向指引和理论依据，为村落景观设计、村落规划设计、村落民居建筑设计提供理论参考。

二

作为中国传统村落的重要组成部分，明清广州府传统村落的研究范式和研究路径与中国其他地区的传统村落有着诸多共同之处。中国传统村落文化的自觉研究始于20世纪初的“乡村危机”及国外社会学、人类学、建筑学理论引入国内的时代背景。经过100余年的发展，村落文化研究内容主要集中在以下方面：村落社会组织、社会结构与社会制度、家庭结构的研究；村落的民风习俗，如婚姻、节庆、宗教仪式等研究；村落文化的变迁、调适研究；传统聚落民居的演变与形态研究。通过对国内村落文化内容的爬梳，可知国内村落研究从一开始就有社会学、民俗学、人类学、历史学、建筑学等多个学科参与，并具有不同学科交叉研究的趋势。村落文化研究中审美文化是其核心内容，从宏观上启发了明清广州府传统村落审美文化的研究思路。根据不同学者对审美文化的阐释，其主要包括物质审美文化、社会审美文化、精神审美文化三个层面[①②③]。本文通过对明清广州府传统村落文化发展研究的回顾，从审美文化的三个层面分析其研究现状及学术缺憾，从研究内容与方法思考了明清广州府传统村落审美文化的研究取向。这对当前乃至未来我国传统村落的相关研究与实践活动具有重要的参考价值。

从研究内容看，明清广州府传统村落的研究可追溯至弗利德曼等外国社会人类学学者的华南宗族研究，建筑学研究则兴起于20世纪80年代的民居建筑研究，在之后的90年代却出现了沉寂现象，直到21世纪后随着城市化进程及传统村落旅游的升温，明清广州府传统村落文化研究才逐渐受到重视。出现了一批研究传统村落文化的著作与论文。呈现由点到面，点面结合，学科视野逐渐扩大的良好趋势。从整体上看，其研究内容为：第一，由侧重单一的、局部的村落文化研究向明清广州府范围内整体性的系统研究转变；第二，由集中于广府文化核心区，即南海、番禺、顺德以及东莞部分地区的水乡村

---

① 袁忠. 中国乡土聚落的空间审美文化系统论[J]. 华南理工大学学报（社会科学版），2008（02）：52-56.
② 庞朴. 文化结构与近代中国[J]. 中国社会科学，1986（05）：81-98.
③ 张文勋，施惟达，张胜冰，等. 民族文化学[M]. 北京：中国社会科学出版社，1998：90-104.

落的地域性研究逐渐向广府侨乡区、广客民系文化交融区拓展；第三，由关注传统村落与建筑的空间形态，向注重传统村落的文化本质和动力因素的阐释转变；第四，由村落的物质文化到非物质文化研究的拓展，由村落的空间形态研究向村落的文化精神、人文品格方面深化。

从研究方法看，梳理该区域传统村落的研究线索，我们会发现，明清广州府传统村落审美文化的研究方法呈现多学科交叉综合研究的趋势，民居建筑研究逐渐向村落整体研究转变。在20世纪70、80年代，当时的村落研究关注村落中的民居建筑，注重建筑的调查和测绘，探讨建筑的设计手法和营造技艺，关注的焦点是建筑的物质文化形态①，属于建筑考据法时期②，20世纪80年代以后建筑学家开始反省传统的研究路径，充分借鉴和吸收国内外不同学科的最新前沿成果，以多学科视野展开讨论，认为静态的、浅描性的、孤立的民居建筑的研究范式，忽视了村落作为一个整体存在的背景，脱离了村落与自然、社会、人文之间的关系，研究成果缺乏系统性和深厚性。这个时期由于引入历史学、人类学、社会学、美学、地理学等学科理论，拓展并深化了民居建筑的研究视域和内容。

在充分借鉴各学科前沿理论成果的基础上，明清广州府传统村落的研究出现了一批视野开阔、方法新颖、内容广泛、价值重大的学术专题研究。这些专题性研究的开展，引起文化学、地理学、社会学、人类学、美学等各学科学者的持续关注，为明清广州府传统村落的研究提供了宝贵的资料和有益的启示。

第一，明清广州府广府系村落文化的区划研究。该研究主要包括三个层面，一是基于广府民系文化，引入文化地理学的方法，将广府民系村落文化按层次分为广府核心区、广府亚文化区、广府侨乡文化区，并展开更小的专题性研究，如民居与村落的族群文化与民系文化，主体文化与亚文化，精英文化与民间文化（或巫文化）③④；二是依据明清广州府的行政区划展开研究⑤，在村落文化系统建构上与广府民系文化雷同。三是明清广州府内区域性研究，比如广客民系文化交融区的增江流域的村落与建筑研究⑥⑦，流溪河流域的村落研究⑧；广府文化核心区的水乡村落研究⑨⑩⑪；广府侨乡村落

---

① 陆元鼎．中国民居研究五十年[J]．建筑学报，2007（11）：66-69.
② 唐孝祥．岭南近代建筑文化与美学[M]．北京：中国建筑工业出版社，2010：15.
③ 余英．中国东南系建筑区系类型研究[M]．北京：中国建筑工业出版社，2001.
④ 陆元鼎．岭南人文、性格、建筑[M]．北京：中国建筑工业出版社，2005.
⑤ 冯江．祖先之翼：明清广州府的开垦、聚族而居与宗族祠堂的衍变[M]．北京：中国建筑工业出版社，2010.
⑥ 陈惠娟．增江流域村落研究[D]．广州：华南理工大学，2011.
⑦ 姜雪婷．广东永汉乡土聚落生态与文化结构研究[D]．杭州：浙江大学，2010.
⑧ 王东．广州从化传统村落空间分布格局探析[J]．华中建筑，2016（05）：153-155.
⑨ 朱光文．岭南水乡[M]．广州：广东人民出版社，2005.
⑩ 杨展辉．岭南水乡形态与文化研究[D]．广州：华南理工大学，2006.
⑪ 陆琦，潘莹．珠江三角洲水乡聚落形态[J]．南方建筑，2009（06）：61-67.

研究[①②③]以及粤北少数民族村寨文化研究[④]。第一、二类可以归纳为传统村落的文化层次研究，第三类可以归纳为文化的空间区划研究。

第二，明清广州府传统村落的地域形态研究。传统村落审美感受的获得主要对应的是村落物质层面的形式、形象、空间的感觉和知觉。“审美文化”的第一个基本构成是“审美活动的物化产品”[⑤]，即传统村落审美的第一个维度主要集中表现为地域形态特征。明清广州府传统村落的地域形态特征研究成果丰硕、著作颇多。从研究内容看，概括起来主要涉及三个方面：一是传统村落的风貌特色，包括对传统村落的环境格局、景观要素、村巷肌理、建筑风貌等几个方面[⑥⑦⑧]；二是传统村落的空间特征，包括传统村落的空间类型、空间图示、空间结构、空间形态等方面的研究[⑨⑩]；三是传统村落建筑的营建特点，包括传统建筑的构筑体系、装饰工艺、营建技艺、营建习俗等方面的内容[⑪⑫]。从研究特点看，明清广州府传统村落的地域性研究有以下几个特点：一是集中于村落建筑的物质文化层面研究，二是进行专题研究，包括村落格局、空间特征、建筑装饰的研究。三是微观研究或局部研究，集中于单个典型村落的研究，或者是明清广州府内某一个区域的某个专题研究。

第三，明清广州府传统村落的社会审美研究。明清广州府传统村落经过多年的研究积累，不同学科的不同学者基于不同视野，展开了对其社会内涵、社会动因的研究，深化了传统村落的社会层面研究。概括起来，主要涉及经济、宗族、文化教育、历史变迁等方面。有学者从广府水乡地区的民田耕耘、沙田开拓、宗族聚居、社会精英、国家政治等方面相对系统地深入分析村落格局的发展演变。[⑬]更多的学者就某一个方面阐释了村落与建筑的形成动因。有学者分析了广客交融区的土客共存现象[⑭]、移民文化对广客交融区建筑形制的影响[⑮⑯]、宗族的土地制度对聚落景观的驱动[⑰]、风水文化对村落选址格

---

① 孙雷. 近代台山庐居的建筑文化研究[D]. 广州：华南理工大学，2011.

② 郑德华. 广东侨乡建筑文化[M]. 香港：三联书店（香港）有限公司，2003.

③ 朱岸林. 试论近代广府侨乡建筑的审美文化特征[D]. 广州：华南理工大学，2006.

④ 唐孝祥. 大美村寨，连南瑶寨[M]. 北京：中国社会出版社，2015.

⑤ 姚文放. “审美文化”概念的分析[J]. 中国文化研究，2009（01）：120-133.

⑥ 朱光文. 榕树. 河涌. 镬耳墙——略谈岭南水乡的景观特色[J]. 岭南文史. 2003（04）：41-46.

⑦ 潘建非，邱丽. 岭南水乡景观空间形态的分析与营造[J]. 中国园林，2011（05）：55-59.

⑧ 唐孝祥，陶媛. 试论佛山松塘传统聚落形态特征[J]. 南方建筑，2014（06）：52-55.

⑨ 陆琦. 广府民居[M]. 广州：华南理工大学出版社，2013.

⑩ 张以红. 谭江流域城乡聚落发展及其形态研究[D]. 广州：华南理工大学，2011.

⑪ 程建军. 岭南古代大式殿堂建筑构架研究[M]. 北京：中国建筑工业出版社，2002.

⑫ 赖英. 珠江三角洲广府民系祠堂建筑研究[D]. 广州：华南理工大学，2010.

⑬ 冯江. 祖先之翼：明清广州府的开垦、聚族而居与宗族祠堂的衍变[M]. 北京：中国建筑工业出版社，2010.

⑭ 刘丽川. 论清同治咸丰年间广州府东路的土客共存——以增城为中心[A]. 族群迁徙与文化认同——人类学高级论坛2011卷[C]. 赣南师范学院，人类学高级论坛秘书处，客家文化论坛秘书处，2011.

⑮ 杨宏海. 深圳客家民居的移民文化特征[J]. 特区理论与实践，2000（04）：45-46.

⑯ 王炎. 离异与回归——从土客对立的社会环境看客家移民的文化传承[J]. 中华文化论坛，2008（01）：21-27.

⑰ 杨希. 清初至民国深圳客家聚居区文化景观及其驱动机制[J]. 风景园林，2004（04）：81-86.

局形成的关系[①]、经济发展与社会变迁的关系[②]等。该专题的研究特点是就明清广州府传统村落的某一类型、某一区域、某一个方面社会审美因素进行探究。

第四，明清广州府传统村落的人文精神研究。传统村落的地域形态特征、社会审美因素、人文精神内涵是互相联系的一个整体，构成传统村落审美的三个维度。可以说地域形态特征是村落审美研究的基础和前提，社会审美因素是村落审美推进的动因所在，人文精神内涵是村落审美追求的终极目标。但由于国内建筑美学学科，尤其是聚落美学研究仍处于起步和初创阶段，其本身许多领域还有需要不断完善的地方，故国内传统村落侧重于从客体出发，偏重于村落文化景观的审美现象研究[③④⑤]，对乡村聚落美学进行专门理论研究的极少[⑥⑦]。有研究者论析了广府侨乡建筑的开放性、兼容性、创新性的审美文化特征[⑧⑨]和民居建筑的审美属性研究[⑩]，并出现了基于建筑美学的理论视野开始对单个村落进行专门的审美文化研究[⑪]。村落的景观集称文化是最能反映明清广府传统村落美学特征的一大研究领域，但对其研究处于探索阶段。对于村落建筑装饰艺术的研究集中于局部地区的“三雕、两塑”研究，对于广府壁画的学术研究有待加强[⑫]，系统分析村落建筑装饰的“三雕、两塑、一画”的审美文化精神则较为少见。对于明清广州府传统村落非物质文化的研究主要集中于人文社会科学领域，建筑学领域的学术自觉性还有待加强。

学术创新源于对前辈专家学者的学习与借鉴，我们对前人研究成果理解得有多透，我们的学术研究才能走多远。对明清广州府传统村落审美维度的研究，后辈研究者势必继承前人开拓的研究领域继续躬耕前行，同时势必反省传统的研究路径，省察视野的盲点和盲区，拓展研究内容，总结研究路径，并作出新的阐释。

通过对明清广州府传统村落审美研究现状的分析可知，在取得丰硕成果的同时，也存在一些学术缺憾需要进一步完善。总体看来研究区域的不均衡，直接导致研究成果系统性、深入性不足，缺乏解释力。第一，缺少系统深入的村落审美维度研究。由于村落的政治边缘性、规模微型性、性质综合性、地域广泛性、文献缺乏性等特征，导致其研究异常艰难。明清广州府至今未有专门的区域性“村落审美维度”研究专著；第二，研

---

① 张卫东．客家村落风水——以深圳坑梓村为例[J]．赣南师范学院学报，2008（04）：8-11.
② 罗一星．明清佛山经济发展与社会变迁[M]．广州：广东人民出版社，1994.
③ 彭一刚．传统乡村聚落景观分析[M]．北京：中国建筑工业出版社，1992.
④ 刘森林．中华聚落——村落市镇景观艺术[M]．上海：同济大学出版社，2011.
⑤ 刘沛林．家园的景观与基因——传统聚落景观基因图谱的深层解读[M]．北京：商务印书馆，2014.
⑥ 丁宁．当代美学理论的新探索——聚落美学理论构建[J]．美与时代（上），2014（02）：9-13.
⑦ 王东．中国村镇聚落美学理论与方法[J]．学术探索，2015（07）：76-81.
⑧ 唐孝祥．近代岭南建筑文化与美学[M]．北京：中国建筑工业出版社，2010：140-145.
⑨ 朱岸林．近代广府侨乡建筑美学研究[D]．广州：华南理工大学，2006.
⑩ 唐丽．广府传统民居建筑的审美适应性研究[D]．广州：华南理工大学，2009.
⑪ 陶媛．佛山松塘传统聚落审美文化研究[D]．广州：华南理工大学，2015.
⑫ 广东省文物局．广府传统建筑壁画[M]．广州：广州出版社，2014.

究不平衡，且偏重于个别地区的个案研究。学术界对南海、番禺、顺德、东莞等水乡地区的传统村落研究成果较多，对其他村落类型的研究较少，至于村落审美维度的研究则更少，这使公众难以全面深入了解传统村落，也不利于理论研究的进一步拓展和深化；第三，学科侧重点的差异导致研究方法的贫乏。建筑学、社会学、历史学、人类学、民俗学等学科的学者多从各自学科专长出发研究传统村落；第四，研究内容的片面性，偏重物质层面，轻视非物质文化层面的研究，这既不利于传统村落的整体保护，也不利于非物质文化遗产的传承及进一步研究；第五，在乡建的实践活动过程中，强调关注建筑的做法、材料的使用、营造工艺的挖掘以及肌理的传承，当然这是建筑的重要内容，然而乡村有别于城市，如果只强调建筑层面，忽视了社会、精神等层面的考虑，定然不符合乡村的实际情况，这也是传统村落审美维度研究需要考量的重要因素。

明清广州府传统村落审美维度的研究尚处于探索阶段，研究内容的深度有待加强，研究视域有待拓展。

第一，需确立对明清广州府传统村落审美维度的时空演变规律的研究。当前主要集中于广府核心区的传统村落研究，对于广客民系文化交融的村落以及明清广州府北部的少数民族村落鲜有人问津，系统的研究应该加强。总体上该区域传统村落的时空维度研究薄弱，早期的传统村落空间研究大多照搬文化地理学的划分，忽略了民系文化交叉、边缘地带的村落实际情况，其空间区划有必要根据实际情况进行再梳理和进一步细致的划定。在时间维度上的划分目前还没有系统地进行归纳总结，而时间与空间的演变规律则更少人研究。

第二，需加强明清广州府传统村落地域形态特征的系统性研究。该区域传统村落的地域性研究成果虽然丰富，但相对孤立，大多基于建筑学的传统研究范式，是建立在零散的案列或局部研究的基础上，没有形成系统的、整体的研究框架。如果不将其进行学术系统化，那么大量已有的，以及未来的研究成果，对于学科理论的建设，只能是一种“量”的积累，而非“质”的提升[①]，但令人欣慰的是，目前所积累的成果已具备为系统进行明清广州府传统村落审美的第一维度，即地域形态特征研究提供可能。

第三，需进一步挖掘明清广州府传统村落的社会内涵、社会动因，强化传统村落审美的社会维度研究。现有的研究成果囿于社会学的宗族研究、经济学的土地制度研究，而且主要集中于水乡核心区的传统村落研究，这就使得广府侨乡村落、广客民系文化交融村落、少数民族村落的经济、军事、宗族、历史变迁、人文习俗等方面的研究相对薄弱，因此对该区域传统村落社会文化动因的阐释极为迫切。

第四，需强化对明清广州府传统村落人文精神层面的深度研究。长期以来侧重于传

① 陶金．广东梅州传统民居文化地理研究[Z]．广州：华南理工大学流动站博士后研究报告，2014：3.

统村落保护与发展的理论研究，至于传统村落的精神层面研究较薄弱。对于最能反映明清广州府传统村落精神文化的景观集称文化的研究亟待加强。作为传统村落重要组成部分的建筑装饰艺术、非物质文化虽然有不同程度的研究，但是从建筑美学角度进行系统研究也是不多的。

通过梳理明清广州府传统村落的研究线索，我们发现在研究思路上呈现多学科交叉综合研究的趋势，但是总体上还是延续经典建筑学的研究范式。比较注重村落的民居建筑及其设计手法和营造技艺的研究。但是传统村落不同于民居建筑，它是人的居住环境，是一个小系统、小社会，许多学科都能在这里找到自己的研究领域，如果研究成果单方面偏重工程技术或人文社科，则容易消解固有的综合性特征。致使学界出现这样的学术争鸣：部分建筑学研究者认为人文社科的研究务虚，对具体的建筑修缮保护、村庄规划、景观设计缺乏实质的指导意义；而部分人文社科的研究者则认为一些建筑学研究关注建筑本身，偏重于物质文化层面，对其背后丰富的社会审美因素、精神文化内涵研究太少，缺乏学术深度。面对这样的学术争鸣，在接下来的传统村落研究，是否该省察传统的研究思路和方法？

明清广州府传统村落的研究正在经历由点及面，由物质及精神，由单一学科向多学科的演变。虽然明清广州府传统村落审美研究取得了一定成绩，但仍处于探索阶段，其研究成果在广度和深度方面都略显滞后和单薄：其研究区域不均衡，历时性研究不足，制约了时空演变规律的探究。传统村落审美文化主要由地域形态特征、社会审美动因、人文精神内涵三维度构成互相联系的一个整体。因此从研究内容的取向上，应加强明清广州府传统村落的地域形态特征、社会审美动因、人文精神内涵的系统研究。在学科建设上，基于建筑美学视野对该区域传统村落审美维度的研究创新有待于突破传统研究方法的束缚，针对具体的研究内容，充分借鉴各学科的最新研究成果，深化研究内容。

本书的研究范畴包括空间范畴和时间范畴。空间范畴指明清时期设置的广州府府所辖的的最大行政区划；时间范畴依据“传统村落”的概念界定，即指中华人民共和国成立以前，主要集中于明朝、清朝和民国三个时期。

三

本书的时间界定为1949年中华人民共和国成立以前，又以明、清和民国初期和中期为主。原因有二：一是中国传统村落的评审对象包括民国时期形成的广府侨乡村落。这自然就将时间限定在中华人民共和国成立以前；二是在明清和民国是明清广州府范围内农商经济、文化教育、宗法制度等方面的大发展时期，也是明清广州府的传统广府村落、广客民系文化交融的村落以及广府侨乡村落的繁荣发展时期。还有一些千年古村是唐宋时期就已经开基立村，比如连州的少数民族村落大多是在唐朝由湖南迁徙而来的移民所建。在明清广州府传统村落研究中，不同时期的“文化叠加”现象十分显著，许多审美文化现象需要追溯到不同时代。因此为了论述的延续性和完整性，时间范畴并不局限于明清和民国，而是根据研究对象来决定。此外，有必要澄清，“明清广州府”并不是时间概念，它是一个历史时期的行政区划，本质上是一个地理空间概念，勿以为本文是研究明清两朝广州府的传统村落。

广州的建制始于三国时期的吴国。“三国时期，粤地属吴，吴国加强对岭南的控制，消弱士燮①势力，黄武五年（公元226年）从交州分置出广州”②，吴永安七年的广州瞎南海、苍梧、郁林、高粱四郡，范围为今两广大部分地区。③与今之广州差异极大。随后，经过历朝历代的行政区划变动，广州的行政区划逐渐缩小。《隋书・地理志》记载：“南海郡旧置广州，梁、陈并置都督府。平陈，置（广州）总管府。”不久改广州总管府为都督府。高祖武德九年（公元626年）废南康州（今肇庆）都督府，以所管11州隶广州（都督）府，广州升为大都督府。贞观元年（公元627年）改广州大都督府为中都督府。④可见“广州府”或“广府”的源头可追溯至隋朝的广州都督府和唐朝初年的广州总管府及之后的广州都督府、广州大都督府、广州中都督府。

本文研究的广州府地理空间有别于从民系角度提出的“广府文化区”，即“广府民系聚居区”。广府是对于该区域讲粤语方言的汉族民系的称呼。广府民系是南下的中原移民与古百越人长期融合的结果，“古百越人中，南越人是广府民系的主要源头，而广府民系则是在‘越汉杂处’走向‘越汉融合’中得以形成，广信时期正是广府民系‘汉化定型’而凝聚产生的重要历史阶段”⑤，而宋明时期的珠玑巷阶段“则是在思想上进一步强化了‘汉化’的进程”⑥。可见广府民系形成于汉，成熟于宋明⑦，这是从民系文化的角度界定的广府，包括粤中、粤西、粤西南和桂东南等地域范围，即今天的广东省中部、西部、西南部以及广西的东南部等地。但是我们通常说的广府主要是指珠江三角洲的广府核心区，“在珠江三角洲范围内，相当于粤语区广府片一部分和四邑片（五邑）”⑧。（图1-1-1）

本文所研究的广州府在概念的承袭上与历史上的广州都督府和广州总管府有一定的渊源关系，在空间范畴上与广义的岭南广府民系文化聚居区和狭义的珠江三角洲广府核

---

① 注　士燮是汉末粤地的地方豪强势力的代表人物。在陈寿的《三国志》卷四十九《吴书．士燮传》记载：“雄长一州，威尊无上，震服百蛮”。

② 陈泽泓．广府文化[M]．广州：广东人民出版社，2012：108.

③ 陈泽泓．广府文化[M]．广州：广东人民出版社，2012：108.

④ 陈泽泓．广府文化[M]．广州：广东人民出版社，2012：108.

⑤ 谭元亨．广府海韵：珠江文化与海上丝绸之路[M]．广州：广东旅游出版社，2001：50.

⑥ 谭元亨．广府海韵：珠江文化与海上丝绸之路[M]．广州：广东旅游出版社，2001：53.

⑦ 注　此观点有别于“广府民系定型于唐宋，使用粤方言”的说法，该观点源于司徒尚纪的《岭南历史人文地理》第29页。

⑧ 司徒尚纪．广东文化地理[M]．广州：广东人民出版社，2013：344.

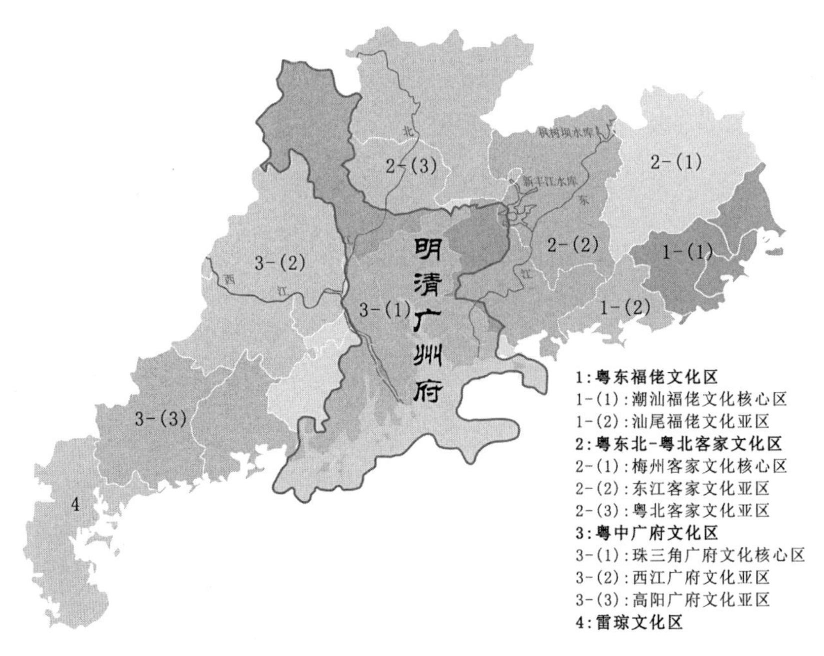

图1-1-1　明清广州府与广东省民系文化分布示意图
（图片来源：作者自绘）

心文化区有重叠的部分，但相差甚大。《明史·地理志》载：“广州府，元广州路，属广州道宣慰司，洪武元年（1368年）为府”“广州路瞎广州录事司及番禺、南海、东莞、增城、香山（今中山）、新会、清远等七县”[①]。明初在广州路的基础上广州府增设阳山县，洪武十四年（1369年）增设连州，领阳山、连山二县，景泰三年（1452年）增设顺德县，弘治二年（1489年）增设从化县，弘治六年增设龙门县，弘治十一年增设新宁县（今台山市），嘉靖五年（1526年）增设三水县，万历元年（1573年）增设新安县（今深圳、香港）。至此广州府瞎一州十四县，为明清时期广州府最大行政区划，“包括南海、番禺、顺德、东莞、新安、三水、增城、香山、新会、新宁、从化、清远及连州所领的阳山、连山县。”[②]（图1-1-2）清袭明制，到雍正七年（1729年）连州改设为直隶州，嘉靖十八（1813年）从清远分置出佛冈军民厅。虽然清朝中后期广州府瞎属时有变化，但总体上十四县变化不大。

广州府是一个历史的行政区划概念，现已不用。本文所指的明清广州府的空间范畴取明朝和清初的最大区划，对照今天的行政区划既是广州、佛山、东莞、深圳、中山、珠海、新会、台山、清远的连南瑶族自治县、连山壮族瑶族自治县、连州、阳山、清新区，以及惠州的龙门县，鹤山的东部、佛冈的南部。该区域即是本文研究的空间范畴。

---

① 陈泽泓. 广府文化[M]. 广州：广东人民出版社，2012：138.
② 陈泽泓. 广府文化[M]. 广州：广东人民出版社，2012：142.

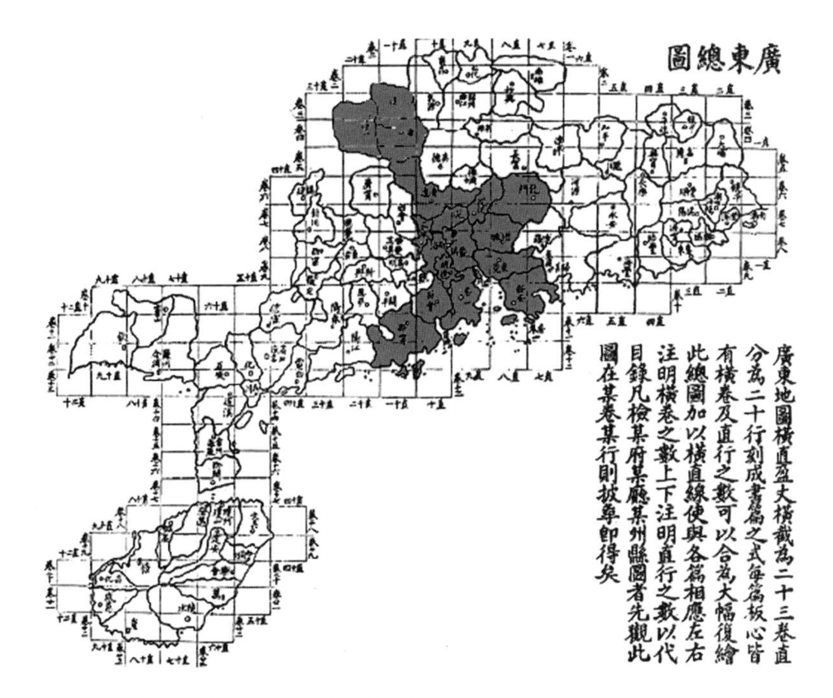

图1-1-2　古代行政区划图中明清广州府的位置
（图片来源：作者根据同治《广东图》中的广东总图改绘，红色部分为明万历元年（1573年）广州府范围）

当然根据实际的论述需要，抑或涉及其他地区。所选择的村落主要是列入“中国传统村落名录”的四批65个村落。这些传统村落皆是国家和地方相关机构组织专家学者评选出来的，具有典型性、代表性，反映了深厚的美学内涵和独特的地域特色。根据所处地理区位、文化差异等因素，明清广州府的传统村落可分为四种类型：①南海、番禺、顺德、东莞等广府文化核心区的传统广府村落；②从化、增城、龙门、清远南部、东莞与深圳东部的广客民系文化交融区的山地丘陵村落；③新会、台山、中山的广府侨乡村落；④连南、连山、连州等地的少数民族村落。

目 录

第1章 传统村落空间审美文化维度的理论建构

立足于建筑美学“文化地域性格”理论、“审美心理历程”理论，本书探索传统村落审美文化由物质形态、社会内涵、意境审美的构成维度。在村落审美活动中，首先引起审美主体注意的是包括村落环境格局、空间布局、景观要素在内的村落物质形态，其次审美主体在获得村落物质形态审美感知后，通过对村落经济、社会、制度、军事等社会内涵的理解，进入到审美活动的体验阶段，感悟蕴含其中的意境。在这个历时性的村落审美活动过程中包含有外层的物质形态维度，中层的社会内涵维度，核心层的意境审美维度，这三个维度彼此关联，构成一个有层次有逻辑的传统村落审美文化系统。

传统村落审美维度的逻辑构成是建筑美学关于传统村落研究的理论基础和基本内容，也是静态研究与动态研究相结合的客观需要。在村落审美活动中，首先引起审美主体注意的是村落的物质形态，其次审美主体在获得村落物质形态的审美感知后，通过对村落的社会内涵理解，进入到审美活动的体验阶段，感悟蕴含其中的精神价值。本章以“审美心理历程”为理论依据，认为在村落审美活动中，传统村落的审美文化是基于对传统村落审美形态的描述，对社会内涵的观照，对意境的体悟而生发的，该生发过程体现了村落审美的历时性特征。故，传统村落审美文化可以凝练为物质形态、社会内涵、意境审美三个维度。

1.1 基础理论与研究架构

1.1.1 基础理论

1.1.1.1 “文化地域性格”理论

“文化地域性格”理论是建筑美学的重要内容之一，在建筑与聚落审美文化的研究中得到广泛应用，并得到建筑美学以及建筑学领域相关学者的认可与借鉴。该理论由岭南建筑美学资深学者唐孝祥教授在长期研究过程中总结提炼得出。他认为“界定岭南建筑的关键在于岭南建筑所蕴含的岭南文化的‘文化地域性格’”，“正是岭南地区的自然、社会和人文环境，孕育了岭南文化的精神品格，影响着岭南建筑的形成和发展，铸造了岭南建筑的文化地域性格，从而决定了岭南建筑所独有的技术个性和人文品格”。唐教授认为：“建筑美的最高标准在于建筑实现了地域性、文化性、时代性的三者统一”，“文化地域性格”理论的意义在于对地域性、文化性、时代性这三者的综合揭示。故，他将“文化地域性格”的三大内涵概括为地域技术特征、文化时代精神（现发展为社会时代精神）、人文艺术品格。①本书以该理论为指导，从地域性描述明清广州府传统村落的地域形态特征，对应文中的第4章；从时代性阐述其社会时代精神，对应文中的第5章；从文化性探究其人文艺术品格，对应文中的第6章，从而系统地分析明清广州府传统村落的审美维度。

1.1.1.2 “审美活动心理过程”原理

建筑审美活动具有历时性特征。依据美学原理，建筑审美活动心理过程包括“审美态度的形成、审美感受的获得、审美体验的展开、审美超越的实现四个阶段。”②其中审

① 唐孝祥. 岭南近代建筑文化与美学[M]. 北京：中国建筑工业出版社，2010：13.

② 王旭晓. 美学原理[M]. 上海：上海人民出版社，2000：277-298.

美态度的形成是准备阶段，并未实质开展建筑审美活动。建筑审美活动心理最核心的是后三个阶段。在传统村落审美活动心理过程中也是遵循这样的原理。首先主体对待村落要由日常态度转变为审美态度，再通过村落的物质形态、形象特征获得审美感受，对村落的情感表现做出“完形同构”反应，实现主客体的交流，达到对村落整体直观的把握，在此基础上对村落的社会背景、社会内涵、社会动因、时代精神进行把握和理解，进入到审美体验阶段，获得更高层次的愉悦。但这并不意味着审美活动的结束，“审美主体会在审美体验中产生一种强烈的情感追求和精神向往”，而这种情感追求和精神向往主要由最具艺术性、文化性、思想性的村落景观集称文化、建筑装饰、非物质文化遗产等人文景观（各种艺术类型的集萃）体现出来。通过对这些“强精神性”的村落因素的把握和理解，挖掘其审美文化精神，就能深刻理解村落的意蕴和价值，从而获得深层次的审美体验，乃至审美超越。[①]可见建筑“审美活动心理过程”的后三个阶段与建筑美学“文化地域性格”理论的三大内涵是一一对应的。这也从根本上保证了文章结构的完整性与严谨性。

1.1.2 研究架构：传统村落审美文化的形态结构

1.1.2.1 文化形态结构研究的反思与启示

总结文化形态结构（也有的称之为结构层次）的各种说法，主要有以下几种：二分说包括“物质文化和精神文化”，“公开的文化和隐蔽的文化”[②]；三层次说包括“物质文化、社会文化、思想文化”[③]“物质文化、制度文化、精神文化”[④]；四层次说包括“物质文化、制度文化、行为文化、精神文化”[⑤]“物质、制度、风俗习惯、思想与价值”[⑥]，“物质文化、行为文化、精神文化、语言文化”[⑦]；六子系统说包括“物质、社会关系、精神、艺术、语言符号、风俗习惯”[⑧]。不同学者基于不同的学术视野对文化形态结构的划分提出各家之说。其中，庞朴先生提出的三层次说虽然过去30余年，但仍有学术价值。他受到余英时的《从价值系统看中国文化的现代意义》一文的启发，将文化定义为：“从最广泛的意义上说，可以包括人的一切生活方式和为满足这些方式所创造的事物，以及

① 唐孝祥．岭南近代建筑文化与美学[M]．北京：中国建筑工业出版社，2010：79-82.
② 霍尔．无声的语言[M]．上海：上海人民出版社，1991：65.
③ 顾嘉祖．从文化结构看跨文化交际研究的重点与难点[J]．外语与外语教学，2002（01）.
④ 庞朴．文化结构与近代中国[J]．中国社会科学，1986（05）.
⑤ 顾嘉祖．从文化结构看跨文化交际研究的重点与难点[J]．外语与外语教学，2002（01）.
⑥ 余英时．从价值系统看中国文化的现代意义[M]．台湾时报文化出版公司，1984：109.
⑦ 张文勋，施惟达，张胜冰，等．民族文化学[M]．北京：中国社会科学出版社，1998.
⑧ 住房和城乡建设部村镇建设司．传统村落保护与发展专题培训班·培训资料，唐孝祥．中国传统村落的文化精神，2015：153.

基于这些方式所形成的心理和行为"[①]。他在结合中国的近代化历程，总结出文化结构的三层次说："外层是物的部分，即马克思所说的'第二自然'，或对象化了的劳动；中层是心物结合的部分，包括关于自然和社会的理论、社会组织制度等；核心层是心的部分，即文化心理状态，包括价值观念、思维方式、审美趣味、道德情操、宗教情绪、民族性格等。这三个层面彼此相关，形成一个有机的系统。"[②]文化结构的物质、制度、精神文化三层次恰好对应近代中西文化交融过程中的三个阶段，首先是物质层面的学习，其次是制度层面的学习，最后是精神层面的学习。这是特殊政治背景的必然产物，在一般的文化变迁过程中，除了遵循最初的物质层面的变迁外，在第二阶段不局限于制度层面的融合，包括各种层面的社会内涵、社会动因，最后才进入到精神层面的融合。

除了从文化变迁的动态角度看，还可以从静态的角度分析。在多种文化形态结构的解析中，物质文化和精神文化层次是被普遍赞同的一种学说。其中，"思想文化""思想与价值""艺术"更多的是属于精神文化层面，可以归为一类。"语言文化、语言符合"可以归到语言文化层面。接下来就对"社会关系、社会文化、制度文化、行为文化、风俗习惯"进行辨析。"制度文化"作为介于物质文化和精神文化的中介层，涵盖的内容相对狭窄，比如经济形态、军事防御意识、宗族意识、宗教信仰、文化习俗等皆是介于物质文化和精神文化之间，因此制度文化的包容力有限。"风俗习惯"是一种社会行为，也是一种未有明文的非正式的制度规范。"社会文化"相对宽泛，但比起制度文化更适宜作为物质文化与精神文化的中间层。而且乡土村落是社会学研究的重要领域，所以文化结构的中间层次可以用"社会文化"来统领。

通过借鉴、吸收、辨析前人的研究成果，文化的形态结构分为物质文化、社会文化、精神文化、语言文化四种比较适宜。但考虑到"语言文化"层次在传统村落文化结构研究过程中，无论在形式、内容、逻辑、结构上都显得格格不入。同时依据建筑美学的"审美活动心理过程"原理的四阶段说，即"建筑审美态度的形成、建筑审美感受的获得、建筑审美体验的展开和建筑审美超越的实现"[③]，建筑审美感受的获得主要对应的是建筑物质层面的形式、形象、空间的感觉和知觉；建筑审美体验的展开是突破建筑的物质层面，对建筑形式意味的直觉性领悟，对应的是建筑社会文化层面；建筑审美超越则是上升到建筑审美的最高境界，即精神的世界，对应的是建筑的精神文化层面。

在"审美文化"领域也有类似观点。"审美文化"是中国学者提出的美学范畴，是文化大系统中的一个子系统。"所谓审美文化就是人类审美活动的物化产品、观念体现

① 庞朴. 文化结构与近代中国[J]. 中国社会科学，1986（05）.
② 同上。
③ 唐孝祥. 岭南近代建筑文化与美学[M]. 北京：中国建筑工业出版社，2010：79-82.

和行为方式的总和[①]。"审美文化由三个基本部分构成，第一是审美活动的物化产品，包括各种艺术作品，具有审美属性的其他人工产品，如衣饰、建筑日用工艺品等，经过人力加工的自然景观，以及传播、保存这些审美物化产品的社会设施等；第二是审美活动的观念体现，也就是一个社会的审美意识，包括审美趣味、审美理想、审美价值等；第三是人的行为方式……通过审美创造和审美鉴赏两种行为不断地将审美观念形态客体化，又把物化的审美人工制品主体化，形成审美对象，产生审美感兴。"[②]这里学者也提到审美文化形态结构的三个维度，本质上与文化形态结构一致。按此逻辑我们可将传统村落审美文化总结为物质文化、社会文化、精神文化三维度。（图1-1-1）

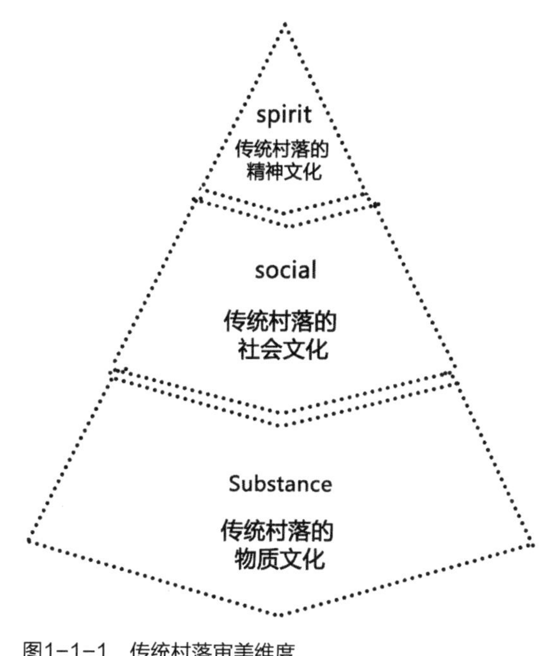

图1-1-1　传统村落审美维度
（图片来源：作者自绘）

1.1.2.2　传统村落审美维度的形态结构

1. 传统村落的物质文化

传统村落的物质文化，它既指客观存在的村落建筑各要素，也指村落规划与建筑营造的过程，其内容包括过程和结果。它既是传统村落审美活动的第一个层次，也是村落审美的第一维度。

从客观存在的传统村落要素的宏观层面看，不同地域、不同类型的传统村落的物质文化与地理环境、生态资源、气候条件有着密切关系，从而形成外在显著的地域性特

① 姚文放."审美文化"概念的分析[J]. 中国文化研究，2009.
② 同上。

征。在传统村落的物质文化研究过程中，把握这一点显得很有必要。广府传统村落主要位于河网密集的珠三角地区，水乡环境对村落的景观要素、风貌特征、空间形态、建筑材料等方面产生了深刻影响。客家与少数民族地区多山，故村落布局随行就市，材料就地取材，追求村落与环境的和谐一致，形成特有的生态系统，比如粤北瑶族村落大多形成“高山、村落、梯田、峡谷”的生态系统。从中观看，传统村落的物质文化涉及村落中的各种建筑类型与景观要素，如广府村落中的祠堂、私塾、民居建筑、庙宇、巷道、塔、桥、禾坪、风水塘、河涌、榕树等，这些村落景观要素是广府村落的重要表征。从微观看，包括建筑的装饰技艺、建筑的营建技艺、建筑的结构体系等。

从传统村落规划与营建过程看，又可从“生产”和“消费”，即形成与使用两个角度分析。村落虽是聚落的最小单位，但“麻雀虽小，五脏俱全”，任何一个村落都涉及整体的规划、村落景观的构思、建筑的营造几方面。虽然传统社会的村落、建筑、景观的规划、营建、设计有别于今天系统的城乡规划学、建筑学、风景园林学，它主要是由传统匠师和屋主决定，有一套村落选址布局的理念、模式化的住居模式和相袭已久的营造技艺，都是作为传统村落的物质文化而存在。就村落的选址布局而言，更多的是受到地形地貌、水文气候、地域材料等物质环境的影响，众多传统村落的选址布局都是对自然环境的变通适应，他们更为真实而全面地创造着和体现着特定地域内传统村落的物质文化，即对村落环境格局、景观要素、村巷肌理、建筑等村落风貌特色的形成而不断做出努力。

传统村落物质文化的演变历程的划分除了我们熟知的经济生产方式起根本性作用外，就村落与建筑本身是以“技术文明”为标志的。原始社会、奴隶社会、封建社会（前期、中期、后期）乃至近现代的聚落建筑都与其“技术文明”紧密关联。粤北的瑶族传统村落还保持着用树皮作瓦、黄泥敷墙的营造技艺，反映的是人类社会的早期营造技术水平，而侨乡地区的传统村落则吸收了西方先进的规划、设计、营造、结构、装饰做法，这些明清广州府地区的传统村落同时存有反映不同历史阶段的“技术文明”。因此，村落与建筑的“技术文明”代表着不同时期、不同类型传统村落的物质文化水平。我们必须承认，包括村民和匠师、地师等在内的村落主体与工具的关系决定传统村落的规划和营建水平以及营建习俗。特定地域、特定历史时期的村民有相应的追求宜居的人居环境理想和目标，匠师掌握传统的营造技艺、地师掌握风水、村落规划以及建筑营建过程中的习俗，但这些都停留于“形而上”的层面，需要借助匠师的工具使之发生联系，实现“形而上”与“形而下”的结合。这便有了传统村落物质文化的创造，即村落规划与建筑营建的实现。

上文从“生产”（形成）分析了传统村落与建筑的风貌、营建等方面的物质文化，如果从“消费”（使用）的功能空间分析又当如何？我们知道，从最原始的穴居和巢居到原始聚落的出现，乃至聚落发展演变至今天，聚落与建筑的第一功能就是满足人们生产与生活的基本需求，因此，有学者认为“建筑的本质是空间”①。村民对村落的空间格局、村巷设计、建筑空间的实际需求，以及在此基础上形成的生活方式和社会心理、审美需求等构成了村落的文化特征，从而反映出该村落的物质文化内涵。在传统农耕社会为了节省耕作的时间成本，计算耕作半径，为了方便放牧、取水、方便交通等综合考虑，村民在选址布局时需要考虑村落在整个环境格局中的位置。为了方便邻里交往、日常消遣、节日娱乐，以及农作物运输等需求就需要考虑村巷肌理、节日民俗游线的设计。为了符合男女有别、长幼有序的社会伦理需要以及满足村民日常生活起居、堆放杂物、开展农事、圈养牲畜、休闲娱乐等功能的需要，就有了正房、厢房、对厅的区别，有了厅堂与卧室的空间分割，有了门厅、正厅、后庭的划分，就有了正房与附属建筑的营建。

村落与建筑的空间产生出来就是满足消费使用的。在整个规划营建过程中伴随着一系列如“相地择址”“黄道吉日”“破土动工”“宴请宾客”等习俗，在居住使用过程中，除了满足日常生产生活的空间需求外，还是民间信仰、风俗习惯、节日庆典等非物质文化遗产的承载空间。

可见，从内容来看，传统村落的物质文化包括客观存在的村落建筑各要素和村落规划与建筑营造的过程。从特征来看，传统村落物质文化是丰富多彩的，是现象层面的。不同地域、不同类型的传统村落在长期的发展演变过程中对各自生存环境的高度适应性，形成了传统村落文化的地域技术特征。

2．传统村落的社会文化

从村落与建筑审美维度看，村落风貌、建筑造型与风格引起主体对其背后蕴含的社会内涵、时代背景、制度规范等社会文化内容的探究欲望与兴趣。这便进入了传统村落审美活动的第二个层次，也即村落审美的第二维度。这便近似于庞朴先生所谓的文化结构的“中层是心物结合的部分，包括关于自然和社会的理论、社会组织制度等”②。

传统村落文化是由外显或内隐的行为模式决定的。关于行为模式与文化的关系有学者做了探究。“文化包括行为模式。各民族因历史选择而积淀的行为趋向、习惯和准则便是行为模式。行为形成模式，模式支配行为，因行为而建立的模式，对人类的许多方面都具有决定性的影响。”③比如传统村落中靠山与山地农耕牧业经济有关，邻水可能与水稻经济、海洋经济有关，近交通可能更多考虑商业经济行为，这些村落选址模式对应相应的经济形态；聚族而居的聚居模式可能与宗族、军事等有关，这些行为模式相应地

① 布鲁诺·赛维．空间建筑论：如何品评建筑[M]．张似赞，译．北京：中国建筑工业出版社，2006.

② 庞朴．文化结构与近代中国[J]．中国社会科学，1986（05）.

③ 杨知勇．建立和发展民族文化学的几点思考[C]．民族文化学论集，云南大学出版社，1993：123-124.

形成宗族文化、军事制度等社会文化的内容；人神共居的住居模式可能与信仰、民间禁忌等有关；对外防御对内团结的空间布局模式可能与民族冲突、社会治安、宗族自保等社会行为有关，这些行为模式形成防御意识、军事传统、内向封闭的居住意识等。

传统村落聚居模式、住居模式的形成是由社会住居行为决定的，而这种行为模式一旦形成便反过来不断强化社会行为，二者的互动便促成了社会文化的产生。此外，聚居模式、住居模式的物态呈现是村落与建筑的主体在习得"历史选择而积淀的行为趋向、习惯和准则"的前提下实现的。

通过社会文化概念的引入，传统村落社会文化表现为心与物的二元结构，即以传统村落与建筑客体为对象的行为模式和以传统村落与建筑主体为对象的行为模式，是村落文化的两个组成部分。"不论是以物为对象还是以人为对象的行为模式都可以分为外显和内隐两个层面"[①]。对应传统村落与建筑，外显的部分包括：（1）经济形态和经济基础对传统村落的类型的影响以及发展演变的制约，包括山地农耕经济、游耕经济、海洋经济、农商经济、商业经济等经济形态，并形成相应的经济组织、行业规范；（2）以宗族意识有关的宗族制度、宗族组织、家庭组织、阶层制度、团结防卫等方面与聚族而居的村落住居模式的关系；（3）风俗习惯与禁忌习俗与对应的村落文化景观生成的关系；（4）移民文化与村落形态演变、宗族文化与村落空间结构的关系、风水数术与村落的环境意象、节庆文化与村落空间游线的关系、科教文化对村落布局和景观要素的影响；（5）社会变迁与历史形态在村落形态演变过程中留下的社会烙印，包括传统村落形态的萌芽、定型、拓展、变异对应不同的历史形态和社会背景。以上几点是"心物结合地带"的"物"的部分。内隐的部分则与精神文化层面紧密关联，进入到文化的核心层次，涉及村落主体的价值观念和情感取向，对应"心物结合地带"的"心"的部分，可见社会文化是物质文化、精神文化的桥梁，兼有二者的属性，但又自成一体。

探讨传统村落背后的社会内涵，其实就是探究传统村落与建筑的物质层面如何形成地域性特征的内在动因，揭示传统村落背后人与社会的关系，所以社会文化的探讨表征的是传统村落的社会性，即与传统村落形态变化、发展密切相关的历史文化、民间信仰、科教文化、经济基础、军事制度、禁忌习俗、宗族意识等内容的社会特征。

3．传统村落的精神文化

传统村落的精神文化是与其物质文化、社会文化相互联系的一个整体。传统村落物质文化揭示的是传统村落的地域特征，是村落审美的第一维度，传统村落社会文化阐释的是传统村落的社会动因、社会内涵，是村落审美的第二维度，传统村落精神文化诠释的是传统村落的文化精神、审美价值，是村落审美的第三维度，也是村落审美心理历程

---

① 张文勋，施惟达，张胜冰，等. 民族文化学[M]. 北京：中国社会科学出版社，1998：94.

的最高阶段。

精神文化层面指的是“文化的里层或深层，主要是文化心理状态，包括价值观念、思维方式、审美趣味、道德情操、宗教情绪、民族性格等等”①。传统村落精神文化的研究摆脱了单纯从村落客体的研究思路，转向从“主客体辩证统一”的角度展开，通过对客体的现象描述，揭示村落审美主体的审美理想、价值取向、社会心理、思维方式等精神文化的内容，挖掘人类精神生活领域最深层次的文化内涵。这在传统村落审美维度中占有极为重要的位置。在建筑美学、建筑文化学研究过程中，已有部分学者从精神文化切入，并给以特别关注。精神文化是物质文化、社会文化凝练的结晶，它处于审美文化结构体系的“金字塔尖”。站在“塔尖”便可对社会文化的“塔身”、物质文化的“塔底”有了深刻而全面的认知，直击传统村落与建筑文化的本质，而不至于迷失于纷繁复杂的表象中。有利于透视事物的本质，因此从精神文化层面切入考察传统村落与建筑不失为一条可资借鉴的路径。

总之，传统村落审美维度研究是建筑美学研究的重要领域，按照物质文化、社会文化、精神文化三层次展开分析的研究思路符合建筑美学的“文化地域性格”理论、“建筑审美活动心理历程”，“建筑审美适应性”理论的基本要求②。（图1-1-2）遗憾的是，建筑学界对建筑与村落的审美维度研究较少。根据目前掌握的资料，在全国范围内目前

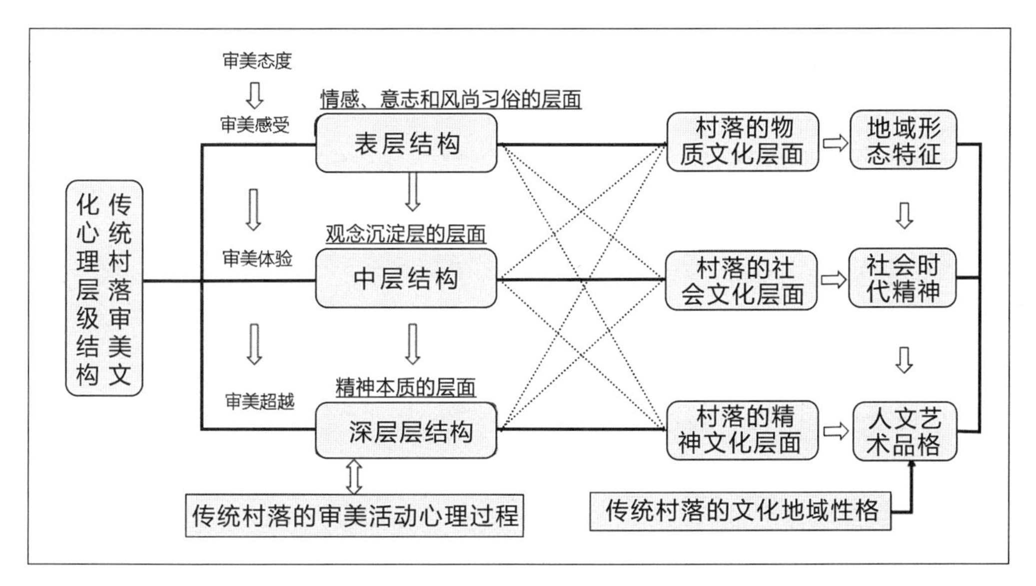

图1-1-2 传统村落审美心理层级结构分析模式
（图片来源：作者自绘）

① 庞朴. 文化结构与近代中国[J]. 中国社会科学，1986（05）.

② 建筑美学的“文化地域性格理论”包括地域技术特征、社会时代精神、人文艺术品格三个维度；建筑审美活动的心理过程包括审美态度的形成与获得、审美体验的展开、审美超越的实现；建筑美学的适应性理论包括自然适应性、社会适应性、人文适应性三个层面。

还没有从建筑美学角度探讨传统村落审美维度的论著，更多的是基于建筑或聚落本体探讨其物质文化，偶有涉及社会文化，而难得从更高、更深的精神层次来探讨传统村落。我们不能止步于传统村落的物质现象，而是从历史的长度、哲学美学的深度，由外而内透析传统村落审美维度。“因为历史留下的积极成果，正在于文化方面的贡献，而那些喧嚣一时的政治风云，很快便从记忆中漾去，沉淀下来的只是文化类型而已[①]”。因此，本书基于这样的一个思路展开明清广州府传统村落空间审美文化结构研究。

1.2 传统村落空间审美文化维度的逻辑构成

近年来，“传统村落”已经成为学术界的热点，村落文化的研究也由来已久，遗憾的是作为村落文化重要组成部分的审美维度的研究工作却未得到应有的重视。学界还未有传统村落审美维度方面的理论研究成果。在研究传统村落过程中，建筑学学者主要关注环境格局、街巷布局、景观要素、装饰题材等物质文化范畴，社会学学者重于村落的宗族、制度、经济、军事等社会文化范畴，民俗学学者强调对村落承载的节庆、仪式、游娱等精神文化层面的观照。诚然，传统村落文化构成的多元化是其显著特征。但这样的学科界限不利于人们对传统村落系统深入的理解。本章参鉴不同学科关于村落文化的研究成果，结合建筑美学的“审美活动的心理过程”理论[②③]，系统总结传统村落审美维度的逻辑构成。依据审美活动的心理过程可知，村落审美感知的获得首先是基于村落的物质形态层面，其次是对蕴含其中的社会内涵、动因的理解，使审美感受主体化、内在化、理性化，从而获得初级的审美体验，随着对村落人文内涵、审美理想等层面的透析，进入审美体验的深层次阶段。这也是村落审美活动得以开展的理论依据。可见，传统村落审美具有多维度的特征。基于这样的理论分析，本章将传统村落审美文化凝练为物质形态、社会内涵、意境审美三个维度。

1.2.1 传统村落的物质形态维度

审美活动的心理历程表明，首先作用于人的审美感官以至于激起人们审美观照的是事物的外形轮廓及其风格特征。传统村落作为重要的审美对象之一，是基于存在的物质实体，由可视、可触、可感的物质元素组成的某种空间形态。美感的产生源于对村落形态的直觉。村落的美感首先是以具体的物质形态诉诸于人的视觉感官。所以，传统村落

---

① 庞朴. 文化结构与近代中国[J]. 中国社会科学，1986（05）.
② 唐孝祥. 论建筑审美活动中的情感作用[J]. 华南理工大学学报（社会科学版），2010（04）：41-44.
③ 唐孝祥. 岭南近代建筑文化与美学[M]. 北京：中国建筑工业出版社，2010.

审美的第一维度是唤起人们美感的物质形态。有园林美学领域的专家将这样的表现形态概括为形象美[①]。介于对“形象美”内涵的理解有限，待时机成熟时再议。

英国美学家鲍山葵在《美学三讲》中提出两个对立统一的命题：一个对象的形式既不是它的内容或实质，又恰恰是它的内容或实质。他解释道：“形式就不仅仅是轮廓和形状，而是使任何事物成为事物那样的一套套层次、变化和关系——形式成了对象的生命、灵魂和方向。”[②]这里鲍山葵讲的就是形式分内外，外形式就是可视、可感的轮廓形状，内形式则是事物内在的层次结构，事物内在的层次结构也就是事物的生命。这也就是说对外在形式的分析是展开内在形式深入分析的基础前提。在建筑美学领域，造型美、形式美，是建筑美学的重要范畴[③]。但在使用上通常是指单个建筑而言，具有视域上的局限，而在讲大视域的村落时，如“村落造型”“村落形式”就不太妥帖，形式包含于形态，故形态一词更为妥帖。就村落审美文化结构而言，内形态（对应社会内涵层面、意境审美层面）的探讨首先着眼于村落外形态。村落的外形态不仅仅是村落核心聚居区建筑群的总体轮廓和形状，而是包括耕作半径之内的山、水、田、林、住居等要素呈现出来的外在的表层之美。人们可以通过视觉、听觉、嗅觉等感官感受山灵水动、声色光影、四季轮回、田园风情、特色建筑的自然和人文景观。按照视域的大小可列举为村落的山水田园环境格局、村落景观要素、村巷肌理、村落建筑风貌、建筑装饰装修等方面。

宏观上，由于中国幅员辽阔、地形多样、民族众多、历史悠久、地域文化差异巨大等原因，以及微观上不同村落要素的“排列组合”，使得中国传统村落形态的多样性、丰富性是许多其他国家和地区无法比拟的，也是我国其他村落类型无法企及的。例如在岭南范围内，有福佬文化圈、潮汕文化圈、客家文化圈、雷琼文化圈、少数民族文化圈，在粤中有广府水乡亚文化圈、广府侨乡亚文化圈、广客民系交融亚文化圈等。而且每个“亚圈”内的每个村落也存在着差异。比如从村落的地景方面，广府水乡亚文化圈村落的“水系河涌”“桑基鱼田”“榕茵埠岸”等就是其重要的物质层面。在街巷肌理方面则是横平竖直的梳式布局为主，麻石铺地，墙体下部多为麻石，上部青砖，街巷中间还有排水渠，构成“倒凸字”的空间形态。在村落景观方面有古榕、古塔、古巷、池塘、禾坪、文塔、社公以及各种庙宇等，在建筑装饰方面涉及不同部位的不同做法，如“三雕两塑一画”等。在广客交融型的村落形态更是多种多样、丰富多彩，如广府化的客家村落、客家化的广府村落、广客均衡化村落等。在广府侨乡地区，由于受不同国家地区建筑文化的影响，以及对传统文化的继承，各种建筑文化元素的拼贴、镶嵌，风格

① 曹林娣. 东方园林审美论[M]. 北京：中国建筑工业出版社，2012.
② 鲍山葵. 美学三讲[M]. 上海：上海译文出版社，1983.
③ 唐孝祥. 传统民居建筑审美的三个维度[J]. 南方建筑，2009（06）：82-85.

庞杂，使村落形态异彩纷呈。

在其他汉族和少数民族地区的传统村落更是形态各异，各有千秋，这里不一一例举。这些形态各异的村落给人以强大的视觉冲击力和无限的审美遐思，这也意味着村落审美活动的实质性开始，为进入村落的审美体验、审美超越迈开了坚实的一步。这是传统村落审美文化的第一维度。

1.2.2 传统村落的社会内涵维度

从审美心理历程看，探讨物质形态背后的社会内涵或社会动因是村落审美构成的第二个维度，也对应文化三层次说中的“心物结合部分”[①]。在传统村落审美活动中，不同的山形水势、田园风光、多变的街巷、奇特的建筑造型激发了人们的审美欲望和审美期待。如何进一步推进村落审美活动，进入审美体验阶段，我们认为应该在对村落“社会内涵、社会动因”的理解和解读中展开。从美学角度看，社会内涵是特定社会时代背景下的经济形态、社会结构（包括宗族组织）、宗教意识、禁忌信仰、科教文化、民风习俗等方面的凝练。

中国传统村落是于“农耕经济为主，多种经济形态并存”的经济基础上形成的，依赖于宗法制度下形成的社会结构，同时形成内含丰富的宗教、信仰、科教、民俗等内容。在经济方面，东亚大陆得天独厚的自然地理环境，孕育了华夏族以农耕经济为主，多种经济并存的一体多元格局。农耕经济的持续性、稳定性特点，形成了中国人安土重迁的民族心理，所以不同地域的村落形态一经形成，就相对稳定地延续下来。从营造主体来看，也是一样的，传统工匠的技术革新是有限的，更多的是经验的积累，并代代相传。当经济形态发生重大转变时，村落形态和建筑形制也将发生变化，尤其是农耕经济与商品经济结合，村落可能会向着集镇，甚至城市转变，村落空间、建筑空间也要随着功能的转变而转变。而当商业经济没落，以前繁华一时的集镇可能会演变为一个自然村落。在宗教信仰方面，各种神灵信仰和仪式深刻地影响到村落的文化景观。比如儒教、道教、禅宗对珠三角村落的环境格局、空间组织、建筑装饰、景观形态都留下了很深的印迹，村落建有各教派的庙宇，如佛山松塘村建有关帝庙，孔子庙反映的是儒教文化。由于岭南深受禅宗的影响，使得岭南村落文化具有禅化的特征，有学者称之为“禅化岭南”，禅宗的特征是“明于‘人心’而漏于‘礼仪’”“以有情众生与世俗生活为存在前提，肯定了人世间生活的价值”[②]，禅宗的入世性表现为趋儒性、务实性、趋诗性、简易

① 庞朴. 文化结构与近代中国[J]. 中国社会科学，1985（05）：81-98.

② 万俊. 禅宗与岭南文化的适应性研究[D]. 广州：华南理工大学，2015：7-8.

性[1]。中国的许多汉族村落布局都遵循五位四灵的布局模式，五位是道家五行文化的体现，四灵是道家的四种神兽。佛教庙宇更是广泛分布在汉、傣（信奉南传上座部佛教）、藏（信奉藏传佛教）等民族村落中。村落中并存有承担不同职能的神灵，村民供奉这些神灵能满足村民不同的精神需求。在社会组织结构上，受汉文化影响的各民族继承了宗法制度的精髓，形成了具有中国特色的宗族村落。宗族村落通常由宗族主导而进行村落的规划营建，保障村民的安全、福利的派发、文教事业的支持等，所以聚族而居是外在的形态特点，崇宗敬祖则是内在本质。在文教方面，结合风水术数，建立书院、文塔等文教建筑，以营造文运昌盛的文化氛围。在民俗方面，各种习俗代代延传，丰富了村落的文化内涵。所有的这些社会因素强化了村落的历史感、社会感、时代感。各种社会文化排列组合，集中反映了村落的社会时代精神。

徽州传统村落由宗族主导进行规划和营建，其普遍重科考、兴文运，传承耕读文化，重视子孙的教育，村中建有大量的书院和文塔，寓意文运兴盛。岭南地区的民族或民系都有着不同的迁移历史。从历时性角度看，不同时代的移民，与村落的类型及区域分布有密切关系。秦至隋唐以来，最早迁入的中原人与本地土著融合成广府人，瑶、壮、畲等民族虽然与古越族有渊源关系，但也是由其他地方迁移来的，瑶族就是唐朝从湖南道州一带迁徙而来，客家人则是宋以后逐渐形成的，近代以来，由于中外文化的频繁交流形成了广府侨乡村落。在经济上广府水乡村落以农商经济为主、客家村落以农耕经济为主，侨乡村落以侨汇经济为主，瑶族村落以山地稻作农业为主。这里宗族意识很浓，村落深刻打上宗族的烙印。客家村落呈现“同心圆模式的差序格局”。这些要素使得村落成为独特的文化空间。

通过对村落蕴含的社会内涵、动因的了解，凝练社会时代精神，这样村落审美主体就可以突破物质形态层面的视觉冲击，充分体会祖先迁徙中的艰难，感受崇文重教的底蕴，以及体验多姿多彩的风土人情等社会层面的内涵，逐渐进入到心理层面的审美体验。为进入到村落的审美超越阶段做好充分准备。可见，从村落审美活动的审美心理历程来看，社会内涵是连接物质形态与意境审美的桥梁。

1.2.3 传统村落的意境审美维度

本质上审美活动根植于人们的生命情感价值活动，是主体内心生命精神的观照。村落审美也可作如是观。村落审美主体通过对村落的周围环境、村落内部的空间形态、建筑造型等物质形态要素的审美观照，并对社会时代精神的解读，从而引发主体的生命情

① 覃召文．岭南禅文化[M]．广州：广东人民出版社，1996.

感体验和愉悦。从而进入到精神的世界、意义的世界。“人们对建筑的审美体验总是有一个时空序列和情感过程，这个序列和过程的起点便是建筑造型产生的视觉冲击和随之而来的情感愉悦，而重点和中心则在于对建筑的外观造型、建筑布局、空间组合、环境景观所传达的价值取向和文化精神的体认和观照。”①对村落意境的体悟和观照也是遵循这样一个时空序列和情感过程。

1.2.3.1 传统村落中的意境审美

意境是中国传统美学的一个重要范畴，也是我国建筑美学的重要内容。在园林和建筑实践中，意境的创造意味着作品水平的高低，意境的追求成为包括园林、建筑等在内的人居环境的重要目标。然而作为建筑美学重要研究对象的村落，却很少有学者展开精神层面的意境研究。这可能与村落没有像园林、建筑那样需要经过严密地构思和精心地营造有关。村落的意境一部分是大自然赋予的，具有自然之大美的特征。事实上，我国传统村落独特的自然环境、田园风光、村巷肌理、建筑形制、精湛的装饰装修、深厚的人文底蕴、丰富的风土民俗等为营造意境美提供了先决条件。梁思成和林徽因1932年在《平郊建筑杂录》中写道：“天然的材料经人的聪明建造，再受时间的洗礼，成美术和历史、地理之和，使它不能不引起鉴赏者一种特殊的性灵的融合、神志的感通。无论哪一个巍峨的古城楼或一角倾颓的殿基的灵魂里，无形中都在诉说，乃至于歌唱，时间上漫不可信地变迁，由温雅的儿女佳话，到流血成渠的杀戮……”②这便是梁、林对建筑意境的体悟。在中国众多的传统村落具有成百上千年的历史，丰富灿烂的文化，虽然是平常百姓的生息繁衍之地，但也是许多历史人物、历史事件的发生地，流传着这样那样的名人轶事、神话典故……这就需要作为主体的人通过对村落的自然环境、田园风光、空间轮廓、季节变化，以及村落历史、宗教信仰、民风习俗、经济形态的审美体验而达到对时空、人生、历史的生命体悟，即“超越具体的、有限的物象、事件、场景、进入无限的时间和空间，即所谓‘胸罗宇宙，思接千古’，从而对整个人生、历史、宇宙获得一种哲理性的感受和领悟，这种带有哲理性的人生感、历史感、宇宙感，就是‘意境’的意蕴。”③因此，村落的意境审美是在经历了物质形态、社会内涵层面，而进入的一个更高层次的境界，但又不能脱离物质形态、社会内涵层面而孤立存在。这个过程是从物质到精神、从形而下到形而上，从有限到无限，由短暂到永恒的一种思想与灵魂上的跨越。

王国维在《人间词话》写到“有境界则自成高格”，意境美是中国传统文化对世界

---

① 唐孝祥. 岭南近代建筑文化与美学[M]. 北京：中国建筑工业出版社，2010.

② 梁思成. 梁思成文集（一）[M]. 北京：中国建筑工业出版社，1982.

③ 叶郎. 说意境[J]. 文艺研究，1998（01）：75-85.

文化的一个特殊贡献，“就中国艺术方面——这中国文化史上最中心最有世界贡献的一方面——探寻意境的特构，以窥探中国心灵的幽情壮采，也是民族文化的自省工作。”[①]我国传统村落拥有各美其美的山水、美人之美的文化和美美与共的乡愁，留下了大量的物质和非物质文化遗产，就如一颗颗镶嵌在大地上的明珠。许多有名的村落是由世家大族所建，他们文化底蕴深厚，秉承“耕读传家，诗书明智”的精神。从村落选址到村落规划营建，最终装饰装修都十分重视居住环境意境美的营造和精神价值的追求。

1.2.3.2 传统村落意境审美的三个层面

村落的居住环境，包括内部环境和外部环境，外部环境主要包括山形水势、田园风光、古树林木等，侧重于自然适应性，属于宏观层面。内部环境主要是包括村落的街巷肌理、水系河涌、各类建筑以及装饰装修等，更多地表现为社会适应性和人文适应性，属于中观和微观层面。“建筑意境一般是通过建筑空间组合的环境气氛，规划布局的时空流线、细部处理的象征手法来表现的，并且常常附之以赋诗题对、悬书挂画而加以点化。”这段话中蕴含着建筑审美宏观、中观、微观三个层面的逻辑，这里就按照该逻辑展开村落意境审美的分析。

1. 宏观：天人合一的选址思想

宏观层面的外部环境主要由村落选址所决定。我国悠久而深厚的农耕文化对乡村社会产生深远影响。在传统村落的规划选址过程中，强调与自然环境和谐与共，力求顺应地势，因地制宜。道家主张“法天、法地、法自然”，在人居环境的审美取向上表现为追求一种模拟自然的淡雅质朴。在村落与环境的关系上注重对自然的直接因借，与山水环境契合无间。道家的“道法自然”理念与风水术数相结合，形成了中国特有的村落选址模式，即“五位四灵”的环境模式。在阳宅、阴宅、村落、城市的规划相地中“五位四灵”模式都被广泛应用。在《阳宅十书》写道：“凡宅左有流水谓之青龙，右有长道谓之白虎，前有污池谓之朱雀，后有丘陵谓之玄武，为最贵也。”《藏经》里也说道：“夫葬以左为青龙，右为白虎，前为朱雀，后尾玄武。玄武垂头，朱雀翔舞，青龙蜿蜒，白虎驯頫。”五位四灵的村落选址模式可以概括为“枕山、环水、面屏”的格局，具有山灵水动、视野开阔的特征。五位四灵的选址模式是风水术追求的理想环境，这样的选址模式符合“天人合一”的生态整体观，符合避凶趋吉的环境心理追求，是藏风聚气的理想环境模式，具有山水如画的环境景观效果[②]。在风水师看来，好的村落环境讲究“气吉”，“气吉”方能“形秀”，有道是“气吉，形必秀润、特达、端庄；气凶，形必粗顽、欹斜、破碎。”这里风水选址与审美取向是一致的。“风水包含着显著的美学成分，

① 宗白华. 宗白华全集·中国艺术意境之诞生（第二卷）[M]. 合肥：安徽教育出版社，1994.
② 侯幼彬. 中国建筑美学[M]. 哈尔滨：黑龙江科学技术出版社，1997.

遍布中国的农田、居室、乡村之美不可胜收，皆可借以说明。”[①]山水画论与风水理论相互之间有着明显的共通之处，在空间格局上，许多风水理论与山水画论在文字和寓意都很近似。从根本上说，风水理论与山水画论都是以“天人合一”审美理想为其哲学根据，都是以创造一个意境空间、精神空间为其目标，只是这个空间的载体不同而已。

2. 中观：有序空间的伦理理性

村落的中观层面主要包括村落空间布局、建筑空间两个层次。村落空间布局与建筑空间是中国传统伦理秩序的物质再现，主要包括象天法地、仿生像物设计手法的运用和宗法人伦秩序的表达。

村落空间布局上象天法地的手法十分常见，如客家地区的围龙屋就是采用“天圆地方”“阴阳合德”的宇宙图式来规划设计的，后面半圆的胎土和前面半圆的池塘合为一个圆，象征天，中间的堂横屋为方形，象征地，合起来就是天圆地方的宇宙图式。下凹的蓄水池塘为阴，高起的胎土和堂横屋为阳，寓意“阴阳合德”[②]。“仿生象物”的设计手法分为“仿生”和“象物”。“仿生”的村落如湖南张谷英村的“巨龙戏珠”格局，从化区吕田镇中村的蟹形屋为蟹形布局[③]等。“象物”的村落，如贵州安顺鲍家屯的龟形村，浙江楠溪江流域的苍坡村按照“文房四宝”（笔、墨、纸、砚）进行村落规划设计，浙江诸葛村、广东高要黎槎村的八卦形村落[④]，以及珠三角地区最常见的梳式布局、耙式布局、藕式布局、棋盘式布局分别仿梳子、耙齿、莲藕、棋盘。通过仿生象物表达村民的某种愿望，或祈求健康长寿、幸福安康，或期冀文风鼎盛、科甲蝉联等，使村民可以从自己的生活空间体会空间感、归属感、人生感、历史感。

在建筑空间上，中国的传统村落大多受到儒家宗法人伦的深刻影响，在建筑平面布局和空间组织上强调秩序性、教化性、群体性，注重建筑空间的人伦道德秩序的表达。比如华南地区的三进祠堂，大宗祠多位于村落前排的中间位置，两侧为各房支分列左右，各房支的支祠则位于各房支组团的中间位置，大宗祠就为村落的中轴线，中轴线上串联三座建筑，头进为门厅，二进为中厅，供族人议事或聚会的地方，为世俗空间，三进为祖厅，置放祖先灵位，是举行祭祖仪式的地方，为神圣空间，建筑之间隔以天井。祠堂前低后高，有一定坡度，在空间布局上主次分明，层层递进，由开敞空间向半封闭空间转变，由世俗空间向神圣空间过渡，给人以庄严肃穆、崇敬祖宗之感。

可见，村落空间布局中的象天法地与仿生象物突出对秩序的模仿，而建筑空间则是

① 李约瑟. 中国之科学与文明（第二册）[M]. 台北：台北商务印书馆，1997.

② 吴庆洲. 象天·法地·法人·法自然——中国传统建筑意匠发微[J]. 华中建筑，1993（04）：71-75，12.

③ 广州市文物普查汇编编纂委员会，从化市文物普查汇编编纂委员会. 广州市文物普查汇编·从化卷[M]. 广州：广州出版社，2008.

④ 周彝馨. 移民村落空间形态的适应性研究——以西江流域高要地区“八卦”形态村落为例[M]. 北京：中国建筑工业出版社，2014.

直接呈现伦理秩序，二者本质上都是对空间伦理秩序的理性表达。

3．微观：诗韵画卷的意境追求

微观层面的意境审美主要体现在建筑的局部空间或单体建筑，一般通过吟诗、题对、作画来表现。这种现象在中国传统建筑的意境创造中是十分常见的，同时在文运兴盛，或重视耕读传家的传统村落也是很普遍的。作画方面如广东东莞中堂镇的黎氏大宗祠入口上部墙面绘有“元相图”，正脊塑有“梁山聚义图”，27位梁山好汉形态各异，尽现梁山英雄的豪情壮志。正脊的左侧为“竹林七贤图”，右侧为“八仙祝寿图”……彩绘内容丰富多样，以表达宗族人丁兴旺、科甲及第、吉祥安康的美好愿景。楹联匾额虽然没有建筑构造功能，确是中国文学与建筑焊接的一种特殊文化现象，楹联匾额文辞简洁精练，内涵丰富厚重，是融书法艺术、诗词艺术、建筑艺术于一体。通过楹联题对，题名讲述家族渊源、族中大事，对宗族发展的展望，或者抒发个人的情怀，阐发理想，以增强建筑的人文底蕴，拓展建筑的意境空间。黎氏大宗祠头门封檐板下立有“德本”的匾额，中堂正中悬挂“忠孝堂”三字牌匾，后寝正中悬挂“文章御史”牌匾，后进门窗悬挂“竹苞”“松茂”两块牌匾……头门对联为“门对旗峰百代孝慈高仰止，祠环潢水千年支派永流长”，中堂前柱联为“教孝教忠修以家永怀旧德，允文允武报于国式换新猷”，荫后园书法长廊东联“日月韶光长临孰地，士人贤德永续斯人”，书法长廊西联“立德立言立功必先立志，修仁修禊修业必先修身”……乡民以“耕读传家声，诗书世泽长”为荣，至今对楹联题匾的门榜文化热情不减，这些楹联题对的内容多为励志、颂祖、劝善、表情达意等，形式对仗工整，书法多种多样，笔力苍劲有力，意境深远悠长，增强了黎氏大宗祠人文底蕴，提升了建筑文化意境。[①]

① 王东，魏峰．中国传统村落审美文化的维度[J]．华南理工大学学报（社会科学版），2018（6）：95-101.

第2章 明清广州府传统村落审美的时空界定

传统村落审美文化是在具体的历史演变中逐渐形成，并呈现于特定的地理空间。明清广州府传统村落“堆叠”了不同历史时期的文化印迹，涉及不同族群。其区划类型分为传统广府村落、广府侨乡传统村落、广客交融型传统村落、少数民族传统村落。同时结合传统村落“审美文化圈-审美文化亚圈-审美文化丛-审美文化分子”的逻辑关系，厘清明清广州府传统村落审美文化圈框架结构体系。明清广州府传统村落审美文化的时空演变规律概括为多线演进、自我运动发展，村落文化类型表现在时间与空间上的分布差异，这就导致村落的历史发展线索与地理空间分布绞合在一起，表征为文化圈之间的时空耦合性。

从动态看，传统村落空间格局并非单纯的自我演进，而是包括围绕它在内的相关历史线索和空间场所的集合。传统村落是历史积淀与文化交融的产物，对它的研究属于聚落史课题，如果我们仅仅站在今天的角度，以切片的、静态的理论待之，可能会得到缺失历史视野的片面结论，也很难挖掘其深厚的审美文化内涵。近年来，在建筑学界部分学者提出“传统村落与民居的文化地理学研究”，并取得了丰硕的成果①②，提出了“时空网络”的理论建构，侧重于传统村落与建筑文化分子的空间分布特征的探讨，对于空间格局的历史演变以及历史与空间的耦合关系的探讨已有涉及。本书受此启发，借鉴文化地理学中“时空耦合”的研究方法，分析明清广州府传统村落审美文化的空间划定和时间理路，并总结时空的演变规律。

2.1 时间理路：审美文化历史

现存的明清广州府传统村落虽然大多是明清所建，但却留有不同历史时期的文化印迹，涉及不同的民族（或民系），这种现象称之为“文化堆积”。在万邦时代南越文化构成了明清广州府传统村落审美文化的“根”；自秦汉以来至宋元，中原移民对明清广州府的持续开发，促成了广府民系的形成，为传统广府村落的进一步发展奠定了基本条件；到明清时期，广州府传统村落的发展达到鼎盛时期，粤东北的客家人不断向西、向南推进，促进广客文化的交融，奠定了广客杂居的村落聚居形态；到了清末至民国年间，传统村落整体日渐凋敝，但在沿海商业发达，交通便利的局部地区，受到外来文化的影响，形成了有别于其他地区乃至历史上的任何时期的侨乡传统村落。

2.1.1 万邦时代南越族群的村落文化滥觞（先秦时期）

2.1.1.1 南越聚落文化源流

明清广州府传统村落的研究可追溯至万邦时代的南越族群文化。“万邦时代”③是指秦朝统一之前，在幅员辽阔的中华大地上存在的众多小国，“万邦”是这个时期民族国家分布与演变的空间特征。这些邦国都可追溯到上古时期的炎黄、北狄、西戎、东夷、南蛮五大部族，南蛮部族位于南方，包括三苗、百越、百濮等族群。百越族群分布在东南沿海的长江中下游、珠江流域，在战国和秦朝，以南越族为主的百越族群在两广地区建立起若干土邦小国或部落联盟（图2-1-1），“在珠江三角洲的水网地区有‘驩兜国’，

① 陶金．广东梅州传统民居文化地理研究[R]．广州：华南理工大学流动站博士后研究报告，2014．

② 曾艳．广东省传统村落文化地理研究[D]．广州：华南理工大学，2016．

③ 安介生．中国古史的“万邦时代”——兼论先秦时期国家与民族发展的渊源与地理格局[J]．复旦学报（社会科学版），2003（3）．

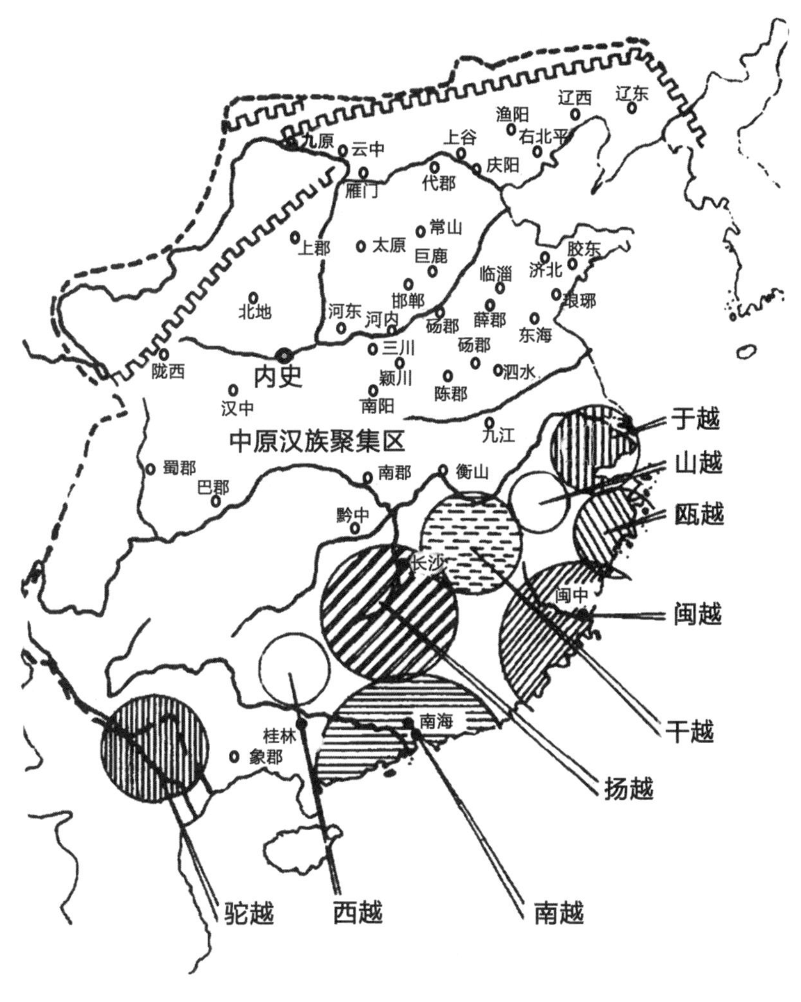

图2-1-1 “万邦时代”南越在百越族群中的位置
（图片来源：余英．中国东南系建筑区系类型研究[M]．北京：中国建筑工业出版社，2001：35.）

在粤中地区今博罗一带有‘缚娄国’，在粤北阳山、英德一带有‘阳禺国’……在肇庆以西有‘西瓯国’，在粤西南地区有‘骆越国’，在粤西部分地区有‘伯虑国’，在今封开一带有‘苍梧国’……”[①]，《吕氏春秋·恃君览》载：“扬汉之南、百越之际，敝凯、诸夫、风余靡之地，缚娄、阳禺、驩兜之国无君”[②]，指的就是这些小国或部落联盟，它们构成了南越族的主体，被史学家称为“南越古国”，这个时候的“南越古国”呈现的更多是松散的邦联形式，可以推测南越族的认同性并不高。

秦大一统后，在岭南设置了南海郡、桂林郡、象郡，中原的建筑技术、营造规范等物质文化、制度文化在这里得到传播和推广，直接影响了这个时期城池规划、建筑营

① 曹劲．岭南早期建筑研究[D]．广州：华南理工大，2007：19.
② 《吕氏春秋》卷二十《恃君览》。

建，促进了城镇聚落与建筑的发展，而乡村聚落的发展情况，由于实物考古的匮乏、文献史籍的稀缺不甚明了。总体来看，这个时期仍然是以百越族群文化为主，越人力量强大，赵佗采取“和辑百越”的政策，入粤的中原人也被“越化”。即使在秦灭后，南海郡尉赵佗统一岭南三郡，建立南越国，汉文化的影响进一步加强，但仍停留在物质、制度文化层面，史料记载南越王赵佗接见使臣陆贾时，以“蛮夷大长”自居，装束打扮是魋结箕踞，与中原的束发戴冠、跪式坐姿大相径庭，说明南越国的习俗是以越俗为主①。南越国将之前的土邦小国纳入版图，松散的南越族通过统一的政权得到强化，民族认同感、凝聚力得到空前加强，南越文化在这个过程得到定型和认可，并确定了南越族群文化在岭南文化发展中的历史地位，直接构成了包括明清广州府在内的岭南传统村落审美文化的原始基因库。明清广州府传统村落审美文化，就是以南越文化为“本根”，以中原汉文化为主体，吸收其他邦国、部落联盟的文化精华，经过长期的交流、融合，创新为独具特色的地域聚落文化。

2.1.1.2 南越聚落遗址文化基因

根据考古资料显示，岭南聚落肇始于12.9万年前的马坝人栖居的洞穴，到了新石器时代，先民逐渐由山地向丘陵、平原、滨海一带拓展，生产方式也由狩猎发展为渔猎农耕。在多山地区，聚落建筑也逐渐发展为适合定居的“半穴居”，在多水的滨海地区形成了“干栏式”建筑，比如“深圳咸头岭”遗址、“深圳大黄沙”遗址，形成了岭南巢居与穴居两种居址形态。“从新石器时代中期开始，海岛与内陆已然形成对比鲜明的文化分野，在粤北和粤东是以农耕经济的山冈聚落为主，在沿海开始出现以渔猎捕捞经济为主的贝丘和沙丘遗址。”②以上聚落类型分布格局与今天我们在明清广州府所能看到的基本一致，即明清广州府北部的山地村落和南部的水乡村落。

在距今3500年的青铜时代，已经出现大面积的定居聚落，在滨海邻水地区仍然是以贝丘和沙丘的聚落遗址为主，如珠海宝镜湾、佛山河宕、三水银州遗址等发现了木骨泥墙的长屋和和干栏建筑的遗址，在这些遗址中发现有柱洞、基槽、有榫眼的木桩，推测是干栏式建筑遗址，其中高要茅岗发掘了被认为是迄今最明确的滨水“干栏式”建筑遗址，其建筑文化特征与河姆渡遗址类似。而且这个时期的聚落具有功能区的划分，比如东莞虎门村头的贝丘遗址就有住区、公共空间、垃圾区、墓葬区的划分。沙丘遗址有珠海香洲棱角嘴、香港元朗下白泥沙堤遗址，推测当时的人们已经在沙堤聚居，并形成以干栏式建筑为居住形式的聚落。秦汉时期，由于受到中原建筑技术的影响，南越城镇聚落得到了相当程度的发展，根据近年对秦代造船遗址、南越国宫署、王公御花园遗址的

① 陈泽泓. 广府文化[M]. 广州：广东人民出版社，2012：99.
② 曹劲. 岭南早期建筑研究[D]. 广州：华南理工大学，2007：17.

发掘成果便可见一斑。

可见，在万邦时代，南越族群的聚落分为山冈聚落和贝丘聚落、沙丘聚落，山冈聚落的建筑经历了穴居、半穴居、长屋的演化历程。贝丘、沙丘聚落源于巢居的干栏式建筑。侯幼彬教授认为“穴居、半穴居充分体现了‘土’文化的建筑特色，巢居、干阑（栏）充分体现了‘水’文化的建筑特色”。[①]侯老的“土”文化是基于黄土地带的窑洞建筑提出的，并不适合岭南山区的聚落与建筑，山冈聚落是对山的适应，我们可以归纳为“山”文化；“水”文化的概括是符合岭南滨海、多河涌水系的实际情况。《越绝书》卷四记载：“浩浩之水，朝夕既有时，动作若惊骇，声音若雷霆，波涛援而起，船失不能救，未知命之所维”，描写的便是越族人的生活环境。“山”文化和“水”文化主要是基于聚落与建筑的地理环境提炼而得，相比较“水”文化更能代表以广府文化为核心的岭南聚落与建筑特色。因为临水，南越人善于造舟、用舟。在《广东新语》记载临水而居的南越人“习于水斗，便于用舟”[②]，也“善于用舟”[③]，舟楫是古越人生活中最为重要的交通工具。“后世岭南造船技术一直处于全国领先地位，并发展独特的海洋经济模式，与悠久的南越文化有不可分割的联系”[④]。与水有关的早期聚落除了贝丘和沙丘聚落外，根据水上渔猎经济推断还有一种居于船上的水上聚落，这便是文献记载的“疍民”或“蜑人”。宋代周去非《岭外代答·蜑蛮》云：“浮生江海者，疍也。”宋代范成大《桂海虞衡制·志蛮》载：“蜑，海上水居蛮也，以舟楫为业，采海物为生。”明代邝露《赤雅·蜑人》曰：“浮家泛宅，或住水浒，或住水澜，捕鱼而食，不事耕种。”反映的也是岭南早期水上的一种聚落形态。

在物质文化的基础上，南越人形成了相应的社会文化、精神文化。南越人在背山、面海的恶劣环境下形成了“万物有灵”的信仰，“巫鬼”信仰十分兴盛。司马迁《史记·孝武本纪》记载有“越人俗信鬼”“而以鸡卜”的内容，在连山许多壮族村寨至今还留有鸡卜遗俗。在许多先秦文献中都有“断发文身”的记载，认为是龙蛇信仰的反映。“所谓龙者，只是一种蛇的名字便叫龙”[⑤]。《说文·虫部》载：“南蛮，蛇种”。龙蛇信仰之所以在越族地区盛行，有学者考证认为与水环境和稻作经济有关。《淮南子·原道训》曰：“九嶷之南，陆事寡而水事众，于是人民断发文身，以象鳞虫。”[⑥]意思是越族人经常与水打交道，通过断发文身，以避蛟龙。此外，越族地区自古以来就是重要的水稻种植区，《史记》称越地“地广人稀，饭稻羹鱼”，认为蛇是鼠的天敌，有利于水稻

① 侯幼彬. 中国建筑美学[M]. 哈尔滨：黑龙江科学技术出版社，1997：2.
② 屈大均. 广东新语 · 卷17· 宫语。
③ 班固. 汉书 · 卷64· 严助传。
④ 司徒尚纪. 广东文化地理[M]. 广州：广东人民出版社，2012：23.
⑤ 闻一多. 伏羲考[M]. 上海：上海古籍出版社，2009.
⑥ 类似的记载很多，比如《说苑 · 奉使》（刘向）载：“剪发文身，灿然成章，以像龙子者，将避水神也。”《汉书 · 地理志》（颜师古）曰：“常在水中，故断其发，文其身，以像龙子，故不见伤害也。”

的保护，介于各种原因，越族人视蛇为图腾。这些习俗禁忌经过历史的演变，逐渐形成了岭南特有的“巫鬼”信仰。“巫鬼”信仰对传统村落与建筑装饰产生了深刻的影响，反映了与中原文化截然不同的价值取向和审美情趣。

综上所述，万邦时代南越族群的村落构成形态主要包括以穴居、半穴居、长屋为主的山冈聚落，体现了“山”文化的建筑特色，以巢居、滨海干栏、坡地干栏建筑为主的贝丘聚落、沙丘聚落，以及水上聚落，彰显的是“水”文化的建筑特色，从习俗禁忌看，又可概括出南越族的“鬼巫”文化。从今天留存的少数民族和传统广府村落建筑看，许多村落与建筑文化现象必须追溯到早期村落的“山”“水”“鬼巫”文化的构成形态，方能做出合理解释。

2.1.2 移民迁徙融合与广府聚居区的形成（秦—宋元）

先秦时期，岭南被视为化外蛮夷之地，南岭是中原人与岭南人难以逾越的天然屏障，岭南文化在相对封闭的区域中缓慢的自我演化，其聚落文化自成一体，但自秦大一统以来，岭南封闭的局面被打破，开启了岭南移民迁徙的时代，为岭南三大民系的形成奠定了基础，这里主要论析明清广州府聚居区内中原移民迁徙与村落发展演化的关系。

2.1.2.1 广府民系的源流

广府民系是中原多次移民南下与当地土著民族长期交流融合而形成的。广府民系是以南越文化为民系的“底色”，经过秦汉时期汉越杂居的越化阶段，走向越汉融合，并经“南雄珠玑巷传说”的强化而形成的。“南越人是广府民系的源头，而广府民系则是在‘越汉杂处’走向‘越汉融合’中得以形成，广信时期[①]正是广府民系‘汉化定型’而凝聚产生的重要历史阶段”[②]。正如民国历史学家朱希祖说：“与客民相对而言的广府土民，原本也是从别处迁来的，可以说是先来之客，而自居于主。”[③]

秦通灵渠，统一岭南，中原的先进技术、制度在这里得到初步传播，出现越汉杂居，汉人被“越化”，但岭南的建筑与城池吸收了中原的做法，在两广地区出土的两汉墓葬的陶楼有干栏式、半干栏式，以及糅合了汉式做法的穿斗干栏式建筑（图2–1–2）和南越王宫的汉代瓦当、画像砖等。从这些陶器的形式和功能可知，主要还是延续了南

① 根据谭元亨的分析，公元前111年，即元鼎六年，汉武帝平南越国，归入大一统，为了“初开粤地宜广布思恩”，在今封开梧州——即贺江、漓江入西江处，设立了其管辖岭南各郡的‘交趾刺史部’并给此地命名为广信，取广布思信之意。并将岭南的府治由番禺北移至广信，直到永安七年（公元264年，三国时期的吴国）才复分交州置广州，期间长达375年，政治中心北移，是实现“汉化”的重要战略举措。

② 谭元亨．广府海韵：珠江文化与海上丝绸之路[M]．广州：广东旅游出版社，2001：50.

③ 罗香林．客家研究导论[M]．上海：上海文艺出版社影印本，1992：1.

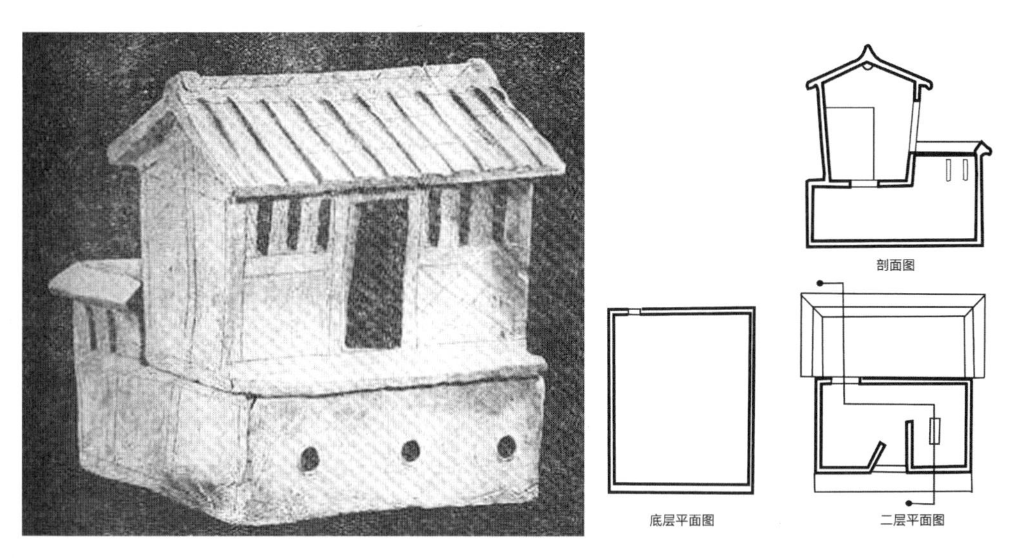

图2-1-2 干栏式陶屋
（图片来源：广州市文物管理委员会编. 广州出土汉代陶屋[M]. 北京：文物出版社，1987：7.）

越文化的传统，中原建筑文化主要是在统治据点产生影响。

南越国灭亡后，岭南的府治由番禺迁至广信。这是广府民系形成过程中由“越化”向“汉化”转变并定型的重要时期。府治的迁徙使中原王朝进一步加强了对岭南的控制。南北文化、中外文化在这里碰撞交融，因此罗香林先生认为这里是中原学术文化与外来文化交流的重心，这也是后来学者提出在这里建构“西江文化走廊”和“岭南文化古都”的重要原因。从语言学角度看，广府民系指的就是粤语区，而粤语的形成则意味着广府民系的定型。不少学者认为“粤语形成于西江中部”①，也即广信一带。随着中原文化的传入，汉语言与南越土著语言相结合、交融，逐渐在广信一带形成既有古汉语和古越语特征的语系，即粤语方言，同时也形成了广府文化的第一个中心。

三国两晋时期，北方战乱，大批北方士族南迁至岭南，由此岭南成为重要的移民区。这个时期岭南属于东吴的疆域，永安七年（公元264年），府治由广信转回广州，广府文化中心也随之转移，广州的地位开始上升，成为海上丝绸之路的重要起点和岭南的政治、经济中心。由于经济发达、社会安定，广州吸引了大批南渡的中原士族。在广州市郊出土的晋墓砖铭文刻有“永嘉乱，天下荒，余广州，皆平康”便是证明。唐张九龄主持修通大庾岭通道，加速了中原移民南迁的速度。明代学者丘睿说：“兹路既开，然后五岭以南人才出矣，财货通矣，中原之声教日近矣，遐陬之风俗日变矣。”两宋时期，不堪金人的凌辱与蒙古的铁骑，又有一大批中原士族和民众涌向岭南。在这个过程中，广州既是北方南迁氏族的避难地，也是南北文化、中外文化的交汇地。北方语

① 叶国泉，罗康宁. 粤语源流考[J]语言研究，1995（01）.

系在这里继续与当地土著语系交融，进一步促成粤语方言核心区的形成，广府核心文化进一步强化。这基本奠定了珠江三角洲广府文化核心区、西江广府文化亚区、高阳广府文化亚区的空间分布格局①，这样的文化格局直接决定了广府村落文化圈和亚文化圈的区分。

此外，在广府村落调研中，会发现大量的族谱都会有宋末“罗贵率33姓97户人家离开南雄珠玑巷而南下迁往珠江三角洲各个地区”记载，其中新会良溪村建有罗氏大宗祠，祠堂前立有罗贵像，良溪村被认为是广府人向珠三角迁移的二次中转站。不少学者据此认为广府民系形成于宋末明初，珠玑巷是广府人的开基之地。根据民族史学观点，一个族群的形成不可能通过一个历史事件在短暂的历史时期内形成。谭元亨教授认为宋代进入后儒社会，对内程朱理学对人们的思想箍制进一步升级，对外被少数民族政权包围，无形中激发了民族的文化自尊，这才有了珠玑巷作为汉民系于岭南开基一说，目的是强调广府民系的汉族血统②。姑且不考虑观点的正确与否，在屈大均的《广东新语》中记载：“珠玑巷得名，始于唐张昌，昌之先，为南雄敬宗巷考义门人……”“张昌是张九龄的十四世孙，后张家也于宋末明初迁徙至新会、开平等地”③。可见，在唐宋时期，珠玑巷已经聚居了不少中原人，珠玑巷仅是部分南迁汉人的一个中转站而已。但珠玑巷传说对强化广府民系是有积极作用的，利于他们在岭南的生存与发展，同时又反过来强化广府民系在岭南三大民系中的边界。广府村落类型的形成伴随广府民系演变的始末，广府民系文化的特质深刻地影响到了广府村落的审美内涵。

2.1.2.2 广府村落的文化特质

背山面海的地理环境使得岭南在文化上既封闭又开放，一方面延缓了中原文化的汉化进程，另一方面易吸收外来文化。所以以广府文化为主的岭南文化对中原文化有所摒弃，对外来文化不断吸收，这样的文化性格直接奠定了广府文化在岭南，乃至中华文化格局中的独特地位，也直接影响了岭南村落与建筑的文化特色。

广府文化特质的形成与海洋文化密切相关。梁启超说过“海也者，能发人进取之雄心；陆居者以环土之故，而种种主系累生焉。试一观海，忽觉趋然万累之表，而行思想，皆得无限自由，彼航海者，其所求固在利也，然求利之始，却不可不先置利害以度外，以性命财产为孤注。冒万险而一掷之。故久居海上者，能使其精神曰以勇气，曰以高尚，此古来滨海之民，所以比于陆居者活气较胜，进取较锐。”④作为五邑侨乡的梁启超分析了内陆环境和海洋环境对人在思维、性格、文化造成的不同影响。广府民系是中

① 司徒尚纪．广东文化地理[M]．广州：广东人民出版社，2012：343-355.

② 谭元亨．广府海韵：珠江文化与海上丝绸之路[M]．广州：广东旅游出版社，2001：52.

③ 同上。

④ 梁启超．地理与文明之关系·饮冰室合集（文集之十）[M]．北京：中华书局，1989.

原文化与海洋文化融合的产物，所以广府民系一方面具有艰苦创业、敬祖祀天、崇文重教等中华民族的共性特征，另一方面濒临大海，海外贸易自古以来都非常发达，海洋文化和商业文化对广府民系的形成产生直接的影响，形成了广府“敢于冒险”“外向开放”“追求自由”“重利贵义”的文化性格。

史书记载，广府很早就开展对外贸易。《三国志·士燮传》云：“……出入鸣钟磬，备具威仪，笳萧鼓吹，车骑满道，胡人夹毂焚香者常有数十……”这里的胡人指的是因海上交往而来的东南亚、印度、阿拉伯的商人及传教、生活而来的其他人。到了六朝时期，广州成为岭南的经济中心，以及国内最重要的外贸口岸。隋唐，广州形成了国际贸易大都会。史书记载了当时海外贸易的繁盛，“海外诸国，日以通商”[①]“诸番君长，远慕望风，宝舶荐臻，倍于恒数”[②]。经过漫长的演变广府人形成了较其他族群超前的商品意识。这是海洋文明的特质，海洋是文化交流、商品交换的渠道，具有开放融通的性格。独特的地理位置，宽松的政治环境使得广府地区以“民商”为主，有别于他处的“红顶商人”。由于商业发达，“弃农从商”“弃士从商”“弃官从商”的现象较其他地区频繁，所以“雅文化”“精英文化”并不是主流，而是雅文化与俗文化共存，并促成了世俗享乐的社会心理，农商并重的经济意识的形成。这样的文化性格对广府村落审美文化影响深刻。

由于频繁的对外贸易，广府地区是外国人的重要聚居地，多种文化在此碰撞、交流，并融合进广府文化之中。从宗教文化来看，在广府村落中能看到反映佛教、道教、基督教、伊斯兰教、自然崇拜的符号或“鬼神空间”，如长洲岛的伊斯兰墓地，南海神庙上“海不扬波”匾额。考察历史我们会发现许多外来宗教都是从广府登陆，进而传播到各地。这种西学东渐的文化传播现象在清末民国时期尤为明显。对此，广府人采取开放兼容的态度，刁其精华，为我所用。这种心态在秦汉时期汉越杂处阶段，就表现为赵佗不以越俗为弊，越人也不曾排斥中原文化。虽然广府人对外开放兼容，但在内部家族伦理却传统、保守。在广州城中会看到许多祠堂、庙宇，在民居建筑内部一定置有祖宗的牌位，“天地君亲师”的神牌必定定期祭拜，这种现象在传统村落更甚。

务实性、世俗性是广府民系的另一特质。在岭南会经常听到“客家人讲过去，广府人叹（享受）现世”。也就是说客家人重视祖先历史，“宁卖祖宗田，勿忘祖宗言”，以中原名门望族自居，在客家的许多门匾上有记载祖先历史信息的牌匾和对联，如“颍川世家”“琅岈郡望”，并以此来激励后代。客家建筑较多地保留了中原建筑文化，其围屋、角楼可以追溯至汉代的中原坞堡。广府人虽然也祭祀祖先，也修族谱，但更侧重于现实利益，很少遇到广府人大谈祖先的荣光。他们会随着时代的变化而不断调整，抓住

① 刘煦等. 旧唐书·卷89·王方庆传。
② 全唐书·卷515·王虔休. 进岭南五馆市舶使院图表。

机遇、埋头苦干，务实创新，故广府人的经济条件一向优于其他地区。重视现世人生的态度，必然导致世俗享乐的审美心理，所以反映在村落与建筑上则是村落规划严整、建筑质量高、建筑规模大、建筑装饰精美等特点，强调人的感官享受性。所以，进一步推理得出广府人的思维模式是直观的、感性的、整体的，抽象的逻辑思辨并不被广泛认可，这也是为什么广府建筑的装饰题材大多是生活中常见之物，比如蔬菜、水果、花卉、故事、生活场景之类，突出它的趣味性、生活性、故事性。

概括起来，广府民系受海洋文化、商业文化的影响形成重商务实、世俗享乐、开放兼容的文化特征，这些文化特征是中原文化所未有的，这也是广府村落文化有别于其他村落类型的特色所在。当然了没有中原文化，没有海洋文明和商业文明，也就没有广府文化多姿多彩的特征和勃勃生机的性格。

2.1.3 民系交汇背景下的广客杂居村落演绎（明—民国）

在不同时期、不同地域岭南形成了广府、客家、福佬三大民系。在明清广州府内，除了广府民系外，还有客家民系以及极少数的福佬民系分布，粤语和客家话两大方言交错分布在明清广州府东路，呈带状分布，主要是指从化、增城、龙门、清远的中部和南部以及东莞、深圳的东部，形成广客民系共居区域。经过长期的融合，在这片区域形成了广客（也称“土客”）杂居的聚居模式和广客民系文化交融的村落形态。

2.1.3.1 客家民系的建筑文化特质

明清广州府东路本是广府区域，东边和东北区域是传统的客家文化聚居区，客家人是从别处移居而来。客家人是北方汉人南迁进入特定区域后，以其经济、文化的优势，既同化了当地的原住民，又吸收了原住民的固有文化，形成的一种新型文化。

“客家”一词最早出自《丰湖杂记》（徐旭曾）[①]一书，该书被称为“客家人宣言”，具有重要的学术价值。从《丰湖杂记》可知客家人是南宋随高宗南渡的“中原衣冠旧族，忠义之后”，所以客家人的形成时间主要是在南宋，但可远推至东晋时期，“尚有自东晋后迁来着，但为数不多也”。到宋末元初，在元兵的铁骑下，“今粤之土人，亦争向海滨各县”，根据“南雄珠玑巷的传说”，这些土人应该就是广府人，后到的客家人就定居在原土人居住的地方。广东省的客家民系聚居地包括“南雄、韶关、连州、惠州、嘉应各属，及潮州之大埔、丰顺，广州之龙门各属是也。”这里明确指出明清广州府的龙

① 肖平. 客家人[M]. 成都：成都地图出版社，2002：26-28［注释：《和平徐氏族谱 · 旭曾丰湖杂记》（广东省和平县），王炎在《离异与回归——从土客对立的社会环境看客家移民的文化传承》一文中认为肖平的《客家人》错将“嘉庆乙亥”定为“嘉庆十三年”（1808年），实应为“嘉庆二十年”（1815年），并将题目更改为《丰湖杂记 · 客家》］。

门县是客家聚居地。客家人的审美文化特质以“文武双修”为主，正如文中所说“以耕读为本，家虽贫亦必令其子弟读书，鲜有不识字、不知稼穑者。日出而作，日入而息，即古人“负耒横经”之教也。”“多精技击，传自少林真派。每至冬月农暇，相率练习拳脚、刀剑、矛挺之术，即古人‘农隙讲武’之意也。”客家人以耕读为立身之本，所以我们常用‘耕读传家’“诗书传家”“吃苦耐劳”“勤俭节约”来形容客家人的文化特质，但很少论及客家人的“尚武之风”“农隙讲武”。在广客民系交融过程中，为了争夺生存的土地，土客之间矛盾冲突不断激化，甚至引发了长达十几年的“咸丰同治年间的土客大械斗”[①]，影响到了广客民系聚居区的分布。因此“尚武之风”的客家性格可以作为研究客家聚落分布以及建筑强调军事防御性的切入点。

客家人与广府人在语言、风俗上存在巨大差距，“吾客人，亦因彼之风俗语言不能同，则土自土，客自客，土其所土，客吾所客，恐再千数百年，亦犹诸今日也。”认为即使再过千年也很难改变土客之间的差异，但客家人与中原人确有许多共同之处，“冠婚丧祭，年节往来之习俗，多有与客人相同者，益信客人之先本自中原之说，为不诬也。”通常我们认为客家人作为中原望族的后裔，在与原住民交流中滋生了“文化优越感”，视原住民为后进文化族群，所以客家人“层山不层坝”，不与原住民通婚和混居，以保持自己中原文化的正统性，然而《丰湖杂记》中说客家人来到岭南时，当地土人已经迁到沿海各县，因此客家人带来的中原文化较少受到土著文化的影响，所以中原文化的整体性得以保留，这一看法有待进一步商榷，但中原文化却在客家民系中相对完整地保存下来。

客家人的迁移史悲壮而惨烈，客家人的生活清苦但不失内涵。苦难的历史、艰难的生活、不断开拓新土地的野心、时刻被威胁的生存环境使得客家人形成极强的外防内守的社会心理。所以，在客家社会中除了传承“耕读传家”的“文化”外，还保持着“农隙讲武”的“武化”传统。“在残酷的土客对立环境中，沿着‘准军事化生涯’的模式发展，客家人明显表现出优于土著人的‘山区中的城市人’特征——‘修文讲武’”[②]。

客家人以“中原衣冠旧族”自居，在“靖康之乱”的特殊历史背景下举族南迁，“沿途据险与元兵战，或徒手与元兵搏，全家覆灭、全族覆灭者，殆如恒河沙数。”南迁的历程时刻伴随着战斗——悲壮而惨烈。定居赣、闽、粤之后，为了与当地居民争夺生存空间，防御外族入侵，迁徙的记忆，风俗语言的差异等因素使得客家人聚族而居的居住模式被不断强化。在《丰湖杂记》中说“一因风俗语言不同，而烟瘴潮湿，又多生病疾，雅不欲与土人混处”，因为历史的惨痛记忆和现实的土客对立，使得客家人在聚落

① 刘平．被遗忘的战争——咸丰同治年间广东土客大械斗研究[M]．北京：商务印书馆，2003.

② 王炎．离异与回归——从土客对立的社会环境看客家移民的文化传承[J]．' 中华文化论坛，2008：21-27.

与建筑的营建过程中，多修建防御性极强的围楼、角楼、围龙屋、土楼等建筑形制。我们通常认为这些建筑类型是客家人特有的，是“‘准军事化性质’的村寨，反映客家人长期过着‘准军事化’的紧张生活”[①]（图2-1-3）。

客家人尚武，具有开疆拓土的精神，客家人从赣、闽、粤向南、向西的开拓从未停止过，直到清咸丰年间在今粤西、粤西南发生的土客大械斗，才截住了客家人开拓的步伐，居住在这一带的客家人遭到毁灭性打击。事实上根据民族学的一些资料，在明以前的赣、闽、粤地区居住着瑶族、畲族、壮族等南越族的后裔。元朝统治者的到来并未改变他们的聚居空间，相反民族学者普遍认为当地原住民是被客家人以武力迫使迁往更偏僻的山区，这与客家人的尚武之风、开拓精神是一脉相承的。在迁徙与开拓的过程中，客观存在的生存环境在催生一种防御性的聚落和建筑，刚好客家人的中原士大夫情怀和中原衣冠旧族的心态，使他们追忆起魏晋南北朝时期的中原坞堡建筑（图2-1-4），坞堡建筑既能满足军事防御的现实需求，同时又能满足客家人的中原世家大族情怀。有学者将客家人的这种行为归纳为“武化定居”。

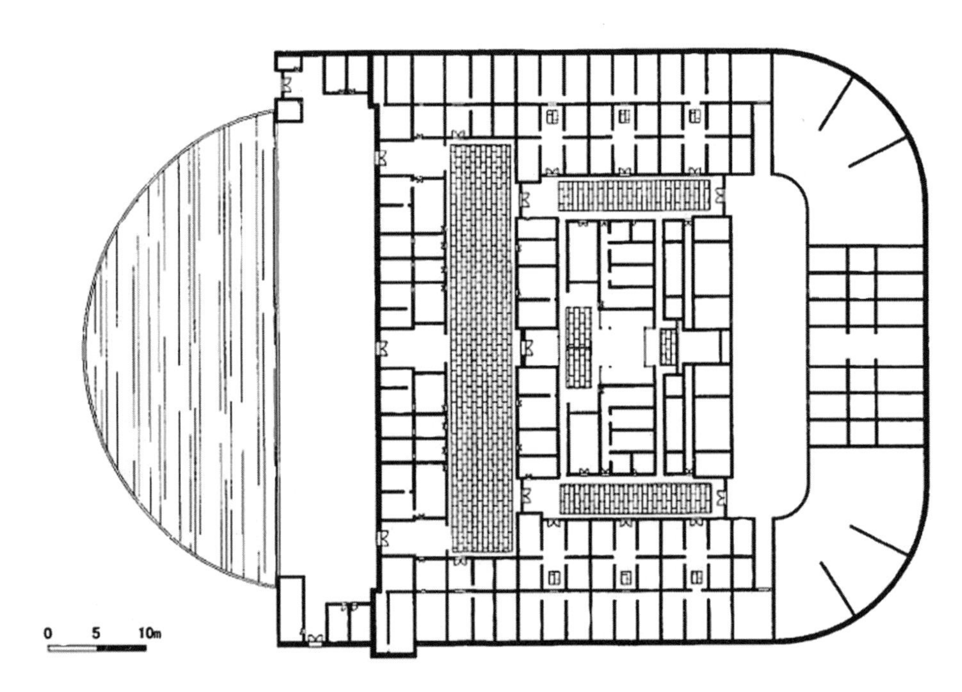

图2-1-3　龙湾世居——准军事化性质的客家村落
（图片来源：《黄氏宗族客家住屋型制与文化研究》）

① 王炎. 离异与回归——从土客对立的社会环境看客家移民的文化传承[J]. 中华文化论坛，2008：21-27.

图2-1-4　广东广州汉墓明器的坞堡
（图片来源：刘敦桢．中国古代建筑史（第二版）[M]．北京：中国建筑工业出版社，1984：74.）

2.1.3.2　广客民系的村落文化交融

客家人自迁居赣、闽、粤后，人口增加，人地矛盾日益加剧。光绪《嘉应州志》载：“土狭民瘠，自是州之实事……在国初已有人多田少之患，况二百余年以至今，物力之不支，民生之日困，固其宜也”[①]，为了寻求新的生存空间，清初，粤东北的客家人大规模的不断向广府民系聚居区拓展，并引发了广府西路大规模的土客械斗，并波及部分南路、中路地区，而在广府东路矛盾相对缓和，经过长期交融，形成土客共居的状态。

在徐旭曾的《丰湖杂记》说到，宋末元初，就已有客家人迁移到当时广州路的龙门县，即“广州之龙门各属是也。”根据增城县志及族谱记载，在明代就有客家人迁入，如派潭镇邓氏即是弘治十四年（1501年）从福建汀州迁入围园，正果镇的郑氏于嘉靖四十四年（1565年）从惠州博罗县迁入西湖滩。但客家人大规模迁入增城是清康熙二十三年（1684年）“迁海复界”之后。

为了断绝大陆与台湾郑成功集团的往来，清顺治十三年（1656年）六月颁布了《禁海令》，紧接着清康熙元年（1662年）二月颁布《迁海令》：“勒令界外居民限期3天，内迁50里，界外房屋尽夷，空其人，越界者斩。梧桐山、盐田村、梅沙山、田头山、迳口山为迁海之界。”长期战乱、《禁海令》和《迁海令》使得沿海经济衰退，聚落被毁，造成沿海一带哀鸿遍野，千里无鸡鸣。直到康熙二十二年（1683年），清政府收复台湾，迁海令终止。康熙七年，时任广东巡抚王来任和两广总督周有德，痛陈迁海之弊，请求朝廷复界，康熙八年朝廷诏令招垦复业。以此为契机，聚居在赣、闽、粤边区的客家人逐渐向外迁徙，进入到广东的中部、南部、西南部。《增城县志》载：“客民者，来佃

① （光绪）《嘉应州志》．转引自刘平．被遗忘的战争——咸丰同治年间广东土客大械斗研究[M]．北京：商务印书馆，2003：45.

耕之民也。明季兵荒迭见，时有英德、长宁来佃于增，葺村落残破者居之，未几，永安、龙川等县人亦悄悄至。清丈时，山税之占业浸广，益引嘉应州属县人杂耕其间，所居成聚。"[①]，在客家人编写的《崇正同人系谱》说："广州属之增城、东莞、从化、香山、三水等县，又西江之肇、阳、罗，沿海之高、雷、琼、廉等州县，广西全省各州县，湖南毗连广东各州县，在皆有吾系，大抵皆在康、雍、乾各朝代，由梅州及循州（惠州）之人，或以垦殖而开基，或以经商而寄寓。"[②]这说明客家人在广府文化地区都有分布。然而今天我们在广府西路很少看到客家村落和建筑，而在广府东路却很常见。究其原因如下：

客家人迁徙是为了获得新的生存空间，所到一个地方，由于势单力薄，要么被同化、要么为奴或佃户，要么武力争夺土地。《粤东剿匪纪略》载："恩平客民乃惠、潮、嘉三府州之人，雍正年间流寓广肇二属各州县，开垦住居，自为村庄，土民奴隶视之。"[③]"肇属客民，原籍皆隶嘉应，其始垦山耕种，佣力为生。土民役使严急，仇怨日积。"[④]导致土客之间矛盾日益加剧。罗香林在《客家研究导论》说："乾嘉以后，客家在台山、开平、四会一带者，因人口激增，势力扩张，始则租赁土人的田地，以耕以植，继则渐次设法收买，形成与土人相对竞争的局势。"[⑤]除了生存的土地竞争外，还涉及政治地位的竞争，尤其是户籍身份和考功名的指标。客家人讲究"耕读传家"，既重视土地的争夺，又强调功名的获取。当时的户籍制度是编户齐民，作为迁移而来的客家人属于无户籍之民，不能参加科考。清朝定例："各地学额均有定数，童生应试均应在原籍参加，如果要在客居地应试，首先要取得该地的法定身份，即加入当地户籍，且入籍须满二十年。"[⑥]这样的社会制度使得客家人处境艰难。一方面客家人努力获取更多的生存空间，争取更多的仕途机会，另一方面原住民努力维护既得利益，这必然加剧了土客矛盾的升级。在广府的许多地方志记载客家人被视为异类，备受歧视。《四会县志》载："邑上路各铺多客民，土人称之为客家，其来不知所自，虽习土音，而客家话久远不改。初来时耕山移徙，移类瑶。"[⑦]《恩平县志》云："客家即'g'家，音相讹耳，邑志言前时西獠人入寇，实是此种，历代危害。"[⑧]而客家人以中原衣冠贵胄自居，不轻易改变自己的传统。长期以来，冲突不断加剧，土客之间的械斗变得极为常见。"百姓习为械斗，日以兵刃相接，地方官又日与百姓以兵刃相接……富乡大族，均各筑立土城，

---

① （民国）《增城县志》. 转引自刘平. 被遗忘的战争——咸丰同治年间广东土客大械斗研究[M]. 北京：商务印书馆，2003：48.

② 《崇正同人系谱》· 卷一 · 源流. 转引自刘平. 被遗忘的战争——咸丰同治年间广东土客大械斗研究[M]. 北京：商务印书馆，2003：47.

③ 陈坤. 粤东剿匪纪略 · 红巾军起义资料辑（二）[M]. 广州：广东中山图书馆油印本，1959：400.

④ "肇庆各属土客一案派员驰往办理情形疏"，杨坚校补. 郭嵩涛奏稿[M]. 长沙：岳麓书社，1983：24.

⑤ 罗香林. 客家研究导论[M]. 上海：上海文艺出版社影印本，1992：24.

⑥ 曹树基. 中国移民史（五）[M]. 福州：福建人民出版社，1997：252.

⑦ 《光绪 · 四会县志》编一 ·《猺 · 客民附》。

⑧ 《宣统 · 恩平县志》卷十六 ·《艺文 · 诗》。

广置炮火，以劫掠为事。”[①]随着矛盾的不断激化，终于在1850年，以太平天国运动为导火索，引发了持续13年，涉及17个县的土客大械斗，被不少史学家称之为“一场规模浩大的战争”[②]。《赤溪县志》载：“互斗连年，如客民于鹤山之双都各堡，高明之五坑各堡，及开恩二县……等处共二千余存，悉被土众焚毁掳掠，无老幼皆诛夷，死亡无算。而鹤、高、开、恩等县土属村落，亦被客民焚毁掳掠千数百区，无老幼皆诛夷，死亡无算。据故老所传，当日土客交绥寻杀，至千百次计，两下死亡数至百万，甚至彼此坟墓亦各相掘毁，以图泄愤，其狠惨殆无人道云。”[③]

在大械斗第七、八年的时候，清政府介入，派兵震慑驱赶，并调解议和，然收效甚微。之后，政府采取以“剿客为主”“剿抚兼施”的策略，才最终平息了这场械斗。据客家建筑研究者潘安博士说，这场械斗使广府西路的客民所剩无几，政府将客民集中专门划一块地设置赤溪厅安置[④]，其余客民一部分政府划拨银两迁往广西、四川等地，一部分被以卖“猪仔”的形式迁往国外[⑤]，并掀起了侨乡城镇、村落建设的新篇章，这也是今天在广府西路、南路很少能看到客家村落和客家建筑的原因，仅赤溪镇以“斑块式”嵌入。在清末民国时期侨乡地区的村落和建筑十分强调防御性，除了防盗匪外，还有就是大械斗留下的历史阴影，使这一区域内的广府人保留着非常强的防御意识。

在广州府西路由于大械斗，阻止了客家人南迁西拓的步伐，广客民系文化还未来得及融合，客家人就遭到毁灭性打击。但从现存广州府东路，即清远、从化、增城、龙门、东莞、深圳东部的村落与建筑来看，呈广客共居的村落形态，并且实现了两个民系建筑文化的有效融合。研究客家学的刘丽川对广府东路的增城、东莞、深圳地区的调查认为“咸丰年间，当西路土客械斗打得惨烈之时，在东路的增城、东莞、新安一带，土与客之间却基本上相安无事，共存共荣。”[⑥]

清康熙二十五年《增城县志》记载的最早期一批客家人是从粤北的英德、长宁迁入：

“庆福都，在县西附城五里。编户四图，统村二十有六：径下，今英德人居；陂下，英德人居；百花林，今英德人居。”

---

① 杨坚校补．郭嵩涛奏稿[M]．长沙：岳麓书社，1983：281.

② 这场械斗起于清咸丰四年（1854年），止于清同治六年（1867年），前后持续了13年，斗祸起于鹤山、恩平、开平、高要，蔓延于高明、新兴、阳春、阳江，浸及新会、四会、罗定、东安、电白、信宜、茂名，共涉及广州府、肇庆府、高州府、罗定州17个州县。参见刘平．被遗忘的战争——咸丰同治年间广东土客大械斗研究[M]．北京：商务印书馆，2003.

③《民国·赤溪县志》卷八·《赤溪开县事纪》.

④ 赤溪所辖区域，在清中前期原为广州府新宁县所属潮居都、矬峝都部分地区，是客民的聚居地。《台山古今概览》载：“赤溪客家人的祖先于清雍正、乾隆年间，从惠、潮、嘉（今梅州）所属各县先后迁入新宁（今台山），聚居曹峰山下。”土客械斗平息后，清政府根据广东巡抚蒋益澧的建议，将潮居都、矬峝都部分客民聚居区从新宁县析出，于清同治六年设赤溪直隶厅以安置客民，赤溪厅即今天台山的赤溪镇。

⑤ 罗香林称之为客家移民史上的第五次迁徙。

⑥ 刘丽川．论清咸丰同治年间广州府东路的土客共存——以增城为中心[C]．族群迁徙与文化认同——人类学高级论坛2011卷，2011：492-508.

“金牛都，在增江之东，自陆村至老虎滩界，去县六十里。编户四图，统村三十有六：新围，英德人筑而居之。”

“合兰上都，在县南二十里。编户十图，统村四十有四：钟冈，有英宁（长宁）人插居。”①

事实上，根据对增城各姓氏族谱分析，发现还有很多在这之前就迁入的客家人并未记录在县志，比如正果镇刁韩村刁氏是清康熙十年（1671年）由龙川迁入，派潭镇车洞村的汤氏是清康熙十九年（1680年）由新丰迁入等，这可能与当时迁居山区的大部分客民没有编入户籍有关。但说明在明清广州府东路已经形成了广客共居的村落形态（如钟冈）和客家人独居的模式（如新围）。刘丽川总结了从“嘉庆志”到“宣统志”增城的粤客村落比嘉庆朝增加了682个②，并指出“宣统志”没有区分是广府村落或客家村落，只说粤客村落。在《增城方言志》分析了原因，“当时客家人与本地人已很好地融合了，客家村与本地村多有混杂的，难以彻底分开。”③我们来看一份1991年增城地方志关于村落的统计数据：全县298个村委会，纯客家村落91条，占比30.5%，广客共居73条，占比24.5%，纯广府村落134条，占比45%。④，可见，随着时间的推移，广客民系进一步融合是主流，在靠近珠三角东部边缘以广府村落为主，在靠近东江客家文化区的西部边缘以客家村落为主，但是从村落形态与建筑形制来看，彼此都具有广客建筑文化的特点（图2-1-5）。

图2-1-5　广客文化兼容的村落：龙门县新楼下村（绳武围）
（图片来源：作者自摄）

① 《康熙二十五年·增城县志》·卷一《舆地》.

② 刘丽川. 论清咸丰同治年间广州府东路的土客共存——以增城为中心[C]. 族群迁徙与文化认同——人类学高级论坛2011卷，2011：492-508.

③ 王李英. 增城方言志[M]. 广州：广东人民出版社，2001：7.

④ 王李英. 增城方言志[M]. 广州：广东人民出版社，2001：8-9.

2.1.4 中外文化交流背景下的侨乡村落拓展（清中后期—1949年）

广府侨乡村落史上的“中外文化交融”是在中外文化处于不同发展阶段以及“西学东渐”的时代背景下发生的。位于沿海的广府地区得风气之先，开风气之先，近代以来，出现了大批沿海居民纷纷逃往海外、移居海外谋求出路的社会现象，形成了包括五邑、中山在内的广府侨乡城市、村镇聚落核心区。这些侨乡聚落在物质、社会、精神文化层面都彰显着近代古今中西之争的时代背景，并形成了广府侨乡独特的审美文化特质。

2.1.4.1 侨乡村落形成的历史文化背景

海上丝绸之路的开辟，使珠江三角洲一直是对外贸易的重要区域。明清以来，随着资本主义的萌芽，已有人下南洋做生意谋生。到清晚时期，已有众多开平人大胆走出国门，到东南亚的印尼、马来西亚等国家种植橡胶、挖锡矿，并在这些地方建起了集镇。到19世纪50年代（清咸丰年间）北美发现金矿，急需劳动力，此时国内爆发的太平天国起义波及珠三角流域，并以此为导火线引发广府西路大规模土客大械斗，再加上天灾的肆虐，产生了一批难民。土客械斗平息后，客家人遭受毁灭性打击。这些难民和剩余一部分客家人被迫以“合约华工”的身份到海外的南洋或北美谋生。《开平县志》载：“道咸之际，红客交讧，水灾并作，邑民疲悴至斯而极，然风尚勤朴，工商营业年得百金，可称家肥。是时，海风初开客乱，难民纷走海外，阅时而归，耕作有资，于愿已经足。”[①]这一批侨民在异国他乡辛苦打拼，其中有一部分在国外挣到钱，事业有成，回乡置田建屋，开启了五邑侨乡的演变历程。由此可知，五邑侨乡的第一批华侨是以客家人为主，而不是我们通常所认为的广府人。

五邑及其附近地区位于珠三角的西部边缘地区，多山地、丘陵，人均耕地少，贸易不发达，人们的生活异常艰难，当看到迁往国外逃难的第一批归国侨民，非但没有客死他乡，反而携资回国买田筑屋，使他们看到了生活的希望。刚好这时美国和加拿大在修建横贯东西部的铁路，需要大量的劳动力，巨大的就业市场吸引着这里的贫苦农民，纷纷主动以“合约华工”的身份把自己“卖”往美洲，美洲因此成了五邑人的主要侨居地。在五邑地区一直流传着“家里贫穷去亚湾（古巴），为求出路走金山”的谚语。当时去北美谋生成一时之风气，宣统时期的《开平县志》描述了这样的场景：“父携其子，兄挈其弟，几于无家无之，甚或一家而十数人。”从而形成了五邑地区村村有华侨，绝大部分在乡之人是侨眷的人文景观，甚至在开平、台山等地的华人华侨的数量超过家乡人。

① 张国雄. 开平碉楼[M]. 广州：广东人民出版社，2005：29-30.

北美洲是移民的大熔炉，不同国家或地区的移民文化汇集一处，共存一域，而且这里的文化代表世界先进文化走向。五邑华侨在这里自觉不自觉地了解到欧美不同时期的文化。长期的异国文化熏陶，使他们慢慢地接受了西方的审美取向、价值观念、生活习惯、行为方式。当他们返回故里时通常有三大心愿——即买田、建屋、讨老婆。“重新回到传统的社会组织和文化空间里来的归侨，在家乡购置田产、辟建房屋、娶妻生子……但是，他们当中大多数人的文化认同已不再适应于现实的封建社会系统和局促的生活空间，不可能再永久地固守在文化封闭和节奏滞缓的环境之中了”[①]他们中部分侨民年老之后则会返回家乡定居，部分留居于侨居地，但也会不定时的回乡省亲，部分则定时的往返于家乡和侨居地。随着侨民的往返来去，华侨成了近代侨乡文化演变的积极推动者和参与者，侨居地的生产方式、消费模式、习俗、建筑等各种文化形态逐渐的传到家乡。其中最常见的就是侨眷和侨民积极主动地将国外先进的建筑材料、建筑技术、规划理论等建筑文化与广府的自然、社会、人文环境相结合，改造旧式建筑、规划建设华侨新村，并纷纷修筑碉楼防盗、防洪以及炫耀乡里，创造有广府地区特色的侨乡聚落。

此外，几代海外华侨经过努力，积累了一定的财富和社会地位，不少成为行业的佼佼者，他们不再局限于父辈的“买田、建屋、讨老婆”，更多的是回乡投资实业或兴办教育、慈善、医院等公共事业，与此同时，西式学校、西式医院、西式厂房等建筑纷纷拔地而起，丰富了侨乡建筑景观的内容。因此，广府侨乡首先在五邑地区形成，并被称为“中国第一侨乡”是有深刻的历史原因的。

2.1.4.2 广府侨乡村落文化特质

广府侨乡村落彰显了古今中西之争的时代风貌，记录了中外建筑文化“接触-碰撞-冲突-批判-并存-融合”的漫长而复杂历程，在这个过程中广府侨乡村落形成了有别于传统广府村落的文化特质。

侨乡之所以为侨乡，体现在华侨侨眷众多、海内外联系紧密、侨汇经济发达、文化教育水平高四个方面[②]。通过海外华侨将海外的各种文化形态带到家乡，促成家乡文化结构的改变，最终形成特有的侨乡文化。然而，无论侨乡受到海外文化多大影响，但归根结底是隶属于广府文化体系，不论是村落格局、建筑形制，还是宗族制度、民间信仰都受到传统文化的约束，仍然遵循着固有的逻辑而向前演化着。因此，侨乡文化可以定义为“以中国传统文化为主，以外来文化为辅，兼容了本土文化、西方文化、华侨文化和港澳文化等元素，具有鲜明的中西合璧特征的一种文化类型。”[③]侨乡村落与建筑文化

① 王健．广府民系民居建筑与文化研究[D]．广州：华南理工大学，2002：106.

② 方雄普．华侨华人百科全书（侨乡卷）[M]．北京：中国华侨出版社，2001.

③ 王克．文行化育：用侨乡优秀文化精髓办学育人[M]．珠海：珠海出版社，2008：18.

作为侨乡文化的重要组成部分，吸收了国外多种建筑文化因子，体现了“中西合璧”的时代精神。

广府侨乡村落虽受到西方个人主义的影响，但家庭和家族观念根深蒂固，侨民迫于生计到海外谋生，历经千辛万苦、省吃俭用，将所积攒之钱寄回家乡赡养亲人，让家人过上富足的生活。回乡后买地、建房、娶老婆，以光宗耀祖、夸耀乡里。清光绪年间，新宁（台山）县令李平书在《宁阳存牍》写道：“宁邑地本瘠苦，风俗素崇俭朴。自同治以来，出洋之人多获资回华。营造屋宇，焕然一新。服御饮食，专尚华美。婚嫁之事，犹斗靡夸奢，风气大变。”[①]在现存的侨乡村落选址、规划布局、建筑空间组合、装饰题材等方面都刻下了深刻的家族、宗族烙印，反映了宗族文化对侨乡村落文化的深刻影响，侧面反映了广府传统文化惯性在侨乡的延续。

侨乡民众与国外的人流、物流、财流的长期往来，使侨乡文化具有开放的胸怀和博大的气魄。“开放性既是近代广府文化的基本特点，也是广府侨乡建筑发展的文化背景和心理基础。”[②]同时侨乡文化“以中国传统文化为主，以外来文化为辅，兼容了本土文化、西方文化、华侨文化和港澳文化等元素”，其实质就是体现为折中中外，融合古今的兼容性。这种兼容性体现在侨乡的方方面面。民国《开平县志》载：“衣服喜番装，饮食重西餐、婚姻讲自由、跪拜改鞠躬。”在语言上也受到欧美语系的影响，“华侨对英语的使用受到家乡人的模仿，这在当时成为一种时髦。见面喊哈啰，分手说拜拜，男女老少随口而出。如球叫‘波’（Ball），好球叫‘古波’（Good-ball），冰棍叫‘雪批’（Pie）……”[③]这种开放兼容的价值取向在侨乡村落与建筑上表现得更为直观，我们可以将其概括为不中不西、亦土亦洋的村落风貌特征。建筑风格有集仿主义的嫌疑，有中国传统的坡屋顶、三间两廊的空间布局，也有“廊楼式、罗马式、英国古堡式、德国哥特式、西班牙式、伊斯兰式”[④]。

广府侨乡民众敢于冒险，具有开拓创新的品格。在台山一带流传的《自叹木鱼》记载：“祖国艰难无生计，时时思考走南洋。就将身价来抵押，四邻借贷甚彷徨。应承唔怕利息，连忙稽首别高堂。直出香港来写位，落船赤体洗硫磺。水路先从上海过，横滨过了太平洋。烟云暗黑鱼龙啸，洪涛大浪水茫茫。人在船中齐颠倒，劳劳碌碌打千秋。头晕目眩心作闷，频频呕吐不成眠。”[⑤]在这样的逆境中侨乡民众养成了开拓创新的品格。广府侨乡在开放的基础上，以兼容为手段，重视文化的创新。比如广府侨乡村落与建筑积极借鉴西方建筑文化，同时改造广府传统建筑形制和风貌，自觉探索适合新时代审美心

① 台山县人民政府侨务办公室. 台山县华侨志[M]. 北京：中国年鉴社，1992：162.
② 唐孝祥. 岭南近代建筑文化与美学[M]. 北京：中国建筑工业出版社，2010：140.
③ 王克. 文行化育：用侨乡优秀文化精髓办学育人[M]. 珠海：珠海出版社，2008：22.
④ 梅伟强，张国雄. 五邑华人华侨史[M]. 广州：广东高等教育出版社，2001：67.
⑤ 梅伟强，张国雄. 五邑华侨华人史[M]. 广州：广东高等教育出版社，2001：141-142.

理需求的新形式、新符号，以及符合新时代功能需求的空间，形成“中西合璧”的时代特征，唐孝祥教授将广府侨乡建筑总结为“开放是基础、融合是手段、创新是目标”。[①]

2.2 空间视域：审美文化区划

2.2.1 文化圈理论

为了便于深入研究，避免以往建筑文化地理学研究中对文化圈和文化区的混淆使用现象，本书首先探讨“文化圈”和“文化区”的理论来源及区别是有意义的。传统村落的“审美文化圈”是建筑美学的“审美文化”与“文化圈”结合而成的一个概念。[②]“文化圈”（Cultural Circle）是文化人类学中“文化传播论”[③]的核心概念，主要用来描述一个由若干文化特质（文化因子）构成的区域。代表人物是格雷布纳（Graebner，Fritz 1877–1934）和施密特（Schmidt，Wilhelm 1868–1954），格雷布纳提出从“形的标准”和“量的标准”来判定文化因子的类似性，从而划定文化圈，施密特在格雷布纳的基础上进一步提出“连续的标准”和“亲缘关系程度标准”。这对文化圈的划定提供了更为精准的依据。总之，文化圈理论是为了探讨地理空间上的文化分布现象，同时厘清时间上的古今文化关系的历史序列，并探寻其文化演变的规律及源头。“文化区”是由美国人类学家博厄斯（Franz, Boas 1858–1942）提出，“初步看上去，博厄斯的文化区概念与文化圈概念差不多，但博厄斯不以为然，他认为，提出文化区概念的最初目的只是为了便于物质文化特征的分类，并不是适用于一切文化现象的万能理论。但遗憾的是这个最初的主要目的被人误解了，以为按照文化区把人分成许多集团。其实，以物质文化为根据的文化区与以宗族、社会组织等其他文化方面为根据的文化区并不一定相符，与语言族群的分布亦不一定相合，只将相连地区文化特质的分布绘成地图，证明各种文化形式的关系，文化区才有意义。”[④]可见，文化区的划分主要着眼于物质文化，而文化圈的划分除了物质文化层面外，还包括“以宗族、社会组织等其他文化方面”，我们可以理解为包括内隐的社会文化和精神文化层面。所以结合传统村落审美文化的形态结构研究的

① 唐孝祥. 岭南近代建筑文化与美学[M]. 北京：中国建筑工业出版社，2010：145.

② 传统村落的“审美文化圈”是审美文化研究与文化圈研究结合，并运用于建筑领域的一个概念，文化圈理论迄今为止已得到行业和学术界的普遍认可，并被广泛运用到各种文化现象的研究中。本书提出“审美文化圈”的概念是基于审美文化是文化的重要组成部分，以及文化圈的广泛运用，其是否合适还请行家批判与指导。

③ 文化传播论是19世纪与20世纪之交产生的西方文化人类学理论，认为人类文化的相似性可以用文化传播的概念来解释，即一种文化现象产生后便向不同地方传播，各民族的文化并不都是自己创造的，而是从其他文化现象中“借用”了某些东西；在一定区域内，若干文化特质构成一定的文化圈，文化人类学的任务就是研究作为文化历史的文化传播和文化圈。因此，文化传播论学者们被称为“播化学派”或“文化圈学派”和“文化历史学派”。参见宋蜀华，白振声. 民族学理论与方法[M]. 北京：中央民族大学出版社，1998：25.

④ 宋蜀华，白振声. 民族学理论与方法[M]. 北京：中央民族大学出版社，1998：35.

实际需要，采用文化圈的划分优于文化区的划分。文化圈理论是人类学“传播学派”的核心理论，认为一种文化的形成和分布与文化传播密切相关。岭南是我国重要的移民区，岭南文化是众多族群文化传播并与当地原生文化结合的产物，包括明清广州府在内的岭南传统村落文化的形成与历史上的移民现象、文化传播有直接关系。

传统村落审美文化作为文化的重要组成部分，其审美文化圈的划分也可借鉴“形式标准”“数量标准”“性质标准”“连续标准”“关系程度标准”来探讨不同类型传统村落审美文化因子的地域分布，进而确定不同类型的审美文化结丛、审美文化亚圈、审美文化圈。

2.2.2 传统村落审美文化圈划定要素

传统村落是位于特定地域中，由讲不同语言的特定主体在漫长的历史演变过程中创造的人居环境。明清广州府传统村落审美文化圈的划定应该在对自然环境、方言语系、村落主体等要素充分理解的基础上进行。自然环境对传统村落的空间分布、建筑材料的选用等物质文化方面产生重要影响。方言语系有助于解释不同族群在文化交流、区域开发、风俗习惯等行为方面的异同，不同区域内稳定的方言语系反映了不同村落主体聚居区的历史环境和生活环境。村落主体是不同村落文化的直接创造者，对其研究不仅能了解村落物质文化层面，还能对村落的经济形态、宗族意识、禁忌习俗以及审美心理、价值取向等社会文化、精神文化的理解。以上要素对传统村落审美文化圈的划定具有重要参考价值。

2.2.2.1 明清广州府聚居区自然环境分布

不同的村落文化类型与地形地貌、水文气候有着密切的关系。“横亘东西的南岭，造成了岭南负山临海，北向闭塞南向开放的地理格局。南岭以南独特气候环境的影响，使岭南带有相对独立的地域特征。”[①]明清广州府位于岭南的中路，北枕五岭山脉，南临南中国海，呈南低北高的阶梯状分布，中间由粤北山区和南部的河谷与三角洲连接，东部多山地丘陵，西南部以低缓丘陵、台地为主，整个明清广州府有山地、丘陵、台地、水乡、海域等多种地形；西江、北江、东江、增江等河流在珠江三角洲汇集，北江中下游及其支流连江贯穿明清广州府中北部（图2-2-1）。明清广州府几乎囊括了岭南地区所具有的地理环境类型。

① 陈泽泓. 广州：广府文化[M]. 广东人民出版社，2012：32-33.

图2-2-1　清康熙《广州府舆图》
（图片来源：广州市规划局，广州市规划建设档案馆．图说城市文脉——广州古今地图集[M]．广州：广东省地图出版社，2010.）

1．水乡

明清广州府南部是广府民系的主要聚居区，是珠江三角洲的核心区，这里水网密集、河涌众多，是岭南的政治、经济、文化中心。广府水乡是岭南水乡的主要代表，为了与江南水乡区别，我们通常将广府水乡称为岭南水乡。但长期以来不少学者把明清广州府村落研究等同于广府水乡地区的村落研究。明清以来，广府水乡习惯上划分为沙田区和民田区（图2-2-2），“民田区是宗族聚落社区，沙田区是被称为‘疍户’（水上民居）的非宗族居住区，两者形成一种控制与被控制关系，造成民田区的‘岭南水乡’与同区域内的沙田区‘沙田水乡’在文化景观上的显著差别。”今天看，广府水乡主要包括南海、番禺、顺德、三水以及东莞等地，其范围呈西北往东南走向的扇面形。广府水乡水网密布、基塘遍地、河道迂回曲折、纵横交错，并由众多东北向西南走向的岛屿将出海口划分为若干，这既促成了水网的复杂化，又密切了海、河、陆地之间的关系。这样的水网环境不仅为海上丝绸之路的开拓和商业经济的发展提供了条件，也为具有广府文化特色的水乡村落的“孕育-形成-发展-成熟”奠定了天然的基础。

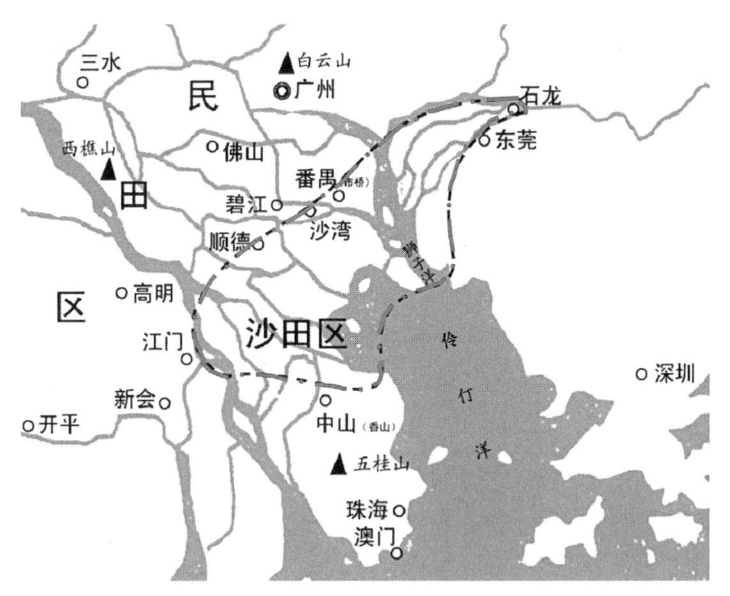

图2-2-2 沙田与民田区的界限示意图
（图片来源：冯江．明清广州府的开垦、聚族而居与宗族祠堂的衍变研究[D]．广州：华南理工大学，2010：50.）

2．山区

明清广州府北部山区属于南岭粤北山区的重要组成部分，主要包括清远市北部的阳山、连州、连山壮族瑶族自治县、连南瑶族自治县，南部则是以丘陵和河谷平原为主。五岭山脉横贯东西，北部是湖南省，西部是广西壮族自治区，自古以来就是南来北往的水陆交通要道，是典型的丹霞地貌或喀斯特岩溶地貌区，地处北回归线北侧，属于南亚热带季风气候区，温度冬暖夏凉，有别于广东大部分地区炎热多雨的状况。整体是西北高东南低，北江支流——连江贯穿该区域。连州东部、阳山东北部的山岭构成广东省地势最高俊的山地，海拔高度都在1000米以上，最高峰为阳山县与乳源交界的石坑崆，海拔1902米。粤北的连南、连州、连山、阳山是位于明清广州府北部的几个行政区。历史上沟通中原与岭南以及各民族交互往来的“茶亭古道”“星子古道”（西京古道西线）就位于该地区。这里是客家民系、苗瑶族系、壮侗族系的主要聚居地。这里分布的村落与山地环境直接相关，通过村名可见一斑。“关于地形的村名众多，主要有山、冲、岭、坪、坑、洞、坳、岗等通用名称。”[①]比如瑶族（排瑶支系）的“八大排（村）二十四冲（村）”就有“南岗”“油岭”“横坑”“里八洞”“火烧坪”，还有“横江山”“大坳”“大崩岗”等。岗、岭、坑、山、坳等字眼都说明了明清广州府北部山区地形破碎、地势起伏大的特征。由于多山地，自然会有许多山洞，岭南早期“穴居”聚落遗址考古大多发

① 王鑫，贾文毓．广东省清远市村名与地理环境因素[J]．山西师范大学学报（自然科学版），2013（04）：123-128.

生在南岭山区，这也是为什么这里许多村落会以“洞”命名的原因。至于“冲”“坪”则是以山间的小块平地作为村落的聚居地。这里山高谷深、地势高差大，成为许多少小族群避难的选择地。长期以来分布在岭南的土著族群，不断地受到来自中原移民以及中央王朝的压迫，由滨海、平原、丘陵一带不断地向粤北山区收缩，使得南岭山脉成为众多少数民族的聚居地。广东省仅有的三个少数民族自治县皆位于粤北山区，其中两个在明清广州府的北部。

3．丘陵与平原区

除了南部的珠三角的水乡地区和北部的山地地形外，明清广州府大部分是丘陵地区。由于地形复杂，丘陵类型多样。靠近珠三角水乡周围的丘陵多为低于200米的低缓丘陵。这些低缓丘陵按照分布的位置可分为北部山区的山间丘陵和山前丘陵，主要沿北江、连江、流溪河北部一带；在珠三角水乡地区与北部山区交接的地方，多平原丘陵，这里分布有大量规整的梳式布局村落。这些地区包括花都区、清城区南部、从化区、增城区西部、南部、东莞和深圳的西部、中部，在靠五邑西北部则多丘陵，中部、东部与南部为沿海平原，中山的中部和南部为低缓丘陵。在这些低缓丘陵的边界大多与平原接壤。这些地区是广府民系的主要聚居区。在广府水乡的北部、东北部海拔高于200米的多为高陡丘陵。按照分布的位置可分为靠近山区的清远市清城区、清新区，以及从化、增城、龙门的北部和东北部地区，这些地区大多与山区接壤，或者被周围较高的山地所围绕，中间为一篇起伏不大的丘陵台地，这些地区主要是客家人的聚居区。

2.2.2.2　明清广州府族群方言的地理分布

明清广州府族群方言的地理分布揭示了在文化交流、地域开发与族群文化差异等因素下各种村落文化类型的差异。在很多文化学专家看来，语言是最能表征各族群文化特征的，“语言属文化范畴……反映一定的文化内涵，构成语言景观，人们每进入一个陌生环境，很容易觉察到语言景观的差异。”[①]司徒尚纪认为墨渍式移民形成粤语区，板块转移式和闭锁式移民形成客家、潮汕和少数民族方言，杂居式移民形成交错型方言区，[②]在明清广州府范围内包括有粤语片区、客家方言区、瑶族方言片区、壮族方言片区以及广客民系交错型方言五类。粤语片区无论是使用人数还是分布区域，居明清广州府首位，分布于广州、佛山、江门、中山、深圳、珠海、南海、番禺、顺德、东莞、增城、从化的西部、南部。根据粤语内部差异，在明清广州府范围内的粤语片区又可分为广府片区和五邑片区。五邑片区主要包括新会区、蓬江区、台山市、斗门区、金湾区、鹤山市，此外为广府片区。分布上的差异与所处的地理环境有关，五邑片区位于潭

① 司徒尚纪. 广东文化地理[M]. 广州：广东人民出版社，2012：151.
② 司徒尚纪. 广东文化地理[M]. 广州：广东人民出版社，2012：151-158.

江流域之内，以广府侨乡村落为主。广府片区主要位于珠三角核心区，以传统广府村落为主。

客家方言区有龙门、深圳、佛冈、清城区、清新区、阳山、从化、增城、东莞、新会、斗门、珠海等县市区。历史上客家人不断地向广东的各个地方迁徙，故客家方言呈"斑块嵌入式"分布在各地，这在明清广州府西路的新会、斗门、珠海和粤中的中山部分地区比较明显。客家人笃信"宁卖祖宗田，不忘祖宗言"，以至于在粤语包围的情况下，客家话还得以传承。但是在明清广州府的东路，如龙门、深圳、佛冈、清城区、清新区、阳山、从化、增城、东莞由于长期的融合形成了广客民系交错型方言区。

瑶族语言主要分布在明清广州府北部山区的连南、连山以及连州、阳山的部分地区，经过与汉族长期接触，会讲一些粤语和客家话。壮族语言主要分布在连山壮族自治县的南部与广西接壤的地方。此外，在增城有一个畲族村，这里的村民以前讲"山瑶话"属苗瑶语族苗语支，但现在已经没有人会讲畲族话了。

族群方言分布反映了不同族别、民系文化稳定的分布状况。语言是特定环境的产物，不同方言包含不同区域、不同时期的发音，比如粤语方言，含有南越族和中原汉民族的发音，体现了中原汉人"墨渍式移民的模式"和文化交流融合的印迹。不同族群方言的地理分布特点与各族群在明清广州府范围内的聚居格局紧密关联。总体上，粤语集中分布在明清广州府的中南部，少数民族语言集中分布在明清广州府北部，客家话大部分分布在靠近东江客家文化圈一带，同时由于客家人历史上曾向广东各地区迁徙，形成小分散的格局。

2.2.2.3 明清广州府村落主体的地理分布

明清广州府地理环境复杂，南北差异大，社会历史发展参差不齐，形成了经济文化发达的广府民系，内向保守的客家民系，还有经济落后，交通闭塞的瑶族、壮族等少数民族。这些差异直接导致明清广州府内经济、社会、宗族、风俗习惯、方言的不同，并形成相应的地域特色。

粤北山区是客家民系、苗瑶族系、壮侗族系的主要聚居地。1981年12月，在中央民族研究所座谈会上，费孝通提出"南岭走廊"的学术概念。1982年5月费老又说："广西、湖南、广东这几个省区能不能把南岭山脉这一条走廊上的苗、瑶、畲、状、侗、水、布依等民族，即苗瑶语族和壮傣语族这两大集团的关系搞出来。这里各种民族有其特点，山区民族同傣语系各族不一样，以后的发展前景也不一样"。[①]明清广州府少数民族既是南岭走廊的重要组成部分，也是明清广州府内相对独立的"文化岛"，有自己独特的经

① 费孝通. 深入进行民族调查 · 费孝通文集（第8卷）[M]. 北京：群言出版社，1999：320-322.

济形态、民间信仰、禁忌习俗，村落选址大多顺应地势，形成山地聚落模式，以干栏式建筑为主。

中南部主要居住的是广府人，这里水网密布，水稻种植历史悠久，在明清时期就形成桑基鱼塘、蔗基鱼塘、果基鱼塘等生态农业模式。这里是海上丝绸之路的重镇，商品经济发达，是我国著名的侨乡。广府人在聚落选址上大多临水而居，形成著名的水乡村落，为了适应“湿、热、风”的气候，村落多为梳式布局，受宗族文化的影响，建筑以三间两廊的空间布局为主。广府人的民间信仰呈多元化趋势，在这里能看到儒、道、佛、基督教、伊斯兰教以及许多原始宗教的印迹。

在东部的清新区、清城区、龙门县以及从化、增城、东莞、深圳的东部主要是客家人和广府人的共居区。其大多位于山地丘陵地区，经济以山地农耕为主。客家人以中原大族自居，重视读书取仕，生活简朴，衣着朴素，能吃苦，好勇斗狠，尚武之风盛行。客家人的村落与建筑强调防御性，四角楼、围屋、围龙屋反映了内向封闭的族群心理，建筑装饰极为朴素，但是门榜文化却十分发达，彰显的是客家人文武兼修的族群品格。

2.2.2.4 明清广州府建筑构筑形式的地理分布

从南到北，从东到西，明清广州府的建筑构筑形式差异巨大。最明显的就是建筑外在造型和结构体系的不同，并形成了相应的地理分布。

明清广州府有客家民系、广府民系和瑶、状、畲等少数民族，其文化自成一体的同时，又相互影响，形成具有族群特色、地域特征的多样建筑类型。传统广府民居的平面空间主要是“竹筒屋”“明字屋”“三间两廊”“大型天井院落式民居”。建筑构件以虾弓梁、金花狮子、鳌鱼水束、博古梁架、驼墩梁架、镬耳山墙、龙舟脊、博古脊等为其特色，属于广府建筑文化的核心因子。这一建筑类型主要分布在广府水乡区及其周围的平原、河谷和缓坡丘陵地区。在五邑的新会、台山、鹤山，以及中山等地形成有中西合璧或西洋风格的建筑形制。其中，庐居和碉楼是该地区特有的两种建筑类型。庐居类似别墅，平面布局灵活多样、楼层以二层以上不等，独立建造，结构和外观设计有中国传统型、西方古典型，也有吸收不同建筑特色的集仿型。碉楼高大挺拔，具有很强的防御性，以单体建筑为主，建筑风格“既有中国传统硬山顶式、悬山顶式，也有国外不同时期的建筑形式与建筑风格，如希腊式、罗马式、拜占庭式、巴洛克式等，还有中西合璧式、庭院式等。”①

明清广州府东路的清城区、清新区、龙门县以及从化、增城、东莞、深圳的东部处于广府民系和客家民系的交融区，这里的建筑平面布局多围屋、围龙屋、堂横屋、四角

① 陆琦. 广东民居[M]. 北京：中国建筑工业出版社，2008：206.

楼，建筑材料以夯土和土坯砖为主，从外形看，以客家传统建筑特色为主，但是在围屋内部多为三间两廊的广府民居形制，在角楼的装饰上多是无瓦垄的镬耳山墙，在头进的檐廊会使用广府建筑的虾弓梁、金花狮子、墊台、麻石（或红砂岩）方柱，在屋顶有龙舟脊饰，山墙会有卷草纹的灰塑等。

明清广州府北部的少数民族地区建筑顺山修建，多为半干栏式，建筑屋顶多为悬山顶，有的至今仍然使用树皮作瓦（图2-2-3），因地制宜，就地取材，土墙、砖墙、石墙都有使用，建筑结构主要是穿斗式，悬空的挑箱具有阳台的功能，是比较有特色的建筑构件，建筑工艺相对粗糙，装饰极为简单。在村落内部和周围零碎空地多建有四角落地、底层悬空开敞的干栏式小屋，多用作存储粮食、堆放柴禾、纳凉等用途，丰富了村落的景观特色。

(a) 油岭排：两年以上的树皮屋面

(b) 油岭排：新建的树皮屋面

图2-2-3　瑶族民居：树皮作瓦
（图片来源：作者自摄）

2.2.3　传统村落审美文化圈区划类型与层级

通过对“审美文化圈划定要素”分析可知，山地、丘陵、平原、水乡的地理分布，以及江河的传播渠道，是构成明清广州府内文化分圈的基本条件。在明清广州府内众多族群文化交融互嵌，并与众多文化区相交，致使不同区域的多种传统村落审美文化圈、审美文化亚圈、审美文化结丛之间的关系异常复杂，由此有必要将明清广州府传统村落纳入到整个岭南传统村落文化体系的参照系中进行宏观分析。岭南范围内，根据民系和民族的分布，并参照司徒尚纪关于广东省的“文化区划”①，可将传统村落分为客家传统村落审美文化圈、广府传统村落审美文化圈、潮汕传统村落审美文化圈、雷琼传统村落审美文化圈以及南岭走廊少数民族传统村落审美文化圈。从地理分布来看，只有广府传

① 司徒尚纪将广东省分为粤中广府文化区、粤东潮汕文化区、粤东北客家文化区、琼雷汉黎苗文化区。参见司徒尚纪. 广东文化地理[M]. 广州：广东人民出版社，2012：341-378.

统村落审美文化圈位于明清广州府中南部，在其中包括位于核心区域的传统广府村落；五邑和中山地区形成了有别于广府审美文化圈的广府侨乡村落。在明清广州府的东部、东北部处于广府审美文化圈和客家审美文化圈的交接地带，形成广客民系文化交融型传统村落。在明清广州府北部的壮族和瑶族聚居区作为南岭走廊少数民族审美文化圈的组成部分，构成瑶族、壮族村落审美文化亚圈。所以，从岭南范围内看明清广州府，并没有完整意义上传统村落审美文化圈，都是被行政界线所分割（图2-2-4）。

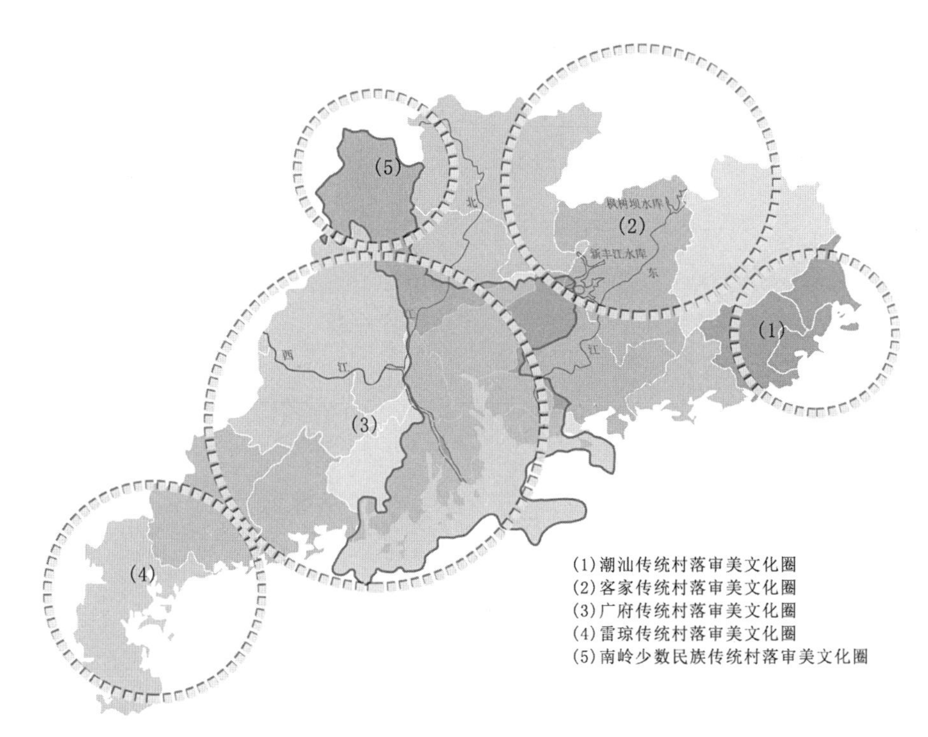

图2-2-4 广东省传统村落审美文化圈分布示意图
（图片来源：作者自绘）

2.2.3.1 明清广州府传统村落审美文化亚圈类型特征

为了能够宏观把握明清广州府内的传统村落审美文化面貌，这里以传统村落的物质文化为基础，综合分析它的社会文化、精神文化，按照族群审美主体，将明清广州府传统村落审美文化圈的区划类型分为明清广州府水乡地区传统广府村落审美文化亚圈、广客民系交融型村落审美文化亚圈、广府侨乡村落审美文化亚圈、瑶壮村落审美文化亚圈（图2-2-5）。

1. 传统广府村落审美文化亚圈

广府水乡的形成经历了史前时代的“各河下游三角洲形成期”，历史时期至唐以前对应的是“复合三角洲形成期”，也即今天农业的主要地区，称“围田区”，唐宋以后

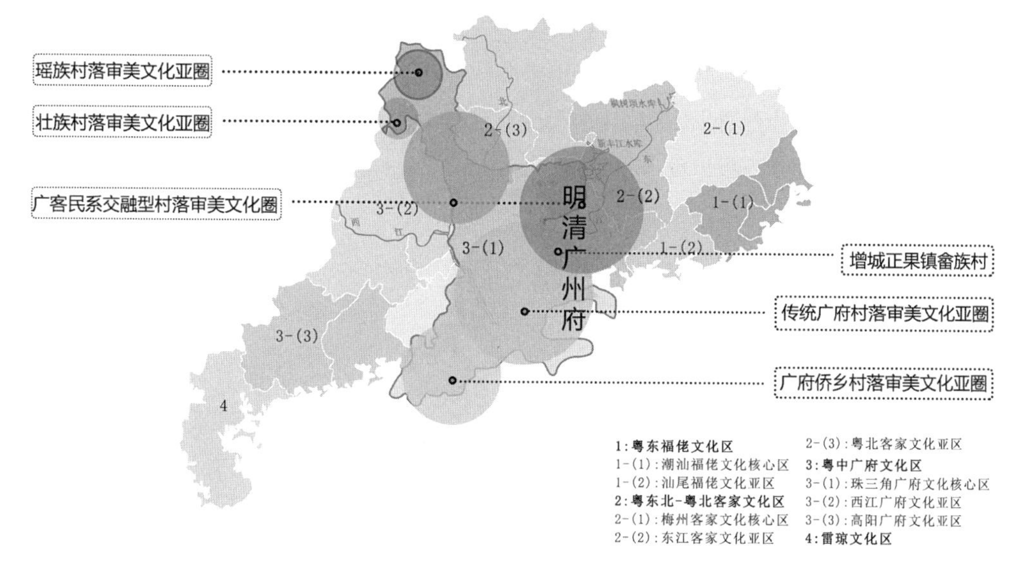

图2-2-5　明清广州府传统村落审美文化亚圈分布示意图
（图片来源：作者自绘）

的“冲缺三角洲发育区”，即今天的“沙田区”。所以，广府水乡的范围主要包括围田区（民田）和沙田区，但是水乡地区的传统广府村落主要分布在民田区，沙田区主要是疍民聚居区，村落小，建筑质量低，并不具有代表性，因此传统广府村落的范围包括南海、番禺、顺德、三水以及东莞等地，其范围呈西北往东南走向的扇面形，即以北江和西江交汇的点为扇形原点，由此原点连接西南新会圭峰山为一条扇形的边，连接东莞的新塘镇或中堂镇一带为另一条扇形边，扇形的弧边则是连接圭峰山-外海-小榄-大良-沙湾-市桥-石楼-中堂。水网纵横、河涌众多的地理环境为水乡格局的形成奠定了基础，但这里由于雨量大、多台风，面临着洪水频发、海水倒灌的威胁。所以，自唐宋以来，当地人就逐渐总结出一套筑堤修围的技术来解决洪水威胁耕田的问题——人们将“低洼地挖深为塘、蓄水养鱼，并把泥土覆于四周成基，从事桑基鱼田、果基鱼塘、蔗基鱼塘和葵基鱼塘的耕作。”①

传统广府村落独特之处在于它的水环境，大多因水而居、沿水成街、傍水成墟。根据规模的大小以及功能的不同，传统广府村落可以分为两类。一类是规模较小，满足村民日常居住生活的聚落。这类村落形态相对简单，以单姓宗族村落为主，数量众多，但内涵丰富，是传统广府村落的代表。布局以“梳式”为主，集中布置建筑，靠岗或建于缓坡上，村落朝向河涌或道路，周围被桑基鱼田或果基鱼塘所围绕，构成多层次的田园景观格局。另一类是规模较大，功能复杂，可以称之为“超级村落”，往往由一个或多

① 杨展辉. 岭南水乡形态与文化研究[D]. 广州：华南理工大学，2006：13.

个姓氏组合成的大型宗族村落。广府人通常把这类在农村中定期开放的市场称为“墟”或“乡”，虽然具有商业性质，但它并不是纯粹的商业聚落，它的经济形态可以概括为“农商经济”。广府水乡的“墟”“乡”属于村落的一部分。这类村落大多选址于河海的交通枢纽、重要港口处，依托大型的商业城市，往往形成区域内的经济、文化次中心，专业性商品农业中心。

传统广府村落的形成与农商经济和宗族组织有密切关系。明末清初丝织业蓬勃发展，在南海、番禺、顺德一带许多村民将原来的“果基鱼塘”改为“桑基鱼田”，使得这一带成为岭南地区丝织业的生产中心，各地商贾往来频繁，许多自然村发展为“墟”。广府水网密布，天然的水上交通，为商业贸易提供了良好的地理环境，发达的商业经济也为“超级村落”的形成提供了经济基础。此外，明清以来，“粮户归宗”的制度，以及沙田的开发主要依托宗族力量，于是在广府水乡盛行“虚拟造族运动”，这也直接促成了水乡村落的发展。宗族依托强大的财力、人力、物力直接参与村落的选址、规划以及建筑营建，所以广府水乡村落除了受地形限制外，大多规整有序，建筑质量高、装饰精美。

2．广府侨乡村落审美文化亚圈

新会、台山、中山、鹤山东部是明清广州府内著名的侨乡地区。近代以来，由于这些地区多丘陵，人均耕地不足，经济落后，生活水平低下，以及太平天国运动、土客大械斗、洪水等天灾人祸迫使当地居民出洋谋生。受第一批华侨的影响，不仅贫苦农民，许多乡绅、商人也都纷纷出洋拓展。他们不仅将中国文化带到国外，也将外国的思想观念、生活习惯、建筑技术、规划理念等带到国内，逐渐使这一带的村落成为有别于传统广府村落的景观形态，并为广府地区带来了近现代建筑的先声。

在明清广州府的侨乡地区，主要有传统三间两廊的民居、庐居、碉楼三种建筑，其中庐居和碉楼是该地区的特色建筑。人们常将庐居称为“某某楼”“某某居”“某某庐”等，是一种兼有居住和防御功能的建筑，庐居的平面布局是由传统的三间两廊演化而来的，3～5层比较常见，下部墙裙比较封闭，上部开敞通透，开窗较多，便于通风采光，有的四周还有挑廊，廊檐部分有各种柱式、拱券以及西方的装饰花纹。碉楼是这一地区的传统建筑，但是近代以来，融中西方建筑艺术于一体，使之成为侨乡的一道靓丽风景，被称为“华侨文化的典范之作”，碉楼的精华在屋顶，有中国传统的悬山、硬山、盝顶等形式，也有国外拜占庭式、哥特式、希腊式、罗马式、巴洛克式、法国古典式等建筑风格，其最大特点是工匠和屋主人根据个人审美取向选取各种建筑要素杂糅在一起。五邑碉楼规模比较大，装饰比较华丽，除了满足防御功能外，还起到炫耀乡里的作用，而中山的碉楼规模小，装饰朴素，特色不鲜明，主要满足防御需要，与五邑碉楼形成鲜明对比。

在五邑地区大量的庐居和碉楼大多数是以单体建筑出现，突破了传统的“梳式布局”限制，根据需要分布在村落的周围，与原有的村落建筑保持一定的距离。从村落的全局看，在旧基址上或另择地新建的庐居、碉楼，高高地耸立在村落中，以及浓重的西式建筑装饰题材，打破了建筑群在平面展开的传统做法，实现了纵向空间和横向空间的结合，传统广府村落的形象被颠覆。在侨汇经济充裕的村落，攀比之风日盛，村民以西式建筑为荣耀，大胆追求形式的新奇，房屋也是一家比一家建得高。但是从整体来看，并没有从根本上突破广府传统村落梳式布局的空间形态和三间两廊的建筑形制。只是在广府传统文化、宗族势力相对薄弱，同时侨汇经济发达，受国外文化影响深刻、华侨众多的部分村落才会出现较多的建筑新元素。而且随着抗日战争的爆发以及中华人民共和国的成立，这种侨乡建筑活动逐渐停息，村落与建筑的营建又回归传统。因此，侨乡村落是特定历史背景下的产物，一旦这种条件消失，它也就走到了历史尽头。

3．广客民系交融型村落审美文化亚圈

在明清，尤其是清初的迁界复海以来，位于赣闽粤的客家人不断向广府的各个地区迁徙，为争夺生存空间，与广府人的矛盾不断激化，最终在明清广州府西路爆发了规模浩大的“大械斗”，而明清广州府东路土客矛盾相对缓和，刚好这一带处于广府文化圈与客家文化圈的交汇的边缘地带，即今天的清城区、清新区、从化、增城、龙门以及东莞和深圳的东部。客家建筑形式、建筑技艺、住居模式和生活习俗等经过长期与广府人相互交流、融合、调适，创造了有别于原生村落形态的新型村落。

生活于这一带的广府人也吸收了客家围屋的一些做法，形成了“类梳式布局”“类围屋”“半梳式半围屋”“丘陵山区的行列式排布”等村落形态。“类梳式布局”基本遵循广府村落的传统格局，但是在外围会建一圈朝向内部的建筑，类似于客家的横屋，但在功能上一般不住人，主要用作仓库、蓄养牲畜和防御的更屋，为了增强内部防御性，每个巷道的前后设巷门（图2-2-6）。“类围屋”是指在村落外围建有一圈高大厚实的寨墙，并设有若干角楼和射击孔，是典型的客家角楼形制，但内部是广府三间两廊的民居

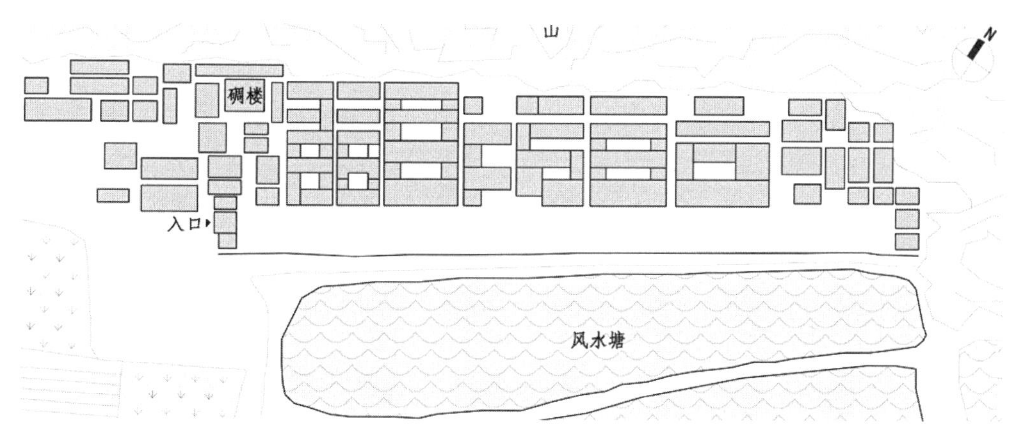

图2-2-6　类梳式布局：龙门县合口村
（图片来源：作者自绘）

建筑，以及广府祠堂（图2-2-7）。“半梳式半围屋”是广客共居的村落形态，客家人按照客家传统建筑做法，广府人按照广府传统建筑的做法各在一个方向营建，禾坪、风水池为共享公共空间。根据建筑材料推断“丘陵山区的行列式排布”的村落应该是晚近时期所建，既不遵循广府的梳式布局，也不按照客家的封闭围屋，而是一横排一横排的布局，排与排之间间距很大，建筑装饰很朴素，风格迥异（图2-2-8）。

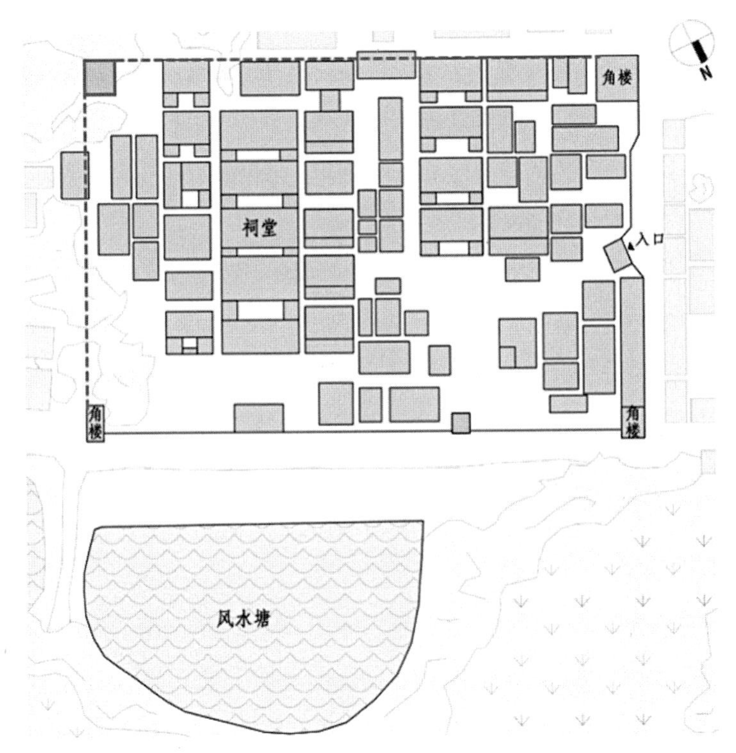

图2-2-7　类围屋：龙门县龙华镇新楼下村（绳武围）
（图片来源：作者自绘）

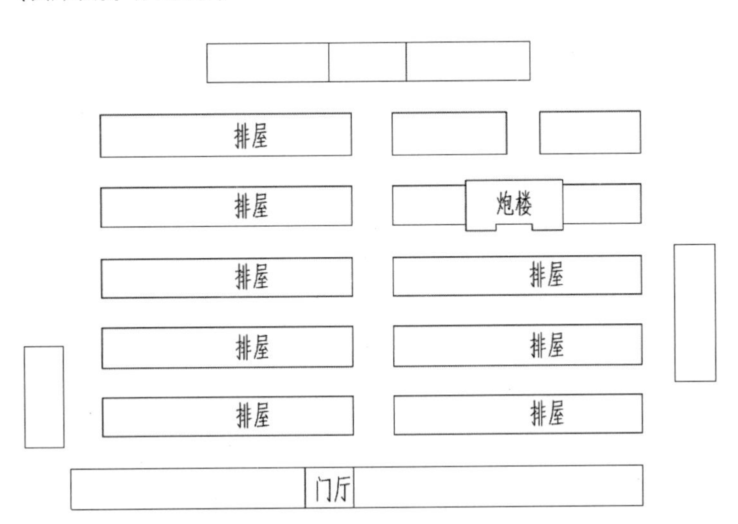

图2-2-8　丘陵山区的行列式排布：从化吕田镇大围村平面图
（图片来源：作者自绘）

在明清广州府东路的客家人大多居住在山地丘陵地区，仅有的河谷平原、缓坡丘陵、三角洲主要被广府人居住，也有一些山地丘陵村落是广府人居住或广客共居。由于地形的切割，在山地丘陵区的村落规模都比较小，多单姓氏聚族而居，无法像平原、水乡地区那样形成规模巨大、多姓氏共居的“超级村落”。这些村落与建筑的形态反映了对内聚居以团结，对外防御以自保的社会适应性。但是相对于粤东、粤东北的客家围屋、围龙屋，明清广州府东路的村落防御性较弱，具有防御性的寨墙不再是民居的山墙，而是出现了寨墙与村内建筑相分离，甚至村落完全开放，在远离村落的某个位置单独建一栋专事防御的围堡，一有战事村民便转移到围堡中。村落祠堂的位置也并非全部置于村中心，可能会单独在围屋之外建一个祠堂，在客家村落中即使同一姓氏也会出现若干祠堂，除了祖祠是奉祀历代祖先外，后来新建的一些祠堂只奉祀一个或某一房支的已故祖先。在围屋内部的建筑私密性被强调，出现不少广府三间两廊的空间格局。整个居住空间形成对内和对外的双重封闭系统，即寨墙将所有建筑围合，为第一层封闭系统；内部的核心家庭空间与村落的空间之间呈现出封闭隔离的状态，这是第二次封闭系统（图2-2-9）。

在装饰上，客家建筑受到广府建筑影响较大，广府建筑的镬耳山墙、龙舟脊、卷

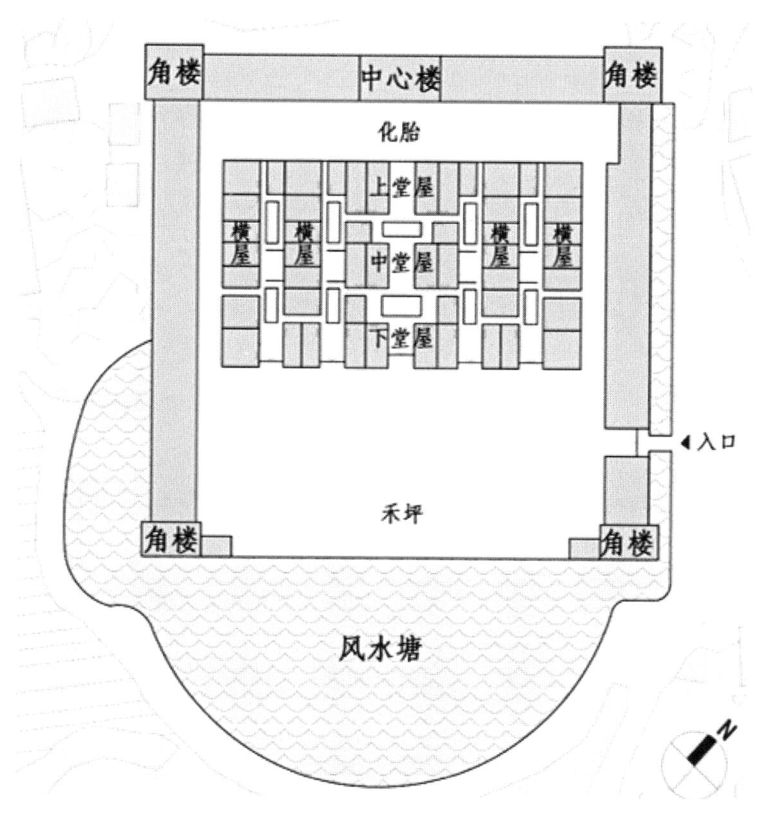

图2-2-9　龙门县永汉镇鹤湖围
（图片来源：作者自绘）

草纹饰等在明清广州府内大部分的客家村落都能看到，尤其是顺着北江、连江、流溪河、增江、东江流域两侧往里深入，皆能看到这样的广府建筑符号。根据调研可知，在抗日战争时期，珠三角一带的广府人顺着江河向内陆迁徙，把广府的建筑做法带到这些地区。

4．瑶、壮畲等少数民族村落审美文化亚圈

岭南古为百越之地，族群繁多，自秦汉以来，中原汉族不断南迁，到明朝中后期，汉族逐渐超过少数民族成为主体民族。随着时间的推移，一部分少数民族融合进汉民族之中，一部分被迫迁居到生存环境相对恶劣的粤北、粤东北南岭山区。而壮族原本主要聚居于广东省与广西壮族自治区交界的沿线，后主要退居到粤北的连山一带。在2000多年的历史中，少数民族由遍及岭南各地向南岭山区一隅退居，造成这样的转变一方面与封建王朝腐败的官吏制度和武力绞杀有直接关系，另一方面也与少数民族对汉文化的排斥有关。由于地理环境闭塞、经济文化落后，直接导致了粤北少数民族与广府、潮汕、客家民系拉开差距。当珠三角出现资本主义萌芽，汉民族依托海上丝绸之路发展海外经济，传统的“农本”思想转变为“兴农以利商”时，山区的少数民族仍然延续着原始粗放的农业形态。

明清时期粤北少数民族以粗放型的游耕狩猎经济为主，刀耕火种、捕杀猎物是其代表性的生存方式，另外还兼有简单的手工业和简单的商品交换。关于刀耕火种，屈大均写道：“苗以阳火之气而肥，此烧畲田所以美稻粱也。大抵田无高下皆宜火。火者，倒杆之灰也，以其灰还粪其禾，气同而性合，故禾苗易长。”（《广东新语》）闭塞的地理环境、内向保守的民族心理、落后的经济形态等因素使聚居在南岭山区的少数民族形成了有别于广府、潮汕、雷琼、客家文化圈的“南岭走廊文化圈”。

连南、连山、连州、阳山是明清广州府瑶族和壮族的聚居地，分布特征为大聚居小散居。“大聚居”是指瑶族和壮族主要分布在连南瑶族自治县、连山壮族瑶族自治县，“小散居”是指在连州、阳山的不同地区呈斑块状嵌入式居住着瑶族和壮族同胞。司徒尚纪基于大地理的宏观视野将这里整体的划入“粤北客家文化亚区”[①]，但是从明清广州府小地理的中观视野看，笼统地说粤北客家文化亚区，势必淡化了其他民族文化的特色乃至存在的意义。事实上，地理环境、民族成分、语言服饰、村落形态、建筑形制都与客家聚居区的文化形态有着非常大的区别。因此，本书结合具体的研究对象，将明清广州府北部的少数民族聚居区纳入南岭民族文化圈，并根据族别的分布区域划定了瑶族亚文化亚圈、壮族亚文化亚圈、畲族亚文化亚圈。

① 司徒尚纪．广东文化地理[M]．广州：广东人民出版社，2012：368.

1）瑶族村落审美文化亚圈

瑶族在连南、连山、连州、阳山都有分布，但集中于连南和连山连个自治县，主要为排瑶和少部分的过山瑶，根基史料记载，主要由湖南迁徙而来。这里笔者整理了一份明清广州府瑶族分布情况表（表2–2–1）。关于明清广州府瑶族的最早记载始于唐代，当时刘禹锡在连州做刺史写下《连州腊日观莫瑶猎西山》《莫瑶歌》等文献。据此推断，至迟在唐朝明清广州府就有瑶族居住了。

明清广州府瑶族分布表　　表2–2–1

市县	聚居地	支系	备注
连州市	三水、左里、瑶安（694）；天光山、豹狗庙、田洞山、左右里、潘（盘）石里、大田庙	过山瑶	—
连南瑶族自治县	寨南、南岗、油岭、蜈蚣田、横坑、三排、东芒、连水、望楼冲、大印、瑶隆、金坑、内田、大掌、军僚、里八洞、香坪、七星、大坪脚、盘石、排肚坪、新寨（689–693）；大麦山包括孔门坑、白芒、陈家洞、黄甘坪等聚居点，寨岗、山联（703）	排瑶	大麦山、寨岗、山联在新中国前属于阳山
连山壮族瑶族自治县	山水乡（连山县境中西部）（687）	过山瑶	—
阳山	称架、太平洞（703）	过山瑶	—

注　1. 表中页码为《广东省古今地名词典》一书中的页码。
2. 表中所列的聚居地是指自汉至民国时期有历史记载的村寨，没有历史根据的村落此表未录入。
（图表来源：作者根据《民国时期粤北瑶汉关系研究》整理）

瑶族聚居的南岭山区，属于中亚热带季风气候，相对于炎热多雨珠三角，这里夏无酷暑，冬无严寒，偶有冰雪天气。瑶族大多居住在山区、半山区和山间小平地，素有“南岭无山不瑶”之说。过山瑶以原始的“游耕经济”，过着“食尽一山，再徙一山”的生活，所以过山瑶的聚居点比较分散，不固定，且村落规模小，建筑简陋，也没有专门的公共建筑空间。而排瑶自湖南迁居到此之后，便定居下来，实行山地稻作农耕经济，经过长期的发展，在宋朝就形成了“八大排二十四冲”的村落分布格局，是明清广州府瑶族村落的典型代表（图2–2–10、图2–2–11）。由于不断地迁移，许多村落名称无法考证。

这些村落最早始建于唐朝，已有一千多年的历史，村落规模根据人口形成的时间长短，有大有小。“排”是大村落的意思，“冲”是小村落的意思。“冲”主要是在“大排”的基础上发展而来的。排瑶村落有完善的社会制度如“瑶老制”“瑶长制”，这些制度对村落规划营建起着重要作用。排瑶村落信奉多神信仰，有专门的宗教神职人员，他们影响着村落神圣空间、仪式空间、游娱空间的构成形态，村落的空间布局与血缘结构、地

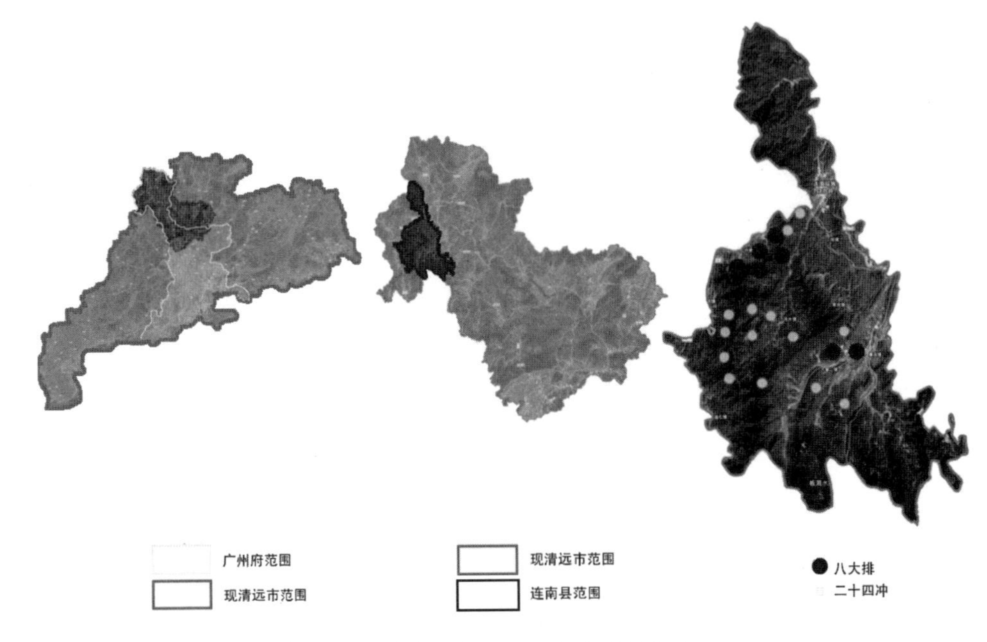

图2-2-10 “八大排二十四冲”的区位与分布图（其中有十个冲无法确认）
（图片来源：作者自绘）

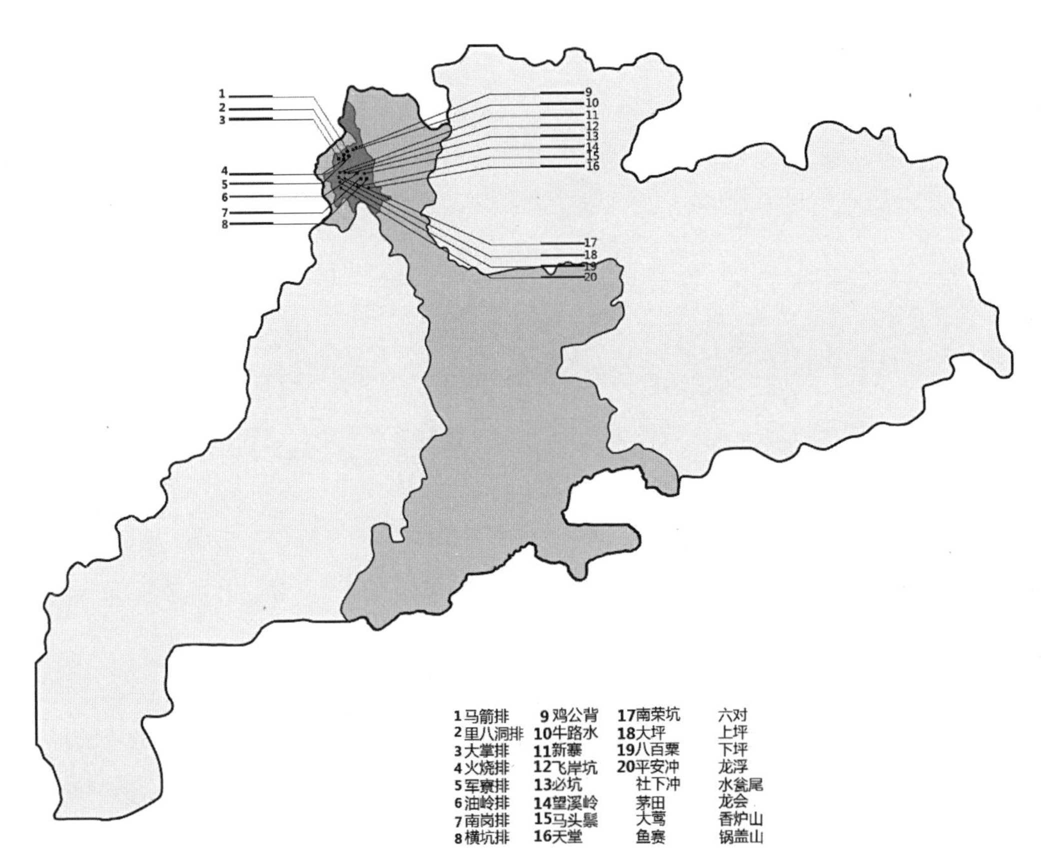

图2-2-11 粤北排瑶八大排二十四冲的名称
（图片来源：作者自绘）

缘结构、家庭结构形成同构关系。绝大多数村落顺山修建，体现了人与自然和谐共处的审美理想。村落建筑质量相对较高，砖瓦石已经普遍使用，结构形态延续了南越族的半干栏式建筑。村落中有专门祭祀祖先的公共建筑空间，节日期间的游娱空间以及平时的休闲空间。总体看来是比较成熟的村落形态。

2）壮族村落审美文化亚圈

民国广东的壮族分布范围不断缩小，只在怀集、连山一带分布，以连山最为集中[①]。民国地方志记载："瑶人之外，又有所谓僮人者……或谓广西之狼僮，想居邑西徼诸山洞。"[②]明清广州府的壮族主要聚居在连山壮族瑶族自治县。壮族人口有5.8万人，约占全县总人口的50%。广东连山的壮族与广西、云南文山的壮族是连成一片的，属于汉藏语系壮侗语族壮傣语支壮语，以"稻作农业经济形态"为主，被壮学研究者称之为"那文化"。他们有着共同的地理环境、心理素质、服饰、语言、住居模式等文化要素。壮族是岭南的本地原始民族，在历史上先后被称为西瓯、骆越、乌浒、俚僚、俍、僮、壮[③]。

传统的壮族村落以干栏式建筑为主，但由于长期受汉式建筑文化的影响，使用院落式民居，本民族的特色逐渐消失，只在偏远的山区使用干栏式。在明代连山的壮族建筑还属于茅草屋，"黄茅翠草壮人家"[④]便是证明。到了康熙中后期在这一带开始出现砖瓦材料的住屋。"康熙四十三年（1704年）任连山县令的李来章写下了'路由别径过花罗，瓦屋鱼鳞水上多'的诗句。诗中的花罗寨至今犹存，其东南方有个村庄叫班瓦，即是壮族地区最早出现的砖瓦结构的村庄之一。"[⑤]"班"是古壮语，汉语意思为"村寨"，班瓦就是"用瓦盖屋的村寨"。说明康熙年间，汉族的建筑技艺对壮族村落产生了重要影响。连山的壮族村落依山傍水而建，相比较瑶族，其亲水性更明显，村落有单姓、两姓、多姓聚居，也有壮汉共聚的村落。富裕之家青砖灰瓦的使用已经较为普及，一般人家多为泥砖房，贫穷之家则仍然使用树皮茅草作瓦，建筑平面是常见的三开间，中间为客厅，两侧为卧室。总体来说，明清广州府的壮族村落特色有待进一步挖掘，所以本书在此提及后，不再详述。

3）畲族村落审美文化亚圈

据史料记载明中期以前，广东省畲族分布众多，但从目前的畲族分布来看，零星地分布于粤东和粤东北地区。在明清广州府内目前只在增城区正果镇发现唯一的一个畲

① 练铭志．试论广东壮族的来源·广东民族研究论丛·第十辑[M]．广州：广东人民出版社，2000.

② 民国《广东省连山县志》卷《排瑶志·僮俗》。

③ "僮"为多音、多义字（zhuang，四声，僮族；tong，二声，书僮），容易误解，故在1965年10月，周恩来提议，全国人大常委会审议通过，将"僮族"改为"壮族"，壮族自此就被确定下来了。

④ 明天顺三年（1459年）时任连山县令的孔镛诗句。

⑤ 莫自省．连山壮族村寨民居的建筑风格特色及其演变[J]．清远职业技术学院学报，2011（01）．

族村。据畲族村的族谱记载："先祖于北宋元祐五年（1090年）从湖南长沙迁移到连州，期间三百年内辗转多处，曾在高要县、番禺县定居，后于明洪武二十五年（1396年）年到达增城，其后又向粤东博罗、归善、海丰迁移，但在明万历二十六年（1598年）返迁增城，最后于明崇祯七年（1634年）聚居于正果镇东南部的兰溪山区。"①，村中目前有蓝、雷、盘、来四姓。村落规模不大，布局与客家围团式相似，民居建筑是堂横屋形制，中间为祠堂，土坯墙，村落前面是半月形的风水塘。屋脊是广府建筑常见的龙舟脊，在建筑山墙和附属建筑上绘有畲族的图腾符号，应该是近年发展旅游的产物。从建筑文化上看，明清广州府唯一的畲族村，其村落的民族特色已不鲜明，更多是吸收客家建筑的做法，在局部位置受广府建筑装饰的影响。所以本书在此提及后，不再分析。

2.2.3.2 传统村落审美文化圈的层级

传统村落审美文化圈是一个系统，可以基于不同的视角来分析其内部的组织系统与结构分类。有学者在研究聚落文化的层级理论体系时，基于生态学的理论，按照"文化生态圈（区）→亚文化生态圈（区）→文化生态丛→文化生态簇→文化生态链"由大到小的逻辑进行划分②。这种研究思路侧重于区域传统村落宏观和中观层面的文化层级研究，对于整体把握具有优势，然而传统村落的分析要落到村落要素和建筑符号上，故需要坚持宏观、中观、微观的三级研究尺度。因此，本书结合文化学的"形态理论"和"组织结构"分析传统村落审美文化圈的层级。"从组织结构方面说，民族文化的最小构成单位是文化因子，由文化因子构成文化丛，再由文化丛构成民族文化子系统，最后是若干子系统构成整体的民族文化"③。

本书的内容涵盖山地、丘陵、平原、河湖、海洋等地形地貌，涉及汉夷民族文化、广客民系文化、中外文化。对于这样一个多元性、多层级性、系统性的传统村落审美文化研究，任何简单的、局部的、单一的文化层级结构划分都不适合该地区的复杂性与多元性特征。本章节综合文化学的"形态理论"和"组织结构"，尝试着从村落客体厘清传统村落审美文化圈层级及其逻辑关系（图2-2-12）。

1．传统村落的审美文化圈与审美文化亚圈

文化圈是一个空间概念，具有地域性特征，各文化圈的边界可以相交、相切、相隔，在边界处容易发生文化交流传播，具有相对开放性的特征，同时内部的一些文化特质在交流传播过程中保持稳定性，具有独立性特征。明清广州府内不同地域的传统村落文化特质差异较大，故"明清广州府文化圈"无法形成传统村落审美文化圈层级的顶

① 冯志丰．基于文化地理学的广州地区传统村落与民居研究[D]．广州：华南理工大学，2014：108.
② 李建华．西南聚落形态的文化学诠释[M]．北京：中国建筑工业出版社，2014：38-41.
③ 张文勋，施惟达，张胜冰，等．民族文化学[M]．北京：中国社会科学出版社，1998：85.

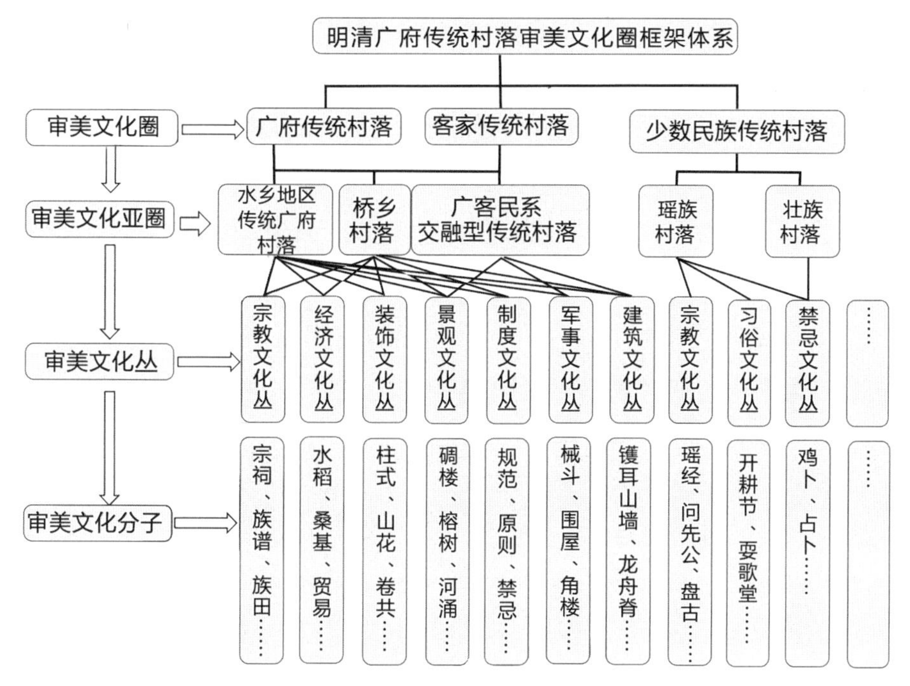

图2-2-12　明清广州府传统村落审美文化圈的层级
（图片来源：作者自绘）

层。其审美文化圈层级的顶层应该基于岭南的大视域，即广府审美文化圈、客家审美文化圈、少数民族审美文化圈。从空间的包含与被包含关系看，明清广州府有部分空间包含于这三个文化圈之中。因此，根据明清广州府传统村落的文化特质可将其分为若干审美文化亚圈，即水乡地区传统广府村落审美文化亚圈、广府侨乡村落审美文化亚圈、广客交融村落审美文化亚圈、瑶寨（壮族、畲族等）村落审美文化亚圈。

从文化势差的角度看，亚文化主要体现为整体文化格局中局部的特异性，或者说文化的某一局部和层次。前者主要是基于村落主体的分析，比如汉族村落（主文化）与少数民族村落（亚文化），广府村落（主文化）与广府侨乡村落（亚文化）。后者则是从村落客体出发，这里倾向于第二种含义的使用。文化亚圈是村落系统文化的分支或子系统，是相对于文化圈的次级文化地理空间范畴，即小于文化圈而大于文化结丛的一个概念。它有两个特点，一是各相关的文化分子按照一定的性质、功能、联系组合在一起，在形式上与文化结丛类似；二是在总体的文化系统中是相对独立又自成一体的部分。根据这样的分析，传统村落审美文化圈中就包括有经济文化亚圈、宗教文化亚圈、民族文化亚圈、地理文化亚圈、军事文化亚圈、民俗文化亚圈等多层次的文化亚圈。传统村落文化亚圈的研究是逐步突破物质层面的现象性描述，进入文化内蕴深层次研究的必然环节，但仍属于比较粗的一个层面。

2. 传统村落的审美文化结丛

传统村落文化结丛在“量的标准”上小于文化亚圈，但性质、形式上与之类似，都是许多文化因子按照一定的方式集合而成。文化结丛“通常是以某种文化质点为中心，在功能上与其他文化质点发生一系列的连带关系，或构成一连串的活动方式”[①]，从属于文化亚圈，若干文化结丛构成文化亚圈的内容。比如，经济文化亚圈包括排瑶的山地稻作农业文化丛、山地牧耕文化丛，过山瑶的刀耕火种文化丛，珠三角地区广府人的精耕稻作农业文化丛、农商经济文化丛、海洋经济文化丛，疍家人的渔业文化丛，客家人的山地农耕经济文化丛等。民族（民系）文化亚圈包括瑶族文化丛、壮族文化丛、畲族文化丛、广府民系文化丛、客家民系文化丛、疍民文化丛等；宗教文化亚圈包括儒家文化丛、道家文化丛、释家文化丛、自然崇拜文化丛等。

这里的文化丛分类既包括简单文化从，又包括复合文化丛。经济文化亚圈的文化丛就属于简单文化从，民族（民系）文化亚圈、宗教文化亚圈则属于复合文化丛。复合文化丛下还可分解为若干简单文化丛，比如广府传统村落文化丛可分为建筑文化丛、装饰文化丛、景观文化丛、环境文化丛、宗族文化丛、八景文化丛、庭院文化丛、制度文化丛等。还有的学者干脆将“简单文化丛”单列为“文化簇”[②]。

除了对文化丛的静态划分外，从动态看，文化丛处于村落审美文化结构的枢纽位置，在不同村落审美文化类型的冲突、分化、整合、适应过程中，文化结丛“对文化变迁的信息十分敏感，对之进行文化整合、离析、重组，能带动整体文化结构的变化”[③]，这样文化融合变异的情况就会深入到村落文化结构的各个层次，包括文化的末梢——文化分子。可见，对文化结丛在文化结构中的位置分析，有利于解释不同（民系）文化交汇地域的传统村落的一些特有文化现象，比如广府侨乡村落、广客民系文化交融型村落的演变机制等。

3. 传统村落的审美文化因子

通过对传统村落审美文化形态作离析研究，可层层剖析至文化的末梢，即文化的最小单位——文化因子，或者文化特质、文化质点。传统村落文化因子有两个特点：一是村落文化类型的最小单位，二是异于其他村落文化类型的基本单位。

作为不同传统村落文化类型相区别的最小的单位。传统村落的文化因子既可以是可视的、物质的、具体的，也可以是潜在的、精神的、抽象的，根据文化结构论可将文化因子划分为物质层、社会行为层、精神层。比如物质层面：广府传统村落以镬耳山墙、人字形山墙、龙舟脊、博古脊、虾弓梁、金花狮子、麻石、红砂岩、青云巷、灰塑、泥

---

① 张文勋，施惟达，张胜冰，等. 民族文化学[M]. 北京：中国社会科学出版社，1998：88.

② 李建华. 西南聚落形态的文化学诠释[M]. 北京：中国建筑工业出版社，2014：40.

③ 张文勋，施惟达，张胜冰，等. 民族文化学[M]. 北京：中国社会科学出版社，1998：88.

塑、水束、鳌鱼、卷草纹、青砖、蚌壳墙、榕树、埠岸、梳式布局、文昌塔、基塘格局、凹肚式、敞楹式……社会层面：宗族的族谱、族田、蒸尝、宗祠等，民间信仰如洪圣公、财神爷、社稷神、龙母、金花夫人等，军事防御包括炮楼、更楼、河涌、土客之争、闲汉滋事、盗匪抢劫、叛乱起义、日本侵略等，经济方面有水稻农耕经济、山地农耕经济、农商经济、消费型经济、水上渔猎经济、商业经济等在精神层面：伦理、秩序、礼仪、八景、节庆、装饰题材、审美情趣、审美理想、审美心理等。广府侨乡村落、客家传统村落、瑶族传统村落、壮族传统村落都可按照这样的逻辑思路进行解构，罗列传统村落的物质、社会、精神层面的文化的因子。不同村落类型的差异通常是通过文化因子表现出来的，对传统村落文化因子进行总结归纳有利于辨别不同村落类型的异同，从而突出自己的特色。传统村落因其文化因子的不同而形成不同的审美文化结构和不同的村落文化要素。为了深入把握传统村落的审美文化特征，建筑文化学的微观比较研究必须重视对文化因子的考察和总结。通过以小见大，把握不同村落类型的差异，了解他们在村落文化结构中的位置和扮演的角色，从而揭示其蕴含的内在规律。

明清广州府传统村落的发展演变实际上是伴随着人口迁移、文化变迁而发生的历史。因此，每一种村落文化类型不是封闭的、“句号式”的、单线进化的，不同村落文化类型之间存在碰撞、传播、交流、变迁、融合的情况。因此，村落文化的融合首先是局部的或者个别的文化因子的互借、互用，进而变异融合。当若干这样的文化因子以“链”“簇”“丛”的方式发生变异时就能形成“能量集”，逐渐改变村落的空间布局、形态结构、建筑形制，进而改变传统村落空间形态的文化结构。比如广府侨乡村落，由于受到外国建筑文化的影响，首先是对外国建筑符号的“剪切复制”“拼贴组合”，由于大量使用外国建筑的物质文化因子，形成外国建筑文化因子的“链”“簇”“丛”。致使整体看来，透露出浓浓的西方建筑气息，可惜的是由于战争、政治的原因，广府侨乡村落的中西文化交流戛然而止，文化变迁没有深入到社会文化、精神文化层面。

当然在这么众多的村落文化因子或要素中，他们的角色并非一致，也分主次。有一些村落文化因子“占据文化结构中的中枢位置，其功能更全，更为活跃，它的变异往往具有特别的意义。这一质点（文化因子）可被看作文化核心或文化焦点”①，也有的学者称之为“文化重心”②。“一个民族所关注的主要事件即可视为该民族的文化焦点，那是最应该注意的活动和信仰的地方，也是价值讨论的最多之处，其结构上的最大差异也可由此而识别”③。通过对传统村落文化焦点的关注，通常能达到对整个村落文化认知的效果。传统村落的文化焦点就是具有决定该类型村落文化区别于其他类型的关键所在。

---

① 张文勋，施惟达，张胜冰，等. 民族文化学[M]. 北京：中国社会科学出版社，1998：86.

② 杨少娟，叶金宝. 文化结构的若干概念探析——兼谈中西文化比较研究的若干问题[J]. 学术研究，2015（08）.

③ M. J. Herskorits，Cultural Anthropology，AlftedA.Knopt，New York.1964.（赫斯科维茨. 文化人类学）转引自张文勋，施惟达，张胜冰，等. 民族文化学[M]. 北京：中国社会科学出版社，1998：86.

当我们在对村落审美文化圈的空间划分、村落类型的总结、村落文化精神提炼时，不少学者通常会不自觉地就村落或建筑的文化焦点展开分析。当谈到广府村落就会想到镬耳山墙、博古脊、龙舟脊、榕荫广场、三间两廊、梳式布局、“巫鬼”信仰等文化因子，而能够把这些文化因子涵盖的就是祠堂；当提到客家村落就会想到角楼、堂屋、横屋、防御、慎终追远、中原遗风等文化因子，而围屋能包容这些文化因子；当说到瑶族村落就会想山地、干栏式建筑、瑶老制、瑶王、盘古崇拜、长鼓舞等，而在节日里就可以把这些文化因子串联起来。祠堂、围屋、节日就分别是广府村落、客家村落、瑶族村落的文化因子，同时占据文化结构的中枢位置，它们又是文化核心、文化焦点。事实上，在研究广府、客家、侨乡、少数民族村落与建筑时众多建筑学者已将研究焦点集中于祠堂文化、围屋文化、庐居（碉楼）文化、节日文化。学者们已经隐约意识到这些文化因子在各类型传统村落研究中的地位，只是没有明确提出而已。

在传统村落文化系统中，围绕文化焦点形成依附力、包容力、辐射力极强的文化簇。以广府村落的宗祠文化为例，宗祠是广府村落的一个文化因子，但它的地位和作用，是其他文化因子所不能及的。对村落祠堂的研究历来为建筑学、宗族学、社会学、历史学、人类学、民俗学等学科所垂青。这是由于它在村落与建筑文化结构中的地位使然。从物质层面看，在祠堂中不仅能看到镬耳山墙、博古脊、虾弓梁等广府村落的典型建筑符号，还能看到建筑的空间布局、营造技艺、结构体系、装饰特色，以及祠堂在整个村落格局中的地位。在社会文化、精神文化层面他还是历史文化沉淀、传承的场所，是广府人宗族情怀、祖先情感、民间信仰、道德伦理、文化积淀、价值取向、社会心理、审美情趣等方面的载体。在祠堂里可举行各种节日、祭祀活动，村民可以在祠堂宣泄情绪、敬天法祖、敬神娱神、祈求平安等表达内心深处的情感。在城镇化、现代化不断侵蚀乡村的今天，宗祠就是许多广府传统村落赖以传承的文化因子以及强化文化认同的空间、场所。

对广府村落祠堂的分析，较能说明文化焦点与文化因子的关系以及在村落文化结构中的地位和作用。通过这样的研究，有利于对文化的传播、变迁导致新的村落类型诞生（如广府侨乡村落、广客民系文化交融型村落）以及其他一些村落与建筑演变现象做出解释。

整体观之，传统村落审美文化结构是一个复杂的多层次系统，从传统村落审美文化的外在结构和内在机制看，可将这个复杂的多层级系统划分为层级结构和形态结构。从外在结构的“层级结构”看，按由大到小的逻辑将传统村落审美文化层级结构分为审美文化圈→审美文化亚圈→审美文化结丛→审美文化分子，这对于传统村落的类型划分和空间区划的划定具有理论指导意义。从内在结构的“形态结构”看，传统村落审美文化结构呈现为由浅入深、由显性到隐性的递进关系，分别表现为物质层面、社会层面、精神层面。在村落文化融合变迁过程中，总体是朝着横向拓展，纵向深化的。首先发生变化的是传统村落与建筑的物质层的单个文化因子，进而逐渐扩展到文化结丛、文化亚圈、文化圈；然后随着时间的推移，两种文化的碰撞融合突破物质层面进入到中间层面，渐可认识对方的住居模式、制度规范、习俗禁忌等行为模式，即社会文化层面；最后进入到精神文化层面，认知彼此的民族（民系）心理、价值取向、思维方式、审美理想。“横向拓展，纵向深化”的分析说明“文化的物质层是最活跃的因素，它变动不居，交流方便；而理论、制度层，是最权威的权素，它规定着文化整体的性质，心理的层面，则最为保守，它是文化成为类型的灵魂”[①]

通过上文的详细分析，并结合文化圈理论的层级划分，可将明清广州府传统村落审美文化圈区划类型与层级的框架结构分解（表2-2-2），将其审美文化圈的区划类型分为传统广府村落审美文化亚圈、广府侨乡村落审美文化亚圈、广客民系文化交融型传统村落审美文化亚圈、瑶族村落审美文化亚圈、壮族村落审美文化亚圈是适宜的。

明清广州府传统村落审美文化圈区划类型与层级的框架结构分解　表2-2-2

审美文化圈	审美文化亚圈	审美文化丛	审美文化分子
Ⅰ广府传统村落审美文化圈	Ⅰ-1传统广府村落审美文化亚圈	Ⅰ-1-（1）传统广府村落经济文化丛	水稻种植、桑基鱼田、海外贸易……
		Ⅰ-1-（2）传统广府村落建筑文化丛	镬耳山墙、三间两廊、虾弓梁、龙舟脊、洪圣宫、关帝庙……
		Ⅰ-1-（3）传统广府村落景观文化丛	榕树、河涌、文昌塔、埠岸、风水塘……
		……	……
	Ⅰ-2广府侨乡村落审美文化亚圈	Ⅰ-2-（1）传统广府村落宗族文化丛	祠堂、族田、族谱……
		Ⅰ-2-（2）传统广府村落景观文化丛	碉楼、榕树、村落公园、学校……
		Ⅰ-2-（3）传统广府村落装饰文化丛	柱式、壁画、山花、券栱……
	……	……	……
Ⅱ南岭走廊少数民族传统村落审美文化圈	Ⅱ-1瑶族村落审美文化亚圈	Ⅱ-1-（1）瑶族村落经济文化丛	山地农耕、梯田稻作、刀耕火种、畜牧业……
		Ⅱ-1-（2）瑶族村落宗教文化丛	神崇拜、道教、瑶经、先生公、问仙公……

① 庞朴. 文化结构与近代中国[J]. 中国社会科学，1986（05）.

续表

审美文化圈	审美文化亚圈	审美文化丛	审美文化分子
Ⅱ南岭走廊少数民族传统村落审美文化圈	Ⅱ-1瑶族村落审美文化亚圈	Ⅱ-1-（3）瑶族村落习俗文化丛	开耕节、耍歌堂、长鼓舞、过九州……
		……	……
	Ⅱ-2壮族村落审美文化亚圈	Ⅱ-2-（1）壮族村落经济文化丛	稻作农业、生产方式……
		Ⅱ-2-（2）壮族村落宗教文化丛	自然崇拜、盘王庙……
		Ⅱ-2-（3）壮族村落制度文化丛	寨老制度、土司制度
		……	……
	Ⅱ-3畲族村落审美文化亚圈	Ⅱ-3-（1）畲族村落宗教文化丛	……
		Ⅱ-3-（2）畲族村落制度文化丛	……
		……	……
Ⅲ客家传统村落审美文化圈与广府传统村落审美文化圈相交	Ⅲ-1广客民系文化交融型传统村落审美文化亚圈	Ⅲ-1-（1）广客民系文化交融型传统村落建筑文化丛	围龙屋、四角楼、堂横屋、炮楼……
		Ⅲ-1-（2）广客民系文化交融型传统村落军事文化丛	土客大械斗、围屋、角楼、尚武之风、农隙讲武……
		Ⅲ-1-（3）广客民系文化交融型传统村落经济文化丛	山地农耕、耕读传家、耕作方式、手工业……
		……	……

（图表来源：作者自绘）

2.3 时空一体：审美文化演变

上两节分析了明清广州府传统村落审美文化的时间理路和审美文化圈的空间视域，那么在审美文化圈中心和边缘以及时间与空间之间是否存在某种耦合性的关系呢？

1966年弗里德曼在其著作《区域发展政策》（*Regional Development Policy*）一书中提出“核心–边缘”理论[①]，认为核心区居于主导地位，边缘区处于依附地位，这种中心与边缘的差异为文化在空间中的演变提供了可资借鉴的思维框架，即文化与时空的耦合关系。人类学家博厄斯从相反的角度提出类似的观点“年代—区域”理论，认为“文化的年代和区域之间有一种关系，即时间越长，区域散布得越广。最古老的事物、无论语言、习俗、礼仪等所遗留下的遗迹往往不在原中心发源地而在偏远地区。[②]”本书借鉴

① 崔功豪，魏清泉，陈宗兴. 区域分析与规划[M]. 北京：高等教育出版社，1999：27-234.
② 宋蜀华，白振声. 民族学理论与方法[M]. 北京：中央民族大学出版社，1998：35.

“核心—边缘”理论和“年代—区域”理论回答明清广州府传统村落审美文化圈内部中心与边缘的演变机制和时空关系。

2.3.1 文化圈中心和边缘的演变机制

依据文化圈划定要素进行图层重叠，会发现多次重叠部分就是文化圈的中心，而重叠次数少的就是文化圈的边缘。在稳定的自然、社会、人文环境下，文化圈中心的村落能表现出民族或民系的文化特征。

明清广州府涉及广府村落文化圈、客家村落文化圈、南岭走廊少数民族文化圈三个文化圈。在广府村落文化圈中，传统广府村落亚文化圈居于文化圈的核心，最能体现传统广府村落的文化特质。广府侨乡亚文化圈、广客民系交融型传村落亚文化圈则是边缘，反映的是继承传统与兼容创新的文化品格，既有传统村落的文化特质，也有受到外来建筑文化的影响。传统广府村落亚文化圈农商经济发达，文化教育鼎盛，人口众多，村落集镇连绵，是珠江三角洲最发达的地区，也是广府村落文化保留最完好的地区，甚至万邦时代的南越族的“鬼巫”文化也得到最大限度地保留。观览岭南移民史我们会发现，不论是中原人南迁珠三角，还是岭南内部不同族群的迁移，任何文化形态来到珠三角水乡地区都被同化或拦截。因此传统广府村落形态也是最能代表广府地区村落风貌的典型特征。其中梳式布局、河涌、古桥、古榕为标志的水乡景观，以及三间两廊、镬耳山墙、麻石、红砂岩柱础、龙舟脊、博古脊、瓜柱与博古梁架的建筑形制，体现了广府村落与建筑最鲜明的民系文化性格。

客家村落文化圈的中心在梅州、河源一带，明清广州府范围内的“广客民系交融型传村落亚文化圈”只是其文化圈的边缘，同时也是广府村落文化圈的边缘。在广客村落文化圈边缘的地理范围内，两种文化的交流融合痕迹以不同的形态体现在村落风貌和建筑形制之中。当两个文化圈不绝对相离或相切时，在边界地带必然有重叠之处，重叠交错之处便是两个文化圈的边缘地带。边缘地带通常是两种地形地貌、行政区划的大致边界，也是多元文化的融合地区。广客民系在这片土地上共同聚居，文化上相互影响，经济上相互促进、技艺上相互学习，因而村落风貌和建筑风格必然相互影响，相互借鉴。同理广府侨乡村落也是不断地借鉴国外的建筑文化，并结合传统的广府建筑文化，形成中西合璧的建筑形态。从地理空间看，明清广州府北部的少数民族村落亚文化圈是南岭走廊少数民族文化圈的边缘，但是中心与边缘的文化势差上并不明显，有别于广府文化圈中心与边缘所构成的阶梯极差格局。这可能与南岭走廊民族众多有关，各民族的文化势差旗鼓相当，不能够形成“文化辐射”，加上山川河流的阻隔，文化的交流融合比较困难。所以从明清广州府范围内看，北部的少数民族村落较多保留着其文化特质，形成明清广州府内的“文化孤岛”现象。但是从南岭走廊整体看，还是存在文化势差的，比如桂西的壮族村落更好地保留了本民族的特色，桂中受汉文化影响，特色减弱，而连山壮族村落的民族特色更加不明显。瑶族村落也是一样，连南的瑶族村落与广西大瑶山的村落还是有很大差别的。

就“广客民系交融型传村落亚文化圈”的建筑来说，建筑文化的相互借鉴主要源于客家人不断向西南拓展和广府人向东北渗透，为适应新的聚居地，在立村建屋的过程中相互学习，必然产生新的住屋模式和建筑形制。通常受到建筑文化惯性影响以及长时间相对稳定地聚居在一个地方，村落空间布局、建筑的平面形制、高宽尺寸会维持较长时期的稳定。但是在建筑装饰上就显得开放自由的多，在临近广府的客家围屋上都能看到广府建筑的龙舟脊和镬耳山墙、虾弓梁、卷草纹，甚至这些广府建筑装饰元素沿着东江、北江、增江流域深入到客家文化的腹地。而客家建筑文化对广府村落的影响侧重于村落的形态方面，与客家人杂居的广府人为了加强村落的防御性，借鉴客家围屋的做法，在村落周围加建一圈围屋或横屋，形成“广府围村”的形态，而在内部仍然是以梳式布局和三间两廊的为主要形态。总体看来，广府建筑文化对客家建筑文化影响较大，这体现了文化圈中心与边缘的强辐射作用。

在广府侨乡村落地区，建筑文化的交流融合体现为西方建筑在侨乡地区的地域化。这里假定西方建筑为一个文化圈，欧美就为西方建筑文化圈的中心，中国广府侨乡即为边缘地区。那么，即是西方建筑文化圈与中国广府建筑文化圈在侨乡地区发生交流融合。表面上两个文化圈被大洋所阻隔，呈相离的状态，但是频繁往来两地的华侨或侨民搭建了两个文化圈的桥梁，源源不断地将西方的建筑理念、规划思想、建筑结构、建筑技艺、建筑材料等带到侨乡地区，而当地的建筑工匠把西方各国的建筑文化与广府建筑文化熔于一炉，创造出无论在技术还是艺术都具有极高价值的地域建筑，成为岭南乃至中国独具特色的村落风貌和建筑形态。早期的华侨熟知本地的传统建筑做法，同时又长期在海外生活，对西方建筑有所了解并充满了好奇心。在中外文化交流融合的过程中，他们起到了桥梁的作用。而参与营建的工匠更侧重于传统建筑文化的继承，这样华侨向往西式建筑，工匠熟知传统建筑，当二者结合，势必使侨乡村落呈现出中西合璧的时代特色。此外，也存在少数华侨直接从国外寄回图纸，则直接采用国外的建筑平面布局、立面形制、建筑结构、材料。总体上，在中外建筑文化交流融合的同时，广府传统建筑文化保持相对的独立性，表现为在借鉴吸收国外建筑技术、建筑材料、建筑装饰、建筑结构的同时也注重传承传统建筑文化，或是平面上延续传统的三间两廊，立面上用西方的柱式、拱券装饰，或是村落核心区用传统的梳式布局，外围结合西方公园的做法，创造出开放兼容的地域性建筑文化。

2.3.2 文化圈之间的时空演变规律

前文从分析了明清广州府传统村落审美文化的时间理路，可知，在万邦时代的南越族构成了广府文化的根。从秦汉至唐宋以来不断南迁的中原移民与原住民相互融合奠定了广府文化的分布格局。明清以来，位于赣闽粤的客家人不断地向广东各地迁徙，形成了今日明清广州府内广客杂居的局面。在广府人和客家人共居格局定型的过程中，原住民在广东省各地的少数民族被迫迁移到粤北的深山密林之中，构成南岭走廊中的重要组成部分，但从明清广州府的地理分布看，形成了北部的“文化孤岛”现象。在清中后期，迫于生计、土客械斗等因素，许多沿海居民出国谋生，在中外文化交流的时代背景下形成了广府侨乡文化。如果运用数学中的“三维坐标轴”来分析，X轴、Y轴构成的平面表示地理空间，即时间切片，Z轴表示时间，将不同历史时期的村落审美文化进行串联就可生成明清广州府传统村落审美文化的历史轴线与空间维度（图2-3-1），从该三维坐标轴上便可看出时空的关联性。

回顾明清广州府传统村落审美文化的演变我们会发现，村落的审美文化如同生物一样都在适者生存、自然选择的原则下从简单的南越族聚落文化形态逐渐发展为有传统广府村落、广府侨乡村落、广客民系交融型村落、疍家村落、瑶族村落、壮族村落在内的丰富多彩的村落文化景观，经历了由简单到复杂的演变过程。各种村落文化类型并非同

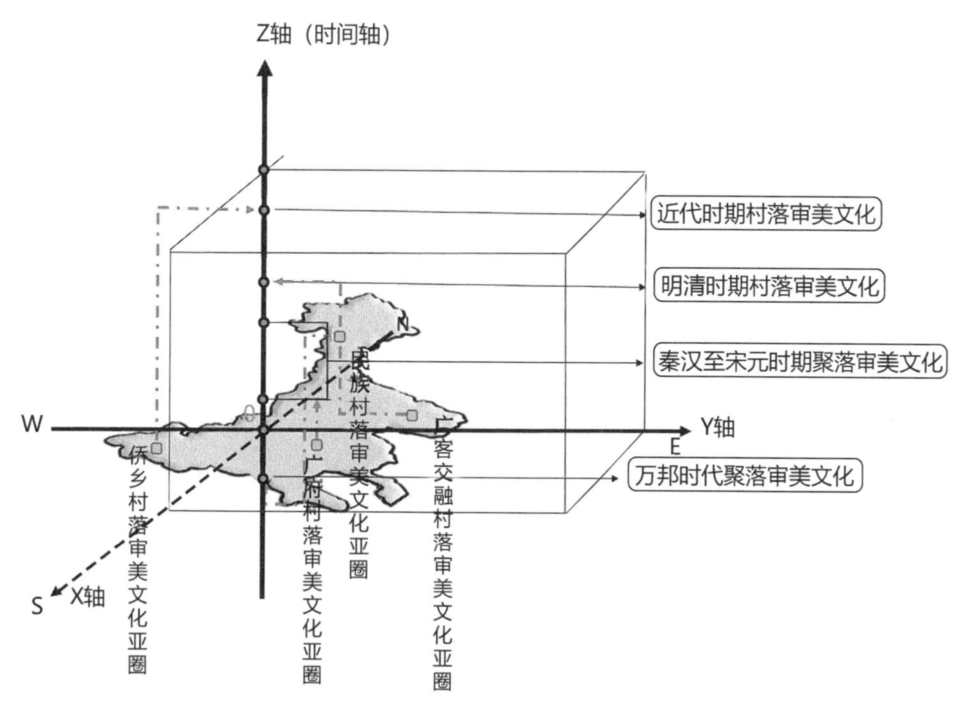

图2-3-1 传统村落审美文化的“时空”三维坐标示意图
（图片来源：作者自绘）

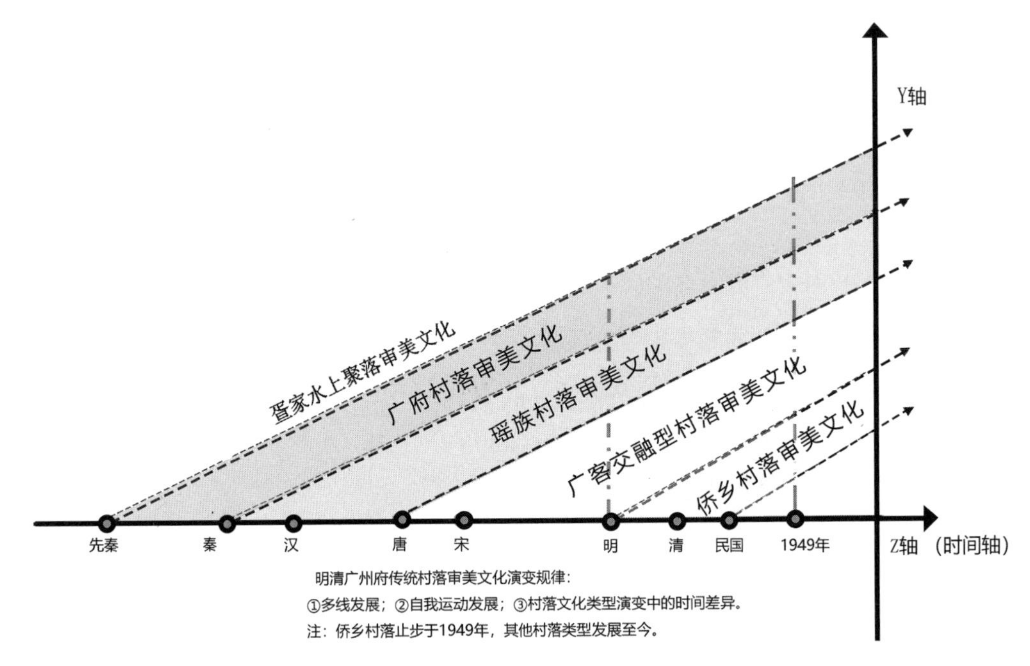

图2-3-2　广州府传统村落审美文化演变的三个规律图示
（图片来源：作者自绘）

时出现，同时发展，而是在南越聚落文化的基础上，在不同历史时期，由于受到不同外来文化的影响而形成的村落文化类型。每一种村落文化类型因为不同的历史机缘分布于不用的区域。这就必然导致村落的历史发展线索与村落的地理空间分布绞合在一起，导致文化圈之间产生了时空的关联性，其规律有三（图2–3–2）：

一是多线发展。疍家水上聚落文化作为南越族时代水上居民的直接继承者，并延续至今，主要分布于明清广州府的沿海地区。广府村落文化类型则是继承了南越族文化并经历秦汉、魏晋南北朝、隋唐中原文化南下相互交融而产生的，这一类村落文化分布于明清广州府的珠三角的水乡核心区域，并形成了传统的广府村落亚文化圈。在唐宋时期广州府北部的瑶族从湖南迁移而来，形成了瑶族村落亚文化圈；明中期壮族则从粤西一带退居广州府北部的连山一带，形成了壮族村落亚文化圈；从明朝开始，尤其是清初“迁海复界”大量的客家人从粤东北、粤北一带向西、向南拓展，同时广府人也顺着江河流域向东、东北渗透，在广客文化圈相交的地方形成了广客民系交融型村落文化亚圈。在清朝中后期，尤其是民国以来广州府的五邑地区和中山地区大量的村民移居海外谋生，这些华侨将侨居地文化带回家乡，形成中外文化交融的广府侨乡村落亚文化圈。可见明清广州府不同类型的村落文化是形成于不同的历史时期，一经形成，便相对独立的成“线性”往前发展，任何外来文化的渗入都只是被吸收到该村落文化体系之内，都不能够改变该村落文化的结构。每一种村落文化类型的诞生也是一条村落文化的进化线路，这样到近代在明清广州府内就形成了疍家村落、传统广府村落、广客民系交融型村落、瑶族村落、壮族村落、畲族村落等多条村落进化线索。这也是形成今天明清广州府内不同村落类型的地理分布格局的原因所在。

二是自我运动发展。正如泰勒所认为的“人类的文化史就是人类的技术经济、精神生活自我运动发展史”[①]，明清广州府内的每一种村落类型的诞生都是由一种或几种文化发展而来的：疍家水上聚落是南越水文化演变而来；广府水乡聚落由南越土著文化结合中原汉文化发展而来；瑶族村落文化则是源于苗瑶族群文化；壮族村落文化则是百越族群演化而来的；广客民系交融型村落文化则是广府文化与客家文化融合的产物；广府侨乡村落文化则是外国文化与传统广府文化在古今中西之争的时代背景下产生的。这反映了明清广州府村落文化类型的自我运动发展历程。

三是村落文化类型的差异不仅是空间分布上的差异，也是时间上的差异。从今天来看，分布于明清广州府不同区域的村落文化类型，明显是处于村落文化进化的不同阶段。明清广州府村落文化形态之所以丰富多彩，就是同一时代的村落文化处于不同的发展阶段。比如疍家的水上民居，瑶族、壮族村落存有的大量干栏式建筑，可以代表早期相对原始落后的村落形态，借此遗迹可以透析万邦时代聚落与建筑的文化信息；传统广府村落、广客民系交融型村落则代表中期的村落形态，相对比较成熟，能够较大程度地反映封建时代岭南传统村落的发展状况；广府侨乡村落则代表近代以来的建筑发展方向，反映了近代世界各地的建筑发展状况。这个分析就可以把不同的村落类型对应明清广州府发展演变路径的不同阶段。每个阶段既是上一个阶段的产物，又对新阶段的形成起一定作用。我们把各个阶段的村落文化形态依次连接成一个序列，就清晰地勾画出一条历史发展链条。当然，这样的分析比较粗浅，容易忽略许多历史细节，但利于宏观地分析和理解。

① 宋蜀华，白振声．民族学理论与方法[M]．北京：中央民族大学出版社，1998：16.

第3章 明清广州府传统村落的空间形态

建筑审美活动规律表明，物质空间形态特征是村落审美活动的真正起点。在村落审美活动中，首先作用于人的审美感官是人们视野之内的环境选址、空间布局、景观等空间要素。明清广州府传统广府村落、广客交融型村落、侨乡村落、少数民族村落基于不同的区划类型表现出差异显著的环境选址理念，在空间布局上整体以梳式布局为原型，根据不同的区划类型衍化出不同的空间布局特点。村落景观内容丰富，以榕荫社坛、小桥流水、水口园林、河涌植被、驳岸水埠、田园风光些等景观要素组合在一起，共同构成了岭南水乡景观的整体印象。

传统村落是由物质文化、社会文化、精神文化构成的一个有层次、有结构的系统。社会文化立足于村落的物质空间层面，而通过精神文化层面表达出的审美品格同样离不开物质空间层面。在村落审美活动过程中首先作用于人的审美感官是人们视野之内的物质空间形态。物质空间形态是村落审美活动的真正起点。村落作为人居环境的一个空间场所，在物质空间形态上表现为一种环境格局、空间布局、景观要素，并通过这些空间要素表现内在的社会内涵、时代精神。

3.1 传统村落的环境格局

环境格局主要是指村落的地理环境，考虑的是村落周围山形水势对村落选址与布局的影响。传统村落在选址和布局上强调因地制宜，顺应自然规律。关于广府村落的选址，老一辈岭南学者已做过总结，“即要求近水、近田、近山、近交通，最理想的是几者皆备。”①然而，明清广州府地形复杂，气候多变，促成其传统村落多样的环境格局。

3.1.1 传统广府村落环境格局

在珠三角广府的核心水网区，很多村落有着相似的历史发展轨迹，并形成了具有一定共性的环境格局。通常我们认为广府村落典型的是“梳式布局”，但事实上在水网密布的地区规整的梳式布局也变得自由起来，形成了特有的传统广府村落水乡环境格局。屈大均在《广东新语·地语》写道：“下番禺诸村，皆在海岛中，大村曰大箍围，小曰小箍围，言四环皆江水也。凡地在水中央曰洲。故周村多以洲名。洲上有山，烟雨中，乍断乍连，与潮下上”。这段话真实地反映了广府水乡地区周围水网密集的村落环境格局。除了天然的水网外，人们还筑堤修围，疏通和拓宽河涌，挖掘水塘。有的将水塘置于村前，有的村落围绕水塘而建，比如佛山西樵镇的松塘村、东莞的南社村等。这些密如网织的河涌水系为该地区的农商经济的发展奠定了扎实基础，形成了极具广府特色的基塘、花卉与果林的村落外部环境景观。所谓基塘是将地势低洼，且易积水的较差地点深挖为塘，并将土地覆于四周垒砌成基，水塘用来养鱼，基埂用来栽植桑树、果树、甘蔗花卉，并因此形成了桑基鱼塘、果基鱼塘、蔗基鱼塘以及花卉生产地。这种村落环境格局可以追溯至明朝初年。此外，在水乡地区绝少有绝对的平地，大多村落在密集水网的背景下，尽可能地选择靠山、靠冈，抑或建于缓坡上，在比较成熟的村落甚至形成围绕山冈进行村落营建，形成广府特有的“八卦村落”。所以，传统广府村落的环境选

① 陆琦. 广东民居[M]. 北京：中国建筑工业出版社，2008：36.

图3-1-1　增城莲塘村基塘格局
（图片来源：作者自摄）

址可以概括为三点：（1）水网密布、河涌众多、水塘遍布，并将村落切割为若干部分；（2）基塘农田、花卉、果林田遍布于村落外空间；（3）有山靠山，无山靠冈，即无山也无冈则建于缓坡之上（图3-1-1）。

3.1.2　广客交融型村落环境格局

广客民系交融型村落主要是从村落的空间形态进行界定，而广府系村落、客家系村落、广客共居村落主要是基于居住的主体而言，在选址上彼此借鉴，形成了许多共同特征，使得这里的村落选址与原生村落间存在很大差异，尤其是与广府村落的选址差异巨大。

在这块土地上分布着山地、丘陵、河谷、平原等复杂多样的地形地貌。从村落类型来看，广府系村落基本沿袭广府水网地区的选址原则，强调亲水性。所以在清朝民国年间，广府人顺着北江、流溪河、增江、东江等水系向客家文化圈渗透，其村落大多沿各流域从平原水乡过渡到丘陵山地。在河岸平原和山间谷地的村落大多靠山冈或建于缓坡上，近水、近田、近交通；而在清远、从化北部、增城北部、龙门等多山地、丘陵的广府系村落，为适应山地地形，侧重于村落与山之间的关系。为了谋求村落与山地环境更好地契合，广府人吸收了许多客家人的选址经验。这样的村落如清远市清城区龙塘镇井岭村、广州市增城区派潭镇高埔村、从化区钟楼村、惠州市龙门县水坑村等就体现了广客民系交融的选址特色。这些村落遵循传统风水学，形成“五位四灵”的环境模式。

五位四灵的模式是我国传统社会风水术所追求的理想的人居环境。《阳宅十书》载："凡宅左有流水谓之青龙，右有长道谓之白虎，前有污池谓之朱雀后有丘陵谓之玄武。"在《藏经》中亦说："夫葬以左为青龙，右为白虎，前为朱雀，后为玄武。玄武垂头，朱雀翔舞，青龙蜿蜒，白虎驯俯。"这样的村落环境往往具有三个特点："趋吉避凶的环境心理追求""藏风聚气的环境理想模式""山水如画的环境景观效果"[①]（图3-1-2）。在村落选址时寻找村落的靠山，即"龙脉"之所在，如龙门县永汉镇马图岗即背靠横龙山，面朝永汉盆地（图3-1-3）。关注左右砂山，例如三坑村右边的山过于靠前，祠堂不开前门，而是砌筑一段实墙。村落前方有案山和朝山，近为案山，低矮呈匍匐状。朝山以高、为远，形似"笔架"为佳，寓意文化昌达，人才辈出。除了重视察山，还强调观水。虽然在广客交融地区水网没有珠三角发达，但也有北江、连江、流溪河、增江、东江等河流，在村落选址时近水也成了重要原则。水有多种形态[②]，讲究"来好水，走坏水"。风水师借用罗盘的"二十四山"，结合五行理论确定好山的朝向，再根据各种口诀确定是否为好水[③]。确定山的来龙和水的去脉等周围环境要素后，就是确定基址。永汉镇官田王屋的《官田王氏

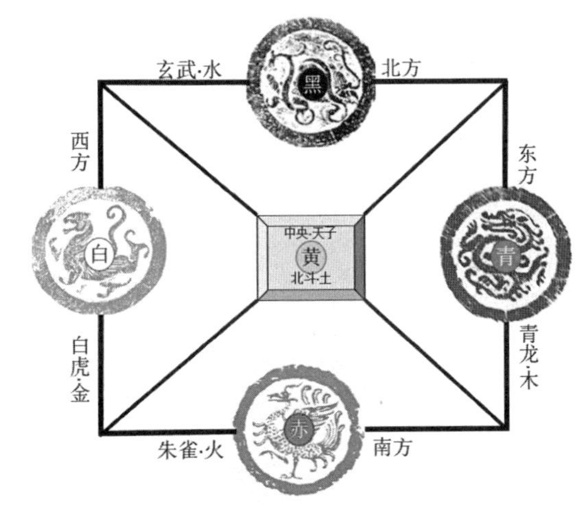

图3-1-2　五位四灵的风水图示
（图片来源：作者整理绘制）

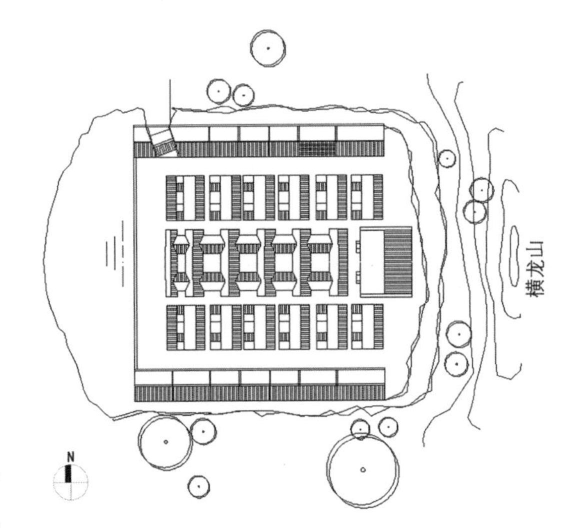

图3-1-3　背靠横龙山的马图岗村
（图片来源：作者自绘）

---

① 侯幼彬. 中国建筑美学[M]. 哈尔滨：黑龙江科学技术出版社，1997：193-195.

② 水共有十二种形态，分好水与坏水。"好水"为长生、沐浴、冠带、临官、帝旺五类；"坏水"为衰、病、死、墓、绝、胎、养七类。

③ 确定好山的朝向后，依据"长生五行"的口诀来确定长生方位。口诀为：甲山生亥，乙山生寅，丙、戊山生午，丁、巳山生酉，庚山生巳，辛山生申，癸山生巳。不在这十种方位之内，则采用"借法"来确定。确定了长生方位后，根据十二种状态的次序以及地支的反向次序来定长生以外其他状态的方位。比如村落靠山朝向为"坐甲（东）向午庚（西）"，山为甲山，甲山生亥。那么亥是长生，戌是沐浴，酉是冠带，申是临官，未是帝旺，午是衰，巳是病，辰是死，卯是墓，寅是绝，丑是胎，子是养。据此可以得出结论：该村亥（西北靠北）、戌（西北靠西）、酉（正西）、申（西南靠西）、未（西南靠南），即西南、西、西北是好水，其他方位是坏水。

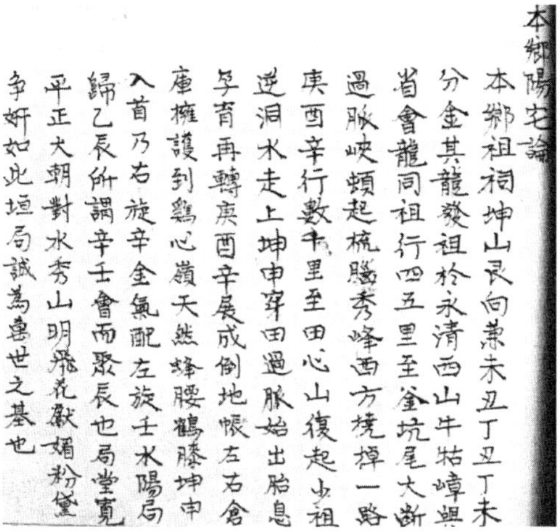

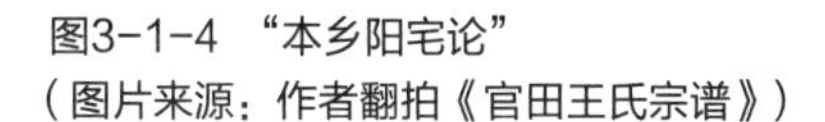

本鄉陽宅論
本鄉祖祠坤山艮向兼未丑丁丑丁未分金其龍發祖於永清西山牛牯嶂與省會龍同祖行四五里至釜坑尾大斷過脉峽頓起梳腦秀峰西方撓棹一路庚酉辛行數十里至田心山復起小祖逆洄水走上坤申穿田過脉始出胎息孕育再轉庚酉辛展成倒地帳左右倉庫擁護到鷄心嶺天然蜂腰鶴膝坤申入首乃右旋辛金氣配左旋壬水陽局歸乙辰所謂辛壬會而聚辰也局堂寬平正大朝對水秀山明飛花獻媚粉黛爭妍如此垣局誠為萬世之基也

图3-1-4 “本乡阳宅论”
（图片来源：作者翻拍《官田王氏宗谱》）

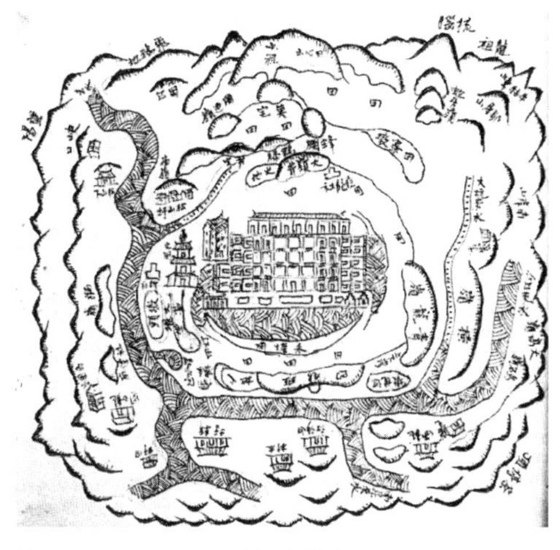

图3-1-5 官田王屋村风水格局
（图片来源：作者翻拍《官田王氏宗谱》）

宗谱》记载了《本乡阳宅论》（图3-1-4），分析了该村的环境格局，并保存了一张反映村落格局的图（图3-1-5）：涉及村落的靠山、左右砂山、水，以及村前平坦的土地和远处的对景。在村落的朝向上并不太关注，各个方位的坐向都存在。只是部分村落的单体建筑的门以及门楼的朝向会有意识地偏转15° ~30° 。这主要是由于前方有突兀或奇形怪状的山体所致。如从化区吕田镇的狮像村、温泉镇的源湖村，龙门县永汉镇的长冚村，门楼偏转的有龙门县龙华镇的绳武围、马图岗村等。

派潭镇西部的高埔村东兴坊属于广府人的聚居村落，但这一带整体属于广客杂居区，且客家人居多。村民说始迁祖张兰亭和张椿亭于明万历二十六年（1598年）从珠三角迁移到该地，见周围环境优美、山明水净、土地肥沃，决定在此建立家园。他们听闻客家风水师擅长相地择址，于是在客家风水师的指导下建立了高埔村东兴坊。后来一朱姓家族迁居于此后，也聘请客家风水师建立了位于东兴坊南侧的甘甜村。甘甜村和东兴坊作为较早的广府系村落，在选址上都采取了客家村落的选址原则，明显区别于广府核心区的村落。东兴坊位于缓坡之上，背靠“禾岭头”山的东部，禾岭头呈哑铃状，东西向各有一山头，但东向的山势最大，附会风水上的“状如龟背”之说。在东兴坊前有规整的半月形水塘，称为“风水塘”，符合“靠山面水”的说法，在风水塘与村落间有一片平坦的空地——“禾坪”，其面积异常得大，且纵向延伸，有别于广府地区的“横向狭长型”。在村落前方2.4公里处有一座山，称为案山，案山与村落之间是相对平坦的耕地，在两侧则是低缓的山丘，村落和广阔的田野被周围的山河丘陵所环绕，符合“五位四灵的”环境模式。

3.1.3 广府侨乡村落环境格局

明清广州府的侨乡地区以平原为主，兼有一部分丘陵、山地、盆地，水系较少，在整体上它属于广府村落文化圈的亚文化圈。山地丘陵处的村落选址基本遵循广府传统村落依山面水、临近耕地、靠近交通的原则，但这里地少人多，为了节省耕地，多将村落建于山坡上，或者是田边沿坡之地，这样的选址通风排水，适合炎热多雨的气候。而平原处既无山，也无冈，村民通常在村后人工堆砌一个小土丘，并在上面植一片竹林或树林，也有的直接在上面种竹子和树木。经过若干年后，村落的竹林或树林便会高出村落的民居建筑，营造出后有“靠山”的景象。也有的村落建于平地，周围都是平坦的耕地，但通常都会在村前人工挖掘一个近似半月形的水塘，比如台山端芬镇浮月村的四周都是农田围绕，只在村前挖有一个水池。由于大部分地区地势平坦，耕地环绕村落，村落与村落之间可以隔田相望，呈散点式分布，这种景象既不同于北方平原村落，也不同于传统广府村落（图3-1-6）。也有的村落由若干自然村（坊、里、社）组成一个规模巨大，成密集式布局的村落形态，如浮石村就是由十一个坊沿着公路横向布置。

图3-1-6 台山端芬镇琼林里的环境格局
（图片来源：作者自摄）

3.1.4 瑶族村落环境格局

明清广州府北部的少数民族村落主要是指壮族和瑶族村落。这里是明清广州府海拔最高、地形最复杂的山区。壮族主要集中于连山的南部和西部，并与肇庆的怀集县接壤。由于壮族属于壮侗语系，在生活习惯上尽量选择平坦之地，或者临水而居。由于受汉文化影响深刻，其典型性并不明显。增城的畲族村落长期与客家人接触，其村落的选址、格局、建筑形制与客家村落并无太大差异。这里主要分析瑶族村落。瑶族又分排瑶和过山瑶，过山瑶在过去以刀耕火种的游耕经济为主，过着居无定所、漂泊流徙的生活，而自排瑶迁徙以来，就形成了定居村落。

从整体来看，排瑶村落沿河布置于周围的山上，历史上的八大排二十四冲在连南县建制前分属连县、连山、阳山三县、但其主要以涡水河为界，河东为“东三排”，河西为“西五排”（或“州属三排”“县属五排”）。大排主要在连县和连山，在阳山县境内并无大排，仅有小排。[①]这“八大排二十四冲”主要分布于崇山峻岭之间，有的选址于高山上，有的选址于山腰间，有的选址于山坳，但从目前留存的瑶族村落来看，海拔多在500米以上，有的高达1000余米。主要分布于山腰，形成后有高山可放牧，前有梯田可耕作的环境格局（图3-1-7）。站在瑶寨中四顾，周围群山环绕，远望层峦叠嶂，蓝天白云，层层梯田；近看绿树成荫，涓涓溪水。目前最典型的瑶寨为南岗和油岭古村。油岭古村选址于深山密林的半山腰，距离山脚还有相当的距离，在这段距离之内瑶族人民开辟层层梯田，以满足生活所需，在后山选择一个临近村落的山头，将其平整，作为娱乐的公共空间，在之后的连绵群山，有的同样辟为梯田，大部分保留作为放牧和狩猎之地（图3-1-8）。这样的选址主要出于三方面考虑：一是防御性。选址于地形复杂的深山密林，可以充分利用天然地形进行防御，村落的层层梯田则是极为有效的军事缓冲地带，即使村落被攻克，也可从后山逃进森林；二是方便生活。半山腰温度适中，既不热也不冷，用当地人的话就是适合“生娃娃、养娃娃”，同时可以有效利用高山溪水满足村落的生活所需，以及梯田的农业灌溉。从方便劳作、放牧、狩猎来看，村落位于生产半径的中心，也是最优的；三是满足祈望吉祥的心理需求。极少村落选择于山坳里面，而是选择在两个山坳之间凸起部分的半山腰。村前面是相对开敞的空间，这样利于采光通风，这样后面靠山，前面开敞，既能给村民踏实稳定之感，又可欣赏周围景致。

① 练铭志，马建钊，李筱文．排瑶历史文化[M]．广州：广东人民出版社，1992：9.

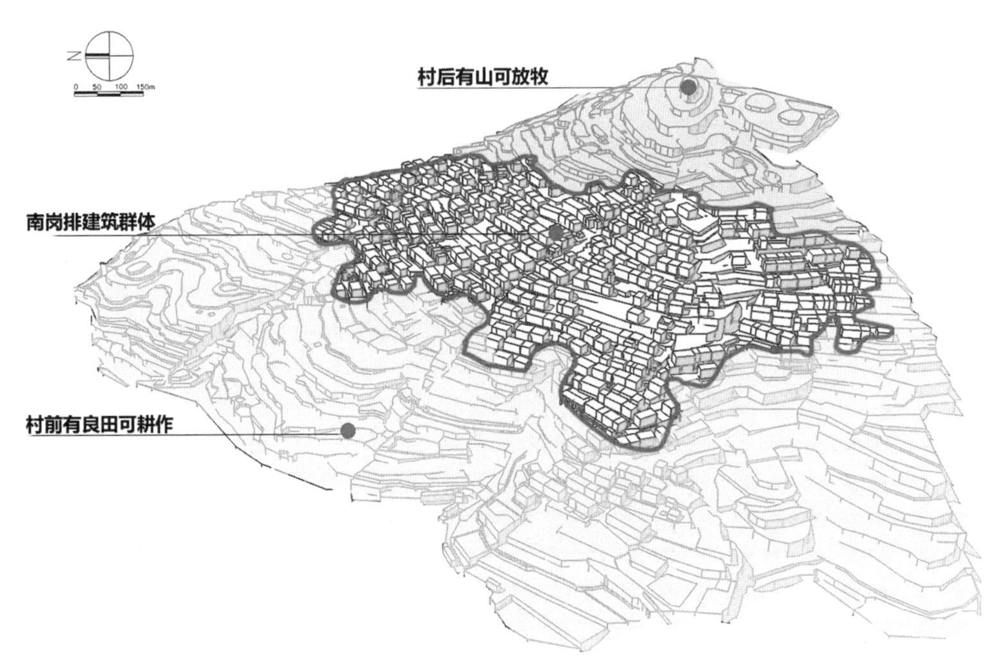

图3-1-7 连南县三排镇南冈古村格局
（图片来源：作者自绘）

图3-1-8 选址顺应环境：三排镇油岭古排
（图片来源：作者自摄）

3.2 传统村落的空间布局

明清广州府地形气候复杂、文化形态多样，相应的村落形态布局也表现出丰富性和差异性的审美特质。在各文化圈内的村落空间布局有原型和衍生型之分，因此这里仍然按照村落文化的层级结构来分析。学界已公认“梳式布局”为广府村落布局的原型，而“围团式布局”公认为客家村落布局的原型，少数民族村落以散点式和排列式居多。由于自然、社会、人文环境的差异，每类村落在原型的基础上衍生出多种布局形态。

3.2.1 原型：梳式布局

广府地区湿、热、风的气候特征对村落的通风排水提出了极高的要求。梳式布局是广府先民在长期的生产生活中的经验积累。“梳式布局”在民间多称之为“耙式布局”，是指村落的巷道直接面对村落前面的道路或河涌。道路或河涌相当于耙齿的“脊背”，巷道相当于耙齿的“齿”，这是民间的一种形象说法，与梳式布局之说有异曲同工之妙。巷道即是古代城市建设中的“里巷”垂直于大街的横向交通系统，宽度通常为1.2～2米，与《周礼·考工记》周王城规划道路系统的“王城三涂”“乡间五涂”[①]的制度接近。

从调研的情况来看，规整的梳式布局并非分布于广府文化核心区，而大多是位于水系较少的平原、丘陵地区，或者是水乡与山地丘陵交接的地区。规整的梳式布局经过长期地积淀形成了稳定的空间形态。从总体布局上看，前为禾坪、水塘、农田，后为山冈或竹林地，左右或缓丘或农田或水塘，这属于村落大的空间格局，是选址时重点考虑的对象。村落核心区的建筑实体与巷道、天井、禾坪等小空间共同组成了梳式布局的内容。梳式布局的构成分子主要包括祠堂和民居建筑。祠堂的位置主要分两种情况，一是居于村落的中轴线上或者中间位置，如从化区太平镇的钟楼村、五进的欧阳仁山公祠位于村落的中轴线上，但这样的情况并不多见；二是在村落的前排根据不同姓氏、宗族的谱系修建祖祠、宗祠、支祠、书院（通常是活着的人为自己修建的祠堂）等这种情况较为多见。在村中祠堂或其他公共建筑占少数，民居建筑占九成以上，如佛山三水区大旗头村（图3-2-1）。民居建筑通常统一规模，统一形制，如果祠堂位于村落正中，民居建筑则是规整地一排一排分布于祠堂左右两侧，如果祠堂位于村前，则民居建筑整齐地

① 《周礼·考工记·匠人营国》载：“匠人营国，方九里，旁三门。国中九经九纬，经涂九轨。左祖右社，前朝后市，式朝一夫……经涂九轨，环涂七轨，野涂五轨。”这里经涂对应国王，环涂对应诸侯，野图对应乡民。《周礼·地宫·遂人》王城三涂制度指遂、沟、洫、浍皆所以通水於川也。遂广深各二尺，沟倍之，洫倍沟，浍广二寻、深二仞。经涂九轨，纬涂九轨，环涂七轨，按照一道三涂，构成经纬大道各三条，即王城的主干道；《周礼·地宫·遂人》及郑玄“注”的解释，五涂制度是“径、畛、涂、道、路皆所以通车徒於国都也。径容牛马，畛容大车，涂容乘车一轨，道容二轨，路容三轨。”这是最早关于乡村落方格路网记载。上述宽度为4～6尺，与广府村落梳式布局的巷道相符。

图3-2-1　梳式布局的典型：佛山三水区大旗头村
（图片来源：作者自摄）

排列在祠堂后面。这样所有的建筑都是按秩序纵向排列组合，两列民居的门相对而开，且在同一条水平线上。但祠堂的门是朝前开的。在进深比较大的村落中，为了方便村民的沟通，通常会设置若干横巷，这样整个村落就类似于棋盘式布局。不过在规整的梳式布局中，村落规模都不太大，出现横巷的概率也不多。这样的村落多见于以农商经济为主的水乡地区，还有就是侨乡地区的“华侨新村”。

3.2.2　传统广府村落布局

在广府水乡地区，水网河涌划分地貌，导致村落布局变化多样，但不管怎么变皆是由梳式布局的衍生和演化。根据村落与水的关系可将传统广府村落布局归为五类。

3.2.2.1　规整布局

这类村落基本延续广府村落布局的原型，多为单姓氏宗族，以农耕经济为主，商贸易经济发展有限，村落规模相对较小。基址以水网中的平整空地为佳，并按照梳式布局进行营建，村落朝向河涌或池塘。可以利用河涌或水塘的凉风吹进村落巷道和庭院，以缓解湿、热、风的天气。在村落周围密布河网水系、桑基鱼田、果基鱼塘、蔗基基塘、果林花卉。从景观效果来看，它又胜于少水的丘陵、平原区的规整式梳式布局。河涌与村落建筑间通常会有一块公共空间，在河涌边上植有各种风景林木，修有水埠，每个水埠通常对应一个巷道和一个支祠，而中间位置多为大宗祠。各房支以此为中心层层向后延伸。这样在村落前面就形成一个主中心和若干个亚中心，构成村落的公共活动场所。由于河涌的限制，村落往往向两侧和背离河涌的方向拓展，所以在村落前方与水域相交的空间一旦形成就基本稳定。典型案例为佛山南海区九江镇烟桥村。佛山的烟桥村是广府水乡地区规整的梳式布局，始建于明代正统十四年（1450年），因村落的布局形态如一只展翅的燕子，故早年称之为“燕桥村”，后因为这里终年水汽蒸腾，云雾缭绕，在乾隆年间更名为“烟桥”，在村前有一条河涌，这条河涌历史上称之为“里海”，是相对于防洪堤的“外海”而言的，河涌上现有一座新建的石拱桥和木板搭建的小木桥。现在村落四周仍然保存有大面积的果基鱼塘。顺着新建的石拱桥进入村落，正对石拱桥映入眼帘的是一幅烟桥村的俯视图。其梳式布局的规整程度为广府水乡所少见。建筑群并未被河涌水系分割，而是集中布局，祠堂及其他公共空间主要分布于村落前面，三间两廊的民居建于其后，若干巷道正对河涌，河涌边上遍植林木，并建有水埠和码头。在村落中间建有一条横贯东西向的通道，被称为“烟桥正道”。村落的进深比较大，故在村落的中间位置建有一条横巷（图3-2-2）。

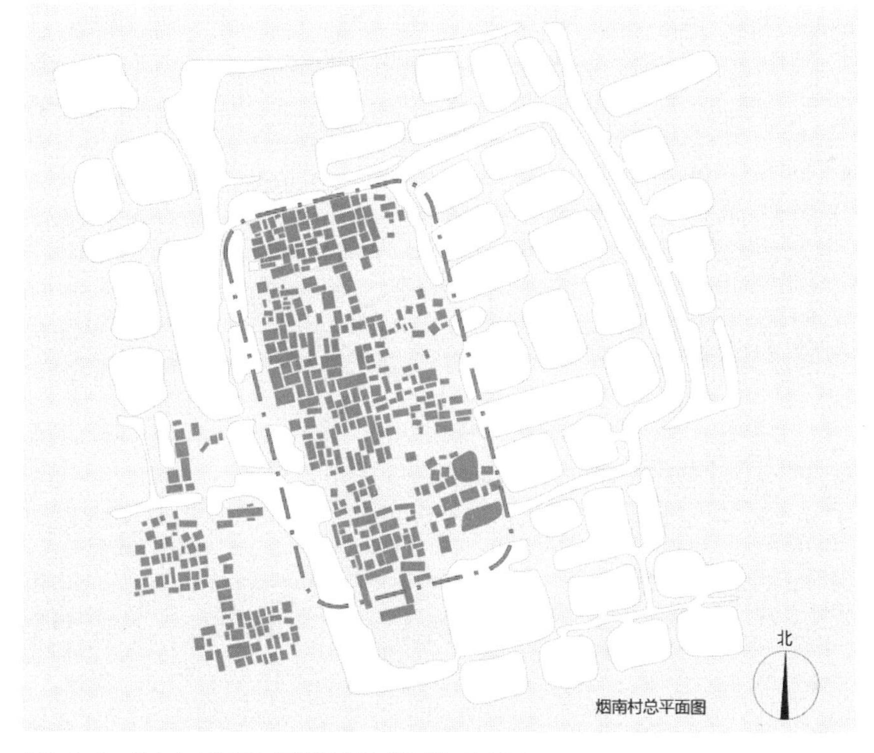

图3-2-2　佛山市南海区九江镇烟南村“块状”示意图
（图片来源：作者自绘）

3.2.2.2 以水为中心村落布局

这类水乡村落建村历史悠久，人口众多，规模巨大，涉及多个宗族。从地理环境来看，通常是四周高于中间，中间易积水，干脆挖水成塘，于是村落就围绕着水塘进行营建，整体上看就形成了以水为中心的村落布局。比如佛山的松塘村、东莞的南社村就是典例。进一步考察我们会发现整个村落仍然是以梳式布局为原型，根据地形、不同房姓宗族、房支的实际需要进行灵活的衍生和变化。这样的村落有别于规整的、相对单一的梳式布局。这类村落往往保留着广府地区不同历史时期村落格局的演变形态。在《明清广州府的开垦、聚族而居与宗族祠堂的衍变研究》一文中，冯江博士分析了广府聚落的演变，并根据时序总结出三种布局模式："以祠堂为核心的中心式布局，成排祠堂引领村落建筑群的梳式布局，社会结构较为扁平化、没有祠堂的单排线形村落三种类型。"[①]除了包含不同时期的村落形态外，还包括不同姓氏或同一姓氏不同房支的"坊"或"里"，通常每个"坊""里"就是一个小的梳式布局，当然这些梳式布局有的规整、有的不规整，但都可以看出是以梳式布局为原型进行营建的。每个这样的梳式布局尽可能地朝向水塘，若干个这样的布局围绕着水塘分布，就形成了以水为中心的村落布局。

松塘村有九个里坊，依山傍水，整体绕着村心的七个水塘布局。每个里坊朝着一个水塘，每个里坊的巷道朝向与水塘垂直，里坊内的民居沿街巷布置。由于北部有大塘岗，南部有文阁岗、舟华岗，地形略有起伏，在山冈附近的巷道并直线，里坊内的建筑也随着巷道发生变化，这种以梳式布局为原型，巷道随地形起伏而略有变化，有学者称之为"藕式布局"。而在西北、东部、东南部地势平坦，里坊内的建筑沿巷道纵向排列，规整有序，与广府村落的梳式布局原型一致。整体上所有巷道都朝向水塘，形成"百巷归源"的布局模式。朝向水塘的条条巷道一起构成了整个村落的经脉。同时巷道也是连接村中心与村外围的枢纽，是由公共空间过渡到私密空间的桥梁，以村心的水塘为点，人对村落空间的体验序列为"水域—禾坪—巷道（古井）—村外围的农田或山岗或道路"；抑或"水域—禾坪—巷道—庭院—正厅"。在这几组空间体验序列中形成了松塘村层层递进，逐渐深入的空间特征（图3-2-3、图3-2-4）。

祠堂是宗族村落的象征，松塘村的祠堂跟广府村落大多祠堂一样，位于临近水塘的村落最前方，成为村落结构布局的主导，祠堂朝向水塘且正面开门。民居建筑则尾随祠堂有序的布置于其后，并朝向巷道开门。松塘村的祠堂主要分布于圣堂坊、桂香坊、舟华坊、塘西坊等多个里坊中，而祭祀始祖的区氏总祠位于村心月池北岸，而孟、仲、季三大房支的支祠位于桂香坊、塘西坊、舟华坊，相应的各房支的村民聚居在支祠所在的里坊。这样村落格局与房支的空间范围形成同构关系。

---

① 冯江. 明清广州府的开垦、聚族而居与宗族祠堂的衍变研究[D]. 华南理工大学. 2010：113.

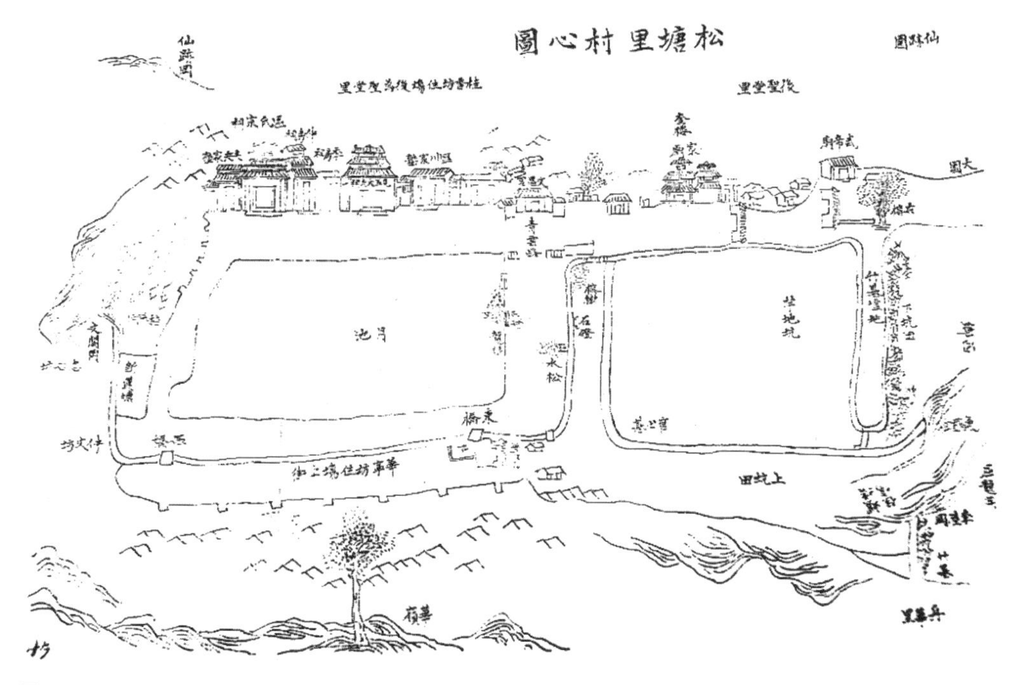

图3-2-3　松塘村心图：以池塘为中心
（图片来源：作者调研翻拍自《松塘名胜纪》）

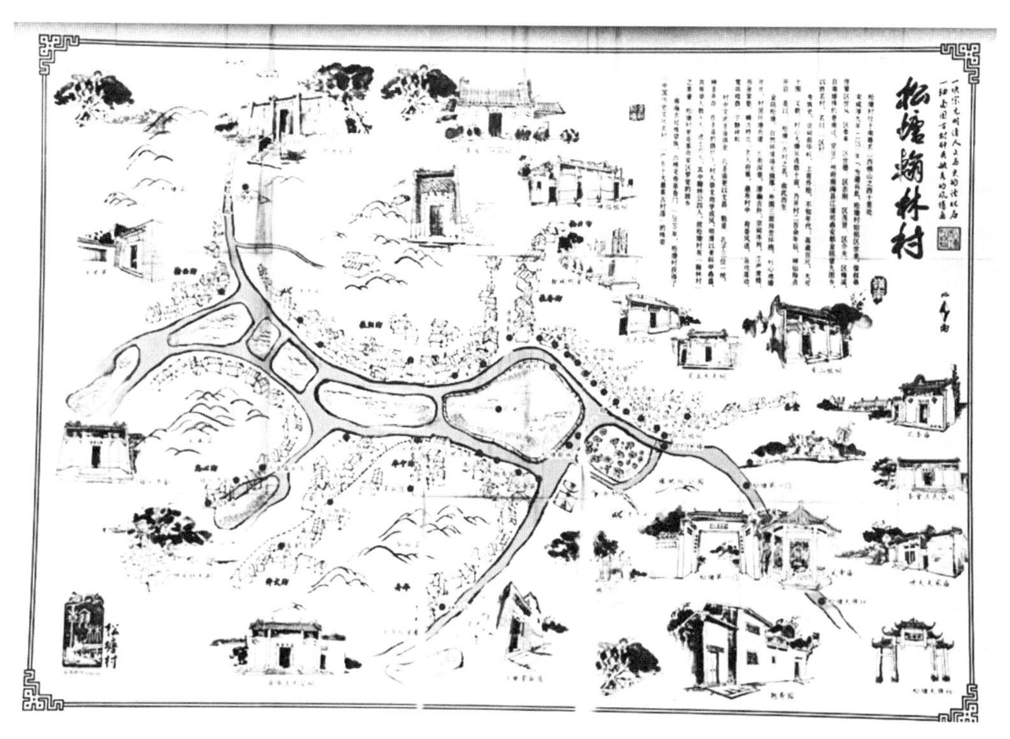

图3-2-4　松塘村围绕池塘布局（壁画）
（图片来源：作者调研翻拍）

3.2.2.3 以岗为中心的村落布局

在广府水乡地区，除了平原水网之外，还分布有众多的小山、小岗、小丘、小洲。该类村落的特点是以洲、岗、山的最高点为中心，由此向外发散若干条巷道，在村的外围是祠堂和禾坪，在禾坪外或全是水域，或部分是水域。有的学者将之称为“放射形布局”。在顺德《麦村舆图纪略》写道：“按麦村形势，以红花山为中心点，向来于对面山八图社处设立一圩，名曰中心圩，盖取居麦村之中之义也。”为了躲避洪涝和便于排水，在村落选址时都遵循“有山靠山，无山靠岗”的原则，但是大多只会选择一个朝向建立村子，形成通常意义上的梳式布局。此外，还有一种情况，就是不同姓氏，或同一姓氏的不同房支围绕着山、岗、丘建立村落。这样就构成了“八卦”的村落形态。长期以来，我们一直认为“八卦”形态的村落主要分布于西江下游、北江下游及三角洲交接的肇庆高要一带。比如高要的黎槎村、牛渡头村、蚬岗村等，并普遍认为八卦村落的形成与中国传统的阴阳、五行、八卦文化密切相关（图3-2-5）。根据笔者的实地访谈认为八卦村落在广府水乡地区是普遍存在的现象，在历史上的洪水淹浸区和历史的堤防范围内，通常满足水网和山冈两个自然条件，就有可能形成“八卦”形村落。这些地方

图3-2-5 蚬岗村的八卦形态：以岗为中心
（图片来源：作者截图于谷歌地球）

抵御洪水的能力很弱，村落的选址和营建必须重视防洪问题。村落的防洪包括外防内泄两个方面。在外防方面，八卦形态具有经济学价值。几何学知识告诉我们，同等面积的几何形状，圆形的边长（周长）最短。在同等面积的前提下，正方形的周长是圆的129.9%。由此可知，在修建村落的外围防洪墙时，八卦形村落是最符合经济学原则的，即边长越短越省钱。此外，在内部泄洪方面具有科学价值。八卦形村落中间高，四周低，沟通山冈和村外的巷道既是交通系统也是排水系统，这样有利于快速地将雨水排走。可见"有'八卦'形态聚落防洪的经验，多个聚落间亦有迁移继承等关系，因此大量的聚落就采用了'八卦'形的聚落防洪形态。"①上文分析的松塘村从整体看是以水为中心的布局，但如果就"大塘岗""文阁岗""舟华岗"来看，建筑围绕着山冈而建，就局部来看，具有"八卦"的形态特征。

在佛山、南海、番禺、东莞、中山都有类似的村落形态，只是在发育程度上没有高要地区的成熟和典型，大多呈扇形或接近圆形。这些村落有的建村历史不长，宗族人丁不旺，经济能力有限，未能大规模地绕着山冈进行村落营建。有的八卦形村落建筑质量低，村落规模小，在近现代化进程中逐渐被新的现代建筑所取代，但从卫星上仍然能够看出近似圆形的村落形态。还有的八卦形村落在发育过程中，筑堤修围的防洪措施已经很完善，人口拥挤的八卦村落也逐渐失去了继续发育的基础。总之，由于历史、社会、经济、文化的原因明清广州府水乡地区的"八卦"村落并为受到太多重视，但是我们不能否认这种村落布局形态的存在。

如果说以水为中心的村落布局为"阴"，那么八卦形的村落形态则为"阳"。他们的差异就是一个以凹下的水塘为中心，一个以凸起的山冈为中心。但是具体到各房支的"里坊"看，其布局具有相似性，仍然是以梳式布局为原型。比如蚬岗村，宗祠建筑仍然是置于村落的前方，后面的民居虽然巷道不是太规整，但是能看到一排一排，有秩序地布局。换句话说，它是由若干不太规整的梳式布局围绕着山冈不断建设的结果。

3.2.2.4 沿涌而居的带状布局

带状的村落往往是依托河涌水网的两岸或一岸，顺着河流的流向进行村落营建，长此以往就形成了曲折变化、自由灵活的带状布局。这样的村落布局有接近水源或利用水上交通以满足日常出行和发展商贸业的需要，也有利于防御洪水的冲击。该布局沿水陆交通线横向延伸，河流与道路方向往往成为村落发展演变的依据和空间边界。水陆交通就像整个村落的骨架，将若干村落元素串联起来，村民临河而居，可以享受水域带来的便利，在村落后面的田野、山林则带来生存所需的农作物。如果河涌两侧地势高差不明

① 周彝馨．移民聚落空间形态适应性研究[M]．北京：中国建筑工业出版社，2014：90.

显，则村落的建筑可能沿两岸分布，如果河流径流量相对较大，村落的整体地势处于低洼位置，则村落建筑往往占据较高的一侧，低洼的一岸往往发展为一基塘、水稻田，成为农林果蔬的生产地。这样的例子在水乡较多，但由于商贸业的发展，人口剧增，村落规模扩大，许多村落不可能无限制地沿河纵向发展，而是根据需要向两侧横向发展，带型村落就又可能演变为不规则的块形布局形态。典型的广府水乡带状村落有番禺的大岭村、东莞的槎滘村。

番禺区石楼镇西北方的大岭村建村历史悠久，北宋宣和元年（1119年）许姓族人在此建设家园，到南宋绍兴年间陈氏开基祖陈遗庆由南雄珠玑巷避难迁居大岭村凤翔里，至今已有近千年的历史。因为背靠菩山，故原名为菩山村，南宋绍兴年间更名为大岭村。前临玉带河，远处是南北逶迤的飞鹅岭，左边为马鞍岗右边为白沙湖冲积平原，石楼河蜿蜒于其间，从大的环境格局来看，十分符合“五位四灵”的环境模式。可以概括为“菩山环座后，玉带绕门前”。从中观环境看，村落主要从东南至西北沿着大岭涌蜿蜒分布，民居建于靠近菩山的一侧呈带状扩展。大岭涌形似玉带，又名玉带河，从东南至西北分别建有文明街、龙津街、繁华街作为整个村落的骨架，民居建筑与河涌、古桥、古榕、埠岸、农田有机结合，形成特有的传统广府村落的水乡景观。

3.2.2.5 综合性、自由性村落布局

这类村落通常规模巨大，历史悠久，人口众多，由多姓氏、多房支构成，地形地貌复杂多样，农商经济发达、建筑质量上乘。从形成看，众多水网河涌将地貌划分为若干部分，各部分之间是相对独立的空间，这些空间包含小山、小岗、小丘，各种形态的水塘、基塘，局部处也有平地。这样的地理环境影响着村落布局想着综合性、自由性演化。

“综合性”是指综合了上述传统广府村落的各种布局特征。在河涌围合的范围内，若地势平坦，一般会形成规整的梳式布局，巷道肌理清晰规整。如果村前挖有近似矩形的水塘，水塘旁通常为位于同一水平线上的祠堂建筑。他们的位置不再是面向天然的河涌，河涌反而成为村落的后方。巷道进深也因为河涌的自由布局，导致长短不一。如果未挖有水塘，则仍然以朝向河涌为主。如果河涌围合范围之内有小岗、小丘，则可能出现“以岗为中心的村落布局”，建筑围绕着小山岗而建，村落的巷道成放射状朝向河涌，具有“八卦”村落的空间形态特征。如果河涌围合范围内中间地势低洼，或人为的挖凿若干水塘，则可能形成“以水为中心村落布局”，村落建筑或朝向内部的水塘营建，或朝向河涌营建，形成巷巷朝塘的布局。如果河涌围合的形状为狭长形，则形成带形布局的可能较大，村落朝向河涌，建筑沿着河涌呈带状拓展。“自由性”特征根本上是由天然的河网水系决定。水网将地形切割为若干形状各异、面积不均的形态。还由于姓氏众

多，房支庞杂，村落的选址、朝向、布局均不一致。村落的选址布局以方便村民生产生活所需为出发点。村落既不是沿着规整梳式布局向后的单一发展，也不是顺着带状布局向两个方向发展，而是可以多向发展，这类村落并没有明显的中心和边界。即使在河涌围合的空间之内，水塘的分布、大小、形状也比较自由，并无规律可循。在村落与边界处往往会形成村落建筑群与基塘、农田交叉互渗的景观。相比较村落中心，边缘处的建筑密度会有所降低。村落外围的基塘、水田对村落的边界具有较强的界定与终止作用。但是主体区域外围的基塘、水田会有时会包围一片建筑群，虽然与村落联系不紧密，但仍然属于村落的一部分。

这样的村落在商业比较发达的地区比较常见，如广州海珠区的小洲村、黄埔村、沥滘村，佛山的逢简村、顺德的碧江村、陈村等都是比较典型的例子。陈村历史悠久，河网众多，商贸鼎盛，始建于东汉年间，因为时人“陈临”在建安年间被录用为太尉而得名。在民国《顺德县志》卷一《风俗》讲到，在明清两代，河运贸易和农商经济极大地促进了陈村的发展，至清乾隆年间已经成为一个“商贾如云，舟楫鼎盛”的大墟市。在屈大均的《广东新语·地语》写道：“顺德有水乡曰陈村，周迴四十余里，涌水通潮，纵横曲折，无有一园林不到，夹岸多水松，大者合抱，枝干低垂，时有绿烟郁勃而出。桥梁长短不一，出处相通，舟入浙咫尺迷路，以为是也，而已隔花林数重矣。居人多以种龙眼为例，弥望无迹……陈村的水味淡有力，故取做高头斗酒，岁售可万翁，他处酤家亦率来取水，以舟载之而归……”屈大均的这段话道出了这类水乡村落的几个特点：历史久、规模大、水网密、交通畅、环境美、农商业发达。

在陈村附近的杏坛镇逢简村，始建于唐朝，素有“岭南周庄”之称，在“宋参政李公祠”的“前言”写到“村内河网密布，村民依河而居，生活惬意，出行方便。水乡景观丰富，古桥风貌沧桑却依然坚挺，旧居虽有修缮，却不失古色古香；家祠墙皮斑驳而犹具恢宏威严。水岸古榕蔽天，家家榴红蕉绿；扁舟往来穿梭，船娘嗓甜歌美。”逢简村四面环水，以水为界，河涌呈“井”字形，自南往北流过古村，汇入西江支流，把村落切割成若干小沙洲，村内共十六个村民小组：见龙、村根、潭头、明远、后街、高社、麦社、午桥、嘉厚、高翔、直街、碧梧、西街、东岸、槎洲、新联，他们共同组成既独立又紧密联系的村落共同体。村落由南北两部分组成，沿河分布有祠堂、庙宇等公共建筑，村落巷道并非全部笔直，而是随地形略有变化。河涌基本保留了原有的空间和自然景观，两岸多为麻石、红砂岩铺砌的埠岸和临河步道，古榕、水松、蕉林等果林植被装点着两岸。在村落周围分布着大片的基塘，形成了特有的水乡村落景观风貌（图3-2-6）。顺德一带的气候地理非常适合种桑养蚕，故村内外桑基鱼田遍布。据咸丰《顺德县志》载：“顺德桑麻蚕丝，视南海利厚，除黄连外，如勒流、北水、逢简诸堡尤盛，男女皆专务于此。”逢简村在清代就已经弃田筑塘，种桑养蚕，丝织厂遍布，素有

图3-2-6　逢简村及其周边的基塘格局
（图片来源：网络）

“南国丝都”之美誉。据1853年《顺德县志》卷五“建置略·墟市”记载：“隶逢简堡者四，曰巨济，曰明远，曰金鳌，曰桑市。”其中桑市是一个专业市场。在逢简还有所谓的“两墟”：“隶逢简堡者二，曰货杂，曰蚕丝。”圩期分别是农历二、五、八和三、六、九。逢简村至今还残存多处昔日墟市经济的痕迹。金鳌桥附近有“高第社当铺卷”，巨济桥附近有一段长长的“谷埠街”。逢简村北临西江航道，水运发达，村内河网纵横交错，为商业的发展提供了先天的条件，各地客商乘小舟来此经商，形成了远近闻名的墟市，素有“小广州”之称。

3.2.3　广客交融型村落布局

在广府村落审美文化圈与客家审美文化圈相交的从化、增城、龙门、清远以及东莞、深圳的东部，由于长期受到两种文化的交互影响，形成了客家文化主导的村落布局、广府文化主导的村落布局、广客文化均衡型的村落布局形态。

3.2.3.1　客家文化主导的交融型村落布局

广州府客家传统村落主要位于客家文化区与广府文化区的城乡边缘区[①]，属于“外

① 马航．珠三角地区城边村国内研究进展综述[J]．南方建筑，2016（06）：117-121.

缘接触"[1]，有学者称该区域为"广州府东路"[2]。明末清初，尤其是康熙二十二年（1683年）解除迁界禁海以来，粤东北、粤北的客家人不断迁徙至广州府的不同地区。为了争夺生存空间，土客矛盾激烈[3]，最终演化为清咸丰年间震惊世人的土客大械斗，械斗主要发生在广州府的西路、中路、南路，北路也有波及，而广州府东路[4]并没有发生大规模的械斗，仅在局部范围有小的冲突。刘丽川教授也认为在广州府东路的从化[5]、增城、龙门、东莞、深圳（原新安）一带土客民之间冲突较少，相处和谐，共存共荣。通过长期广客民系的交融，广州府东路形成了广客交融型的聚居形态。总体上，广州府东路客家村落的空间布局延续了赣闽粤客家村落核心文化区的特征，使得该区域的客家传统村落布局与客家文化核心区的传统村落布局有许多共同特征，同时由于受广府文化的影响，不同类型的客家建筑都发生了不同程度的演化，一些村落构成要素的组合方式发生了不同程度的变化，使得客家村落布局形态多种多样。归纳起来该区域的传统村落皆是在客家原生地的杠屋、堂横屋、围龙屋、方形角楼、城堡式围楼基础上发生的演化[6]。

1. 杠屋布局形态的变异

杠屋是客家地区常见的一种布局形式，通常为一层，在经济富庶的地区建成两层则称之为杠楼。"建筑称谓也因纵列式横屋如同轿子两侧之杠杆而得名。"[7]整体纵向排列，排与排之间有巷道（或长条形天井）间隔，每一排的山墙朝前，大门也朝前开。中间的巷道正对大门通常做成门楼形式，其余的巷道对应的门比较小，称为侧门。杠屋前为一长条形禾坪。杠屋在广州府的广客交融区有零星分布。由于经济落后通常为一层，基本延续了客家村落核心文化区的特征，但也存在不同程度的变异。最显著的特征是中轴线与村落走向呈垂直关系。这样的典型案例如从化区江埔街道的长山围屋、吕田镇莲麻村的光裕第。

从化区吕田镇莲麻村的光裕第为五杠屋。从外面看整体坐东朝西，北侧靠山，村前是一块长方形的禾坪，周围群山环绕。光裕第既是一栋建筑，也是一个自然村。村落位于山脚下一块由祖先平整的土地上，但是从远处看，从北到南，每一杠的高度呈递减趋势，容易让人误认为村落建于坡地之上。在靠山的一杠屋的正中是祭祀祖先的祠堂，左侧为供族中子弟学习的场所，旁为教书先生的住所，靠路边的一杠屋为厨房和杂物间，其余为居室。正对祠堂的二杠屋、三杠屋、四杠屋是联通的。

① 司徒尚纪. 岭南历史人文地理——广府、客家、福佬民系比较研究[M]. 广州：中山大学出版社，2001：372-373.
② 刘丽川. 论清咸丰同治年间广州府东路的土客共存——以增城为中心[C]. //族群迁徙与文化认同——人类学高级论坛2011卷，2011：508-524.
③ 王炎. 离异与回归——从土客对立的社会环境看客家移民的文化传承[J]. 中华文化论坛，2008（01）：21-27.
④ 陈泽泓. 广府文化[M]. 广州：广东人民出版社，2012.
⑤ 王东. 广州从化传统村落空间分布格局探析. 华中建筑，2016（5）：153-155.
⑥ 陈峭苇，程建军. 桂东南客家民居的类型与特点[J]. 南方建筑，2017（4）：97-104.
⑦ 陆琦. 广东民居[M]. 北京：中国建筑工业出版社，2008：158.

村民说这才是村落的中轴线，是遵照祖居地祠堂的做法，这里的空间成了村民平时纳凉、聊天、休息的场所。祠堂的位置是坐北朝南，与村落坐东朝西呈垂直关系。分析其原因主要有二：一是对传统祠堂文化轨迹的延续。传统的客家围屋与祠堂的朝向是与山的朝向一致，但由于杠屋位于两山之间，南北向空间有限，所以村落的整体朝向就随地形做了90°的垂直调整，这也保证了杠屋有宽敞的禾坪；二是这样的布局相当于在杠屋的南北向开了一条通道，加强了杠屋之间的沟通，方便生活。这也是广州府东路客家杠屋布局与客家原生地杠屋的特别之处。（图3-2-7、图3-2-8）

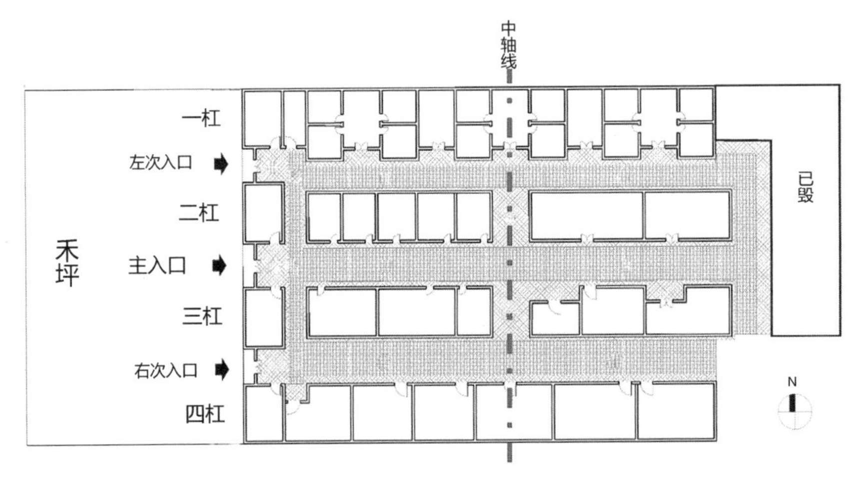

图3-2-7　从化区吕田镇莲麻村的光裕第平面图
（图片来源：作者自绘）

图3-2-8　从化区吕田镇莲麻村的光裕第俯视图
（图片来源：作者自摄）

2．堂横屋布局形态的变异

堂横屋以中轴对称式布局为主，在中轴线上依次布置2～5堂，在堂屋的两侧加建若干横屋。根据堂屋、横屋的多寡可分为双堂一横屋、双堂二横屋等，三堂二横屋、三堂六横屋等①。随着人口规模的扩大，堂屋有的多达五堂以上，横屋可达十横，所以布局灵活，具有可持续性特征。当堂横屋为两层及其以上时就称为“围楼”。从横向看：在中轴线上一般按顺序为池塘、禾坪、门厅、天井、中堂、天井、祖堂，以及两侧的敞廊，在天井和堂屋两侧对称布置有厢房，为村里德高望重的老人居住。两侧的横屋也是做对称式布置，高度略低于中轴线上的厅堂，主次分明。从纵向上看：村落多靠山，具有一定的坡度，整体上形成前低后高的态势。从高处看：由于前低后高、中轴线上的堂屋高，两侧的横屋低，造成屋面层层叠落的形态，如五凤展翅，所以在许多地方也称为“五凤楼”。在广州府东路也有完全继承原生地的空间形态特征，但规模较小，如小楼镇的江坳村田心自然村司马第为三堂四横布局，围绕着中轴线对称布置，中规中矩，村前为禾坪、池塘，村后为树林（图3-2-9）。但大多数广州府东路的堂横屋在原生地堂横屋的基础上其布局形态都发生不同程度的演化，形成多元化的趋势。

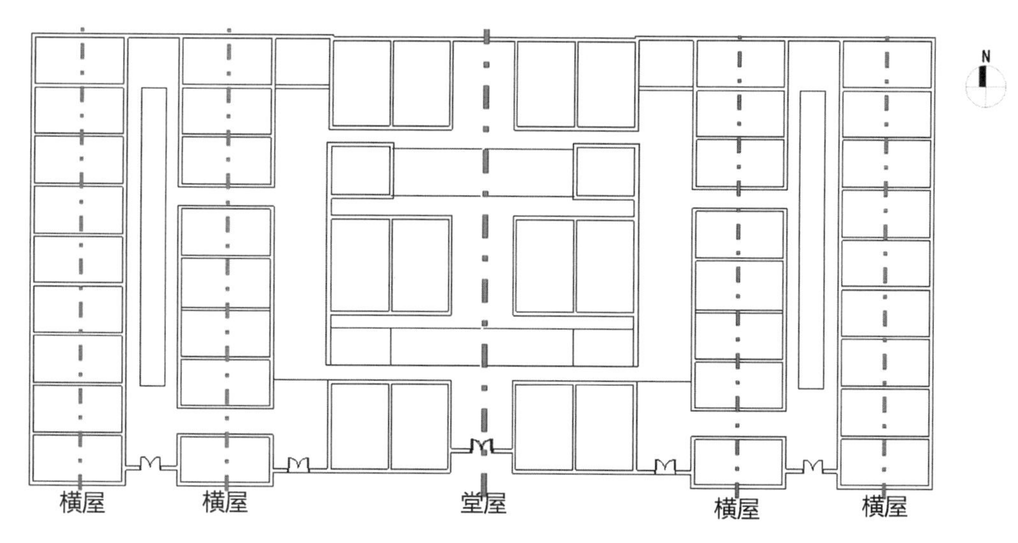

图3-2-9　增城区小楼镇江坳村田心村司马第平面示意图
（图片来源：作者自绘）

在增城、龙门、从化地区皆分布有堂横屋的多种演化类型。如增城区正果镇横排岭村、派潭镇竹坑村、正果镇洋竹林村。派潭镇竹坑村为三堂四横，中间的“堂”部分内凹两个横屋的面宽。在左侧外排的横屋只有两间，显然这一排横屋当初是做了完整的规

① 孙莹．梅州客家传统村落客家形态研究[D]．广州：华南理工大学，2015：88-91.

划，可能因为各种原因中途停工。在东北处有一个长方形的炮楼，后墙与横屋的后山墙齐平。炮楼与村落分离布局是广府村落的惯常做法，很明显竹坑村是借鉴了广府的空间布局手法（图3-2-10）。正果镇的横排岭村，为三堂八横，是规模比较大的村落。整体呈横长方形。最外一圈横屋向外突出与前面的矮墙围合为一个长方形的禾坪。禾坪的左右侧建有门楼。门楼左右各有一房间，突出于横屋，目前禾坪的左侧已毁，只剩右侧，

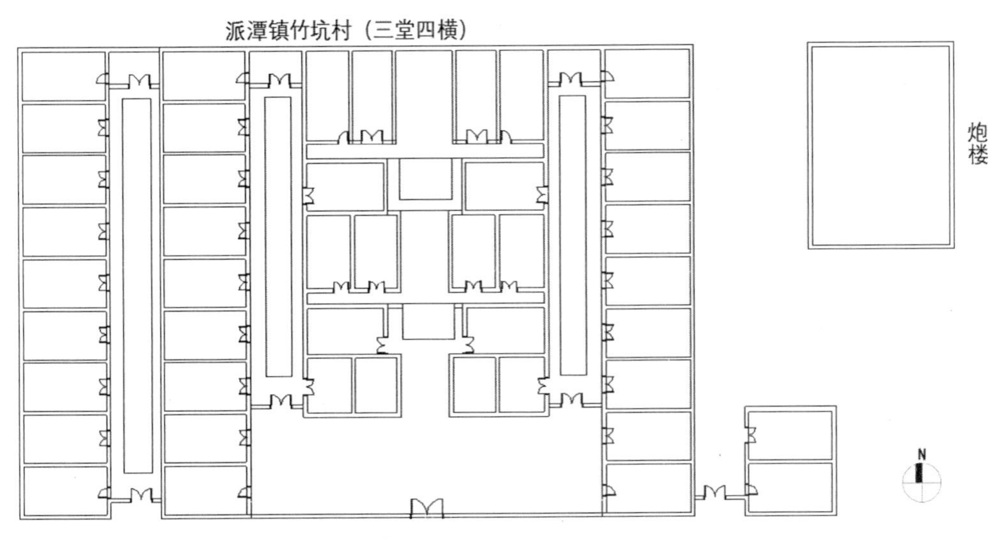

图3-2-10　派潭镇竹坑村平面示意图
（图片来源：作者自绘）

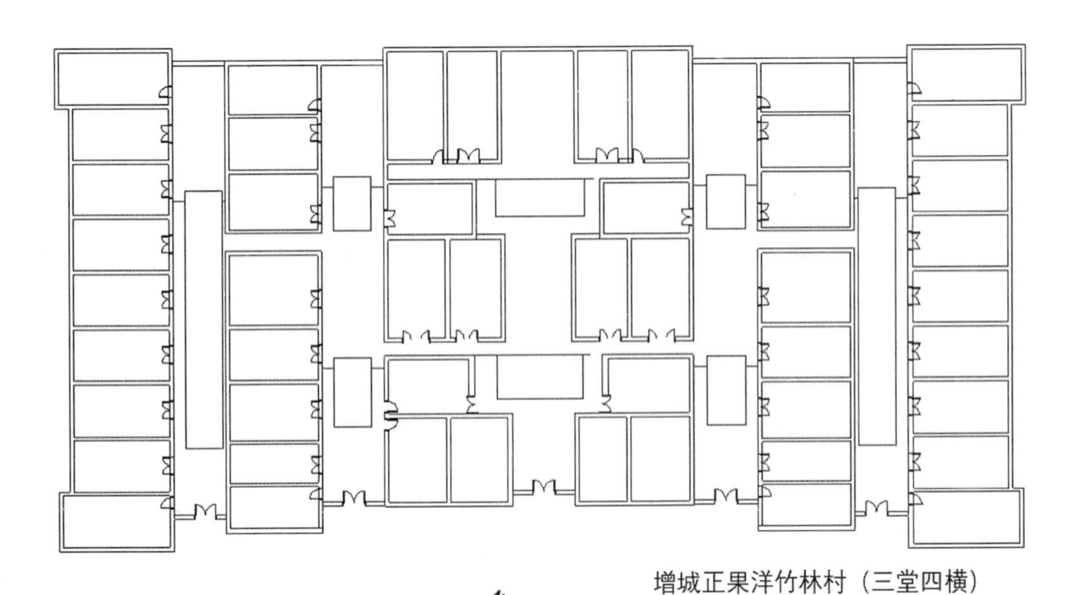

图3-2-11　正果镇的竹林洋村为三堂四横平面示意图
（图片来源：作者自绘）

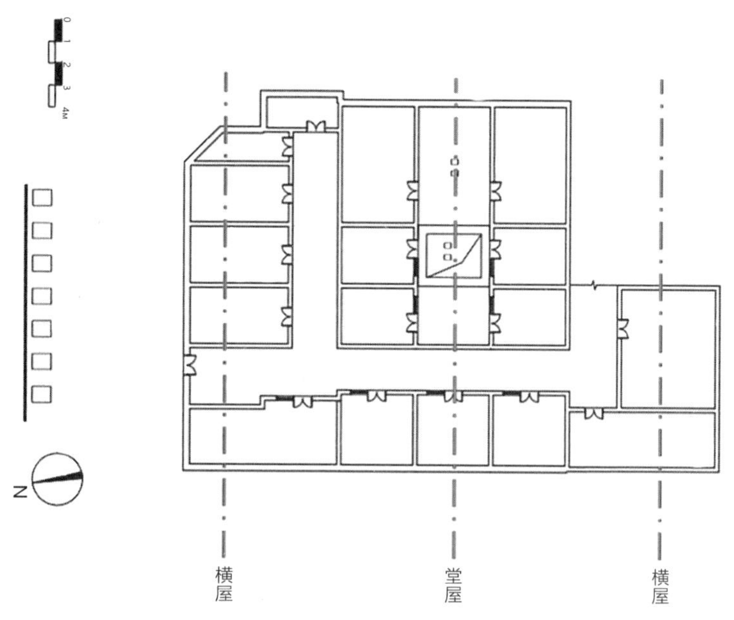

图3-2-12　从化区良口镇仙娘溪村的新龙围
（图片来源：作者自绘）

在东北处转角的横屋向外突出，具有了角楼的形式。正果镇的竹林洋村为三堂四横，中间的“堂”的前部分与横屋的前部分不在同一水平，而是呈阶梯状内凹。该村的四个角都向外突出，具有很强的寨堡特征（图3-2-11）。从整体上看向着堡寨式围屋演化，村落的防御性和封闭性加强，据村民说这时祖先迁移至此，时常与当地人会发生冲突，所以村落形态向着防御性的寨堡演化。从化区良口镇仙娘溪村的新龙围，也属于堂横式布局，但门开向侧面，不太规整，是变异程度较大的客家围屋，根据现场调查这主要是由于地形不规则所致（图3-2-12）。

3．围龙屋布局形态的变异

围龙屋是兴梅客家地区主要聚居形式，特别适合山地地形，一般靠山而建，山上植被葱郁，是村落的风水林。村落呈现前低后高的趋势，有步步高升的寓意。它是在堂横屋的基础上，在村落的后半部加建半圆形的围屋，围屋与横屋的顶端相连接。每个房间内窄外宽呈扇面形，正中一间为龙厅。围合鼓起的半圆形空地称之为化胎，呈斜坡形，上面铺砌鹅卵石，在化胎与堂横屋之间一般会有五行石（亦称五星石伯公、五方龙神）。在围龙屋前面是长方形禾坪以及半月形的水塘。所以，风水林、龙厅、围屋、化胎、五行石、堂屋、横屋、禾坪、池塘就构成了围龙屋布局的基本元素。根据规模的大小，围龙屋有二堂二横一围龙、三堂四横二围龙、三堂八横四围龙等多种组合形式。

围龙屋布局形式的村落在广州府东路数量少、规模小，相对于原生地呈简化趋势，主要分布在龙门和增城的部分地区，在从化、清远、东莞较少分布。根据实地调研，在广州府东路的围龙屋为两堂两横一围龙、两堂四横一围龙。其简化主要是因为建村时间晚，宗族规模小，人口相对单薄，同时山地农耕经济致使财力有限。这也与该区域社会发展状况相适应。围龙屋的基本元素除了五行石外几乎都有。比如龙门县的白灰屋围和昌悦围均为两堂四横一围龙，基本布局一致（图3-2-13）。略有不同的是悦昌围的防御性更强，第一圈横屋的四个转角和外圈横屋都向外凸出。外圈向后延伸1.5个横屋的面宽，致使化胎的进深增加，围屋的正中是长方形的炮楼，与传统意义上的围龙屋略有差异。在增城派潭镇光布围（图3-2-14）、派潭镇汉湖村河大塘围（图3-2-15）为两堂两横一围龙。虽然规模小，却基本延续了客家核心地区围龙屋的形态，其防御性主要体现在围屋前面左右两侧的角楼。总体看来其演变轨迹和形成原因与堂横屋类似：向着堡寨

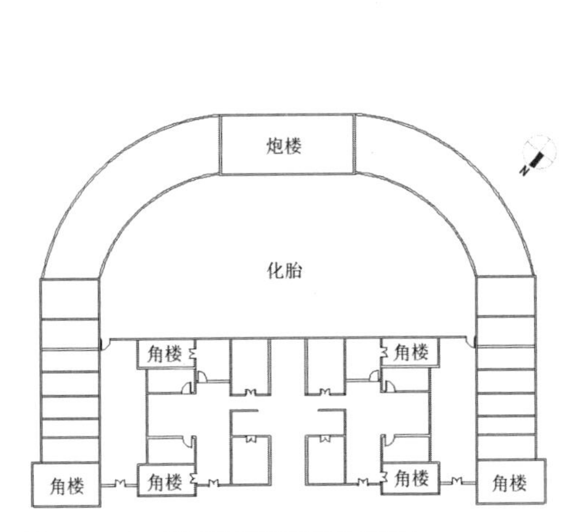

图3-2-13　龙门县昌悦围平面示意图
（图片来源：作者自绘）

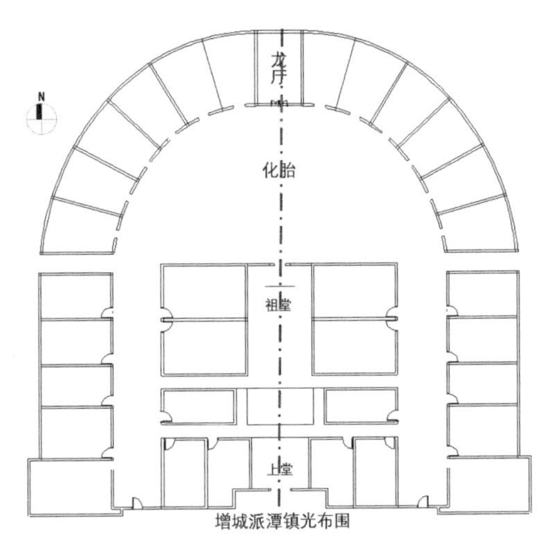

图3-2-14　增城派潭镇光布围平面示意图
（图片来源：作者自绘）

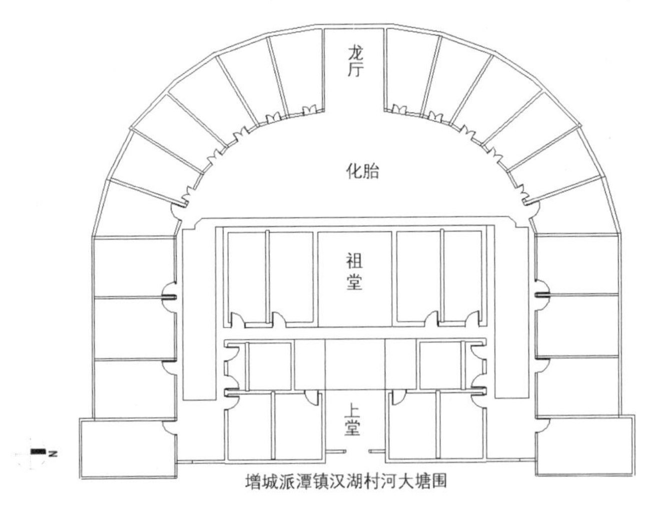

图3-2-15　增城派潭镇汉湖村河大塘围平面示意图
（图片来源：作者自绘）

式围屋演化。深圳龙岗区正埔岭围龙屋是其开基祖于清乾隆年间从梅州兴宁迁徙而来所建。现为三堂六横一围龙一倒座一池塘的布局，但是由于受广府建筑文化的影响，两侧的横屋不再是客家通廊式布局，而是广府民系的“单元式”，其私密性逐渐被重视。

4．方形围屋布局形态的变异

方形围屋多分布于粤北的河源、韶关东部以及粤东的兴宁、五华一带。因围屋的四角建有碉楼，也称为四角楼，江西称之为“土围子”。在广州府东路的方形围屋按规模主要分为大、小两类。小方形围屋主要是外围墙为一层，规模较小，能容纳的居住人口较少。大方形围屋主要是外围墙在两层以上，规模巨大，跟古代的城堡类似，通常称之为“城堡式围屋”。

1）小方形围屋布局形态的变异

变异的小方形围屋在龙门以及从化北部、东部广泛分布。其变异的原因主要是吸收了围龙屋“围龙”和“化胎”的建筑因子。从化区吕田镇狮像村的怀仁第，水埔村的怀安第，三村的儒林第，新联村的德庆第、司马第都属于变异的方形围屋式布局。龙门县永汉镇的鹤湖新村、马图岗村，龙华镇功武村、水坑村便是其典型例子。

从化区吕田镇新联村的德庆第枕山临田，周围群山环绕。平面布局为两堂两横四角楼一炮楼一禾坪一斗门。德庆第坐东南朝西北，广三路，中路为主体建筑，在后堂与前堂之间有一横向的天井，“堂”跟横屋之间是两纵向的天井，左右各六间横屋，后面居中位置建有一座三层高的炮楼，名“永安楼”。炮楼、横屋、中路建筑的后山墙围合出一个后院，这个后院类似于围龙屋的“化胎”。庭院的左右和后方建筑存有“围龙”的影子。四个角楼连接横屋将中路建筑围合成一个纵向的闭合空间，在这个闭合空间前面是禾坪，禾坪的左侧是门楼，其余是厕所、牲畜棚等附属建筑与前面一矮墙围合成的横长方形禾坪，禾坪前面是水稻田（图3-2-16）[①]。三村的儒林第平面布局则是三堂两横四角楼一炮楼一禾坪，后面角楼的后墙与炮楼的前檐在一水平上，呈“品”字格局，后有一矮墙连

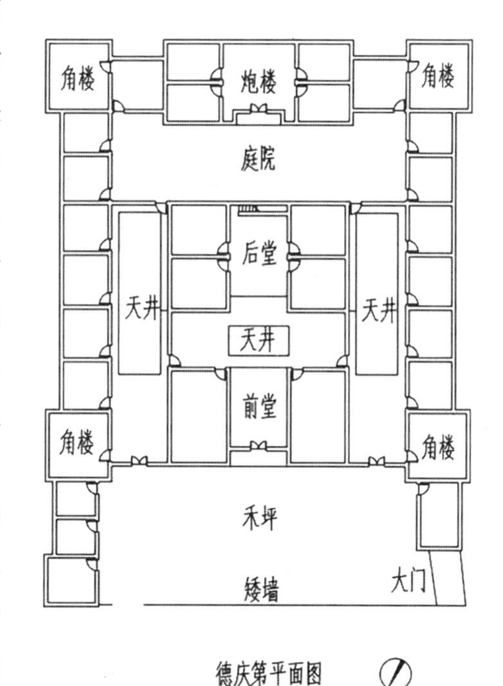

图3-2-16　从化吕田镇新联村德庆第平面示意图（图片来源：作者自绘）

① 王东，唐孝祥. 从化传统村落与民俗文化的共生性探析[J]. 中国名城，2016（08）：65-70.

接两角楼，整体村落布局为纵长方形。

龙门县鹤湖围坐西北向东南，背靠小岗，为了营造“靠山”，在小岗上种植树林。平面布局为三堂四横，一外围墙、一炮楼、四角楼、一斗门相连将堂横屋、禾坪以及后面的横长形空间围合其中。前面为一半圆形的池塘，池塘与左右两侧的壕沟相连，形成枕山，三面环水的格局。除了角楼是三层、炮楼为五层外，外围的横屋为一层，气势庄重，防御性极强。方形围屋在祠堂后方形成一个长方形的空间，与德庆第类似，主要是吸收了客家围龙屋的做法。传统鼓起的化胎在这里平面化了。半弧形的围龙也演化为直角，围龙的之正中不再是龙厅，而是3～5层的碉楼，围龙屋不再是半弧形，而是呈长方形直角，并在直角处建有方形角楼。“围龙和化胎这两个最具有围龙屋建筑形态识别的特征，已经从形态上的变异逐渐演化成为一种抽象的文化符号。”[①]有学者据此认为鹤湖围属于城堡式围楼，但事实上由于外围的横屋只是一层，规模较小，还不能称为城堡式围屋，称其为变异了的小方形围屋（角楼）更贴切。（图3-2-17）但总的来看，这类小型围屋在不断地向着城堡式围屋演化，军事防御性被不断强调，只是村落历史有限，人口规模以及财力的限制，没有最终形成大型的城堡式围屋。

图3-2-17　龙门县永汉镇鹤湖围
（图片来源：作者自摄）

① 吴卫光. 围龙屋建筑形态的图像学研究[M]. 北京：中国建筑工业出版社，2010：67.

2）城堡式围屋布局形态的变异

城堡式围屋布局的村落主要位于广州府东路深圳龙岗区的布吉、横岗、龙岗、坪地、坪山、葵涌、坑梓，盐田区以及宝安区的观澜、石岩也有一部分，香港地区也有，是客家先民兴建的超大型围屋，主要满足人口众多的大家族聚居的需要。其总体形态为方形或前宽后窄，或前方后圆形，中间为堂横屋，外侧由厚墙围合为闭合空间。按照空间划分可将城堡式围屋分为前方半月形池塘，中间横长形的禾坪以及之后的建筑部分，建筑部分是其重点，也有的在围屋周围挖有壕沟。有的禾坪正中墙体正门楼为上圆下方，有的为方形，也有的做成牌坊式，有的两旁对称的建有侧门。两层以上的楼房环绕四周，在转角处设有更高的角楼，外围设有女儿墙，墙上有各种形状的射击孔，内部的走马转角楼将其联系成为一个整体。与围龙屋不同的是，城堡式围屋是四周高、中间低，犹如古代的军事城池。内部主要是堂横屋及其变异的布局形态，中轴线上有二进或三进的堂屋，跟其他客家建筑一样，上堂为祭祀祖先的祖堂。堂屋的两侧为横屋，有的横屋与外墙围合出一个相对独立的空间，在这个空间中又建有若干民居。堂屋前为横长形天井和“倒座”，堂屋后面多为长条形天街或半月形的化胎，以及后围楼，在后围楼的正中通常建有高出围楼的一层或几层的炮楼。围屋内挖有若干水井。这样的案例在深港地区有众多分布，如深圳龙岗镇罗氏鹤湖新居、陈氏大田世居，坪山镇的曾氏大万世居、龙田世居，横岗街道茂盛世居，坑梓镇的黄氏龙田世居（图3-2-18、图3-2-19）、

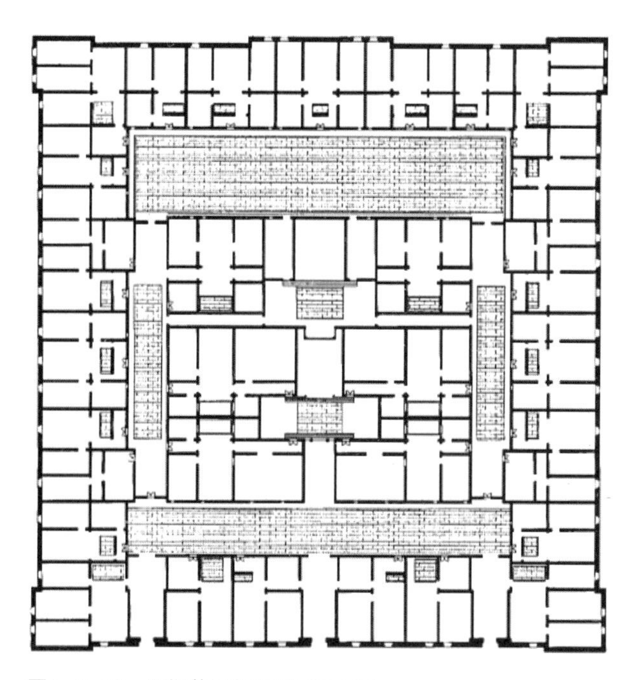

图3-2-18 深圳黄氏龙田世居平面图
（图片来源：王晨. 黄氏宗族客家住屋形制与文化研究[D]. 西安：西安建筑科技大学，2003：45.）

新乔世居（图3-2-20、图3-2-21）、龙湾世居，香港沙田的曾氏山厦围等均属于城堡式围屋的典型。这里举例说明其布局形态的变异。

茂盛世居位于龙岗区横岗街道，是广州府地区融广府民居、欧式建筑为一体的客家大型城堡式围屋。茂盛世居面朝西南，第峙梧桐山，门檐望海岭。据传何氏祖先兴建此屋时，曾聘请多名高明的风水先生相地卜宅，确定方位。村前挖掘近十亩半月形水塘，形似一把箭在弦上的满弓，村后更有数十亩蓊郁的山林，据说这些都是风水先生的布置，在围屋的周围只有挺拔笔直的大王椰子，充满了热带风情。茂盛世居为近似方形的“回”字形布局，宽81米，长78米。外围楼连接四个转角处的角楼形成第一圈围屋，角

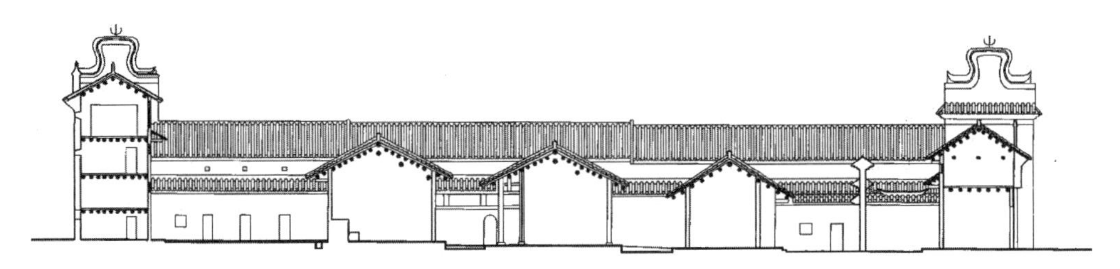

图3-2-19　黄氏龙田世居剖面图
（图片来源：王晨. 黄氏宗族客家住屋形制与文化研究[D]. 西安：西安建筑科技大学，2003：57.）

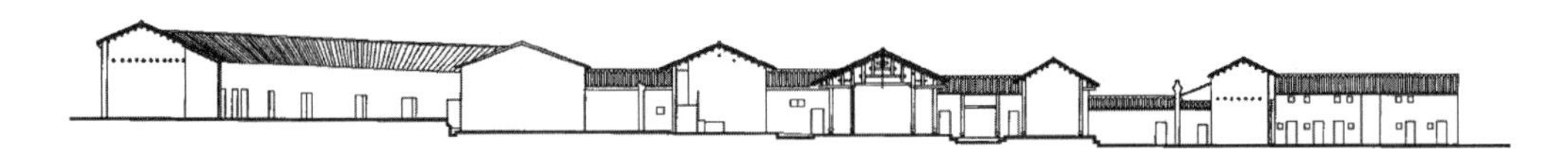

图3-2-20　新乔世居剖面图
（图片来源：王晨. 黄氏宗族客家住屋形制与文化研究[D]. 西安：西安建筑科技大学，2003：45.）

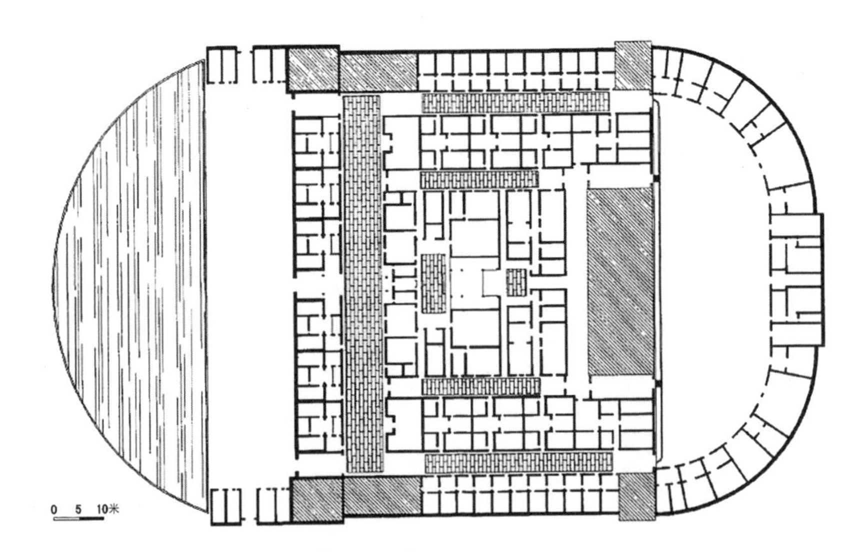

图3-2-21　深圳坑梓镇的新乔世居平面图
（图片来源：王晨. 黄氏宗族客家住屋型制与文化研究[D]. 西安：西安建筑科技大学，2003：43.）

楼上皆为高耸的镬耳山墙，是典型的广府建筑元素（图3-2-22）。外围屋墙高两层，建有女儿墙，墙上若干射击孔。第一圈围楼与第二圈围屋中间隔一圈天街或巷道，内部为三堂两横的布局形态。在左侧天街的尽头建筑吸收了欧式的拱券、柱式、栏杆、女儿墙的元素，材料和建造工艺具有明显的西化特征。（图3-2-23）

大万世居位于龙岗区坪山街道大万路33号，规模巨大、布局严整。大万世居坐东朝西，是三堂两横两枕杠六角楼一炮楼，以及内外两围屋。前为一半月形水池，在前围墙正中建有牌坊式大门，左右各一侧门，“瑞义公祠”为中轴，横向的天街和纵向的巷道将内部的格局划分得十分清晰、完整、严谨。后围墙中心向外突出，形成一个钝角等腰三角形，丰富了村落的形态布局。（图3-2-24）

图3-2-22　角楼：高耸的镬耳山墙
（图片来源：作者自摄）

图3-2-23　欧式建筑风格
（图片来源：作者自摄）

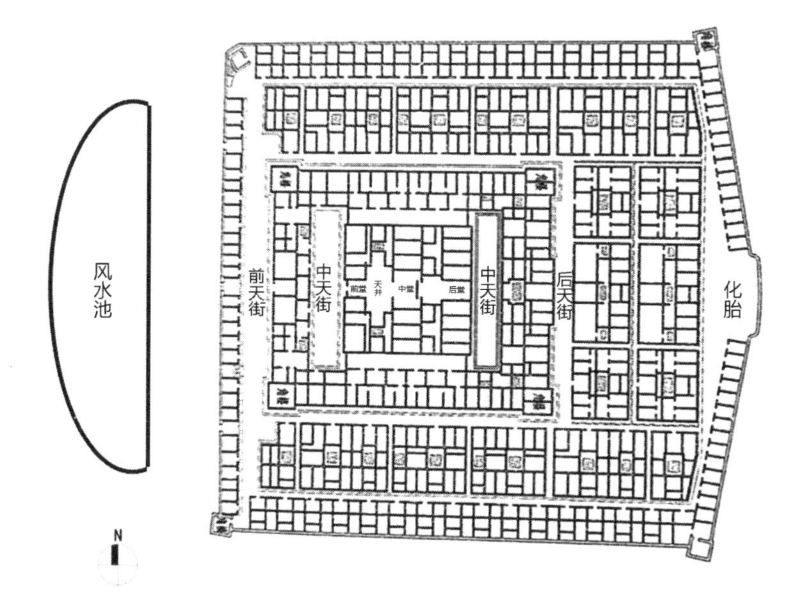

图3-2-24　深圳大万世居平面图
（图片来源：吴卫光．围龙屋建筑形态的图像学研究[M]．北京：中国建筑工业出版社，2010：54.）

"寨堡聚落的空间防御性通常是在特定时间段内，对区域社会环境和自然环境的具体表现。"①②从广州府东路不同类型村落形态来看，城堡式围屋是广州府东路村落空间演化最成熟的阶段，其他类型的村落布局都是向城堡式围屋形态演化。根据实地调研，这类大型城堡式围屋形态的形成原因有四：一是这里的客家人深受海洋文化、广府文化的影响，长期经商，积累了大量的财富，有能力营建大型围屋；二是清代至民国，这里匪患、战争频繁，为了保护辛苦积累的财富以及族人的生命安全，营建具有防御特征的"城堡"；三是宗族规模大，客观上需要大型围屋来满足居住需求；四是受商业文化和广府文化的影响，在内部空间逐渐强调私密性，所以在内部具有很明晰的广府梳式布局的痕迹。

3.2.3.2 广府文化主导的交融型村落布局

广府文化主导的交融型村落布局形态主要分布于广客交融村落文化亚圈的西侧。这一类型的村落主体以广府民系为主，也有部分客家村落，其布局受广府影响很大，形成了"广府文化主导的客家村落"的奇特景观。这也反映了在广客交融村落文化亚圈之内广府文化相的强势。此外，广客交融村落文化亚圈范围内还有许多规整的梳式布局，如从化区木棉村、大江埔村、凤院村，增城区瓜岭村等。

通过实地调研发现，在广客交融村落文化亚圈内，虽然广府民系与客家民系长期共居，但绝大多数广府民系村落还是以梳式布局为主，村落建筑仍然是三间两廊，仍然以青云巷组织村落的交通系统。由于土客矛盾或匪患一直存在，广府人逐渐吸收了客家围屋的围合性、防御性布局特征，村落的四周建起了横屋或更屋，将整个村落围合起来，富足的村落还加建两重横屋，更有甚者，直接在外围建一圈寨墙，增强村落的防御性，但内部还是保持着梳式布局的形制。概括起来，广府文化主导的交融型村落布局有防卫型梳式布局、城堡围屋式梳式布局。

1. 防卫型梳式布局

防卫型梳式布局在广客交融村落文化亚圈内较常见。这类村落布局最大的特征是村落的左右侧或外侧建一圈横屋，内部为梳式布局。根据横屋围合度又可分为弱防卫型和强防卫型。弱防卫型梳式布局的村落靠近广府村落文化圈，如从化区太平镇的钱岗村、钟楼村、殷家庄的西庄，增城区中新镇莲塘村、高埔村东兴坊。强防卫型梳式布局如增城正果镇何屋村的何隔塘村、大兴围村。

从化钟楼村是广府系弱防御型梳式布局的典型。钟楼村背靠金钟岭，面朝流溪河，

① 郑旭，王鑫. 堡寨聚落防御性空间解构及保护——以冷泉村为例[J]. 南方建筑，2016（6）：19-24.
② 张萍，陈华. 明长城沿线军事寨堡文化遗产保护刍议——以永泰龟城为例[J]. 西部人居环境学刊，2016（02）：46-51.

坐落于两座山之间的平地上，遵循“五位四灵”的环境模式。根据村民介绍，欧阳家族从凤院（从化区）迁到钟楼，按照传统进行村落规划和建筑设计，在空间组织上延续了广府特有的梳式布局。村落的核心区以七条纵巷道和一条横巷道将建筑、庭院组织起来。中轴线上为五进的欧阳仁山公祠，三间两廊的民居建筑分布两侧，民居的门开向巷道。从核心区域来看，确实是梳式布局的典范。然而在村落的后侧、右侧仍然各保留有一排横屋，左侧断续还留有一部分，四周修有完整的一圈村墙，四个角落还建有四个角楼（堞垛），用于瞭望侦查，在左上角建有一座四层高的炮楼，是全村的制高点，兼有防御与避难的功用。钟楼村原有四座门楼，现仅剩一座。村外有水塘与溪流组成的护村河，后修路被毁。钟楼村虽然防御性很强，但它的防御性设施并非都是受到客家围落的影响，除了横屋是客家的做法外，村墙、四个堞垛则是一般的防御性设施，而炮楼则是广府地区常见的建筑形制。因此，可将钟楼村布局概括为强广府文化，弱客家文化的强防御性梳式布局。（图3-2-25）

增城正果镇何屋村何隔塘属于广府系强防卫型的梳式布局。何屋村位于增江流域的河谷平原，左侧为增江支流。周围众多水塘分布其间。所有的自然村均源自东莞何氏，

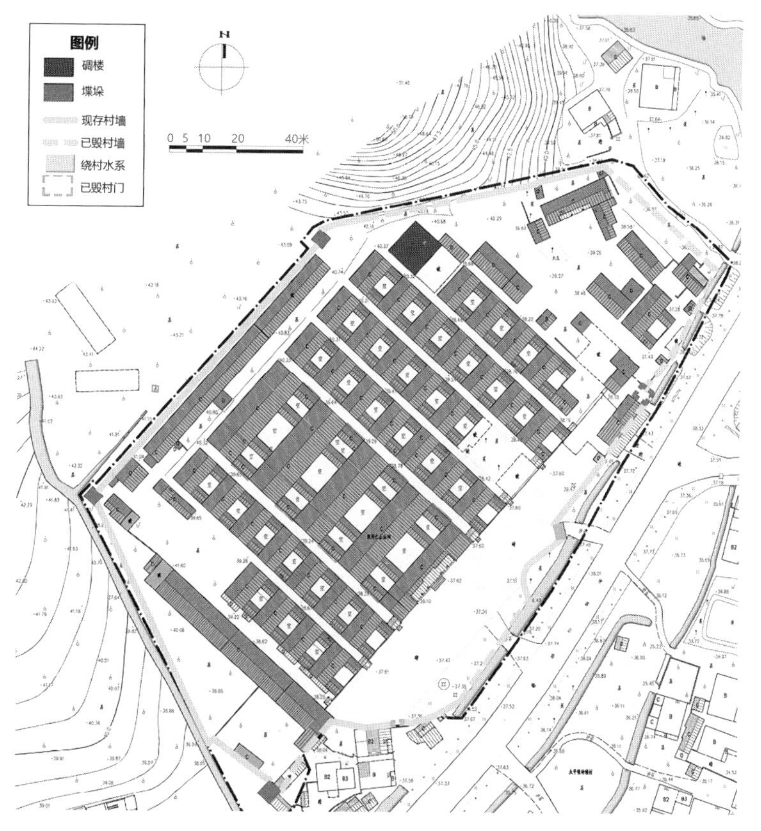

图3-2-25 钟楼村的强防御型梳式布局
（图片来源：《广州从化钟楼村古村落保护更新规划》，2014.）

均为广府民系。何屋村由何隔塘村、大兴围、新围、黄屋等自然村组成。新围村传统建筑所剩不多，风貌已不完整。以大兴围为中心，何隔塘村在其后，黄屋村在其左侧。总体看来，三个自然村均为防卫型的梳式布局，但略有差异：何隔塘村防御性强，黄屋和大兴围弱。何隔塘村建于缓坡上，村前有一长方形禾坪和半月形水塘，村落巷道垂直于禾坪，肌理清晰，很显然是梳式布局的遗风。村落内部为三进祠堂（正万祠）接近客家的祠堂布局形式，祠堂两侧为每排三户三间两廊的民居，在民居两旁分别有两排横屋，每排九间住屋，均朝向祠堂。在横屋外右侧有一排平行于横屋的围屋，左侧的横屋则是圆弧形的，左右两侧的横屋均连接池塘，且最前一间为门楼，后侧为一围龙。围龙前为一半月形的空地，空地上铺满鹅卵石，类似于客家围龙屋的化胎。总体看来，何隔塘村除了祠堂左右侧是广府三间两廊的民居外，其余建筑形制和村落布局以客家文化为主。从村落布局看，何隔塘村由左右围屋，前面水塘，后方围龙包围，构成了一个封闭向心的空间，以及禾坪两侧的门楼，增强了该村的防卫性。（图3-2-26、图3-2-27）

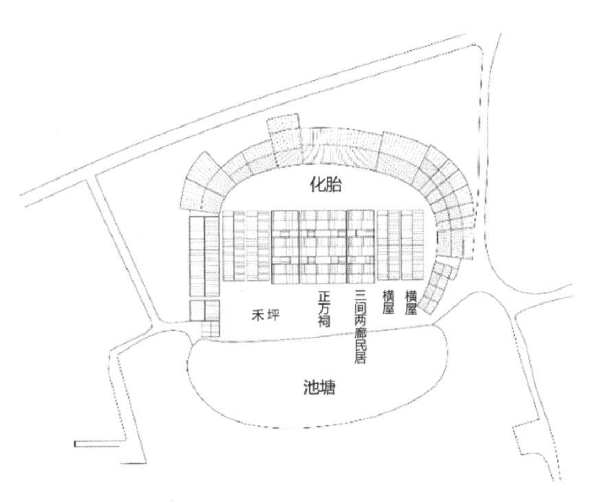

图3-2-26　增城正果镇何屋村何隔塘自然村平面图
（图片来源：作者自绘）

图3-2-27　增城正果镇何屋村何隔塘自然村航拍图
（图片来源：作者自摄）

增城廖隔塘村是客家系强防御型梳式布局的典型。廖隔塘村廖氏先祖是福建客家人，后迁往梅州、龙门，明朝又从龙门迁往增城廖隔塘建村。廖隔塘村三面环水，村落左、右、后三面围合，前排建筑位于同一水平线上，整体观之，近似一个规整的方形。左右两侧各有两排横屋，后有两排枕屋，枕屋和横屋围合的空间内是五条纵向巷道、四列建筑、五个横巷道、六行建筑。祠堂居中布置，作为族人公共活动场所，右侧为两列三间两廊的民居建筑，左侧为一列，满足人们的私密性居住要求，横屋和枕屋一方面满足防御需求外，兼作附属建筑，用以储藏和圈养牲畜。可见这类村落仍然保留堂横屋、枕屋等传统要素，围合性、防御性特征得以延续，只是向心性不断淡化。由于受广府建筑文化的影响，保留下来的客家建筑文化因素也按照广府村落空间形态组织。纵巷和横巷呈现近似方格网的肌理，俯视更像梳式布局。民居建筑不再朝向祠堂，而是与村落朝向一致。祠堂也不在居于村落的正中，而是位于村落前排或某个位置，村落布局更加灵活、开放。

增城中新镇莲塘村是广府系弱防卫型梳式布局的代表。莲塘村始迁祖毛武韬南宋绍兴年间来到莲塘村建村。莲塘村坐北朝南西偏20°，村落平面布局整体上呈梳式布局，前面有两排水塘，第一排为三个，第二排为五个，村落与水塘之间有一条窄长形的禾坪，十一条纵向巷道垂直于禾坪，八条不规整的横巷横贯其中，纵横巷交错分布，纵巷宽约1.3米，横巷宽约1米，架构起了村落的街巷肌理和空间布局形态。禾坪两侧各建有一座门楼，右侧保存完整，左侧只剩下门洞和墙体，在门洞旁有古榕若干。古榕、水塘、禾坪、前排建筑构成了村前的景观系统。村落前排从右到左分布着砭愚毛公祠、香火祠堂、兰毛公祠（村落的毛氏大宗祠则位于村后的东北角）。可见，村落内部基本上是广府梳式布局，但在村落的左右侧和后侧各建有一排紧密相连的民居，左右侧的建筑类似于客家建筑的横屋，后侧的枕屋类似于围屋的围龙。禾坪两侧各建有一座门楼，右侧保存完整，左侧只剩下门洞和墙体，在门洞旁有古榕若干。古榕、水塘、禾坪、前排建筑构成了村前的景观系统。村落前排从右到左分布有砭愚毛公祠、香火祠堂、兰毛公祠，而毛氏大宗祠则位于村后的东北角（图3-2-28）。可见，村内基本上是广府梳式布局，但在村落的左右侧和后侧各建有一排紧密相连的民居，左右侧的建筑类似于客家建筑的横屋，后侧的枕屋类似于围屋的围龙，彰显着客家防御性建筑的影子。

上文所述的何屋行政村的黄屋自然村和大兴围自然村属于弱防卫型。黄屋村也是建于缓坡上，村落朝向与何隔塘村相反，核心建筑区为梳式布局，十条巷道正对禾坪，中间为广府祠堂，两侧各为两排横屋，前为禾坪与池塘，后为一弧形围屋，在围龙与民居建筑之间有一长条形空地，空地上有植被若干，禾坪左右侧为门楼。总体看来，核心部分以广府梳式布局为主，只是左右和后侧建有客家的横屋和围龙，防卫性较强。（图3-2-29）大兴围从整体看是广府梳式布局，村落被八条纵向巷道分隔，整齐

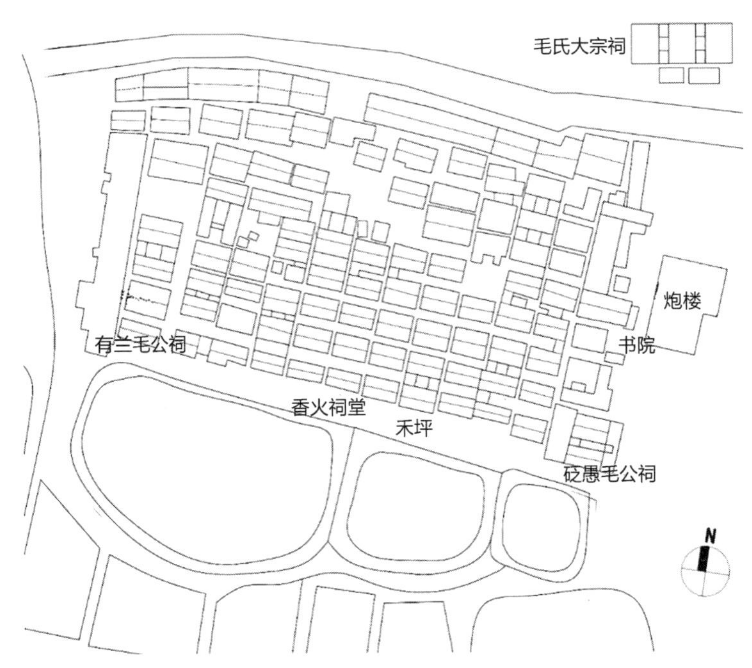

图3-2-28　莲塘村：弱防卫型梳式布局
（图片来源：作者自绘）

图3-2-29　增城正果镇何屋村黄屋自然村航拍
（图片来源：作者自摄）

划一，但在左侧有一排横屋，靠近横屋的两个祠堂是客家祠堂的布局形式，但右侧的祠堂是广府形制，为敞楹式门廊。防卫性相对黄屋和何隔塘村弱化了（图3-2-30）。在从化区城郊街道的殷家庄的西庄、龙门县永汉镇合口古村也是这种布局。清城区龙塘镇井岭村以之相反，内部是堂横屋，外围的左右、后方建有一圈三间两廊的民居，属于弱防卫型布局。（图3-2-31）

图3-2-30　增城正果镇何屋村大兴围航拍
（图片来源：作者自摄）

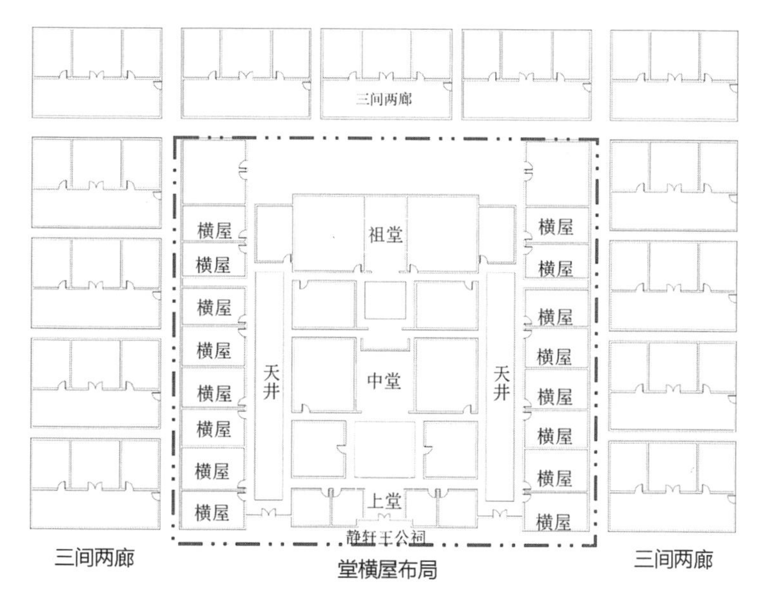

图3-2-31　清城区龙塘镇井岭村（静轩王公祠）
（图片来源：张喆绘）

2. 城堡围屋式梳式布局

城堡围屋式梳式布局既有围屋的特征又有梳式布局的特点。上文就方形围屋、围龙屋、城堡式围屋等类型展开分析，其中方形围屋和城堡式围屋的防御性极强，通常认为起源于汉代的坞壁[①]（或坞堡）。客家人南迁定居后，将这种居住形制承袭了下来，并在明清时期深刻影响到了广客交融村落文化亚圈内的广府系村落。通过实地调查主要发现城堡围屋式梳式布局，数量较少，主要分布在龙门县。其中，龙华镇功武村、绳武围（新楼下村）、水坑村较为典型。

功武村位于龙门县龙华镇，建于明朝洪武元年（1368年），龙门的廖氏来源于江西，为广东廖氏之始，属广府系。这一脉廖氏世代为官，其中四世祖廖金凤于南宋开庆元年（1195年）考中进士，初为增城县令，后从戎，官至太尉，因廖氏连续三代功在于武，故起名为“功武”。村落被“U”字形香溪河围绕，村落布局点线相接，次序营建，功武村现存五宅古堡、古街、古码头、廖氏宗祠等遗产。五宅古堡位于“U”字形的中间偏右，在同一水平偏左为廖氏宗祠，背后为古街，顺着古街往前走是古码头。其中五宅古堡为城堡围屋式梳式布局，廖氏祠堂为广府祠堂形制。五宅古堡坐北向南，有五百多年历史的“口”字形古墙，墙体高大，并建有若干扶壁柱（墙体构造柱），增强了墙体的气势和坚固性。在墙内分左中右三路建筑，四条纵巷直通前面的禾坪，整体呈现中轴对称，主次分明、高低有序的布局形态。中路上分布着进士第（俗称官厅）和炮楼，进士第的布局与广府祠堂接近，但规模更大，空间更为开敞，形制更高，头进面阔五间，材料、装饰皆为广府做法，二进堂中悬挂“菑畬堂”（菑畬为耕耘之意）的牌匾，三进为祖堂，四、五进为住宅，四进设有书室。后面的四层炮楼也是广府形制。两侧为广府三间两廊的民居建筑形制，四周的古墙为城制，转角处为雄伟的角楼，古墙的内侧还设有跑马道。在禾坪前建有一堵矮墙，墙体外建有若干斜墩，该墙连接左右的碉楼，矮墙前面为一半月形水塘。从远处看炮楼、角楼耸立，进士第与两侧民居的屋顶高低起伏，错落有致，前面带扶壁柱的围墙充满了力量感，给人一种军事寨堡之感。（图3-2-32）

绳武围位于龙华镇上的新楼下村，“绳武”为“继承祖先业绩”之意，为清代建筑。据族谱记载，该村李氏祖居地陇西，于宋朝从南雄珠玑巷几经迁徙至龙门开基，明朝从水坑村迁居“绳武”，至今五百年左右，属广府系。绳武围总面积15000平方米。四周建有围墙和跑马道。围内建有广府形制的祠堂和广府的民居建筑。关于绳武围的布局与建筑情况李氏族人用打油诗做了概括：

我围四周有高墙，墙上开满很多窗。村民时刻往外望，提高警惕把贼防。

围内建了不少房，栋栋房子一模样。青砖白瓦有古式，横看直望都成行。

---

① 坞壁，即平地建屋坞，围墙环绕，前后开门，坞内建望楼，四隅建角楼，略如城制。坞主多为豪强地主，借助坞壁加强防御，组织私家武装。参见潘谷西．中国建筑史[M]．北京：中国建筑工业出版社，2004：81.

这里的高墙指的就是寨墙，基本按照城墙的形制建造，在围墙内部有跑马道，外墙有若干射击孔，分布有六座角楼，展示了几百年前李氏族人精湛的军事建筑技艺。绳武围为坐南向北，为横长矩形，西侧的围墙在门楼处呈折线型，门楼并非平行围墙，而是向南偏转，在围屋前面是横长形的禾坪，禾坪前是半圆形水塘，靠墙处是若干功名碑，刻录着李氏族人的辉煌。围内的北侧和西侧原本是空地，现在西侧陆续建起了许多杂乱的建筑。而早期的建筑主要集中在东南方向，为梳式布局，八排建筑，九条纵向巷道，六条横巷组织起整个村落的布局。中轴线上是三进的“立兑李公祠”，典型的广府祠堂形制，但规模更大，祠堂前有三口古井，按“品”字形排列，意思是教育后人要有品德。祠堂两侧依次排列三间两廊的民居，但入口朝前。绳武围内为广府梳式布局，而外围则是客家城堡围屋的形制，显然是借鉴了客家防御性围屋的做法。

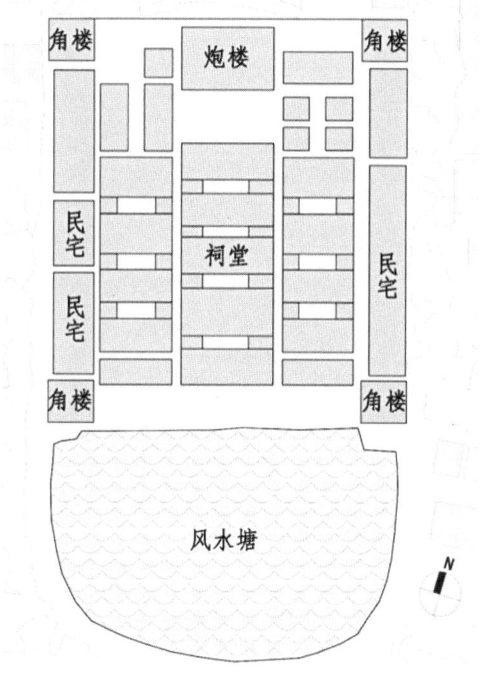

图3-2-32　龙门县龙华镇功武村平面图
（图片来源：廖岳骏绘）

龙门县龙华镇水坑村，原名“蓼溪龙江围”。始祖李延龄于南宋由东莞迁至此地建村，至今已有700余年。水坑村根据功能不同，可分为两部分：一部分是山脚下的主村，这里为村民的聚居点，民宅和祠堂建于此地，主要是满足生产生活所需；一部分是村西北向的围屋，是村民遇到战事、抢劫时的避难场所，主要提供专门的防御公共空间。

村落整体格局符合《水龙经》中所绘的“覆锺”。村落坐南朝北，背靠山麓，前为一小平原，一条河流环绕着这片平原，村落正好位于河流圆弧的圆心之处，朝向河流弧的中点。有道是：“山管人丁水管财”，这是聚财之地，也是生息繁衍之地。主体村落为广府村落的梳式布局，村落巷道肌理清晰，村前为半月形水塘。在主村内分布着贞节碑台、孟盛李公祠、谊亮二公祠等遗产。村落特殊之处在于西北部的围堡，朝向与主村垂直，为坐西向东。围堡呈规整的矩形，围屋周围挖有壕沟（护村河），在东侧的正中建有一条混凝土桥连通内外，据村民说以前是吊桥，近年才被混凝土桥取代。古墙为两层高，四周建有角楼，墙上有若干射击孔，在墙内建有跑马道和藏身洞。目前围屋内无民居，仅有位于中心靠东的文笔塔（文明阁）及其附属建筑。（图3-2-33、图3-2-34）

水坑村与上述的绳武围、功武村（五宅第）、鹤湖新村不同之处在于防御功能与居

图3-2-33　龙门县龙华镇水坑村围堡
（图片来源：作者自摄）

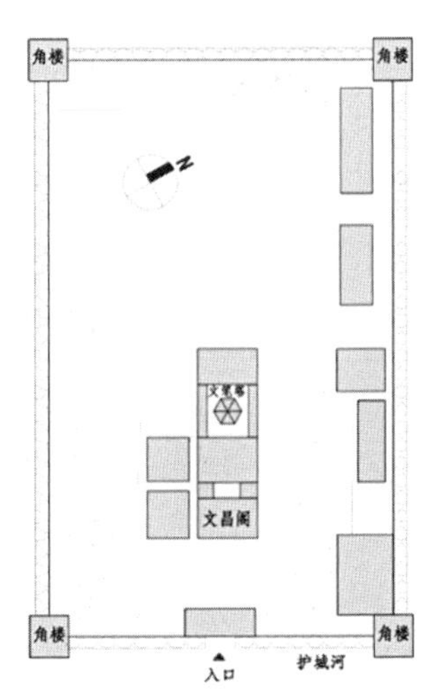

图3-2-34　水坑村围堡平面图
（图片来源：廖岳骏绘）

民生活、生产是相分离的。但是这些村落与中国古代的城市防卫图、中原坞堡在形制上基本类似，有城墙、吊桥、角楼、跑马道、射击孔等元素，都反映了极强的军事防御性。为什么广府民系会出现这样的村落布局形态？而且集中出现在龙门县的龙华镇，在明清广州府的其他地区未曾发现？一方面是受客家建筑文化的深刻影响，另一方面笔者认为还与这些村落的传统有关，水坑村的开基祖是南宋末年的统帅，行伍出身，绳武围则是从水坑村迁过去的，在村落布局上一脉相承也是合理的，功武村因军功而得以发展，这些村落的祖先都有行伍的背景，在村落形态上重视防御性也是说得通的。

3.2.3.3　广客共居“均衡型”的村落布局

在广客交融村落文化亚圈范围内，广客共居的村落数量占一定比例。经过长期的交融，形成多种村落共居的形态。学者刘丽川通过研究提出“粤客异姓的共居村”“粤客同姓的共居村”两种类型。并以增城的合益村、高车村、旧刘村为例进行了历史演变和文化融合的分析，认为广客之间和谐相处，共荣共存①。村落的空间布局也兼济广客民系的特点，根据村落中姓氏的力量对比，形成强弱之分，主要为“广府文化主导的村落布局”“客家文化主导的村落布局”。此外，还存在着均衡型的村落布局形态，即在同一个村里，广府人、客家人各按照自身传统的建筑形制进行营建，互不冲突，和平共处。

增城正果镇旧刘村即是代表。旧刘村全村姓刘，历史上叫“钟岳村”，是广府刘姓与客家刘姓共居的特色村落。广府人和客家人口相差不大。开基年代不详，据村民说是广府刘姓先从石滩镇麻车村迁移到此地。咸丰二年（1852年），因天灾人祸，生活困难，

① 刘丽川．论清咸丰同治年间广州府东路的土客共存——以增城为中心[C]．族群迁徙与文化认同——人类学高级论坛2011卷，2011.

就请了正果镇灯芯冚的客家刘姓兄弟刘瑞堂[1]到此建村。客家刘出钱，广府刘出地，次年，即咸丰三年（1853年）建城坐北向南的大夫第。大夫第为“三堂两横一围龙”的客家围龙屋形制，第三堂为祭祀祖先的祖堂。前有半月形水塘、禾坪，禾坪两侧各建有一斗门，后有山冈树林。最后采取抽签的方式，客家刘居住在东侧，本地刘居住在西侧，这样的居住格局一直维持至今。在大夫第的右侧是“瑞堂家塾”，于光绪八年（1882年）建成，是典型的广府祠堂形制。在祠堂的后面则是一座规模巨大的两层三间两廊民居，左右侧各为一排青砖横屋，中间间隔巷道，明显是按照广府村落的做法。所以整体观之，西侧代表广府村落布局形态，东侧代表客家村落布局形态，形成均衡的村落态势。这也是广客民系在共居一村的条件下，和平共生，相互尊重的产物。（图3-2-35、图3-2-36）

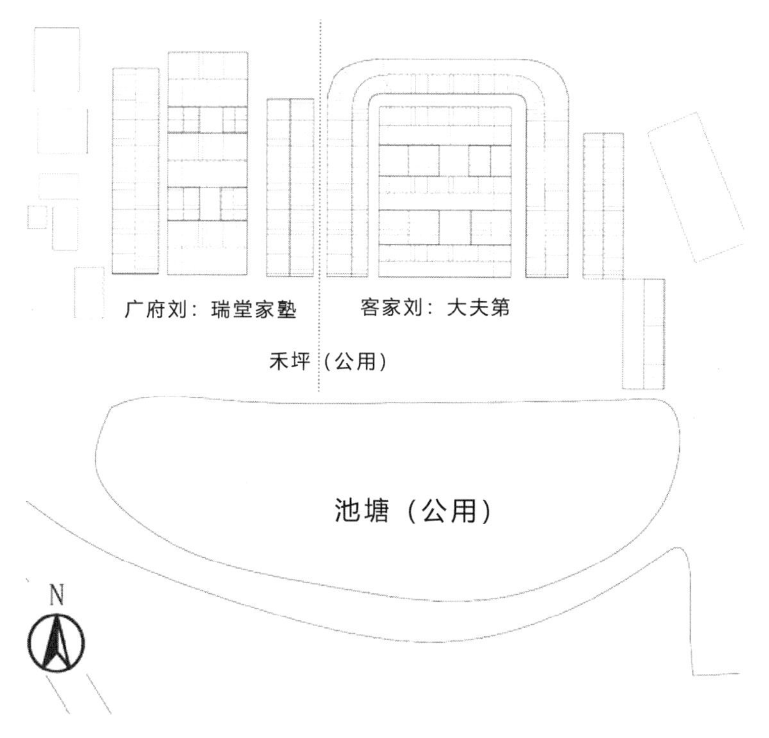

图3-2-35　增城正果镇岳村旧刘村平面图
（图片来源：作者自绘）

① 宣统《增城县志》卷二十二·《人物五·隐德》：“刘荣光，号瑞堂，本地灯芯冚人，移居钟岳村。二岁失怙母李守节抚养，伶仃孤苦至于成人，孝而敏，读书明大义。因奉母，谋养赡，遂辍业。居积致巨富，尚义侠，疏财谚。家有田产数千亩，赁耕者，随岁丰歉增损租值，不稍强索。临终，举积年债券悉焚之，弃债两万余金。七十岁卒。”

图3-2-36 增城正果镇岳村旧刘村正面图
（图片来源：作者自摄）

3.2.4 广府侨乡村落布局

明清广州府侨乡地区在本质上属于广府村落文化圈的范畴，但同时受到山地、丘陵地形以及外来建筑文化的影响，在村落布局上延续广府梳式布局的做法，又形成了自己的特点，在山区或丘陵的村落主要为自由散点式和梳式布局两类，在地势平缓的部分地区采用线性布局，如斗山镇的骑楼街。该地区的村落可分为三类：第一类是比较多的延续广府传统村落布局特征，如新会的天马村、良溪村（图3-2-37）；第二类是在传统梳式布局的基础上，穿插或点缀若干幢具有西方建筑特征的碉楼或庐居，如浮月村、浮石村、大岭村、庙边模范村；第三类是新建的华侨新村，如端芬镇琼林里、斗山镇美塘村。其中第二、第三类是该地区的特色类型。

广府地区的传统村落布局大多只有纵向巷道，横巷只有在村落进深很大的情况下才有可能出现，而且数量很少，但是在侨乡地区的民居左右为纵巷，后为横巷。这种可以概括为规整网状棋盘式布局。这种布局非常类似我国古代城镇聚落的做法。春秋时期的《周礼·考工记》写道："匠人营国，方九里，旁三门。国中九经九纬，经涂九轨。左祖右社，前朝后市，市朝一夫……"事实上，自春秋至清代的城镇营建大致遵循这样的规划思想。侨乡的村落布局多如棋盘式规整。程建军教授认为："这大概与早期分化整齐的井田制和土地的分划、分配有某种关联，源于中国的土地管理制度和地理测绘技术。自唐代长安城的规划采用规整的里坊制，至明清的建筑规划和陵寝规划都已经采用一定

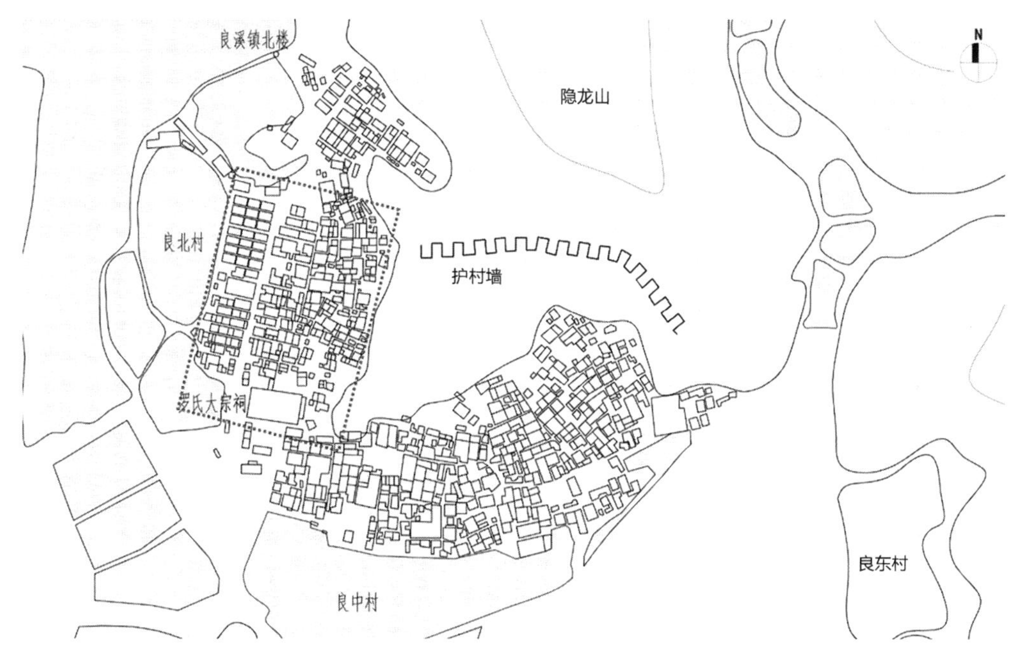

图3-2-37　新会区良溪村——梳式布局
（图片来源：作者自绘）

比例的方格网的棋盘式规划方法，准确而高效。”[①]棋盘式网格状布局在侨乡地区是一个普遍现象，有别于梳式布局，为什么会形成这样的布局，是否如程建军教授所言是对传统的延续，还是有其他的原因？有学者提出五邑侨乡村镇聚落的规划布局是中西文化交融的产物。“五邑的墟镇乡村，西方城镇规划制度也渗入其中，主要反映在巷道用地和其他公共附属设施布局上，实行统一划分宅基地，统一规定建筑物占地面积，统一安排道路网络和排水系统，统一规范民居建筑样式和附属建筑，统一种植风景树种等。”[②]笔者认为以上观点有一定合理性。一方面，梳式布局普遍被认为是由棋盘式布局演化而来的，而棋盘式网格状布局与梳式布局极为类似，最大的差异是在横巷的设置与数量的多寡上，从这个角度看，受传统规划思想影响的说法是成立的。另一方面，五邑侨乡的华侨主要分布于北美地区，当时美国的城市规划也是纵巷、横巷肌理清晰的规整网格布局，这种布局模式与梳式布局有很大的相似性，而其他附属设施，道路系统、排水系统、景观植被等明显是西方受西方规划思想的影响。所以，在侨乡村落出现“规整网状棋盘式”布局也是很合理的。

第一类村落是传统广府布局，不再赘述，这里主要分析第二类和第三类。第二类村落主要是遵循原有广府梳式布局的基本脉络，又可以分为四类，一是庐居规整的分布在村落周围，二是庐居自由的分布在田野间，三是庐居穿插于古村落之中，四是庐居或别

① 程建军．开平碉楼——中西合璧的侨乡文化景观[M]．北京：中国建筑工业出版社，2007：28.
② 许桂林，司徒尚纪．中西规划与建筑文化在广东五邑侨乡的交融[J]．热带地理，2005（01）.

墅独立于村外。由于位置的不固定性和数量的多寡以及每个村落的具体情况不同，村落形态也就多样，庐居建筑或碉楼建筑与村落的不同关系往往构成不同的村落格局。

庐居分布于周围的情况主要是指原有的村落布局保持不变，村落的左右两侧和后侧建有庐居。这些外来建筑在原来的梳式布局框架内有序地营建，因此村落格局和肌理变化不大。建筑空间布局也多是三间两廊，庐居建筑朝向也与古村一致，整体上看建筑群的布局是完整的，满足宗族组织对建筑的整体组织、规划要求，只是庐居的建筑形制特殊，并且多是三层以上，朝着垂直方向延伸，与传统建筑向水平方向延伸完全不同，所以从整个村落看，显得比较突兀。台山市白沙镇的大岭村是典型代表。大岭村坐西北朝东南，背靠百足山，前面为半月形池塘，左右两侧古榕婆娑，古榕旁立有“大岭里社稷之神”，周围农田环绕。整个村落的建筑群为棋盘网格式布局，13条纵向巷道和9条横向巷道肌理清晰，前排有苦香居、雪芳居等四座庐居，形象突出，其余的庐居分布在右侧和后侧，共18幢，其他为三间两廊的民居建筑和祠堂（图3-2-38）。

还有一种庐居自由、随意地分布在村落的周围，这类庐居打破了棋盘式网格布局的限制，不再按照原有的格局进行营建。庐居与原有村落相对独立，原有村落保持原有格局，庐居三三两两地矗立在农田之中，各栋庐居之间也间隔一定距离，但从整体上看，仍属于村落整体的一部分。这类村落最典型的是端芬镇的浮月村。浮月村坐北朝南，坐落于一块平地之上，村后面植有一片竹林，村前为半月形的水塘，禾坪的两侧有古榕树若干。浮月村占地50多亩，有15座风格各异的庐居，分别为中山阁、贤安庐、兰芳居、国庐、蔡华庐、恒安庐、仕庐、英庐、源庐、安雅庐、炯庐、鎏庐、烧庐、惠华居、陈国旗楼，这些庐居是旅美华侨于民国时期出资修建，皆是单门独户，庭院式的别墅。各庐居之间形制差异大，看似很随意地分布在古村的周围，并无规律可循，这样的布局侧面反映了村落宗族势力式微，个人意识逐步觉醒的社会现象（图3-2-39）。

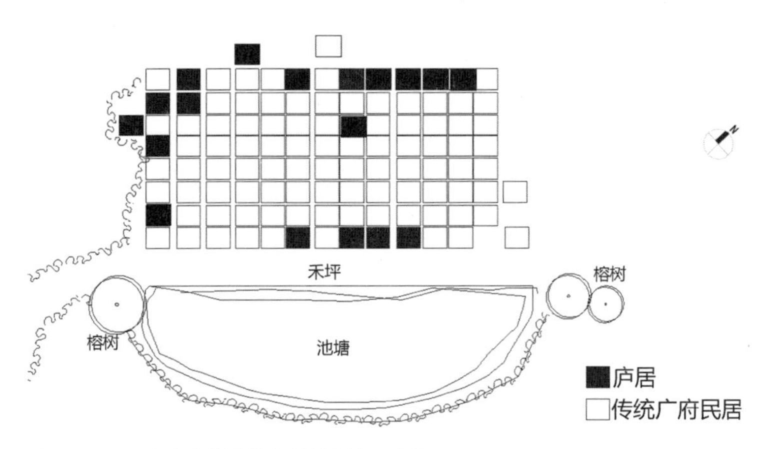

图3-2-38　台山市白沙镇大岭村平面示意图
（图片来源：作者自绘）

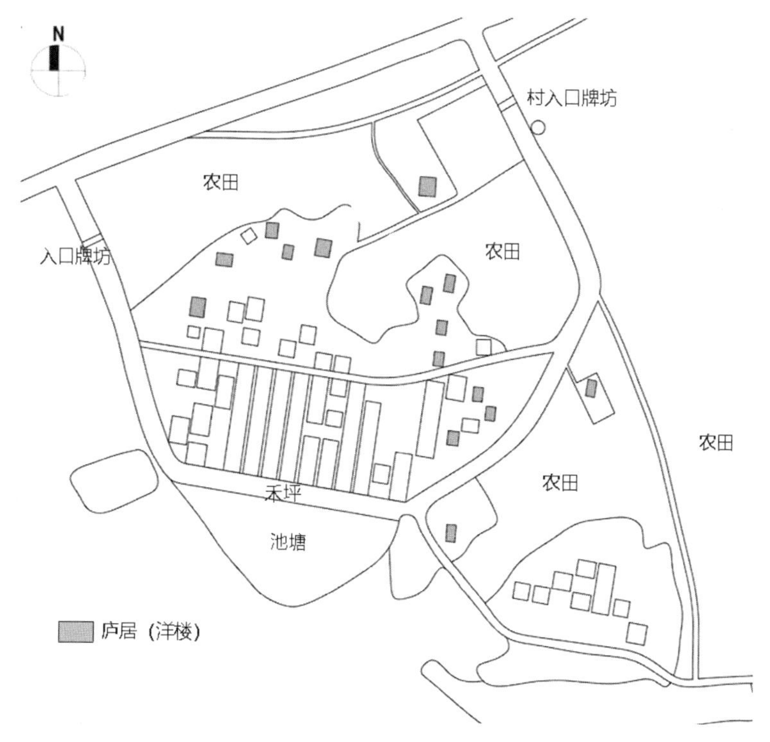

图3-2-39　台山市段分镇浮月村落格局
（图片来源：作者自绘）

村落之中穿插庐居的特点是在以三间两廊民居为主的村内，不同位置（主要是边缘处）新建若干庐居，以二层以上居多。这可能是土地稀少，华侨在新建庐居时只能拆去旧有的建筑，抑或村落营建时就已经划定了宅基地，建房只能在已有的宅基地上进行，这可能导致村民延续传统的建筑形制，这就导致了庐居、祠堂、民居互嵌的现象。台山市台城镇潮盛村就是用民主契约精神建成的百年村落。潮盛村坐南朝北，村路整体呈椭圆形，其特殊之处就在于村路的建设过程中按契约精神进行专门的规划，有统一的章程，按照公约章程进行建筑设计施工。根据族谱记载潮盛村由白水谭氏天麟十七世祖谭文彩于清光绪十七年（1891年）开村，至民国甲子年（1924年）村落格局基本定型。建村之初，村中德才之人商议后决定“平复两团争田建屋之风”，统一规划建屋，并得到村民的支持，遂将各家各祖的土地、位置，以明文议定统一的章程，拟立合约，绘刊村形。规定每一屋的尺寸高低、村水道、社井、村路等。族谱中还写道：“日后无论某家创屋，都要按照章程进行，不得违反。必须遵守合约，共享和睦。”民国四年（1915年）谭裔铣和谭光泮倡议详细规划村形，谭光崇负责测量，将土地划地为26列，计268座屋，现存有107座。（图3-2-40）

庐居或别墅独立于村外的类型比较少。在侨乡地区，有部分村落建有规模巨大的别墅、庐居，其占地面积和体量远超传统民居，并突破其空间形制。又因为华侨经济富

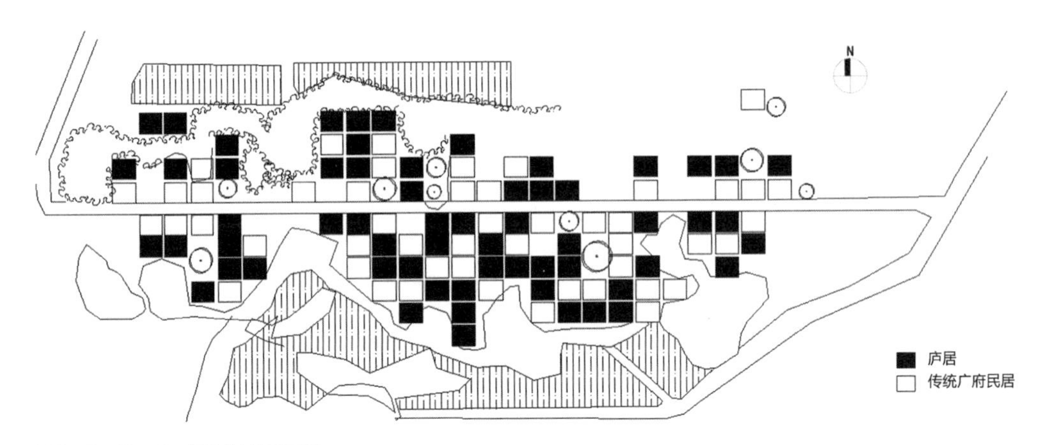

图3-2-40　台城潮盛村平面图
（图片来源：作者自绘）

足，故在村落外环境幽静处建造庐居或别墅。与传统村落保持一定距离。这类村落以台山市端芬镇庙边模范村和台城镇官步村为典型。庙边模范村的翁家楼式旅港翁氏乡亲于1927年至1931年间建的五座豪宅，分别由冠名为玉书楼、沃文楼、相忠楼和两间无名的二层楼组成，右侧是庙边小学，前面是翁家祠，左边是庙边墟。翁家楼是独立的建筑群与庙边墟相隔一定距离。官步村坐西南朝东北，位于入口，即村落的右侧，建有一座被树林包围的别墅，为民国华侨朱锦翘所建，名为翘庐。（图3-2-41）

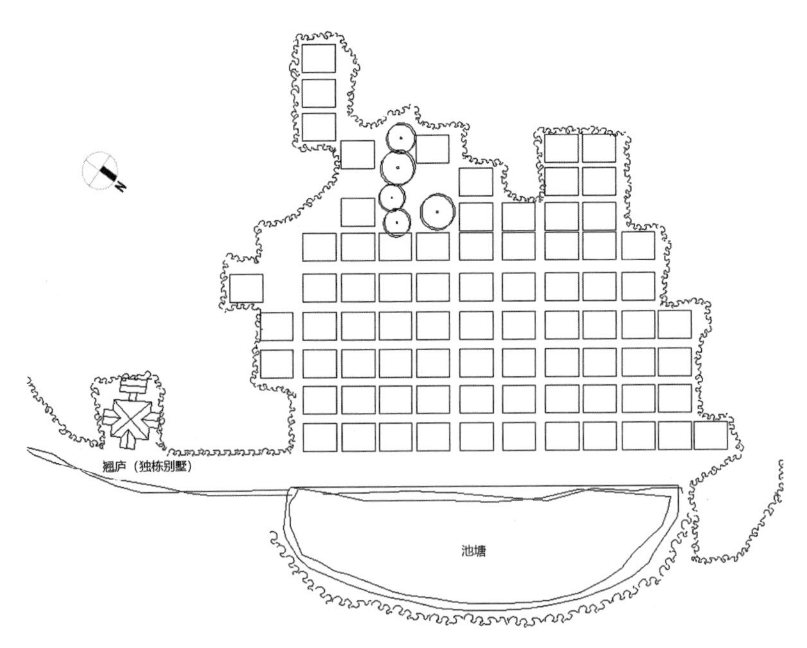

图3-2-41　台城镇官步村与翘庐的关系
（图片来源：作者自绘）

3.2.5 瑶族村落布局

瑶族村落多选址于山腰，周围群山环绕，梯田分布，具有防御性、实用性、趋吉性的特点，体现了因地制宜、因山就势的营建思想。瑶族的村落布局可以概括为两类。一类是排列式，这种布局模式主要分布在排瑶支系。之所以称之为排瑶，就是因为村落依山势建屋，紧密相连的一排排房屋，由于高差的缘故，从侧面看上去整体呈阶梯状向上升起，这一形象被周边的汉人称之为“排”，排也就是“村”的意思。“排”既是排瑶支系的社会制度，也是村落的布局形态，二者之间呈同构关系，也因此“八大排二十四小冲”的村落布局以“排列式”为主。住房为“一”字式，面阔为两间至五间不等，若干栋房屋建于同一等高线上，间与间的距离非常小，排与排之间的距离约为四五米，每排的房子数量不等。所以瑶族村落有若干横巷，除了横巷外，也有几条主要的纵巷，每一条纵巷称为一龙。村落有单姓村落和多姓村落，如果是多姓村落，每一姓集中聚居在一块，所以就形成了排瑶特有的“排—龙—房”的布局模式。除了规整的民居建筑外，大的村寨后方往往会建有盘王庙，其他的附属建筑如粮仓、柴房、圈棚则与住居分离，分布在住居周围。这样的布局能充分利用零碎土地，提高土地的利用率，同时穿插于排屋之间，丰富了村落的景观效果。典型村落如南岗排、油岭排。

另一类是散点式布局，这种布局模式主要分布在过山瑶支系，现已不存在。在新中国前，过山瑶仍然沿袭着刀耕火种的游耕经济，使得过山瑶居无定所，大多建于新开垦的田间地社，为了方便迁徙，民宅极其简陋，即使相对聚居，也是随意建设，朝向不一，无规律可循。

3.3 传统村落的景观要素

村落景观作为村落的内容之一，是物质形态的重要层面。村落中的景观元素主要包括建筑、巷道肌理、古树名木、田野山丘、水域河湖，以及在该空间中的各种人文活动。村落景观是不同历史时期，在不同自然、社会、人文环境中逐渐形成的。村落景观与村落选址、村落布局共同构成村落的完整风貌，是特定地域中人们的生产生活方式、经济形态、社会制度、审美心理等社会文化、精神文化的集中反映。

3.3.1 传统广府村落景观要素

广府水乡地区水网密布，村落临河而建，村落景观形态的空间骨架主要受河涌影响，结合各类小品景观，从而形成各具特色的审美风格和景观特色。传统广府村落在历史上即是农业生产基地，也是手工业和商品贸易区，今天的许多村落，在历史上都是岭南著名的墟（圩）市。发达的水乡系统为农业、商业的发展提供了天然的交通运输条件，也为村落、墟镇的产生提供了持续的动力。由于广府水乡河道密如织网、蜿蜒曲折，村落或墟镇随行就市的分布于河涌的两侧或一侧。通过不断地营建形成了包括街巷、植被、码头、埠岸、民居、社神、庙宇、河涌、桥梁等在内的景观要素，这些要素组合在一起，共同构成了岭南地区的小桥流水人家。

3.3.1.1 榕荫社坛

一方面，传统广府村落的各姓氏或各房系相对集中聚居，通常以河涌为界，分居村落的不同地方，而每一个聚居区通常都有一个社神（社公、社稷坛、土地神）。另一方面每个村落都植有一株或若干株榕树于村落的各处，其中最多的是位于村落的临水塘或河涌空间。这些古榕通常栽植时间久远，树的半径较大，枝叶浓密利于遮阴，形成广府水乡特有的浓荫广场。在浓荫广场上通常会建社坛，构成了“榕茵社坛”景观。村民空余时间常常聚集在榕茵广场休闲娱乐，特殊时节则祭拜社神。因此，榕茵社坛既是娱乐空间，也是神空间。佛山顺德逢简村过去有16个社，每个社被河涌分割，各社之间既相对独立又紧密联系为一个村落共同体。每个社都有各自的“社神”，社神通常建于“村社”祠堂附近的公共空间，位于河涌旁、榕树下，河涌旁大都建有埠头，供本社使用。在南海、番禺、顺德、东莞水乡村落的每个社都有“社神”、古榕、埠头。

广府水乡村落形态的形成除了受到自然环境、功能需求、风水术数的直接影响外，还与“巫鬼”信仰密切相关。屈大均的《广东新语》写道：“各乡俱有社坛，盖村民祭奠之所。族大自为社，或一村共之。其制砌砖石，方可数尺，供奉一石，朝夕惟虔。亦有靠树为坛者。”“靠树为坛”“临埠建坛”是广府地区常见的村落景观现象。“社神”源于古代的社稷[①]崇拜。明初，洪武大帝诏令天下立社，从此社公崇拜向民间扩散。社公崇拜在“巫鬼”信仰盛行的广府地区得到迅速普及，并形成了“靠庙为坛”（社坛大都建在本村的庙宇旁，若一村有若干庙宇，则建在香火最旺，位置最好，历史最久，规模最大的庙宇旁）“靠树为坛”“临埠建坛”的相对固定模式。许多自然村、里坊都有社坛，供奉本村的社神，各处社坛名称略有不同，神坛可以是一块形状奇异的石头，也可以是一座神像，也可以是一块上面写着“社稷神坛”的碑。这里的树主要是榕树，偶尔也有木棉等速生林木。因为与神坛的关系，被称为“神树”。神坛与树、河涌、埠头、村落有着严格的配属关系。社神与村社中的村民是呈对应关系的，村社中居民是专奉

① “社”代表土地神，按方位命名：东方青土，南方红土，北方黑土，中央黄土。五种颜色的土覆于坛面，称五色土，象征国土。古代把祭土地的地方、时间和礼仪都称之为社。所以社公崇拜不仅仅是一个构筑物，它包含着特定时间、特定地点举行的仪式活动。“稷”代表谷神。

"社神"的"社众"。水乡地区的村落营建受这一文化现象的潜在规范，使得村落的祭祀活动、社区生活、人文景观有序化，利于整合村落，团结社众，这与广府宗族村落的经济形态是相吻合的。所以从这个角度说，传统广府村落的景观形态是受到"社神"文化的规范和整合的。除了各社有社神外，还有可能出现整个村落的神明、整个区域的神明，如玄武大帝、洪圣宫等。这样的配属关系在南番顺、东莞仍然很常见。（图3-3-1、图3-3-2）

图3-3-1　佛山烟桥村的榕茵社坛景观
（图片来源：作者自摄）

图3-3-2　东莞中堂镇凤冲村的榕茵社坛
（图片来源：作者自摄）

3.3.1.2 小桥流水

传统广府村落河涌密布，古桥众多，二者你中有我，我中有你，桥因河而生，河因桥而活（美）。桥对于水乡人家意义重大，它与周围的景观要素一起构成了诗意的水乡画面。“诗人、画家都乐意把它（桥）罗织到自己的诗句或画面之中去。”[①]一句“小桥流水人家”再现了水乡淡雅宁静的生活情趣。广府水乡有别于江南水乡，除了追求诗意，还重视实用，因此桥不是随意设置在河涌上的。据实地调研可分为四种情况。首先是修建在村落的交通要道上，多位于村落的核心区域。承担不同“村社”或“村域”之间的交通。这样的位置通常是村中重要的公共空间，在桥头往往建有洪圣古庙、北帝庙、天后宫、大宗祠等庙宇祠堂。如果是墟市，亦是村落的商业中心，即“市头”。有些墟市直接设在桥上，这种现象在今天的小洲村、逢简村还普遍存在，称为“桥市”。《岭海见闻》·卷三《桥市》（清代钱以垲著）记载了东莞水乡一处“桥市”的情形：“市桥，在莞治西到涌，癸水及南关溪水合流从城壕而出北关。巨石为桥，桥列市肆，故曰市桥。”有的墟市设在桥两侧，有的设在桥附近河涌边的麻石铺道上，形成以桥、庙、祠堂为中心，或者平行于河涌的商业区、文化区。逢简村、黄埔村、小洲村、荔枝湾是这类村的代表。荔枝湾涌共有5座桥：龙津桥、德兴桥、大观桥、至善桥、永宁桥，其中龙津桥为三拱桥，中间过水，两边行人，长57米。龙津桥与文塔相呼应，“一桥一塔”符合中国传统习惯，为荔枝湾重要景观。

其次是修在河涌拐弯之处。河涌内凹处多建有庙宇、祠堂，正对弧形河涌水面，河岸建有小码头，码头旁或系有小舟若干。庙宇、祠堂前留有一块面积不等的空地，作为村落的公共活动空间。在庙宇祠堂一侧临河涌的位置往往建有社稷坛，并在社稷坛临河处建有小埠头。在庙宇祠堂的一侧或两侧或临河涌处会种植榕树、木棉、芒果、杨桃等当地优势树种，以榕树居多。这些树木浓荫密布，有力地化解了热带、亚热带气候的烦躁。河道驳岸、庙宇、祠堂、古榕等植被共同构成广府水乡河道的重要景观节点和村民公共的娱乐中心、祭祀中心。

第三是修建在祠堂旁。在广府水乡地区，祠堂是河道上重要的景观节点，与平原地区规整的梳式布局前为半月形水塘不同，水乡地区的梳式布局直接临接河涌（也有的将河涌适当改造成半月形）。比如东莞中堂镇潢涌村的黎氏大宗祠临河而建，左侧为一道石桥。祠堂前临河有一埠头，河涌两岸遍植榕树。佛山顺德逢简村的宋参政李公祠临河而建，右侧建有一石拱桥，两岸植有榕树、水杉等林木，河涌景观十分丰富。

在传统广府村落，古榕、水杉、古桥、庙宇、祠堂、埠头、河涌等景观要素通过不同的排列组合，它们共同构成了广府水乡特有的河涌景观。《顺德县志》（明万历）记载

① 彭一刚. 传统村镇聚落景观分析[M]. 北京：中国建筑工业出版社，1992：75.

了容桂街道“树生桥”的独特景致：“榕树桥，在容奇南约水仙宫侧，名曰鹏涌前，有大榕树二株，数百年物也，其根蔓延入桥，左右石柱相缠不解，为天然扶栏桥梁，皆榕根盘错如树引渡者然。乡人因以名之，古致错落，亦一胜迹也。”（图3-3-3、图3-3-4）

图3-3-3　佛山市逢简村石拱桥
（图片来源：作者自摄）

图3-3-4　佛山市逢简村石板桥
（图片来源：作者自摄）

3.3.1.3 水口园林

水口源于“风水术”，属于聚落选址的范畴，好的水口讲究水流和缓，曲折迂回，避免水流直来直去，旁有水口山，“水口山”多冠以“龟蛇盘踞”“狮像之势”之类的风水比拟。因此，水口处通常具有水的灵动，山的妩媚，许多村落会在此建水口园林。但水口园林在艺术效果、空间布局、小品建筑营造方面都有别于传统园林。它具有真山真水、空间开敞、内涵丰富、公众游憩、投资多元的特点[①]。

传统广府村落营建重视风水，许多村落都建有水口园林。传统广府村落的外部空间，多以村落水口作为村落的门户。水口分为出水口和入水口，出水口多位于村落地势最低处。在河道的入水口和出水口通常建有“水口”桥，有镇锁水口的作用。桥旁多植有古榕、木棉，旁建水口庙、凉亭、文昌塔等景观元素。《番禺县志》记载：“粤中文会极盛……乡村大姓必于所居水口起文阁，祠文昌祠，神之生日赛会尤盛，阁凡二层或三层，高者十余丈，远望似浮屠。有阁处其内多读书家，有科第。”[②]东莞市中堂镇潢涌村设有双文塔——上文塔和下文塔。村东为上文塔，为东江水的入水口，村西为下文塔（1966年因修堤被毁，现塔为2002年重修），为东江的出水口。设双塔锁江河，一来弥补自然山水环境的不足，丰富景观视线。风水术中常以河流为水龙，水口为龙首，因此在水口处建塔，用于点化自然环境，补水口、镇江河之不足；二来界定了东江绕村的起始点和终点。由于地势平坦，设双塔锁东江，防财气泄漏；三是“兴文运”，在二塔之内还供奉有“文昌帝君（魁星）”的塑像祈求子孙科甲蝉联，光宗耀祖；四是作为空间方位的标志物。在佛山杏坛镇高赞村的西南方向建有两道水口，第一道建有文塔（已毁），第二道建有文明桥，桥旁建有文武庙。此外，有的村落在水口建有天后庙、炮楼等公共景观建筑。总之，水乡地区的水口园林营建遵循因地制宜，顺应环境的原则，融河涌、古榕、田园、村舍、凉亭、文塔、庙宇等景观元素于一体。

3.3.1.4 河涌植被

在陆上交通不发达的年代，河涌是水乡村落的交通命脉。明清商业的发达，人们通过河涌水道进行贸易往来。海珠区的小洲村与珠江航道连接，河涌水网发达，村落景观优美，至今留存有著名的“小洲八景”，即“古渡归帆”“古市榕荫”“翰桥夜月”“西溪垂钓”“倚涌尝荔”“崩川烟雨”“华佗奇石”“松径观鱼”，这八景凝练了广府水乡的景观特色。其中“古渡归帆”“古市榕荫”“翰桥夜月”“西溪垂钓”“倚涌尝荔”五景反映了水乡村落的河涌植被景观。可以想象，河涌两岸冠大荫密的榕树分列两岸，小舟或穿梭其间或停靠岸边，商贩吆喝着贩卖水果、海鲜、丝织品，河涌两岸商铺、祠堂、庙

---

① 吴于勤.“水口园林”与“风水理念”[J]. 安徽建筑，2002（05）：23-24.

② 清同治·番禺县志·卷六·舆地略。

宇、埠头、古桥顺着水流渐次展开，构成一幅水墨画。河涌两岸一般由绿荫古榕、果林花卉、林立松杉、水埠驳岸等几个景观要素组成。在河道两岸通常植有岭南地区常见的榕树、水杉、水松以及各种果林花卉。这些植物为珠三角地区的速生林物种，适应能力强，景观效果突出。两岸的植被既提供了浓荫，消解酷暑，丰富了景观，陶冶了情操，又具有防风、固堤、护岸的功能。佛山陈村的河道边自古就种有各种果林花卉，“自汉例献龙眼荔枝，宋贡异花，由来已久。”[①]《广东新语·地语》描述到：“顺德有水乡曰陈村，周回四十余里。涌水通潮，纵横曲折，无有一园林不到。夹岸多水松，大者合抱，枝干低垂，常有绿烟郁勃而出。桥梁长短不一，处处相通。舟入者咫尺迷路以为是也，不觉隔花林数重焉。村人多种龙眼为业，一村有数十万株。荔枝、柑、橙诸果，居其三四。比屋皆焙荔枝、圆眼为货，售于远近。又常有担负或舟载小株花果往各处卖之。”这段话描述了清代水乡河涌两岸的植被景观：纵横曲折的河涌上，有水杉、龙眼、荔枝、橙子等花木果林。

除以上沿岸植被外，最常见的是榕树。在广府地区有“榕树多着地必兴”的说法，榕树作为珠三角地区的优势物种，适应高温多雨的气候，生长周期短，根系发达，枝繁叶茂，是生命力强的代表。巨大的树冠利于遮阴，消解亚热带、热带的酷暑，因此在广府村落中被普遍栽种。由于年代久远，枝繁叶茂，树干苍虬，彼此相连，皆成连理（其枝可以向下长，变为树干，故又名“倒生树”）。（图3-3-5、图3-3-6）

图3-3-5 潢涌村水乡景观
（图片来源：作者自摄）

① 转引自陆琦. 广东民居[M]. 北京：中国建筑工业出版社，2008：51.

图3-3-6 逢简村——河涌植被
（图片来源：作者自摄）

3.3.1.5 驳岸水埠

传统广府村落的河道用麻石、红砂岩砌筑驳岸，绿茵走道也主要是麻石或红砂岩铺砌的石板路。在驳岸旁，根据族群、房系、个人、村社的需要，建有距离不等的小埠头。驳岸与水面相互嵌套，景观层次丰富，根据其断面形式可分为自然式、规整式、混合式驳岸三类。《广府民居》一书中分析了这三种形式："自然式驳岸是带有植被的缓坡驳岸，富有天然野趣，常见于聚落外围；规整式驳岸常用麻石、红砂岩、毛石、砖等砌筑而成，大面积地运用通常能产生细腻而均匀的纹理，它与水界面交接形成的岸线比较笔直，剖面通常是垂直或陡坡交接，抗灾防洪能力强，常用于穿于村落的水道；混合式驳岸同时见于聚落内部与外围，通常用砖石砌筑加固，上覆植被所形成，与以上两种相比，砌筑显得比较随意，其形态与质感更具有生态感与乡土气息。"①也有的在部分驳岸的上方设置临水的竹木架，一种是为停泊的舟艇遮阳遮雨，另一种是作为攀爬植物的架子，下面有的结网养鱼。这样驳岸就形成了上中下三个景观层次，反映了水乡村民实用、经济、美观的文化品格。

水埠大小不等，形态各异。埠头的大小与河道的宽度和使用人数的多寡呈正相关。常见的有垂直式、平行式、转折式。平行式通常向驳岸内凹，呈阶梯状与驳岸平行；垂

① 陆琦．广府民居[M]．广州：华南理工大学出版社，2013：75.

直式可以是凸出或内凹于驳岸，与驳岸的方向垂直；转折式则是阶梯呈两次跌落，在驳岸立面的中间位置会设有一平台连接两跌落。为了方便村民上下船和各种生活洗涤，埠头通常正对一侧的巷门。各房各支的埠头有严格的区分，分为某一房支共用的大埠头和单家独户使用的小埠头。“有的埠头还特意泐石加以说明，如顺德桑麻水乡总社村的一个埠头有一块长条石上刻着‘黎恒传祖水埠’几个字，这些埠头每天都有人烧香拜祭，逢年过节香火更盛。”[①]至今在佛山市顺德逢简村的宋参政李公祠前的水埠仍能清晰地看到“李德昌堂水埠”几个字[②]，意思是李德昌家族的专用水埠。大水埠主要见于河道宽阔处，具有了码头的功能。如海珠区黄埔村的“登瀛古码头”，能容纳众多船只的停泊。埠头通常位于村落的公共空间旁，公共空间建有祠堂或庙宇，植有古榕，古榕下设有社神。村民在此纳凉、聊天、祭祀等。

3.3.1.6 田园景观

传统广府村落的外部空间景观主要呈现为连片的基塘、花卉、果林农业区，以及穿插其中的松杉河道。基塘具体指“桑基鱼塘”“果基鱼塘”“蔗基鱼塘”。大量块状的基塘围绕着村落分布，放眼望去，一望无垠，颇有水天相连的浩淼之感（图3-3-7）。现在还能看到的主要是果基鱼塘，如佛山逢简村、烟桥村，增城的莲塘村。桑基鱼塘主要是萌芽于明末，繁盛于乾隆、嘉庆年间。南海西樵附近，顺德桑麻乡、中山小榄等地为著名的桑基鱼田区。近代以来，生丝持续畅销，基塘扩展到新会、高明一带。（图3-3-8）

历史上，在广府河涌水网沿岸分布有众多的果园。小洲村位于珠海区东南端果林保护区内，是“珠江三角洲内唯一保留至今的独特河网堤围果林生态系统”[③]。小洲村总面积400公顷，果园占有270公顷，水网30公顷，种植的水果有龙眼、荔枝、黄皮、杨桃等，村内的瀛洲生态公园140余公顷，是广州最大的果林农业生态公园。区内果树众多，形成由果树、河涌水系、民居等组成的文化景观。增城瓜岭村的瓜州河两岸里层种有荔枝树，外层环绕香蕉林，形成“外围百亩玉米盈地，香蕉荔枝护两岸”的水乡田园景观。广州荔枝湾1000多年前曾是南汉王刘长的御花园——“昌华苑”，因为遍植荔枝有“一湾溪水绿，两岸荔枝红”的美誉，田间因种有莲藕、荸荠、菱角、慈菇、茭笋水生植被，被概括为“白荷红绿，五秀飘香”。村民游戈江中，撒网捕鱼，渔歌阵阵，极富诗情画意，这一特有的景致被列入明初“羊城八景”，景名为“荔湾渔唱”，可惜今天这一景象只能从史书中感知。

① 朱光文. 岭南水乡[M]. 广州：广东人民出版社，2005：41.
② 陆琦，潘莹. 珠江三角洲水乡聚落形态[J]. 南方建筑，2009（06）.
③ 朱光文. 岭南水乡[M]. 广州：广东人民出版社，2005：109.

图3-3-7 佛山市南海区烟桥村基塘景观
（图片来源：网络）

图3-3-8 基塘景观
（图片来源：冯爱琴《两龙文化——岭南文化之典型》）

3.3.2 广客交融型村落景观要素

在广客文化交融型村落文化亚圈内的村落景观与其选址、布局有密切关系。从景观学的角度看，村落的选址与布局本身就是属于村落景观的宏观和中观层面。该区域的村落景观深受客家围屋的影响，表现为整体性和组团性特征。从宏观看，一个村就是一个大建筑，即一个景观要素。从微观看，许多景观要素要么与广府村落的景观要素重合，要么与客家村落的景观要素重合。许多村落都具备门楼、牌坊、古井、古树、石敢当、旗杆夹石碑等景观要素，与原型村落的景观类型差异不大。广客交融型村落与广府村落、客家村落景观最大的差异在选址、布局和建筑形态上。上文对选址和布局已做分析，这里重点分析民系文化交融下形成的建筑景观。

3.3.2.1 祠堂建筑景观

关于广府、客家祠堂的研究成果丰硕，但都集中于核心文化圈，而对于广府文化亚圈的“广客文化交融型村落祠堂”的研究却不多。广客文化交融型村落祠堂从民系文化可分为四类：一类是一般的广府祠堂（原型），如从化钟楼村的欧阳仁山公祠、增城莲塘村的砭愚毛公祠、瓜岭村的黄公祠等是比较典型的广府祠堂形制；一类是一般的客家祠堂（原型），如增城正果镇旧刘村的大夫第，从化新联村的司马第；一类是客家化的广府祠堂；一类是广府化的客家祠堂。由于前两类成果丰硕，这里仅分析客家化的广府祠堂和广府化的客家祠堂。

1．广府化的客家祠堂

广府化的客家祠堂指客家祠堂在文化上、形制特征上深受广府祠堂文化的影响，出现了向广府祠堂特征演化的倾向。一方面，客家人崇宗敬祖，以中原士大夫后裔自居，坚守传统文化，故客家祠堂制度、理念得以很好地延续。另一方面，客家人由于经济能力受限，祠堂虽然是村落最富丽堂皇的文化景观，但是相比较广府还是比较朴素。在建筑选材上以夯土或土坯砖（泥砖）为主，在建筑装饰上工艺质朴，装饰很少，所以并不能很好地满足客民荣耀祖先的心理。这种情况尤其在于广府民系杂居后变得越加突出。广府祠堂与客家祠堂在规模上可比性不强，但在空间布局和装饰上广府祠堂具有开敞通透、装饰精美、富丽堂皇之感。广府民系经济发达，使用麻石、红砂岩、青砖等上等材料，“三雕两塑一画”装饰工艺更是闻名于世，技艺精湛，延续广府特有的装饰图案，在富有质感的建材上进行艺术加工，加之广府水乡人文环境的熏陶，使建筑富有独特的气质和魅力。迁移而来的客家人在坚持客家祠堂文化心理认同的前提下，在祠堂的物质文化层面吸收了许多广府人的做法。受广府祠堂的影响，客家人找到了荣耀祖先的参照物，广泛地借鉴广府祠堂的材料、技艺，使客家祠堂趋向广府化。

增城区荔城街道廖隔塘村是明朝中叶，龙门县客家人迁移来此建立的客家村落，村中的祠堂大量使用麻石，而麻石本是清中后期广府地区经常使用的建筑材料。显然，廖隔塘村的祠堂使用麻石是受广府祠堂的影响。从形制看，廖隔塘村的祠堂头进采用二塾间的敞楹式，屋脊为龙舟脊，梁柱精心雕刻，屋面下的墙体进行彩绘。可见，客家祠堂的材料、装饰逐渐广府化了。但由于崇宗敬祖的观念根深蒂固，进入头门（上堂）之后，明间是贯通的，两侧有墙体，不再有广府祠堂的两廊，显得比较封闭，天井内凹，尺度较小，作为集水池，人们行走时都得绕往两侧。中堂与两侧的次间有墙体分割。最后一进（上堂）为祭祀祖先的祭祀空间，是整个祠堂空间最尊贵、最神圣的空间，在这个线性空间中，地面和屋面形成逐渐升高的趋势，寓意“步步高升”。这些做法皆是对客家祠堂的传承。

2．客家化的广府祠堂

客家化的广府祠堂刚好与广府化的客家祠堂相反，是广府祠堂的形制或文化受到客家祠堂的影响而发生的演变。根据地域的差异和受影响的深浅，客家化的广府祠堂也有“度”的差异。有的外在形制与一般广府祠堂一致，但内部功能空间已客家化。有的功能空间和建筑形制都发生了变化。增城区中新镇莲塘村，该村从选址、布局到民居建筑、景观小品都是典型的广府村落，然而其中“香火祠堂”的内部空间却客家化了。香火祠堂四进三开间，麻石青砖砌筑，头进凹斗门、博古脊饰，从平面和立面看都是广府祠堂做法。功能上，香火祠堂是供奉历代祖先的祠堂，有别于村里仅祭祀一个祖先的毛氏大宗祠、兰毛公祠、砭愚毛公祠。空间上，上堂、中堂、后堂都砌有实墙，空间非常逼仄压抑，从外而内越来越神秘，后堂为供奉历代祖先牌位的祭祀空间，即祖先神的空间。香火祠堂只用于丧葬、祭祀等神圣庄严的活动，不举行庆典娱乐活动，这有别于其他祠堂。可见，香火祠堂虽然外在形制是广府做法，但内部的功能和空间布局已然客家化。（图3–3–9、图3–3–10）

派潭镇腊田埔村是广府民系村落，其中熊氏宗祠原为五间两进，清咸丰十年（1860年）经皇帝钦准，扩建为七进①。中间为正祠，两侧为衬祠，头进立面中部三间为敞楹式，两侧间为实墙封闭，所以整体看，又有凹斗门的特征。屋面中间高，两边低，形成跌落，有客家五凤楼的遗韵。中厅三间屋顶为龙舟脊。进门穿过屏风，明间的七进贯通，进与进之间有一小天井，封闭幽深，简明有序。二进的“垂远堂”采用驼峰斗栱梁架，中间为瓜柱梁架。第三进开始，每个天井分别从两侧开口，引出一条横巷，将祠堂

① 广府祠堂通常是三进，就连堪称广东宗祠之最的陈家祠，也是三进的。像从化钟楼村五进的欧阳仁山公祠已经是罕见的了，但在增城派潭腊田埔村的熊氏宗祠却有七进。原因是该村历史上出过功名，得到皇帝的特许：清道光八年（1828年）熊朝兴中武举，道光二十四年（1844年）熊定安中武举，间隔仅隔16年，该村竟出了两个武举人。后来熊朝兴平乱有功，被晋升为广东督标左营左部千总守备，熊定安也官授两广总督衙卫。为了彪炳功绩，缅怀祖德，垂范后人，咸丰十年（1860年），熊定安后人熊东朝经皇帝钦准，将原有的熊氏宗祠扩建为七进。

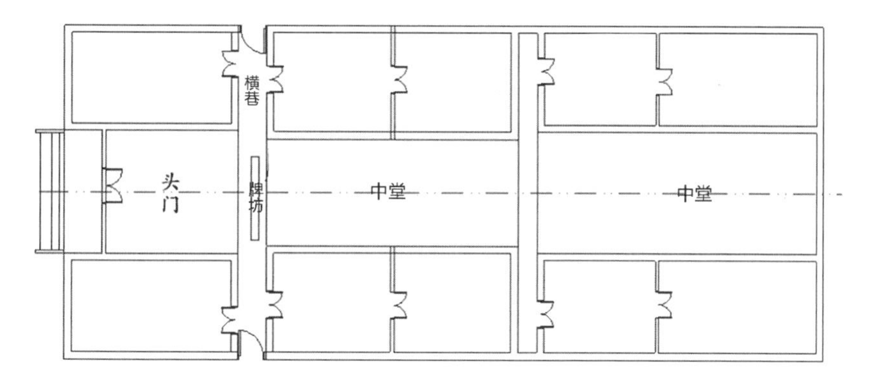

图3-3-9　莲塘村香火祠堂平面图
（图片来源：作者自绘）

图3-3-10　莲塘村香火祠堂：广府形制的外立面
（图片来源：作者自摄）

与民居连为一体。这种将广府梳式布局与祠堂融合的做法很少见，但是从剖面看三进至七进与客家祠堂类似，表现了客家化的倾向。第七进供奉着熊氏宗族列祖列宗的神位，在功能上又与客家祠堂祭祖的神圣空间一致（图3-3-11）。

3.3.2.2　城堡式围屋景观

城堡式围屋是广客交融区一个非常独特的景观现象。由于继承了客家四角楼、城堡式围楼的建筑形制，同时又吸收了广府建筑的许多做法，形成有别于广府、客家建筑原型的奇特造型，堪称明清广州府传统建筑景观的一大特色。城堡式围屋主要分布于龙门县、深圳市和香港一带。可细分为广府化的客家围堡景观和客家化的广府围堡景观。

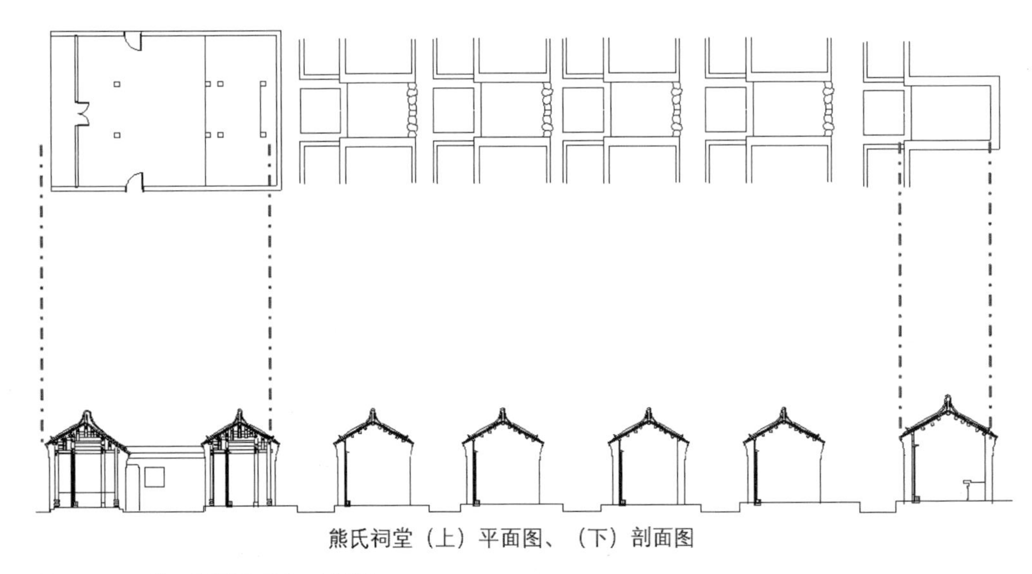

熊氏祠堂（上）平面图、（下）剖面图

图3-3-11　熊氏祠堂平面图、剖面图
（图片来源：作者自绘）

1．广府化的客家围堡景观

龙门县的鹤湖围是客家村落。从平面布局、结构形态、建筑形制看主要是客家围村的做法。在平面布局上，前有半月形水塘连接两侧的壕沟，三面环水，前筑女儿墙，后筑高围墙，墙后靠山冈，岗上遍植林木，北边仅设一斗门，并架石桥出入，周围农田林地环绕。从结构特征可以概括为三堂、四横、一外围、四碉楼、一炮楼、一斗门。围内民居与祠堂高一层，围墙高二层，角楼高三层，炮楼高五层。从建筑形制看，村内是客家的堂横屋形制，外围也是客家的围楼、角楼做法。但是长期受到广府村落与建筑的影响，在围屋的局部，装饰、材料上表现出了一定的广府化倾向。从围屋的局部看，围内的巷道肌理和民居、祠堂前的禾坪、斗门（门楼）是借鉴了广府村落的做法。巷道垂直于禾坪，贯通前后。斗门是凹斗式，皆为广府村落的做法。从装饰看，围楼、内部民居、斗门、祠堂的屋面皆是龙舟脊。四个角楼和斗门的山墙则是飘逸的无瓦垄的镬耳山墙。内部的民居山墙虽然朝向禾坪，但却是广府“人”字形山墙的做法，檐墙为广府壁画做法。建筑材料主要是青砖、土坯砖、麻石三类。外围部分用青砖和麻石。内部的民居则是青砖和土坯砖混用。（图3-3-12）

深圳部分客家围堡景观与龙门的类似。平面布局、结构特征以及围楼和角楼主要遵循客家的传统做法，在局部装饰、材料吸收了广府村落的做法。比如，深圳市横冈街道的茂盛世居用青砖、麻石建造，角楼的山墙为无瓦垄的山墙。民居的屋脊多采用博古脊，围屋后侧门楼上方的望脊也是博古脊，屋檐下多绘有精致的广府彩画。

图3-3-12　客家围堡景观：鹤湖围
（图片来源：作者自摄）

2．客家化的广府围堡景观

广府村落开敞、通透，强调生活的自由、舒适、私密性，但在广客民系文化交融区却出现了围堡式广府村落景观形态。这类村落是特定地域特定时代背景下的产物。目前这类村落在龙门县有发现。比较典型的是龙门县龙华镇功武村和水坑村、新楼下村（绳武围），永汉镇的马图岗村、官田王屋村等。其特点是村内以广府梳式布局、祠堂、三间两廊的民居为主，村前多建有半月形水塘，村后多靠冈，周围多植榕树。村落四边以高大厚重的墙体围绕，在转角处或墙体的某个位置建有形象突兀的角楼，与珠三角水乡地区的传统广府村落景观迥异。官田王屋村内部为梳式布局，中间为文祐王公祠，前为宽敞的禾坪，禾坪上有若干对反映功名的旗杆夹石碑，禾坪前为半月形水塘。在村落的右侧建有一个文塔——凌云阁（旁边还有龙门县政府立的“白沙沥战场遗址”）。这些景观要素皆是广府村落的一般做法。但是从外围看则是客家封闭的城堡形式。村落左侧有两个水塘，右侧一个水塘与禾坪前的水塘连为一体，在村后还有一个水塘，共五个水塘围绕村落，类似于护城河。在村落的左右、后方建有两层高围楼，将民居祠、堂包围其中，围楼的转角处建有角楼，角楼山墙是无瓦垄的镬耳山墙，右后侧建有一座五层高的炮楼（已毁），后有九间的三层望楼（已毁）（图3-3-13）。水坑村的围屋也是两层高的围楼环绕，中间建有一座文笔塔和附属建筑，其中一座建筑山墙是广府地区极为罕见的，即类似徽派建筑的马头墙。围屋内设有跑马道，墙上若干射击孔，转角处为角楼，角楼山墙为镬耳山墙，内部民居已被拆毁（图3-3-14）。此外绳武围、马图岗村[①]也基本上是这样的景观特色，体现了客家城堡式围屋对广府村落的深刻影响。

① 2013年10月20日惠州市民协在马图岗村发现一块明代弘治年代的石碑，石碑上刻的是明代岭南大儒、思想家、教育家、书法家、诗人陈白沙（陈献章）写给马图岗先祖刘宗信的诗《赠刘宗信还增城四首》。碑文全文为：夜宿黄云坞，秋登碧玉楼；归时一片石，见月过罗浮。山到铁桥西，青天乙角低；送君高处望，天与帽檐齐。菊花笑我前，梅花撩我后；问花花不言，驻楫增江口。山人偶出村，送客村南道；江山风日佳，岁月乾坤老。跋：弘治癸丑年十月望前一日古冈病夫陈献章公甫书。（注：五言诗的断句标点为蔡磊所注）。

图3-3-13　龙门县永汉镇官田王屋村景观要素分布
（图片来源：作者自摄）

图3-3-14　龙门县龙华镇水坑村建筑景观
（图片来源：作者自摄）

3.3.3 广府侨乡村落景观要素

明清广州府侨乡村落景观是19世纪中叶之后，不断迁居海外谋生的侨民在海外勤劳节俭，积累财富，寄回家乡，不仅促进了家乡经济的繁荣发展，也促使了当地人思想观念的变化。经济、思想观念的变化客观上促成了侨乡村落景观的形成。建筑、园林景观的创新就是这种变化的真实写照。在新会、台山、中山等侨乡地区出现了碉楼、庐居、骑楼商业街、私家园林，以及包括西式学校在内的公共建筑景观。这些建筑、园林大胆地吸收西方建筑、园林、规划的一些手法，创造出了独特的景观风貌，使历来重视在平面铺陈的广府传统村落多了些异域风情和升腾的气息，重新勾勒了侨乡村落的天际线。明清广州府侨乡村落最醒目的村落景观是庐居、碉楼、骑楼商业街、西式学堂、私家园林、公祠等景观建筑。

3.3.3.1 庐居

“庐”，原指茅庐，因“三顾茅庐”的故事而衍生为具有“君子文人志士”的内涵，华侨回乡建屋喜欢命名为“某庐”“某居”。在《说文》中有“庐，寄也。秋冬去，春夏居。”《诗·小雅·信南山》说“中田有庐，疆场有瓜。”，本指田中看守庄家的小棚屋。而在侨乡则指华侨出资新建楼房的雅称，是身份地位的象征，而非简陋的棚屋。庐居集中建造于20世纪初期，强调舒适性，具有“住防一体”的特征，有别于碉楼和民居。明清广州府的庐居主要集中分布于台山一带的侨乡村落，在台山的庐居数量是碉楼的二三倍。所以相比较，台山的侨乡村落景观与开平、恩平、鹤山、新会又有自己的特色。

庐居二至九层不等，其平面布局包括三间两廊（原型）、三间两廊衍化体、自由式三种。三间两廊的庐居如四九镇白石堡潮湾村2号。三间两廊衍化体的主楼平面多为矩形，并根据侨民新的生活方式作适当调整。如斗山镇浮石村五坊上街十巷3号，斗山镇美塘村26号。除了矩形平面外，还有“十”字形、“亚”字形、“土”字形、方形等多种自由式平面布局。空间分割自由灵活，功能空间的过渡衔接布局越趋合理，如端芬镇庙边模范村的翁家楼，台城镇官布村的翘庐。庐居最具景观效果的是立面造型和细部特征。庐居是以居住功能为主兼防御功能，融中西建筑艺术于一体。庐居受传统民居和西方古典主义建筑影响，在立面上强调轴线对称，如白沙镇龙安村的交庐，水步镇双龙村耀庐，以门为中心，左右对称布置柱式、拱券、门窗。大门设凹门洞，有柱式、扶壁、拱券装饰，门洞较大，双开。两侧的窗户与大门呼应。门窗的位置上下对应，是装饰的重点，一般遵循对称、对位的原则。当然也有特例，如台山端芬镇庙边模范村相忠楼（图3-3-15）。庐居的顶层外围多设柱廊、回廊，四角悬挑处理。顶层柱廊多为一层，偶有两层。柱式、拱券风格杂乱，有希腊、罗马式等柱式，有罗马半圆券、伊斯兰式尖券等拱券。形式开敞、明快、活泼，有效化解了下层墙体的沉重感。在转角处设防御性极强的望台，当地称“燕子窝”（图3-3-16），有半圆形和半八角形，上有若干外小内大的梯形射击孔。庐居的屋顶形式包括传统屋顶、外来式屋顶、中西结合式屋顶。纯粹的传统屋顶式样较少，大多是外来式样和中西合璧式样，体现了近代华侨开放兼容的社会心理。（表3-3-1、图3-3-17）

图3-3-15　端芬镇模范村翁家楼之相忠楼
（图片来源：作者自摄）

图3-3-16　模范村翁家楼之玉书楼
（图片来源：作者自摄）

图3-3-17　浮月村庐居
（图片来源：作者自摄）

斗山镇浮月村庐居顶层悬挑形式统计表　　表3-3-1

楼名	柱廊层数			柱廊面数					望楼悬挑角数				屋顶式样		
	一层	二层	无	一面	两面	三面	四面	无	四角	一角	二角	无	传统形式	外来形式	中西结合
安雅楼	√			√					√				√		
国旗楼			√					√		√					√
恒安居	√			√								√		√	
晃庐	√			√								√		√	
惠华居	√			√								√		√	
觉庐	√			√								√			√
炯庐		√		√								√		√	
巨华居	√			√								√		√	
兰芳居	√			√					√						√
鎏庐	√			√								√			√
仕庐		√		√			√					√			√
贤安庐	√			√					√				√		
英庐	√			√								√		√	
源庐	√											√			√
蓁华居	√			√							√				√
中山阁	√						√					√			√

（图表来源：作者实地考察并结合《近代台山庐居的建筑文化研究》孙蕾整理）

在早期，庐居的装饰仿西式做法，比较统一，中后期逐渐融合中西建筑装饰艺术、在门窗、柱廊、山花处的装饰以西洋装饰风格为主，在局部使用传统的装饰纹样。比如庐居的山花，多巴洛克风格，但常将西式造型与中国传统装饰元素结合，在山花显眼处署庐名，字体多为隶书、行书、楷书等。庐居的门窗以西式柱廊、凹门洞、拱券为主，但在局部使用灰塑、彩画做法，选用“龙凤”“蝙蝠”“福禄寿喜”等中国装饰题材，有使用卷草、涡卷、几何形等西式题材，已经出现了大量的马赛克镶嵌玻璃。窗户的形式设计新颖，丰富多样，有圆形、方形、矩形、六边形、半圆形、圆形等，具有很强的视觉冲击力。

3.3.3.2　碉楼

碉楼是五邑侨乡地区最具特色的建筑类型之一，尤以开平碉楼为甚。明清广州府的台山、新会、中山的侨乡碉楼无论在数量、质量、形态都弱于开平，这可能与该区域历史上盗匪没有开平猖獗以及盗匪得到及时清剿有关。碉楼的功能主要是防御性，根据功能可分为“瞭望碉楼（更楼）、众人集资碉楼（众楼）、居住碉楼（居楼）、碉楼当铺、碉楼银铺、碉楼图书馆、碉楼学校等，无一例外地建有放哨和射击用的瞭望台”①。海外华侨为了保护侨眷的生命财产安全，在家乡建碉楼。碉楼三五成群的高耸矗立于村落的周围，丰富了侨乡村落的景观轮廓。碉楼以3～6层居多，也有的高达9层。楼体笔直、厚重，在墙体中上部有序地开有若干小窗和射击孔。顶层挑出部分有的是廊柱，有的则是实墙，四角有的设有“燕子窝”（望楼），屋顶多为一个中西合璧的亭子。楼体形象修长，挑檐外凸，往上逐渐收分，直到屋顶亭子的顶端，如同生长的植物，透露着欣欣向荣的气息。如浮石村东、西、南方向的东营楼、“雄震西北”、隆平楼3座碉楼丰富了村落的景观层次。此外，中山侨乡碉楼值得一提，“在民国时期中山的碉楼建筑总数达3000余座，目前拥有碉楼510余座。”②总体上看，其结构、功能、风格、艺术、规模、数量没有开平碉楼突出，体现为“分布集中、格局合理、结构简单、形式多样、中西合璧、文化多元、小巧玲珑、朴素实用的特点。”③碉楼的屋顶造型丰富多样，最具景观效果，概括起来有中国传统式屋顶、仿意大利穹窿顶式、仿欧洲中世纪教堂式、仿中亚伊斯兰寺院穹顶式、仿英国寨堡式、仿罗马敞廊式、折中式、中国近代式。④

3.3.3.3 侨墟的骑楼商业街

在侨乡村落有一类特殊的建筑群，即“侨墟”或“侨乡圩市”。侨墟是固定的侨乡交易集市，是村落的延伸，城镇的拓展。从分布区域来看，城镇、乡村都有分布，这里主要分析由村落演化而来的侨墟。近代以来侨乡地区大量侨汇的流入促成了消费型经济的形成，侨墟由此诞生。侨墟是由华侨和侨眷集资建造的，主要形成于晚清后。20世纪30年代在侨乡地区迅速崛起一大批商住一体的骑楼建筑群——桥墟楼。这些建筑与原村落的建筑不太一样，商业内涵被强调，承载了浓郁的商业文化精神，更折射了广府文化与华侨所带来的西方经济、建筑、文化、生活方式的碰撞与结合。根据目前的资料台山市有82处侨墟，其中端芬、台城、四九、大江和水步的侨墟数量最多，而且颇负盛名。从空间形态看分为三类（表3-3-2），一类如汀江墟（梅家大院）、潮境墟、石龙墟、上泽墟、成务市等是围绕墟场四周建有骑楼商铺；另一类是骑楼商铺形成线性街道，如斗山镇骑楼街；再一类是骑楼街道成网状，如西门墟。这些侨墟从行政层级可分为村级、镇级、县级，村级侨墟大部分位于村委会驻地。目前17个侨墟是由乡村墟市发展演变而来（表3-3-3）。其中，由梅键行和梅柄然为主创建的汀江墟闻名遐迩。汀江墟建于汀

---

① 谭金花. 碉楼与庐：五邑侨乡建筑风格的演变及文化根源[J]. 五邑大学学报（社会科学版），2016（01）：1-8.
② 胡波. 碉楼：一个时代的侨乡历史文化缩影——中山与开平碉楼文化的比较和审视[J]. 学术研究，2005（05）：150-155.
③ 胡波. 碉楼：一个时代的侨乡历史文化缩影——中山与开平碉楼文化的比较和审视[J]. 学术研究，2005（05）：150-155.
④ 陆琦. 广东民居[M]. 北京：中国建筑工业出版社，2008：208-209.

图3-3-18 台山市端芬镇汀江圩
（图片来源：作者自摄）

江河（大同河）畔，靠近省道腰广线（台海公路）。汀江墟俨如一座小方城，业主将旅居国的建筑风格带到这里，创造了侨乡骑楼建筑的典范。每栋骑楼规划整齐，造型却千姿百态，骑楼的形制为下铺上宅，立面装饰柱廊拱券、屋顶千姿百态，极富异域风情（图3-3-18）。乡村的骑楼商业街虽然不能跟城镇相比，但在许多方面与城镇类似，是乡村商业建筑的标志性景观。为解决遮阳避雨的问题，在临店铺面，设计了一条人行走廊，采用西式拱券柱廊的形制。骑楼高三五层不等，下为店铺和人行道，上为住宅，立面景观主要由柱廊和山花、门窗的装饰元素组成，其风貌与庐居、碉楼很类似，但由于是众多的骑楼组合在一起，给人气势宏伟、眼花缭乱、热闹非凡之感。

侨乡侨墟形态分类　　表3-3-2

类型	空间特征	典型代表	交通状况	分类标准
一类	墟市规模大，平面规整，骑楼商铺四周围绕墟场	汀江墟、庙边墟、西廓墟、安华墟、陈边墟	毗邻交通	一类：市围墟 二类：市带墟 三类：无墟场
二类	以骑楼商铺形成的街道为主，局部放大为墟场	大同市	毗邻交通	
二类		上泽墟、水西墟、平岗墟、水南墟	有交通穿越	
三类	骑楼街道呈线性和网格状	西宁市、西门墟、新昌埠、公益墟	有交通穿越	

（图表来源：作者根据《近代台山侨墟的集镇化演变研究》何舸，肖毅强整理）

台山主要侨墟汇总　表3-3-3

序号	镇名	墟名	序号	镇名	墟名
1	台城镇	西宁市、西门墟	9	三合镇	温泉墟
2	端芬镇	山底墟、庙边墟、汀江墟	10	四九镇	四九墟
3	水步镇	水步头墟、公和市、新荣市	11	都斛镇	都斛墟、七堡新埠
4	大江镇	大江旧墟	12	海晏镇	海晏墟
5	斗山镇	大兴墟、西山市、蟹岗埠	13	汶村镇	鱼地墟
6	白沙镇	白沙旧墟、白沙新墟	14	深井镇	深井墟
7	冲蒌镇	冲蒌墟	15	北陡镇	陡门墟
8	赤溪镇	田头墟			

（图表来源：作者根据《近代台山侨墟的集镇化演变研究》（何舸，肖毅强）整理）

3.3.3.4 侨乡村落园林

清末民国以来，在华侨文化的影响下，五邑侨乡地区出现了近现代公园的建设，这些公园脱胎于传统岭南庭院或乡村的水口园林，其中的河涌、石桥、古榕、凉亭、庙宇、祠堂、文塔等是其主要的景观元素。较之近代城市公园，很好地延续了传统园林的文脉，具有传统岭南庭园的绚丽、小巧、灵动特点，同时又吸收借鉴了西方近代园林、建筑的许多做法，具有时代特征、地域特点、民系特色，是近现代文明在广府侨乡地区的集中体现。位于开平塘口镇庚华村的立园是侨乡园林的典范，“既有中国园林的意味，又吸收了欧美建筑的西洋情调，并将其巧妙地糅合在一起，在中国华侨私人建造的园林中堪称一流，也是中国目前发现的较为完整的中西结合的名园之一。”①

开平庚华村的立园虽典型，但并非属于明清广州府范围。这里以台山市端芬镇浮石村的庭院为例进行分析。浮石村本是聚族而居的广府村落，由于受华侨文化的影响，村落文化景观形态逐渐向近现代化转变。浮石村内有四个公园，分别是北部的兰溪公园、中部的月门公园和南部的鹅兜山公园、鹅峰山公园，它们一起与田园、河网、道路、村落建筑等元素共同构成了村落文化景观。（图3-3-19）其中兰溪公园自身属于传统广府村落的水口园林类型，源自北峰山的兰溪流经此处，称“茂林修竹，与流水相映成趣，（架）石为磴，跨水为桥，风景优美，居然入画，为浮石十景之一。”现在公园中还留有清代的护村墙、牌楼、北帝庙、凌云石桥、凌云阁以及近代的小兰亭、“雄震西北”碉楼等文化遗迹。兰溪穿公园而过，小兰亭建于20世纪30年代，临河绕树，在布局上体现了“体宜因借”的环境意向。小兰亭为中西合璧的建筑风格。亭底为六边形，亭身方正，方柱、拱券、平檐做法，彩色水磨石饰面，上有楹联、彩绘，采用西式钢筋混凝

① 陆琦．广府民居[M]．广州：华南理工大学出版社，2013：143.

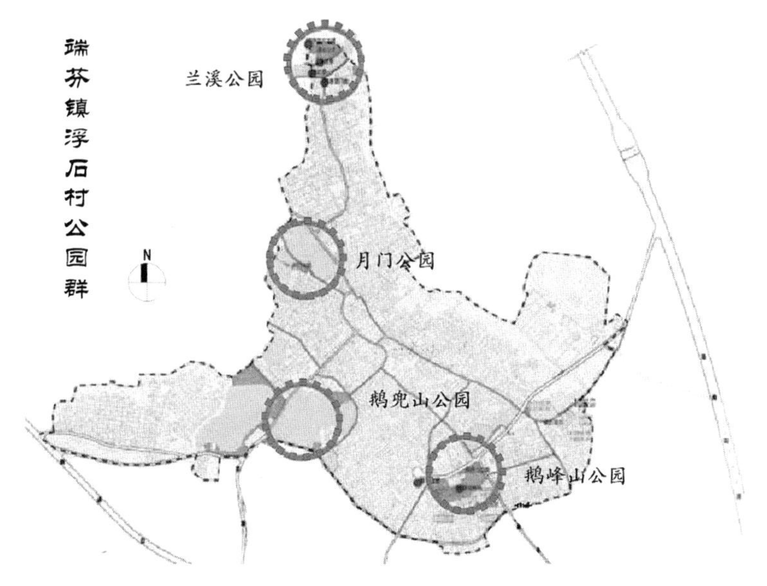

图3-3-19　台山市端芬镇浮石村公园分布
（图片来源：作者自绘）

土结构，亭顶为中国传统的盝顶做法，其上为塔刹。“雄震西北”碉楼高高耸立，既是防御性建筑，也扮演了水口园林镇风水的“文塔”角色，采用钢筋混凝土结构，楼高18米，四层，墙上开小窗和射击孔，顶层四周实墙悬挑为平台，建一个小亭子，亭子为盝顶式样。凌云阁建于兰溪的凸出部分，正对凌云石桥，石桥的对岸是护村墙，护村墙的右侧沿河畔是古榕树、牌楼、承惠里山门、北帝庙，牌楼的河对岸是小兰亭，周围则是一望无垠的农田。公园设有月门矮墙、卵石步道、麻石条凳。公园内树荫遍布，曲径回环，幽径沿溪流展开，具有小桥、流水、人家的意境，远处稻浪滚滚，山势起伏，高耸的碉楼，实现了近景和远景、小巧和大势、绚丽和浑厚、传统与现代的统一。总之，兰溪公园既有乡村园林的开放性和共享性，又注意追求时尚，彰显了生活品位，同时也不失中国园林的人文气息。

3.3.3.5　教育建筑景观

在侨乡的许多村落建有近代校舍，这些学校由华侨捐资修建，按照西方学校进行功能空间划分，装饰具有中西合壁的风格，这类建筑由于体量大，装饰较华丽，而成为侨乡村落景观的重要组成部分。比如端芬镇庙边模范村庙边学校，位于翁家楼的右侧，规模巨大，相对独立，建筑风格比较现代，于民国十七年由当地旅美华侨捐资兴建，建筑坐北向南，钢筋混凝土框架结构，主楼高三层，顶层瞭望亭，两翼高两层，平屋顶，室内设置教师8间和办公室、纪念堂、阅览室、储物室（半地下室）各1间。这所学校无论是建筑的造型还是建筑的功能空间划分都深受西方教育建筑的影响。庙边学校是华侨实现“教育救国”的重要文化遗产。对华侨历史、华侨文化、近代建筑艺术具有一定的研究价值（图3-3-20）。端芬镇琼林里的“琼林育英学校”，位于村落的左侧，除了立面装饰与民居有所区别外，布局形态差异不大。平面为三间两廊布局，立面为骑楼形制，下面为通廊，上下层皆为方柱，下面三个拱券面阔相等，拱券正中平直，上层为五个圆拱券，中间最大，面阔与下层一致，两侧各为两均等的小拱券，其上为女儿墙和山花，上有几何纹图案，颜色红白相间，比较醒目，山花中间的矩形空间书写“琼林”二字，下面的折扇形空间内书写“育英学校”四个字。（图3-3-21）

图3-3-20　端芬镇庙边模范小学
（图片来源：作者自摄）

图3-3-21　端芬镇琼林育英学校
（图片来源：作者自摄）

3.3.4 瑶族村落景观要素

瑶族村落与建筑是我国民族建筑史上的一朵奇葩，其村落景观特色鲜明。村落与周围的环境融为一体，反映了人与自然和谐相融的环境审美观。史书记载的“八大排二十四小冲”“八大排一百四十冲”和“八大排七小排一百七十三冲”①就是明清广州府北部瑶族排瑶支系所形成的村落。其中一些留存至今，如南岗排、油岭排比较具有代表性。

南岗排自然景观优美，前有层层叠落的梯田，两侧茂密的林地和幽深的峡谷。南岗排坐落于这样的环境中，独特的自然环境、社会环境和人文环境孕育了独特的景观格局——龙的布局模式。南岗排中有三条平行的主要交通干道，当地称之为“三条龙”。由东北向西南依次升高，同时古排按照姓氏（大唐、小唐、房、邓、盘）分布的三条平行主干道为聚居轴线，居住在各自干道两侧，形成三个聚落组团。排内石板路纵横交错，三条呈阶梯式延绵而上的主干道与次要干道结合形成鱼骨状的道路网。在古排中间主干道中央，有一块较为平整的台阶，称为“歌堂坪”，是村落公共活动空间。沿歌堂坪拾阶而上，便是供奉盘古王的南岗庙。站在庙前，可俯瞰山脚下壮美的梯田，欣赏万山朝王的景致，沉醉于青砖灰瓦的淡雅。南岗排传统建筑、竹笕、水渠、石板走道、梯田、林木、谷仓、柴寮是组成村落的景观要素。

村中的石板道弯弯曲曲，互通有无，这种路线的布置是村落简单生活的反映，怡人的尺度，折射出村民对生活的洞察力。竹笕和水渠是村落的供水系统，同时也是村落重要的景观要素。竹笕是用竹子中空的部分连接引水，将山上的泉水引至村中的集水池。竹笕是村民的生命线，顺着山势高低错落，从石板路的台阶中，从村落的屋顶上，从寨墙的一侧向着村落的各户输送水源。在村落主干道旁，人工辟建水沟，这套水系不是生活用水，而是农业用水，水渠将山、村落、梯田连为一个整体。在村落的主干道上设有三个龙头石。龙头石是村寨的保护神，每逢重要的日子，村民都会祭祀龙头石，祈求生活幸福美满。在山脚下还有石板铺就的古道，古道连接着寨门，是连接村寨内外的主要媒介，古道顺应山势修建，尺度怡人，色泽质朴，留下了岁月冲刷的痕迹。南岗排的梯田主要分布在山下走道的两侧，层叠的梯田与山上排排建筑相映成趣，在梯田衬托下，村寨增添几分柔媚。村民用自己的勤劳和智慧创造了这个大地景观艺术，也创造了良好的人居环境。此外，村落的寨门、粮仓、柴寮、吊脚楼的民居、南岗庙、瑶王屋、瑶

---

① “清康熙四十一年，石琳《疏》列出八排二十一小排（冲）。稍后，李来章将属内大小排冲尽数列出，与《疏》一起得八排二十四冲。阳山县地则略而不叙（境内的新寨、望溪岭属东三排）。这一阙略直到约130年后《绥瑶厅志》（叙事至道光十五年，公元1835年）问世方得弥补。该书备列厅内排冲，得八排一百四十冲。民国十七年（公元1928年）凌锡华主修《连山县志》，于《排瑶志》内列排瑶分布人口一览表，凡八大排、七小排、一百七十三冲。”参见练铭志，马建钊，李筱文．排瑶历史文化[M]．广州：广东人民出版社，1992：11-16.

练屋、打铁铺、烧瓦工坊等都是村落重要的景观元素，它们一同构成了南岗排的文化景观。（图3-3-22）油岭排由于中华人民共和国成立前遭过大火，建筑质量与南岗排相比，不那么乐观，但村落风貌完整，景观效果也很突出。这里不再赘述。

图3-3-22　南岗古排景观南岗古排景观
（图片来源：图1、2、3、4、6作者自摄，图5、7由连南县文化馆提供）

第4章 明清广州府传统村落的社会内涵

依据建筑美学原理和审美活动规律，传统村落的社会内涵由经济基础、宗族意识、社会习俗等多种社会因素孕育而成，同时，社会内涵也是村落审美主体展开审美体验的核心内容。明清广州府的经济形态对区域内的村落类型的形成具有决定作用，不同地域的不同经济形态导致了不同的村落类型。受宗族意识的深刻影响，广府传统村落形成聚族而居的住居模式。受文化习俗的影响，形成丰富多样的文化空间。人神共居的住居模式与信仰、禁忌等行为有关。村落是民俗遗迹的载体。在耕读文化的影响下，村落布局附会文房四宝，村中建有众多书院，营造出广府村落诗书传家、文运昌盛的环境氛围。

传统村落是我国农耕社会的产物，蕴含了丰富的社会内涵、时代精神，作为一种文化现象，势必打上不同时代的社会烙印，反映社会思潮，体现时代理性，记录历史变迁。传统村落的社会文化作为审美的重要内容，直接影响着传统村落类型、住居模式、空间形态的生成。对传统村落社会内涵的分析实际上是对审美文化动力的阐释。从建筑美学的“审美心理活动过程”原理来看，在对村落审美感知后，便进入了村落审美体验的重要阶段，即是由村落风貌、建筑造型与风格引起审美主体对背后蕴含的时代背景、制度规范、经济形态、社会习俗等社会动因的探究欲望与兴趣。从社会学的角度看，传统村落的行为模式是由外显和内隐的行为模式决定的。各民族或民系在村落与建筑的历史演进中，经过不断地社会选择而积淀的行为取向、习惯、准则便是传统村落内隐的行为模式。社会行为模式对传统村落的空间形态具有决定性影响。本章从经济基础、宗族意识、社会习俗三方面系统地阐释明清广州府传统村落的社会内涵。

4.1 传统村落类型与经济形态

经济基础决定上层建筑。经济因素是村落发展演变与定型的物质基础，这一点在明清广州府传统村落中表现得尤为显著。广州府作为广东布政司的治所，是广东政治、经济、文化的中心，素有“人物富庶，商贾阜通”[①]之称，但主要是指珠三角核心区。总体看来，明清广州府的经济文化发展差异显著，呈现一种不均衡的态势：北部、中南部、东部、西南部的经济形态各有差异。这样的经济形态格局，客观上形成了明清广州府内部“发达”与“后进”，“富裕”与“贫穷”的差序格局。北部的少数民族村落亚文化圈主要是倚重山地农耕经济。中南部珠三角水乡地区的传统广府村落亚文化圈为农商一体的经济结构。东部（广州府东路）的广客交融型村落亚文化圈为农耕主导的经济态势。西南部的广府侨乡村落亚文化圈受则受海外文化的深刻影响，侨汇经济发达、商业氛围浓厚。以上不同地域的不同经济形态导致了不同村落类型的形成。

4.1.1 农商一体的传统广府村落

明清以来，珠三角广府水乡地区被划分为“民田区”和“沙田区”，民田区内是宗族村落，沙田区是水上民居——疍民的聚居区。广府水乡一方面由于商业经济繁荣，另一方面由于大规模的围垦和沙田区开发，形成了大量的良田沃野，促成了商业经济和农业经济齐头并进的经济格局。因此，可以将传统广府村落概括为“农商一体”的经济格局。

① 《大明一统志》卷七九《广州府》。

4.1.1.1 商品经济的发展

1. 广府水乡的商品经济概况

今天所能看到的珠三角村落大多建于或重建于明清时期。明清时期封建王朝的政策逐步呈现了适应商品经济发展的需要。“商业上逐步放松对商人私营的禁忌，并几度开放了海禁。”[①]在珠三角地区由于雨热同期、物种多样、水网密布，并濒临当时的东南亚、南洋一带的贸易国家，以及“广州一口通商”和“海上丝绸之路”的重要区位（图4-1-1），使得广府水乡地区具有发展商品经济的巨大潜力。“在手工业方面，珠江三角洲迅速崛起为驰名海内外的手工业之乡，巨量的民间产出已取代官坊产品而为社会生产的大宗。”[②]仅西北江交汇处的佛山就迅速从一个村庄发展成为具有“天下四聚”之誉的手工业“巨市”。广府地区生产的铁器、丝织、陶器等产品除了销往国内各地，还远销太平洋、东南亚各国。大量的农业人口弃农经商。在珠三角广府水乡核心区迅速崛起庞大的商帮集团，即粤商，粤商“凡天下省及市镇，无不货殖其中。”[③]这样“一个具有强大经济辐射力，在流域经济运行中具有主导地位的市场轴心，有史以来第一次在珠三角流域本域内而且在住居水乡系最核心的地带（广府水乡）形成，以此为新的经济中

图4-1-1 南海区烟桥村周围的果基鱼塘景观

① 《东西洋考》周起元序。

② 梁钊，陈甲优．珠江流域经济社会发展概论[M]．广州：广东省人民出版社，1997：173.

③ 嘉庆.《龙山乡志》卷四。

心，前所未有的规模巨大的商品交流也随即形成。”[①]这样强大的物质推动力，直接促成了广府水乡城镇商业聚落的快速发展。城镇商业聚落的发展对周围的乡村形成强大的辐射力，使得乡村的农产品可以转化为商品，经济作物的种植超过农作物的种植。为乡村村落的营建提供了源源不断的经济来源。

2．农商经济的历史演变与分布

在唐宋时期，广府水乡的水稻业已负盛名。从明代起珠三角原先单一的稻作农业逐步转变为诸如果林、蔗田、桑基鱼塘等经济作物，并发生急速的商业化[②]。

明初在南海的九江、顺德的龙山等地出现了果基鱼塘的农业经营方式。明末清初，因为商业，尤其是丝织业的发展，部分地区的果基鱼塘、水稻地很快被桑基鱼塘、蔗基鱼塘取代，并得到长足发展，在南海顺德形成了“‘周回百余里，田一千数百余倾，民数十万’；甘蔗‘连岗接埠，一望丛岩芦苇然’”[③]。“桑基鱼塘”的农业发展模式一直延续到近代以来。到了康熙后期，桑基鱼塘的范围不断扩大到南海西樵一带，形成了以九江为中心的养鱼和蚕桑农业区。到了乾隆二十四年（1759年）广州成为“一口通商”，国内和海外贸易加大了对丝织原材料的大量需求，一时间“弃田筑塘，废稻树桑”成为潮流。咸丰《顺德县志》记载：“将洼地挖深、坭覆四周为基，中凹下为塘，基六塘四，基种桑，塘蓄鱼，桑叶养蚕，蚕矢（屎）饲鱼，两利俱全，十倍于稼。”桑基鱼塘的范围进一步至中山的小榄一带。桑基鱼塘的农商产品的发展，促成了农产品加工业的发展。比如缫丝、丝织等手工行业相继勃兴。《广东新语》记载：“广之线纱与牛郎稠、五丝、八丝、云缎、光缎，皆为岭外京华、东西二洋所贵”。在丝织业全盛时期，形成以顺德为中心，辐射南海、中山、三水、新会等县域的丝织业分布格局，成为我国三大生丝产区之一。

鸦片战争以后，中国逐渐沦为半殖民地半封建社会，中国经济逐渐纳入世界经济体系，同样的珠江三角洲的丝织业的发展与国际丝织市场形成了“原料产地—生丝加工—销售市场”的关系。恰巧当时的欧洲因蚕病致使生丝原料锐减，加之1986年开凿的苏伊士运河，缩短了从远东到欧洲的航程。[④]这样的国内外背景使得广府水乡地区的桑基鱼塘再度兴盛，桑基鱼塘的面积进一步扩展。甚至在同治年间十一年（1872年）南海县华侨商人陈启沅、陈启枢兄弟在顺德逢简村创办“继昌隆”缫丝厂。“继昌隆”缫丝厂是中国华侨创建的第一家近代民族资本工厂。在陈氏兄弟的影响下，由于缫丝产业获利颇丰，珠三角广府水乡地区的缫丝厂如雨后春笋般发展起来。缫丝厂的工人主要是附近村

① 梁钊，陈甲优．珠江流域经济社会发展概论[M]．广州：广东省人民出版社，1997：174.
② 叶显恩．略论珠江三角洲的农业商业化[J]．中国社会经济史研究，1986（02）.
③ 朱光文．岭南水乡[M]．广州：广东人民出版社，2005：71.
④ 朱光文．岭南水乡[M]．广州：广东人民出版社，2005：12.

落的女性，这些女性有独立的经济来源，许多终身未嫁，形成特有的“自梳女”群体，并相应产生了一类独特的建筑景观——姑婆屋。丝织业的发展还促使了冶炼、陶瓷业和外贸业的发展。陶瓷业的兴盛为村落屋脊瓦面的营建提供新的建筑材料。

除了种植水稻、蚕丝、养鱼等经济作物外，在明中叶以后还出现了广泛种植果木、花卉为主的农业商品，“从明中叶起，果木业得到迅速发展，逐步形成果木专业区域。主要是以广州为中心，南至番禺的大石、龙湾、古坝，东至黄埔、茭塘，西南至顺德的陈村、南海的平洲，番禺的韦涌，纵横一百里的大片老沙田河网区。”①

3．案例：海上丝路黄埔口，一口通商粤海关

海珠区的黄埔古村素有“海上丝路黄埔口，一口通商粤海关”之称。据《重修北帝庙碑记》，村里主要是罗、冯、梁、胡四大姓。北宋嘉祐年间罗氏最早到此定居，随后冯氏（南宋）、胡氏（元代）、梁氏（明初）陆续来此安家。自南宋起，黄埔村已是“海舶所集之地”。明清时期，由于南海神庙前的扶胥江因淤塞而日渐没落。广州海上丝绸之路的港口西移至黄埔村附近的琶洲岛，自此，以往一个普通的乡村渡口逐渐成了万国商船停泊聚集的国际港口。清康熙二十四年（1685年）政府在东南沿海设江、浙、闽、粤四海关，其中广东的粤海关设在黄埔村，并设税馆和挂号口，所有外国商船必须在这里交纳关税后方可通过珠江航道进入广州。清乾隆二十国船“必须下锚于黄埔”——黄埔古村当时成为中外贸易商船唯一的停泊地（图4-1-2）。

图4-1-2　黄埔帆影
（图片来源：《历史绘画》）

① 朱光文．岭南水乡[M]．广州：广东人民出版社，2005：12.

因为商业的发展，黄埔村营建了各式建筑，形成独特的村落景观现象。村中增建了税馆、十三夷馆（广州十三行）、买办馆、永靖兵营、仓库等办公建筑，沿街、沿河酒楼肆店鳞次栉比，港口码头帆樯林立，舟楫鼎盛。《黄埔港史》记载：乾隆二十三年（1758年）到道光十七年（1837年）的80年间，停泊在黄埔港口的外国商船高达5107艘。由此可见黄埔村的商业有多发达。因为国际贸易使得黄埔村出现了一大批商贾巨商和繁华的商业街。在北帝庙前面的黄埔直街古称"西市"，曾是村中的商业街，街上光滑的石板路，以及两侧仿建的店铺，依稀透漏出昔日的繁华。走进黄埔村中，分布有规模不等祠堂、书院、民居，装饰极其精美。其中，荣西里的"左垣家塾"曾是广州十三行巨商梁经国的故居，至今流传着"一门三进士""一门七杰"的故事[①]。最能反映商业发达的莫过于黄埔古港的南码头和"粤海第一关"了。黄埔古港南码头又叫酱园码头。明清、民国时期，这里水域宽阔，有"省河"之称，繁盛时，有多个国家近百艘商贸船在此汇集停泊，如美国的"中国皇后号"、俄罗斯的"希望号"、澳大利亚的"哈斯丁号"等大型商船来此贸易。紧邻码头的海傍街曾经是商铺林立的繁华街市，在这条街道上分布着税馆、十三夷馆、买办馆、永靖兵营等商务、行政的办公机构。另外，还有为外国商船专设的木匠铺和漆匠铺。在街口的牌坊上刻有"海傍东约"的石匾，落款为"咸丰四年"。后来由于河道阻塞，黄埔古巷被废弃，但在其附近发现许多外国文字的石碑和外国商人海员的墓碑，这也说明了当年商贸之繁荣。今人在废弃的古码头上，立有黄埔村古港遗址碑，仿建了"粤海第一关"纪念馆。馆内设置了《流淌的辉煌》展览，再现当年广州海上丝绸之路和黄埔古港的繁华。纪念馆前面立有三门四柱的麻石牌坊，上刻"古港遗风"四个大字，中间两根柱子分别写有"四海云艢临凤浦[②]，五洲商旅汇神州"。（图4-1-3）祠堂当属"泗水归源"的胡氏大宗祠，石基、青砖、镬耳山墙、雕梁石柱、灰塑彩画，显示出广府水乡地区特有的韵味，由于商业经济的繁荣，其做工更加精细、考究，与一般的广府农耕型村落有着明显的差别。在惇慵街8号有一座具有日本风格的三层小楼，村民称之为"日本楼"。此外，还有因丝织业的发展而出现的"自梳女"及其聚居的"姑婆屋"文化景观。总之黄埔古村众多遗留的建筑景观都在反映当年商业之繁盛。黄埔村作为海上丝绸之路的重要港口以及粤海关的设置，一方面折射出商业在传统广府村落的重要地位，另一方面彰显了商业经济对村落文化景观起着决定性的塑造作用。

① 参见曾晓华. 岭南最后的古村落[M]. 广州：花城出版社，2013：61-63.

② 在广府地区，水边陆地叫"浦"或"埔"，水中陆地叫"洲"。黄埔村传说是因为一对凤凰飞临此地而人丁兴旺，故取名为"凤浦""凰洲"，在原来村的南门刻有"凤浦"的石碑，北门刻有"凰洲"的石碑，但由于外国人对中国的"鳳凰"繁体字难以辨识，就各取一字改为"凰浦"，后字体简化为"黄埔"。

图4-1-3 反映商业发达的黄埔村遗迹
（图片来源：作者自摄）

4.1.1.2 农耕经济：“民田”的耕耘与“沙田”的开拓

明清广府水乡地区进入了“民田”围垦和“沙田”开发的大发展时期。民田区的开垦和沙田区的拓展积累了大量的财富，为水乡村落的形成奠定了坚实的物质基础。

1.“民田”与“沙田”的空间格局

“民田区”与“沙田区”有明显的分界。由于“珠江三角洲的海岸残丘形成的不同高度的台地线，这些残丘在三角洲成陆以前是海中的岛屿，从新会圭峰山经荷塘、均安、了哥山、大良、番禺沙湾到市桥的一列台地基本上将西北江三角洲分成了围田区和沙田区，即老三角洲和新三角洲两大部分。”[①]“沙田”和“民田”是一个相对概念，“民田”是较早开发，“沙田”是稍晚开发，从称呼上便可知晓，“民田区”又叫“老沙田”或“围垦区”。[②]具体说来民田区主要包括了三水、花都、禅城，以及南海，番禺沙湾水道以北各镇，顺德的龙江、容桂、大良、乐从、陈村以及北滘、伦滘的西部，新会的圭峰山以东。沙田区主要包括沙湾水道以南的地区、南沙、小谷围、顺德南部、中山（除五桂山附近）、珠海、东莞的西部[③]。《广东新语》中就有“沙田”的记载：“广州海边诸县，皆有沙田，顺德、新会、香山尤多。”民田与沙田空间格局的形成不是自然选择的结果，而是一个复杂的社会行为过程，是“在地方社会历史发展过程中形成的一种经济关系，一种地方政治格局，一种身份区分，一种族群认同标记。”[④]

2.民田的开垦

明朝洪武年间，在朝廷诏令的鼓励下，私人开垦蔚然成风。洪武十三年（1380年）

① 冯江. 明清广州府的开垦、聚族而居与宗族祠堂的衍变研究[D]. 广州：华南理工大学，2010：49.
② 刘志伟. 地域空间中的国家秩序——珠江三角洲“沙田-民田”格局的形成[J]. 清史研究，1999（02）.
③ 参见朱光文. 岭南水乡[M]. 广州：广东人民出版社，2005：2.
④ 刘志伟. 地域空间中的国家秩序——珠江三角洲“沙田-民田”格局的形成[J]. 清史研究，1999（02）.

朝廷诏令：“令各处荒闲田地，许诸人开垦，永为已业，俱免杂泛差徭。三年后并依民田起科。”[①]广府水乡地区进入了围垦的高潮，出现了大量的围田。如新会的天河围，鹤山的古劳围，顺德的龙山围、龙江鸡公围，三水的灶岗围等。在香山、新会一带形成东海十六沙和西海十八沙，大量的瘴气之地一时间变为良田沃野。广泛的围垦造田为人们提供了生存的土地和生活空间。民田区主要分布的是宗族村落，这些村落文风鼎盛，科甲蝉联，在历史上多有考取功名者，在这些人或地方乡绅的带领下通过“虚拟造族运动”[②]增强村落凝聚力，以便在后期的沙田开发中形成强大的竞争力，并反过来促进村落的营建。比如花都区炭布镇的塱头古村始祖黄仕明在塱头放鸭建村，但是村落一直未得到根本的发展，而村落发展与黄家十四世祖黄皞有很大关系，他是明成化乙酉科举人，官至三品。事实上民田的开垦是村落形成的基础，而村落发展主要是靠考取功名、沙田区的拓展和商业的刺激来实现的。

3．沙田的开拓

宗族村落的经济来源主要是族田[③]，而族田主要是通过沙田开发[④]获得的，族田又反过来促进宗族村落的发展，宗族得到进一步发展，又壮大了在沙田开发中的竞争能力。

随着西北江老三角洲民田区的围垦渐次形成，靠近海边的低洼地也被人们开拓成沙田。关于沙田区在《广东新语》有所论及：“古时五岭以南皆大海，故地曰南海。其后渐为洲岛，民亦番焉。东莞、顺德、香山又为南海之南，洲岛日凝，与气俱积，流块所淤，往往沙潬渐高，植芦积土，数千百畮膏腴，可趼而待。”[⑤]明清两朝持续数百年的沙田开垦，形成沙田水乡村落的地理景观。由于不断地毁林开荒、垦荒辟土，上中游大量的泥沙被水流带到珠江口沉积下来，形成新的陆地。有学者认为珠三角的历史首先是冲积平原的形成以及土地开垦的历史。珠三角冲积平原快速发育主要得益于明清时期大规

① 赵冈. 中国传统农村的地权分配[M]. 北京：新星出版社，2006：95.

② 为了团结力量开发沙田，争夺利益，不同姓氏或者同姓不同宗人们虚拟一个共同的祖先，并虚拟族谱、族规强化认同，形成一个新的宗族体。

③ 族田是宗族村落的主要经济来源，族田包括祭田（烝尝田、香火田，用于祭祀费用）、义田（赡养田，用于备荒、赈贫、优老、恤孤、助婚、赙丧等）、学田（子孙田、膏火田，用于延师、兴学、助考、赏报、立桅等）、墓田（用于祖墓护理、祭扫、守墓人生活等），此外田亩还有用于旌表（贞节、孝义、忠贤等）、灌溉沟洫、道路、桥梁、凉亭（包括施茶、施药、施柴、施草鞋）、长明灯、舟渡、各种“会”（龙灯会、龙船会、丝竹会、唱戏的万年会、习武的关公会和读书人的文会等）。族田是实现公共福利的经济基础，往往不能出卖。参见陈志华，李秋香. 中国乡土建筑初探 · 宗族与村子管理[M]. 北京：清华大学出版社，2012：

④ 沙田的开发技术：珠江出海口靠岸的沙滩渐积成“沙骨”。由于“沙骨”（蚝壳积聚带）阻滞水流，淤泥沉积，逐渐形成一片片的草坦，先人们创造了在草坦围垦造田的方法，变草滩为可耕作的农田。初期在抛石筑围的过程中，人们只是简单地向河滩与水流横向（与水流流线垂直方向）抛石，以阻流水积泥沙成坦。但这些方法未考虑到河流发洪水时会由于阻力太大而至围坝被冲毁，故后改为在河滩斜向抛石，或顺水流方向抛石成坝。由此，人们总结出围垦造田的两种方法：一种是先垦后围，即由潮田发展为围田后，先种水草和或单造水稻；另一种先围后垦，即在已淤积较高的沙滩、草坦上抛石、垫堤、围基底以及种草，分期筑堤成围后垦植作物。围垦成田后，人们为保护田土及灌溉，在堤围内开挖排灌系统，并设有通水窦。最初人们用松木造窦，后来改用水泥捣制水窦，以松木做窦闸。参见中共广州市番禺区沙湾镇委员会，广州市番禺区沙湾镇人民政府[M]. 广州：广东人民出版社，2013：314-315.

⑤ 屈大均. 广东新语 · 卷二 · 地语 · 沙田。

模的沙田开发，同时也是形成大量耕地和村落的重要时期。

沙田是相对于民田的一个概念，是基于征收赋税制度提出的概念。光绪十二年《清查沿海沙田升科给照拟定章程》："然沙田与民田，历年既久，壤土相连，即各业户，食业有年，自问亦未能辨别。现拟就税论田，如系升税，即属沙田，如系常税，即系民田，如有田无税，则显系溢坦。"[①]由于沙田无税或少税，人们争相进行沙田围垦。冯江博士选取了洪武十年（1377年）、弘治五年（1492年）和万历二十年（1592年）三个时间点进行统计分析，得出了明代广州府耕地大量增加的事实和大致趋势（表4-1-1）。这里节选取广府水乡地区的田地进行说明。大量的沙田开发，使宗族获得了大量的族田。族田为宗族村落带来了大量的资金回报。实际上这些族田掌握在少数的地方乡绅、地主、富农等大族手中。他们集中力量，组织人力、物力、财力争夺各种资源和权利，不断壮大宗族村落。在《请除尝租锢弊流》写道："广东人民率多聚族而居，每族皆建宗祠，随祠置有祭田，名为尝租。大户之田，多至数千亩，小户亦有数百亩不等。递年租谷，按支轮收，除祭祀完粮之外，又复变价生息，日积月累，竟至数百千万。凡系大族之人，资财丰厚。"[②]这里只是说到祭田一类就可获得丰厚的资财，可以想象广府水乡的人们从族田中获利的多寡。

明代广府水乡田地概览　　表4-1-1

政区	年份	田地数（倾）	人均（亩）	备注
南海	1377	7530.87	3.99	垦田计增194779.13倾，后期开垦尤多
	1499	15809	17.6	
	1592	27010	13.9	
东莞	1377	7568.04	8.31	垦田计增5566.96倾，主要集中于前期
	1499	12222	8.61	
	1592	13135	12.3	
新会	1377	6483.74	4.77	垦田计增5557.26倾，主要集中于前期
	1499	11568	15.9	
	1592	12041	16.7	
番禺	1377	5114.63	4.67	垦田计增6824.37倾，开垦速度快持续时间长
	1499	9904	13.7	
	1592	11939	17.3	

① 刘志伟. 地域空间中的国家秩序——珠江三角洲"沙田-民田"格局的形成[J]. 清史研究，1999（02）

② [清]王检《皇清奏议》卷五十六·《请除尝租锢弊疏》。转引自傅衣凌《论明清社会与封建土地所有形式》[J]. 厦门大学学报（哲学社会科学版），1978（Z1）.

续表

政区	年份	田地数（倾）	人均（亩）	备注
顺德	1492	8475	11.5	景泰三年（1452年）置顺德县
	1592	8701	13	
香山	1377	2465.79	9.19	垦田计增4204.21倾，明中后期开发尤为集中
	1499	3700	26.9	
	1592	6670	31.3	
三水	1572	4570	18.4	嘉靖五年（1526年）建置三水县
	1592	5002	20.1	
新安	1382	4030	11.7	万历元年（1573年）析东莞，置新安县
	1592	4034	11.7	
新宁	1512	2452	9.62	弘治十二年（1499年）置新宁县
	1592	3427	20.8	

（图表来源：冯江．明清广州府的开垦、聚族而居与宗族祠堂的衍变研究[D]．广州：华南理工大学，2010：66.）

4.1.1.3 农商经济对村落的影响

商品经济的大力发展、民田的围垦与沙田的开拓，客观上积累了大量的财富，这些巨额资金直接构成了村落营建的强大物质基础。

水稻农业区、桑基鱼塘、果林花卉农业区构成了传统广府村落的田园景观特色，在这些农作物、经济作物的基础上形成的农产品、花卉果林产品、丝织品以及相应的农商产品的加工工业，促成了传统广府村落特有的人文景观。同时，发达的农商经济为广府村民带来了丰厚的经济效益，为各地宗族组织村落的规划营建提供了强大的经济支撑。基塘的不断拓展，促使农商经济飞速发展，最先使得顺德成为全省的丝织业生产中心，这里墟镇密布，百物辐辏，舟楫往来不断，从嘉靖至万历年间，顺德的墟镇就从11个增加到36个，东莞由12个增加到29个，南海从19个增加到25个，新会从16个增加到25个。这些墟镇很多都发展成今天规模巨大的超级水乡村落。广州“一口通商”以及作为“海上丝绸之路”的重要节点，各种商业都集中到珠三角水乡地区，其中购买丝织业的外商都集中到了广州，一方面商业经济得到极大发展，另一方面为乡村人口的大规模聚集以及更大规模的沙田开发提供了契机。通过商业经济和农耕经济的共同发展，使得大量的财富和劳动力集聚，为传统广府乡村有规划的营建以及营建大规模高质量的村落与建筑提供了根本性的物质保障。

4.1.1.4 案例：农商一体的沙湾古镇村落群

番禺沙湾古镇核心区是由东村、西村、北村、南村四个村落组成的村落群。沙湾古镇村落群毗邻珠江入海口，以沙湾水道为界，以南为沙田区，以北为民田区。由于上游带来大量的肥沃泥沙，加上人工围垦，形成了大规模的沙田。根据《沙湾镇志》记载，最初这里是疍民的聚居区，自南宋末年起，何、李、黎、王、赵五大宗族陆续迁至沙湾定居。由于五大家族皆为大富、官宦人家，他们凭借自身的政治、经济、社会的优势，聚居于沙湾的核心区，他们垄断了土地所有权以及周边未来潜在的沙田开发权。而汇集在沙湾周边的疍民由于没有土地，社会地位低下、经济条件落后、文化水平匮乏，他们的生活与生存必须依附于大宗族。这样形成了控制与被控制或者依附与被依附的局面，在聚居空间上也相应形成了五大姓氏的宗族区和杂姓疍民的散居区，即“宗族—疍民”的空间分布格局（图4-1-4）。从经济角度看，一方面五大宗族依靠沙湾周边汇集的疍民长期从事农业耕作以及沙田的具体开发，使得沙湾地区的农业经济十分发达；另一方面沙湾五大宗族濒临珠江入海口附近，以及发达的河网水系，借助海上丝绸之路的优势，大力发展商贸经济，使得沙湾古镇宗族区成为岭南地区最富庶的地区之一，并形成“三街六市”[①]和“一居三坊十三里”[②]的商贸区和居住区。

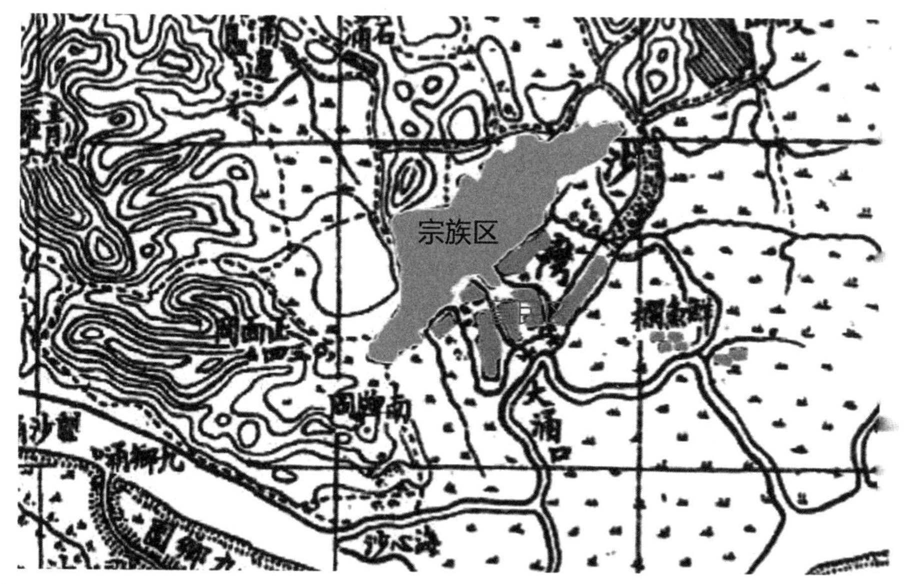

图4-1-4　清末沙湾古镇宗族区、疍民区空间示意
（图片来源：作者根据宣统《番禺县总图》改绘）

① 三街指车陂街、元善街、新街（新街巷）；六市指安宁市、云桥市、永安市、第一里市、萝山市和三槐市。

② 一居指翠竹居；三坊指市东坊、侍御坊、亚中坊；十三里指东安里、第一里、江陵里、经术里、石狮里、亭涌里、文溪里、三槐里、忠心里、萝山里、西安里、官巷里、承芳里。

1. 农业经济基础

沙湾古镇村落群的农业经济与沙田开发密切相关，而沙田的开发是依靠五大宗族势力有组织、有规划、有目的进行集团式思维的土地经营。“所谓集团式，就是一个宗族或一个家庭承耕，管理大量土地以至围垦造田的经营模式，所经营的土地多为沙田或潮田。”“至清末民初，沙湾乡经营土地而成为大耕家的达数十家，承耕、买田约二十二万多亩。其中著名的‘四大耕家’，即生利、利记、聊寄、信和四大农场。”这四大耕家皆是家族集团式的土地经营者。“沙湾何氏宗族是以留耕堂一个纳税户承包全族田赋（至民国止）”[①]。显然，宗族垄断土地的经营模式在争夺沙田开发经营权中更具实力和优势。五大宗族将土地租给疍民（即佃户）耕种，从中收取高昂地租，宗族成员主要是负责经营管理，不直接从事具体的耕作。此外，一个大宗族为一个纳税户，具有减免，甚至免除赋役的特权。这样在几大宗族集团经营方式主导下的农业经济以及纳税制度一方面有利于快速积累财富资本，另一方面大大降低经营成本和赋税。这样高回报，低支出的经营模式给沙湾各村落带来了巨额财富，同时使他们成为广府水乡，乃至岭南地区的名门望族，使他们有足够的经济基础从事聚居区规划以及建筑景观的营建。这从昔日留下来的祠堂、庙宇、民居、村落景观小品便可见一斑。据《沙湾镇志》记载，至民国时期何氏留耕堂宗族拥有族田面积高达56476亩，此外何氏各小宗祠还拥有族田约30000亩[②]（表4-1-2）。何氏留耕堂历史上还有“分荫”制度，即给族内每一位男性一份“分荫”[③]，超过60岁可获两份，超过80岁可获四份，以此成倍递增。若考取各级功名者也是按照成倍递增：秀才、举人、进士分别可获两份、四份、八份“分荫”。与沙湾农业经济有密切关系的沙田开发、赋税制度以及“分荫”制度给宗族成员带来了大量的财富，为村落建筑、道路、景观等物质层面的营建以及宗族制度、宗族文化、耕读文化等精神文化的建设提供强大的物质保障。

何氏族田情况统计　　表4-1-2

土地经营者	土地来源	面积（单位：亩）	备注
何氏留耕堂	造田、买田、领赏	56473	其中30000亩为“烝尝”（分荫）田，其他为何氏会份田
何氏各小宗祠	围垦造田、买田	30000	小宗祠族田

（图表来源：中共广州市番禺区沙湾镇委员会，广州市番禺区沙湾镇人民政府．沙湾镇志[M]．广东人民出版，2013：174.）

① 中共广州市番禺区沙湾镇委员会，广州市番禺区沙湾镇人民政府．沙湾镇志[M]．广州：广东人民出版社，2013：173.
② 中共广州市番禺区沙湾镇委员会，广州市番禺区沙湾镇人民政府．沙湾镇志[M]．广州：人民出版社，2013：174.
③ 一份“分荫”为7亩田租的价值，约合125两白银。

2. 商业空间格局

沙湾古镇村落群发达的经济，富裕的生活水平，必然带动当地的商品经济。《沙湾镇志》记载在宋元时期，沙湾古镇内就已经形成墟场，明朝就建立了专门的街巷商铺。清乾隆五十六年（1791年）村民集资重修了有百余年历史的安宁市街，在安宁东街武帝古庙东侧墙壁上有“砌市街石碑记”便可以证明。整个古镇村落群形成了“三街六市”的商业空间系统（图4-1-5、图4-1-6），成为村落群文化景观的重要组成部分。其中，六市根据功能可分为地方性带状商业街、里坊性点状围合市井、埠头与水路交通周边的零散状墟场①（表4-1-3）。

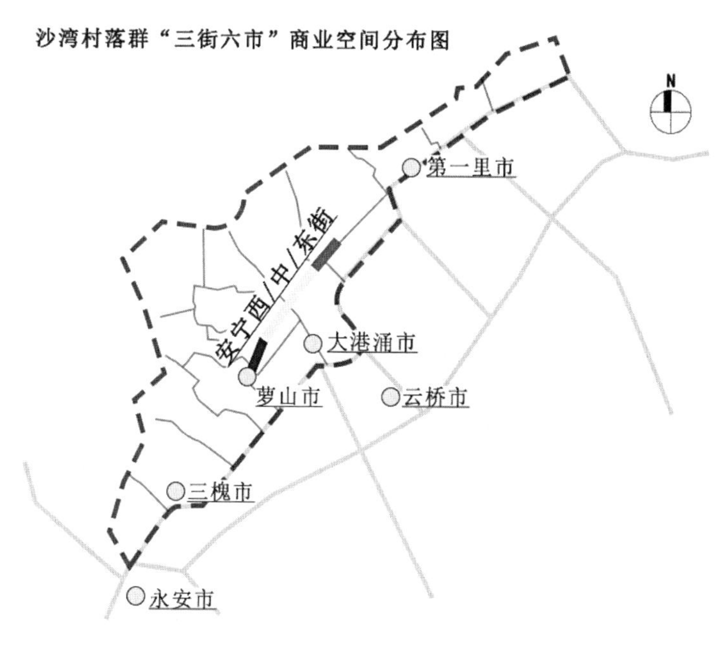

图4-1-5 沙湾镇村落群“三街六市”商业街分布
（图片来源：作者自绘）

图4-1-6 沙湾北村商业街遗存
（图片来源：作者自摄）

① 颜政纲. 历史风貌欠完整传统村镇的原真性存续研究——以广东省沙湾古镇为例[D]. 广州：华南理工大学，2016：112.

沙湾古镇商业空间分类　表4-1-3

类型	规模	稳定性	平面	功能	建筑与景观要素	典型代表
带状商业街	大	稳定	带状	辐射古镇村落群以及更远的地方	店肆、茶楼、酒楼民宅、庙宇、祠堂、古井等	安宁市
点状围合市井	中	稳定	点状	辐射周边里坊	商铺、摊档、宗祠	萝山市、三槐市、第一里市
临时墟场	小	临时	无序	"集散性"摆卖场所	临时竹棚、小艇	云桥市、大巷涌市、永安市

（图表来源：作者整理）

安宁市"带状商业街"是约明弘治年间（1488～1505年）铺砌石板建成的真正街巷。从平面上看，街巷自西向东，总长约510米，贯穿整个古镇的中心区域，成为各里坊间最重要的纽带，整条商业街以两个十字街口划分为东、中、西三段，中街四通八达，宽于东街和西街，为古镇的中心。安宁市商业街发源早、历史久、功能全，经营商品种类丰富。在镇志族谱中多有记载安宁市繁华的商业场景。到了节日庆典等重要时段，周围的村民纷纷到此赶集，人声鼎沸，车水马龙，安宁市已成为古镇各村落的商品集散中心。从立体上看街巷两侧为店肆、摊档、茶楼、酒楼，同时掺杂有大户人家的民宅、庙宇、祠堂、巷门、古井、古树等。萝山市、三槐市、第一里市等属于"里坊性点状围合市井"。这些市井处于各里坊内各巷道的汇集点，具有通达性、公共性、围合性、宽敞性的空间特点。从平面看萝山市为不规则的带状，汇集多条巷道，接通安宁西街，纳入古镇的商业的空间系统之中，形成了较周围空间的开阔节点。从立体看，周围商铺、摊档、宗祠等建筑排列有序，巷道处有巷门或坊门。云桥市、大巷涌市、永安市主要位于宗族区外，靠近河流处的埠头及其周围，因水陆交通方便，便于货物集散，容易形成简易的墟场，大多为外来小商品摆卖的场所，墟场上搭建简易的竹棚作为摆卖的摊档，有的直接就在小艇上叫卖。

4.1.2　农耕为主的广客交融型村落

在明清广州府的广客交融型村落亚文化圈内，以山地、丘陵以及部分河谷平原为主，农耕经济是其主要的经济形态，土地成了他们生产生活的中心。广府人和客家人世代在这片土地上相互杂居，他们耕于土地，栖于土地。土地类型深刻影响了其经济形态，经济形态又制约了其村落类型，即农业村落。

相比较广府水乡和广府侨乡发达的农村商品经济，广客交融区商业经济活力不足，由于客家人受中原汉民族农耕文化深刻影响，迁居到南方仍秉承了封闭保守、安土重迁的社会心理，主要依赖农业经济，重农轻商的价值观根深蒂固。所以，包括明清广州府在内的客家人仍是以农耕经济为立身之本，并与科举制度结合形成“耕读文化”。农耕经济催生农耕聚落。“农业聚落比较稳定，除非因大型工程需要，很少搬迁，而变化较多的是它的规模、建筑和空间。”[①]在明清广州府广客交融型村落亚文化圈，地势相对平坦的河谷平原面积狭小，可用作农耕的土地有限，水陆交通落后，经济收益不足，即使村落的耕地半径较大，村落的规模也普遍较小，许多一个围屋就是一个自然村落，即使属于同一行政村，各自然村之间也相距甚远。所以从分布特征看，这一区域的村落分布呈零散性、自由性、小型性的特征。为什么会形成这样的村落形态特征？究其原因有以下几点：一是地形多样，山系河流常常把土地分割，使耕地分散。人们为了便于耕作，常常在封闭的小区域建村。所以，在从化、增城、龙门等地调研时经常看到山间河谷盆地、山前河畔常有许多小村分布，如从化钟楼村、新联村德庆第、龙门的水坑村、增城的何屋村等。二是在谋求生存耕地空间时，客家人常与广府人发生各种摩擦和冲突，人们缺乏安全感，为了各自的安全，常常若干同姓聚居在一个小围屋内形成一个村落，如绳武围、鹤湖围等。三是该区域相对粗放的农业经营模式。人们为了就近耕作，减少村落与耕地之间的时间损耗，村落的耕地半径自然较小。这导致土地所能供养的人口有限，所以人口达到一定规模就得另辟地建新村。四是深受农耕文化“枝繁叶茂、树大分支、瓜瓞绵延”的理念影响，形成“一姓一居地，小村林立”的景观现象，如增城的邓屋、黄屋、廖屋、何屋等。这一景观现象有别于临近的传统广府村落。

农耕经济形成农耕文化，农耕文化影响下的村落建设十分重视风水学的运用。“农耕文化决定了农民往往以人丁兴旺、财源茂盛、人文发达为追求目标，于是在农业聚落建筑文化方面，力图与风水学说所标榜的如何适应自然，以期好运这一原理相吻合，风水也就成了聚落选址的依据和空间模式。”[②]在第4章已经分析过广客交融型村落亚文化圈十分重视风水在村落选址布局中的运用。村落选址遵循“左青龙，右白虎，前朱雀，后玄武”的空间布局原则。事实上这样的布局也是基于农耕经济的考虑，多山地、丘陵的广客交融区，耕地十分宝贵，村落多选址于山脚和山腰，村前的平地或缓坡地则用作耕地。村前建有禾坪，用于晾晒农作物，周围还辟有若干菜畦，村落呈现为农耕景观形态。

广客交融型村落亚文化圈是以农耕为其主要的生活形态和生计方式，且村落形态深刻的打上了农耕经济的烙印。但在东莞、深圳、香港的广客交融型村落地势相对平坦，水系众多，靠近沿海等优越区位，由于深受东部珠三角广府水乡农商文化以及海洋文化的影响，这些村落的居民大多有经商的历史，经济富足，所以村落规模巨大，建筑

① 司徒尚纪．广东文化地理[M]．广州：广东人民出版社，2013：114.

② 司徒尚纪．广东文化地理[M]．广州：广东人民出版社，2013：121.

质量高。对于水陆交通要道的村落，往往因商品贸易形成乡间的墟镇，但主要是广府系村落，如东莞市中堂镇的潢涌村历史上就是一个乡村墟镇。最特殊则是客家的城堡式围屋，由于商业积累了大量的财富，营建规模巨大的寨堡，如大万世居、鹤湖新居、龙田世居等，但这些寨堡深受客家传统文化的影响，并没有表现出明显的商业气息，更多的是呈现内向、封闭、保守的特征。整体上看，广客交融型村落是以农耕经济为基础，形成农耕景观形态，在南部的东莞、深圳、香港的部分地区受到商业文化的影响，广府系村落延续珠三角水乡村落的形态，客家系的村落则形成规模巨大、封闭保守的城堡式围屋。

4.1.3 依赖侨汇的广府侨乡村落

明清广州府侨乡地区的经济形态主要是农业经济、商业经济和侨汇经济三类。由于人多地贫，农业经济落后，并不能成为侨乡村落发展的主要动因。相反，华侨汇款持续百年，数额巨大。同时侨汇经济的发展带动了商业经济发展。侨汇才是广府侨乡村落产生、发展的经济基础和根本动因。侨汇主要用于赡养家眷、事业投资以及慈善公益捐赠①。从许多文献记载可以看出侨乡地区对侨汇的依赖。台山“地狭人稠，耕地极少，年获粮食，不足供三月之。乡民多赖侨汇，以维家计。”②“外汇是我们生命所系之源……吾乡旅外侨胞众多，素以关怀乡党热心团结著称于世。举凡地方所需，无不悉力以赴。过去乡间之教育、自卫、赈灾及公共运动，乡人实是拜赐不浅。”③在《近代广东侨汇经济研究》中提到侨汇的投资有：“投资田产和房地产，财产保值；投资商业、金融业和服务业，赚取利润；基于对家乡的感情，投资交通等基础设施建设；投资工农矿业，实业救国。”④总体来说，侨汇经济对侨乡的发展起决定作用，然而这种经济形态的本质主要是“消费型经济”，产业经济比较落后。“论工业与农业，台山不如南通无锡；论教育与商业，南通无锡不如台山。”⑤一旦侨汇经济中断，侨乡的发展便戛然而止。这样的侨汇用途还主要是针对比较富裕的华侨，对于普通华侨，经济实力有限，他们的侨汇更多的是用于“置地、建房、娶老婆”（华侨必办的三件大事），其中大部分资金用于村落建设。所以从村落层面看，侨汇对村落建设也起到决定性作用。

① 林家劲，等. 近代广东侨汇研究[M]. 广州：中山大学出版社，1996：27.
② 李锡周. 台山之经济及交通状况[J]. 燕大月刊，1928（第3卷）（1-2期）：41-55.
③ 于莉. 广东开平城乡建设的现代化进程[D]. 浙江：浙江大学，2012：38.
④ 林家劲，等. 近代广东侨汇研究[M]. 广州：中山大学出版社，1996：31.
⑤ 李锡周. 台山之经济及交通状况[J]. 燕大月刊，1928（第3卷）（1-2期）：41-55.

4.1.3.1 侨汇经济对墟镇、村落交通网络的影响

明清广州府的台山、新会、中山等侨乡村落的空间分布与侨汇资金的流向呈正相关系。“侨汇资金的流动依托于各级乡村、墟镇、城市为结点，水陆交通为路径形成的空间网络。”[①]早期，侨汇主要通过“水客”[②]汇入，后出现了银号汇兑、邮局汇兑以及银行等新的金融机构，水客、银号、邮局成了银行的补充，建构起了遍布侨乡各个角落的侨汇网络。侨汇网络与村落、墟镇的分布呈同构关系。所以除了早期距离城镇较远的侨乡村落外，当侨汇经济发展到一定程度，或者中后期的侨乡村落，尤其是华侨新村和新的墟镇大量出现，逐渐向着区位较好的水陆交通沿线、城镇附近靠拢，因此总体上侨乡村落可以概括为“近交通、近港口、近城镇”的特点。明清广州府的主要侨乡地区位于珠三角的西部边缘，既有发达的水系，也有畅达的陆路，尤其是基于侨汇经济建设的新宁铁路，基本建构起新会、台山侨乡村、墟镇的交通网络，直接促成了这一带村落、墟镇的大发展。

1．“利民利商”的新宁铁路

主要位于新会、台山的新宁铁路[③]的修建是我国铁路史上重要的事件，它是由民间集资修建的民营铁路，是侨乡经济以及墟镇、村落发展的大动脉。新宁铁路的修建由陈宜禧倡导，建设资金主要来源于北美华侨，采用“海外招股，国内认股，低价折股、宗族集股”等多种筹资方式。（图4-1-7）“投资于新宁铁路的绝大多数是华侨工人、小商贩和侨商，以及华侨的同乡会馆、宗族组织，个人或团体少则数股，多则千股以上，没有能够持有过万股的情况。”[④]新宁铁路的选线更多的是“利民利商”，有别于当时国内其他铁路强调政治意义、军事意图的倾向。陈宜禧在建路之初就已经确定了“勉图公益，振兴权利”的建路宗旨[⑤]，并记载了铁路修建的目的，即“宁邑滨居海隅，山洋阻隔，舟船不能相通，荒乱时逢上下不能相救”“货物往来依然梗塞”“宁邑六都暨高、雷、廉、琼下四府之谷米、鱼盐、百货，万民运通而无滞阖，邑之民食无虞”，[⑥]可以概括为“联动防御”“打通商业通道”和“互通有无”。由于新宁铁路是民间集资的商办铁路，鲜有政府的意识形态，因此在线路的设置上顺应当地的自然环境，尽可能地将村落、墟镇、水埠、县城等聚居点串联起来，以方便人们的生产生活以及商业活动的开

① 郭焕宇．近代广东侨乡民居文化比较研究[D]．广州：华南理工大学，2015：52.

② 水客是对专门代理侨汇业务的行商的俗称。他们凭信誉携信款回中国，然后又带新移民、土特产及汇款收条返回侨居地，从中获取佣金。参见：林家劲，等．近代广东侨汇研究[M]．广州：中山大学出版社，1996：6.

③ 新宁铁路于1906年5月1日破土动工，1920年3月20日全线贯通。新宁铁路（宁阳铁路）由干线和西南支线组成。干线分为南北两段，南段起于台山县境内的南部斗山墟，向北经台山县城，止于公益埠。北段起于公益埠附近的麦巷，向东北经新会县城、江门至北街口。支线由台山县城起，止于白沙墟。

④ 林金枝，庄为玑．近代华侨投资国内企业史资料选辑（广东卷）[M]．福州：福建人民出版社，1989：442.

⑤《倡建宁城、新昌、冲蒌、斗山、三夹铁路小引》（陈宜禧），参见林金枝，庄为玑．近代华侨投资国内企业史资料选辑（广东卷）[M]．福州：福建人民出版社，1989：470.

⑥ 转引自刘玉遵，成露西，郑德华．华侨，新宁铁路与台山[J]．中山大学学报（哲学社会科学版），1980（04）：24-47.

展，“光绪二十三年（1906年），以后有台山铁路之设，沿路线各乡族之居民，享有交通便利之权利矣。”①在《新宁铁路章程》第七款写道：“公司所定线路，系由向来旧路填筑者居多，既无江河水塘建筑长桥巨贵，又无高峻岭平高补低，需沿途酌废地亩路房取泥培高路基。即有大小桥梁，但是浅水沙地，较之别处路工经费略省。”新宁铁路是在中国岭南偏僻的乡野出现的现代交通线路，是有地方特色的乡村铁路。

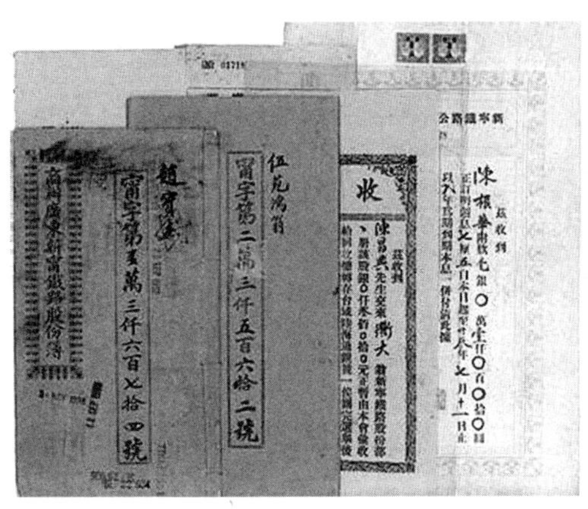

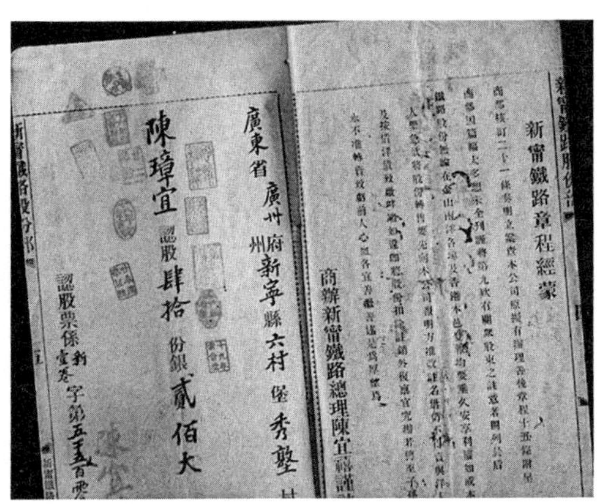

图4-1-7　新宁铁路的股本
（图片来源：《侨乡台山记忆——新宁铁路》）

2. 铁路沿线的侨乡聚居区发展

新宁铁路的建成促进了商业繁荣，刺激了消费，推进了村落、墟镇的建设。台山每年有几百万甚至上千万元的侨汇。在侨汇经济的刺激下，国内外的日用品、粮副食品、建筑用材等各类商品通过新宁铁路输送到各墟镇、村落，既满足当地居民的消费需求，又输入了修建侨乡建筑的建筑材料与结构技术。在《和平实现后建设新台山》一文中写道：“三十年来，由宁路输入之货物，总值当再国币十亿元以上，而输出总值则不及三千万元。”②大量的商品源源不断地通过新宁铁路输送到县城、墟镇、乡村，侨乡被卷入了世界资本主义市场，形成了侨乡地区“外购内销型”的畸形的商业繁荣景象。

新宁铁路干线（北街站至斗山站）总长207.216华里，设站36个；西南支线长52华里，设11个站，接近“五里一站”③（图4-1-8、表4-1-4）。根据所列的新宁县车站列表可知，该铁路设站之密，实属罕见，许多镇设有多个车站，最多的达9个，车距最短的2.36华里，最长的不过11.03华里，平均约五里设一站，按照当时货车时速120华里计，一分钟走2里，则约10分钟就要停靠一次（图4-1-9）。

---

① 李锡周. 台山之经济及交通状况[J]. 燕大月刊，1928（第3卷）（1-2）：41-55.

② 《和平实现后建设新台山》，台山，民国二十九年，第80页。

③ 任健强. 华侨作用下的江门侨乡建设研究[D]. 广州：华南理工大学，2011.

图4-1-8　新宁铁路站点布局与线路图
（图片来源：《侨乡台山记忆——新宁铁路》）

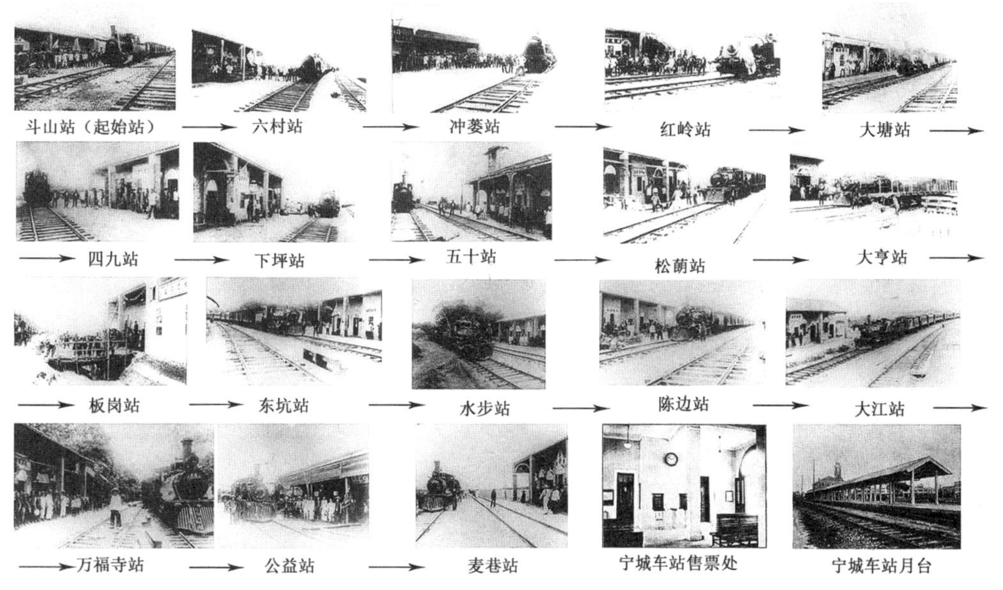

图4-1-9　新宁铁路沿途经过的部分村落站点（斗山至麦巷站）
（图片来源：作者整理）

新宁县设站建设统计 表4-1-4

首期工程（1906～1909年）干线南段，全长122.5里，19个站			二期工程（1910～1913年）干线北段，全长92里，17个站			三期工程（1916～1919年）西南支线，全长52里，11个站		
站名	间距	地址	站名	间距	地址	站名	间距	地址
斗山	起始	斗山镇蟹岗埠	洵阳站	6.834	台山大江镇上冲乡莲江里	宁阳城	起始	台城镇
六村	5.204	斗山镇六村沙坦市	麦巷	4.08	台山大江镇麦巷乡官爱里	筋坑	8.012	台城镇筋坑村
冲蒌	9.159	冲蒌镇冲蒌墟	牛湾	5.972	新会罗坑镇牛湾乡	水南	6.342	台城镇水南墟
红岭	5.226	冲蒌镇红岭	大王市	8.198	新会司前镇谈雅乡	官步	6.582	台城镇泡步乡官步里
大塘	11.03	四九镇大塘墟	司前	5.31	新会司前镇庙前墟	三合	5.436	三合镇三合墟
四九	7.504	四九镇四九墟	白庙	3.448	新会司前镇白庙乡	黎洞	5.58	三合镇黎洞墟
下坪	3.498	四九镇下坪乡	沙冲	4.642	新会大泽镇沙冲乡	上马石	6.35	白沙镇马石村（为陈坑水库）
五十	4.83	四九镇五十墟	南洋	5.524	新会大泽镇田金乡南洋里	东心坑	5.506	白沙镇朗北乡东心坑
松萌	4.286	四九镇松萌乡	大泽	7.336	新会大泽镇文龙乡龙田里	长江	3.732	白沙镇长江墟
大亨	4.196	台城镇大亨乡	莲塘	7.872	新会大泽镇莲塘居仁里	田坑	5.154	白沙镇龚边乡田坑
东门	5.51	台城镇东门墟	汾水江	5.302	新会会城镇汾水江村	白沙	4.298	白沙镇白沙墟
宁城	2.36	台城镇	惠民门	6.48	新会会城镇城北路			
板岗	6.064	台城镇板岗乡	会城	4.288	新会会城镇东侯路			
东坑	5.056	台城镇东坑墟	都会	7.268	新会会城镇都会乡			
水步	9.166	水步镇步溪乡	江门	6.876	江门三角塘			
陈边	5.92	大江镇陈边乡	白石	7.938	江门白石墟			
大江	3.942	大江镇大江墟	北街	3.786	江门北街墟			
万福寺	2.744	大江镇万福寺						
公益站	10.37	大江镇公益墟						
各镇车站统计：水步镇、罗坑镇1个；斗山镇、冲蒌镇、三合镇各2个站；司前镇3个；大泽镇、会城镇4个；四九镇、白沙镇5个；大江镇6个；台城镇9个；江门3个。								

（图表来源：作者整理）

在铁路沿线的站点设有大量的墟镇、码头、村落，这些聚落点由新宁铁路串联成线。沿线各镇有许多的墟镇，店铺林立，商业繁荣。茶楼、饭庄、酒楼旅馆、杂货店、布匹百货店、金铺、钱庄，甚至赌场、烟馆、妓院一应俱全，构成一个个小的消费中心。20世纪20年代后期，在临近六村车站的沙坦市，便有杂货铺十七间、礼饼铺四间、猪肉店十间、糖酒店六间、布匹百货八间、茶楼、旅馆十间、药材店九间、木料缸瓦铺七间、医务八间、金银铺票号十一间、水果店五间、理发馆三间、妓院六间、鸦片馆十四间。[①]位于南部的斗山（蟹岗埠）和中部的公益则是"火车拉来的墟镇"。在1893年修的《新宁县志·建置略》所列村落、墟镇并未有公益和斗山。在1905年兴修铁路前，潭江之畔的公益还只是仅有两户人家的原野。到1908年已成为拥有2.5万人口的市镇[②]，迅速成为台山县第二大墟镇。"近数月来，建屋越多，居民越众，故铺地价值，顿增数倍，前每间一三百余元，今则涨至千元有奇。"[③]斗山镇是由一个只有十来户人家的叫作大兴的荒僻小村落发展起来的。通车后，规模不断扩大，商业日益鼎盛，成为台山南部的经济、交通中心。

4.1.3.2 侨汇经济与村落建设

1．侨汇经济影响下的水陆联营格局对建筑业的影响

台山水系发达，墟镇大多建于江边，并建有码头，水运与新宁铁路一道共同构成水陆联运的格局。新宁铁路干线的起点北街墟和斗山蟹岗埠是出海的重要水运港口，其他站点所在的墟镇大多临河而建，如白沙镇、公益镇、台城镇临白沙河、公益河、宁阳河。特殊的地理环境使得新宁铁路桥梁、涵洞数量较多："137公里的新宁铁路车站46个，桥梁215座，先后建成公益码头、北街码头、牛湾船坞等水利水运工程。"[④]水陆联营的格局，可以互补优劣。铁路不能及的偏远村落，可由水路完成，这就使得铁路运输的影响力深入到乡村腹地。新宁铁路的建成意味着水陆联营交通网络的形成。侨乡的许多村落与建筑的营建采用西方的建筑材料、结构技术、装饰技艺等，运输渠道和传播途径就变得尤为重要。

早在19世纪后半期已有不少华侨汇款回家修建具有西式风格的住居。20世纪初至抗战爆发期间这里则兴起大规模庐居、碉楼、华侨新村的建设活动。侨乡村落的大规模营建恰巧是在水陆联营网络形成到新宁铁路拆毁这个时间段之内，这个阶段也是侨汇输入

① 刘玉遵，成露西，郑德华．华侨，新宁铁路与台山[J]．中山大学学报（哲学社会科学版），1980（04）：24-47.

② Bulletin，Chinese Historical Socety of American Feb.1973，Vol.8 No.2 P.2．转引自刘玉遵，成露西，郑德华．华侨，新宁铁路与台山[J]．中山大学学报（哲学社会科学版），1980（04）：24-47.

③《新宁杂志》1917年，34期，第22页。转引自刘玉遵，成露西，郑德华．华侨，新宁铁路与台山[J]．中山大学学报（哲学社会科学版），1980（04）：24-47.

④ 林金枝，庄为玑．近代华侨投资国内企业史资料选辑（广东卷）[M]．福州：福建人民出版社，1989：451.

最集中的时期。充裕的侨汇经济，便利的水陆交通极大地促进了侨乡村落与建筑的营建。华侨回国后的一件大事就是建屋。建房所需的大量建材，如从香港进口的水泥、钢材，从县外、省外、国外进口的各种装饰材料等都借助铁路和水陆运输，既节省了运费，又节省了时间，极大地提高了效率，使得这个时期的侨乡村落与建筑营建一片繁荣。“白沙的望楼岗、双龙、塘口、李井、牛路等33个自然村兴建的266座楼房，大都是这个时期建筑的。兰合地区的二十多个华侨新村，其中不少是这个时期的建筑。陈宜禧家乡的美塘新村，全村十多幢楼房都是修建于这个时期。台山五千座碉楼，也是民国初年至民国十五年间建造的。”[①]可见，侨汇经济和水陆联营交通网络的形成对侨乡村落的建设具有深远的影响。

2．基于侨汇经济的合股经营模式

近代，在明清广州府的侨乡村落进行大规模的村落建设，其利用侨汇资金进行村落建设的模式主要是通过联合集资，实现合股经营的合资建设模式。明清广州府侨乡村落的“合股经营模式”由传统的宗族合作关系演化而来，所以呈现为“宗族色彩的合股经营模式”。这种模式是基于股金优先，而非宗族血缘优先，结合华侨团体和宗族的组织机构创立的股份合作关系，甚至到后来新建的“华侨新村”，逐渐摆脱宗族的影响，转而强调股东和集体的利益。

侨乡村落的建设根本上依赖侨汇经济，而新村的建设首先要获得土地。华侨归国后，其中一件大事就是“置地”。大部分华侨用侨汇投资土地，买田收租。但由于侨汇数额不大，所购买的土地多是零散的小块，且优先考虑村落周围的土地。所购置土地除了耕种、收租外，也会用于新村的建设。但由于土地零碎需要进行土地整理，统筹规划，协调各族各户利益，以适应变化的需要。因此，许多华侨新村的建设虽然各有千秋，但在村落格局上延续了“梳式布局”或“棋盘式布局”的模式，比较规整有序，这样的村落如潮盛村、琼林里、东林里等。潮盛村、琼林里等是在族产的基础上购并扩充田地创建的，属于“宗族色彩的合股经营模式”，而东林里、六乡村的汀江墟则完全是投资购买土地新建的村落，属于“现代企业特征合股经营模式”。

端芬镇的梅姓村落琼林里始建于1908年，位于端芬河畔，为典型的华侨新村。梅氏的元韶房族在两年的时间内以宗族团体的名义购置整合了72亩土地，又用了约两年的时间营建，形成了今天所见的村落风貌。该村经过详细地测绘规划，并有相关的建村章程，如《创建琼林里股份章程薄》[②]，章程中附有村落规划图。村落建设所用资金皆为族人认股筹资，属于“宗族色彩的合股经营模式”。《创建琼林里股份章程薄》记载：“村中所集股份四十六股，每股科银六百元。”琼林里用“合股筹资”的方式，调动族人的

① 刘玉遵，成露西，郑德华．华侨，新宁铁路与台山[J]．中山大学学报（哲学社会科学版），1980（04）．
② 何舸．台山近代城乡建设发展研究（1854-1941）[D]．广州：华南理工大学，2009．

力量营建村落，订立的章程详细地规定了集股方式、股份权利、股份转让、建房要求以及相关公益事业，较好地协调了各家各户的利益。比如关于股份分配的细则："每股分地弍（通'二''贰'）座，先建先得"，"每人建宅需要按照地图注明某名某年建某字地一座，所以杜贪婪而免混乱"；关于股份流转的问题，章程第五条规定："各股份人如有后日志图别居不欲来村建宅，愿将其名下地份出售者，无论价银多寡准限卖回村中股份内人承受，不准卖与外人，以免别生枝节"，"股份内买卖地份者须要论半股或一股买受，而后日村嘗（通'常'）与地尾并各项余业方得有份，将来利益乃能同沾。若但买屋地一座或两座者当别论，其一概业余利益仍归卖主所得，无得争论"。这些章程细则反映了对家族成员优先权和个人利益的保障，以及维持宗族村落稳定的现实需要（图4-1-10）。

六乡村汀江墟，又称"梅家大院"，是20世纪30年代基于端芬镇六乡村的梅氏华侨的侨汇经济而兴建的农村集市，所兴建的乡村商业街，被称为"岭南乡村骑楼的代表作"。汀江墟在旅居海外的梅氏华侨谋划和扶持下，由时任培根学堂校长梅健行牵头，联手丘、曹、江等华侨、侨眷族人兴建的乡村墟镇。他们在汀江河畔购买并整理规划

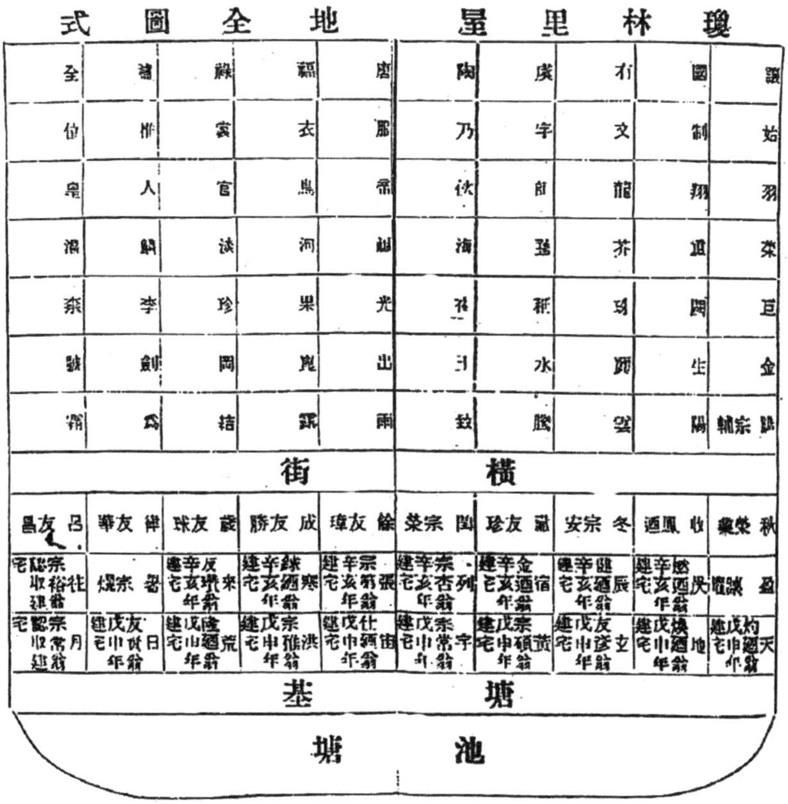

图4-1-10　端芬镇琼林里（模范村）屋地分布
（图片来源：何舸．台山近代城乡建设发展研究[D]．华南理工大学，2009：67.）

了80亩土地，模仿西方股份制的经营理念和模式成立了“筹建汀江墟市场董事会”，制定《汀江墟股份薄》，将整个墟分为六墩104栋骑楼，统一规划（图4-1-11），画好图纸，详细规定墟名、地址铺位与街道建设、股东权利、公款收缴，以及保安、市场公所的职责与酬金等，然后由各族人自行认股兴建（图4-1-12）。汀江墟建城后，有力地刺激了消费经济的发展，商贸活动一度繁荣，大到银号商号、茶楼酒店、金银首饰、中西药材、小到油盐酱醋、烟酒糖茶、五金百货等应有尽有。汀江墟有别于其他靠近城镇的墟镇，它周围遍布农田，相对独立，属于岭南侨乡特有的乡村集市，将其纳入村落的建成环境可能更符合实际。

总之，在基于侨汇经济刺激而推动的侨乡村落和乡村墟镇建设的过程中，包括墟镇在内的村落建设由延续广府传统宗族村落的合作建村模式演变为“宗族色彩的合股经营

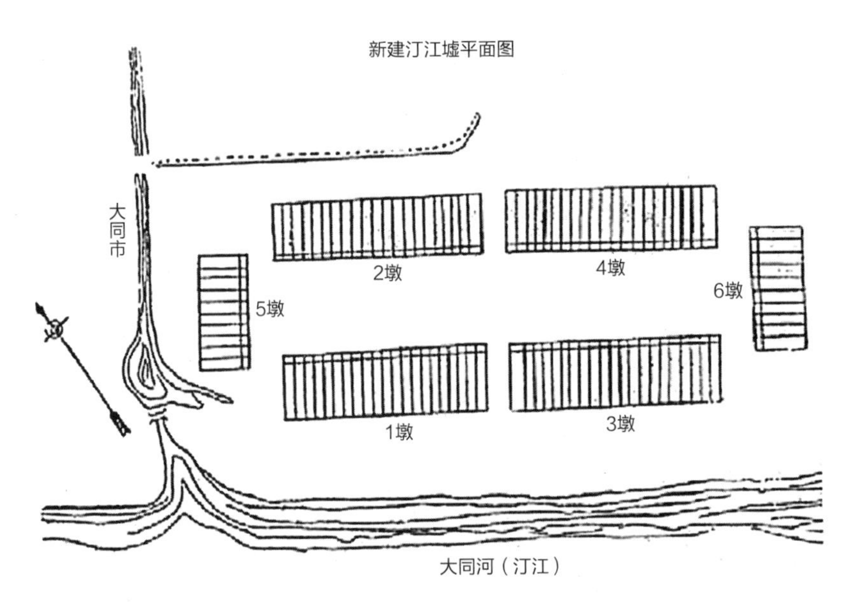

图4-1-11　新建汀江墟平面图
（图片来源：《近代台山庐居的建筑文化研究》）

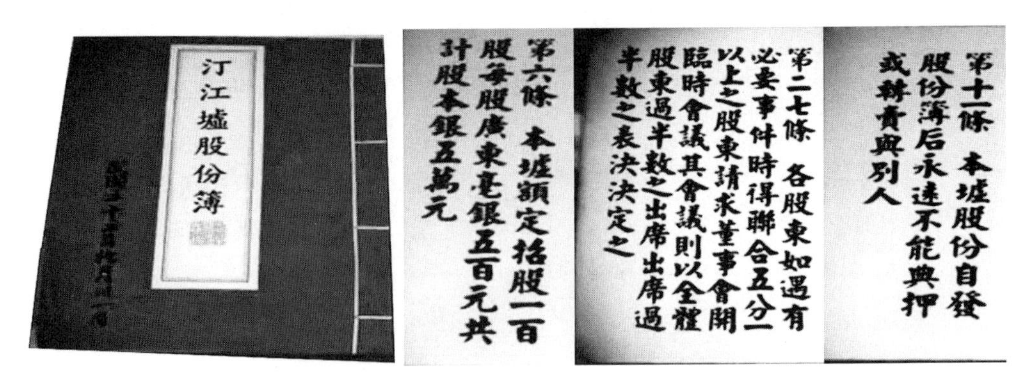
汀江墟股份薄

第六條　本墟額定招股一百股每股廣東毫銀五百元共計股本銀五萬元

第二七條　各股東如遇有必要事件時得聯合五分一以上之股東請求董事會開臨時會議其會議則以全體股東過半數之出席出席過半數之表決決定之

第十一條　本墟股份自發股份薄后永遠不能典押或轉賣與別人

图4-1-12　汀江圩股份薄封面及部分内容
（图片来源：作者翻拍）

模式”，并随着华侨新村的出现，宗族的影响力逐渐减弱，转而强调股东以及集体的利益，出现了“现代企业特征合股经营模式”。合股经营模式的产生、演变是明清广州府侨乡地区的一个普遍趋势，代表着乡村建设的一种新的发展方向，说明了明清广州府侨乡村落在近代化过程中走在了时代前列。

4.1.4 倚重农耕的瑶族村落

在明清广州府北部为瑶壮民族聚居区。这里群山连绵，可开垦为梯田，可种植旱生作物，也可种植水稻。由于农田大多位于山间或山坡上，没有灌溉设施，大部分依靠山泉溪水，少量依赖天然雨水。总体看来耕作条件比较恶劣。这里主要分析瑶族的农耕经济对瑶寨形态的影响。

4.1.4.1 过山瑶：游耕经济

瑶族分为过山瑶和排瑶。虽然《后汉书・南蛮传》对瑶族先民描述“好入山壑，不乐平旷”。但是根据过山瑶珍藏的《过山榜》，其先祖很早就已“寻山捕猎，砍种养生”[①]，“以刀耕火种与狩猎相结合的方式获取必需的基本生活资料，维持简单再生产，保证族体的延续。”[②]可见过山瑶的经济形态可以概括为刀耕火种的游耕经济[③]。他们用简单而实用的工具以砍伐、火烧等方式清理自然植被，再人工粗放撒种农作物一到三年，土地的肥力用尽后，又到新的区域开始新一轮的砍烧种植，被学者总结为“食尽一山，迁一山”。这样的经济形态使得村落呈灵活散居、临时简易的特征。所谓灵活散居是指规模较小且分散不稳定。人随地而走，居无常址。村落之间往往相隔较远，总体上比较分散。临时简易是指游耕的经济模式使过山瑶与土地的依存关系是由土地的肥力决定的。土地的肥力一旦不能满足耕作的需要，就要进行周期性迁徙，由于经常迁徙，村落与建筑就无须建造得很好，建筑特点呈现为简单易拆卸、低成本建造、形制简陋的特点。

4.1.4.2 排瑶：山地稻作农业

排瑶是山地稻作农耕民族。稻作农业已属于精耕农业的范畴，人们在耕作中采用了犁耙、牲畜、水利灌溉、人工施肥等工具和方法。从事稻作农业的民族均为定居民族，

① 过山榜编辑组编．瑶族过山榜选编[M]．长沙：湖南人民出版社，1984.

② 练铭志，马建钊，李筱文．排瑶历史文化[M]．广州：广东人民出版社，1992：183.

③ 游耕（shifting cultivation），俗称刀耕火种（slash and burn），是指在一片土地耕作一年或几年后便丢弃转移的农耕模式。“刀耕”是相对于“锄耕”和“犁耕”而言的，指用刀砍伐树木而非用刀耕作。参见庄孔韶．人类学概论[M]．中国人民大学出版社，2007：206.

"人们年复一年的在一块土地上耕作，甚至完全取消休耕期。"[①]由于对土地的控制力大大增强，使得每单位面积的土地产量能够养活的人口是游耕农业的数倍甚至数十倍。这就使得村落的分布相对较密集，以及村落的规模较大，建筑质量较高。

排瑶的耕地以梯田（水田）为主。排瑶人民在山地上开辟层层梯田，并修建灌溉水渠，将山泉水引到田中供灌溉使用。村落多建在梯田上方，村落背后则是山林地。在长期的生产生活中，排瑶人民总结了适应山地生产生活的"上面宜牧，中间宜居，下面宜农"的村落空间格局，即"亦居亦农亦牧"的村落环境。村前的坡度相对平缓，扇面形的圆弧面较大，即耕地面积大。加之高度较低、热量充足、接近水源，更适合农作物的生长。中部为村落，温度适中，适合"养娃娃"。上可伐木、放牧等。后部的山林一能涵养水源，保持生态平衡；二能为牲畜提供放牧场所；三可狩猎采摘，从大自然中获取部分食物。稻作农业需要特殊的稻谷晾晒、加工储存的空间，这些功能需求深刻地影响着村落的形态与构成，其中干栏式的谷仓则是瑶寨特有的一种景观建筑，出于防鼠和防火的考虑，谷仓往往集中于一角，相对独立。

4.1.4.3 案例：南岗瑶寨的经济适应性分析

南岗排瑶是亦农亦牧的山地定居民族，亦农亦牧的经济结构决定了村落选址有别于珠三角广府村落的梳式布局。在确定村落营建之前，村落选址要遵循山地农耕经济可耕、可牧、可获取水源的特点，以及聚居模式要符合小农经济自给自足、分散、稳定的固有属性。

1．经济结构影响村落空间布局

在历史上，粤北地区一度成为人口最稠密的地区，在村落的营建过程中，节省用地就变得尤为重要。粤北瑶寨是以稻作农业为主的农耕经济，兼具畜牧业的经营方式。为了适应这样的经济结构，瑶族村寨多选择在半山腰上，形成"村前有良田可耕作，村后有山可放牧"的村落格局。

在山地稻作农耕经济占绝对优势的条件下，村落空间格局受到重要影响。"近田"成了村落选址首要考量的重要因素。南岗地区地貌结构为"九山半水半分田"，平缓的耕地极其稀缺。为了不多占可开垦为梯田的缓坡地带，就将村落建在较陡的山腰上。为了节约耕地，村落的形态、建筑的体量都会相对平原地区较小，这也从根本上决定了村落的空间规模。为了获取耕地，瑶族人民发挥聪明才智，向山要田，顺着山坡修建层层叠叠的梯田。寨田关系紧密，形成了南岗特有的"山–村落–梯田–峡谷"的大地景观（图4–1–13）。从方便劳作来看，这是最经济的选择，收割的农作物，主要是靠人扛马

① 庄孔韶．人类学概论[M]．北京：中国人民大学出版社，2007：224.

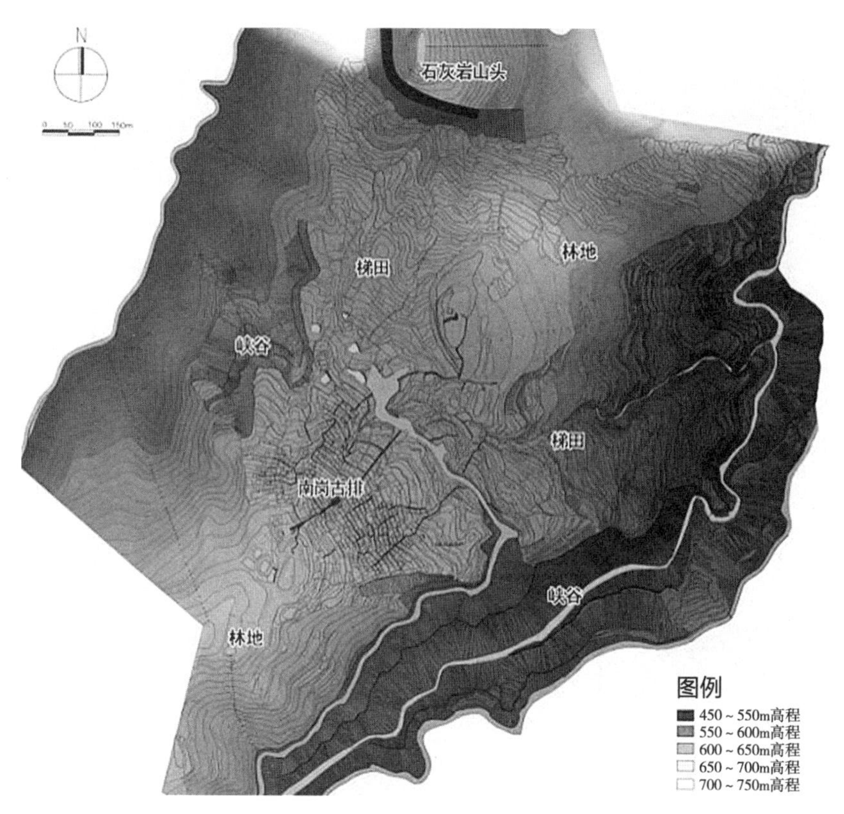

图4-1-13　山-村落-梯田-峡谷的大地景观
（图片来源：《中国瑶族第一寨：南岗古排保护规划》，郑力鹏，2007.）

驮，村前修建梯田坡度较缓，相对于陡坡的梯田省力。从方便管理农作物来看，也是很适宜的，由于村落是建在“扇面形”的山体上，下宽上窄，站在山腰上便可最大限度地俯瞰所有的梯田，随时了解农作物的生长状况，这对于以农为本的瑶民而言，是与其职业联系最紧密的村落布局。

除了稻作农耕经济外，村民还畜养牛马等牲畜，所以放牧就变得很重要。“靠山”就成为村落选址需要考虑的第二个因素。苗瑶族系属于高山民族，通常居住在山顶，而南岗的排瑶把村落建在山腰是对定居的山地农耕经济的生态适应。“靠山”而居除了方便放牧之外，山还具有蓄水池的功用。后山上的树木不轻易砍伐，在山地民族中流传着“山有多高，水有多深”的说法，村落用水、梯田用水主要来自大山。在南岗瑶寨现在还能看到两套供水系统，一套是村中明渠（图4-1-14），把山泉水引入梯田，满足灌溉所需，其余的水流入低地峡谷，低地峡谷的水再高温蒸发，凝结成雨，又降落到山顶、村落、梯田。一套是“竹笕”水系，满足村民的日常饮用水（图4-1-15）。实际上“山-村落-梯田-峡谷”构成一个小小的生态系统，保证了梯田稻作农业延续千年而不衰，同时也造就了独特的村落景观形态。

图4-1-14　村落中的明渠
（图片来源：作者自摄）

图4-1-15　“竹笕”水系
（图片来源：作者自摄）

2．农耕经济影响村寨内部聚居形态

南岗瑶寨的山地稻作农耕经济属于小农经济，其特点是自给性、分散性、稳定性。自给性决定了核心家庭是其主要的构成单元，各核心家庭之间是平等的。不论是瑶长、瑶练、瑶老还是普通村民，它的生产生活所需主要是靠自己农耕所得。这在村落与建筑形态上表现为平权性、组团性。所谓“平权性”是指村落并没有明确的中轴线或向心空间，没有像广府、客家、潮汕地区统领全村的祠堂建筑，只有三条巷道（龙）将其分成四部分。即使具有绝对权威的瑶老组织也没有在村落核心位置处建立所谓的“府邸、官衙”，居住建筑的规模并没有太大差距。他们是凭能力、公平处理事务，为村民付出而获得认可与声誉。瑶长、瑶练也没有特权，也要下地务农。这有别于旧时汉族社会中“官员身份就意味着权力”的传统。他们的住宅在规模和形制上与其他村民没有太大差别，各户民居是平等的。所谓“组团性”是指在小农经济下同一姓氏的家庭聚居在一起，这是由于小农经济的分散性特点所决定，以家庭为生产单位促进了同姓氏靠近生活。同一姓氏之间的民居建筑就表现为明显的聚集性。从南岗寨的平面图可以清晰地看出大唐、小唐、邓、房、盘五大姓氏分别聚集一地，表现出显著的组团性特征，也印证了下文所说的“大杂居，小聚居”的分布特征（图4–1–16）。

此外，排瑶不似“食尽一山，迁一山”的过山瑶，南岗的排瑶经过累世发展，形成了定居的山地稻作民族，他们掌握了持续保持地力的耕作技术。这样他们的村落就能在栖居地逐渐发展成熟，其村落空间构成形态就相应的表现为丰富性、完整性、稳定性特征。因此，南岗寨中就有了防御性的寨墙寨门，就有了储存粮食的干栏式仓寮、圈养牲畜的圈棚、祭祀祖先的南岗庙、满足节庆娱乐所需的歌堂坪、瞭望用的碉楼（图4–1–17）、瑶王的石棺墓以及成规模的民居建筑群等各类建筑。这些建筑根据实际所需，分布于村落的不同位置，形成村落“底图”中显眼的“斑块”。

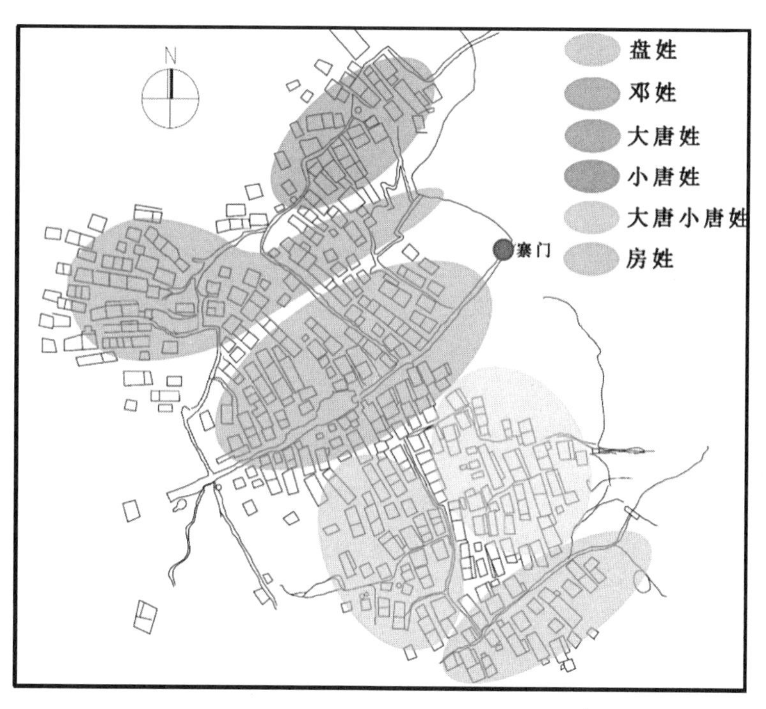

图4-1-16　五大姓氏形成“大杂居，小聚居”格局
（图片来源：郑淑浩绘）

图4-1-17　歌堂坪与碉楼
（图片来源：作者自摄）

4.2 传统村落住居与宗族意识

明清广州府传统村落的生成动因除了经济因素外，宗族文化是不可回避的一个重要因素。传统村落名之为“传统”就是突出其传承性。在村镇一级，宗族制度与聚落在发展演变中逐渐形成了聚族而居的住居模式。《白虎通·宗族》：“族者，凑也，聚也，谓

恩爱相流凑也。上凑高族，下至玄孙。一家有吉，百家聚之，合而为亲。生相亲爱，死相哀痛。有会聚之道，故谓之族。”“宗者，尊也，为先祖主者，宗人之所尊也。”村落的宗族观念或者聚族而居的模式可以追溯至远古时代的氏族公社，到西周时期则建立起了一套完备的宗族（宗子）制度，强调以世家权贵为特征。宋以后，尤其是明清以来宗族制度逐渐庶民化，村镇一级建立起大量的祠堂，并相应地形成宗族村落。明清广州府的宗族村落也是在这个时期大量产生的。

明清以降，广州府宗族发达，宗祠兴盛，逐渐形成了以血缘为纽带的聚族而居的宗族村落。“岭南之著姓右族，于广州为盛。广之世，于乡为盛。其土沃而人繁，或一乡一姓，或一乡二姓。自唐宋以来，蝉连而居，安其土，乐其谣俗，鲜有迁徙他邦者。其大小宗祖祢皆有祠，代为堂构，以壮丽相高。每千人之族，祠数十所；小姓单家，族人不满百者，亦有祠数所。其曰大宗祠者，始祖之庙也。庶人而有始祖之庙，追远也，收族也。追远，孝也；收族，仁也。匪僭也，匪谄也。岁冬至，举宗行礼。主鬯者必推宗子，或支子祭告。则其祝文必云：裔孙某，谨因宗子某，敢昭告于某祖某考，不敢专也。其族长以朔望读祖训于祠，养老尊贤，赏善罚恶之典，一出于祠。祭田之入有羡，则以均分。其子姓贵富，则又为祖祢增至祭田，名曰烝尝。世世相守，惟士无田不祭，未尽然也。今天下宗子之制不可复，大率有族而无宗。宗废故宜重族，族乱故宜重祠，有祠而子姓以为归，一家以为根本。仁孝之道，由之而生，吾粤其庶几近古者也。”[①]屈大均的这段话反映了明清时期广州府宗族鼎盛，宗族村落遍布，祠堂众多，以及与宗族有关的制度、烝尝、仪式等宗族村落景观现象。本节基于建筑学的视野分析宗族制度、宗族阶层、宗族庶民意识、宗族防卫等方面对村落形态的影响。

4.2.1 组团形态体现宗族文化

宗族意识对村落形态影响深远。《管子》载：“宗者，族之始也。”《尔雅 · 释亲》有言：“父之党为宗族。”传统宗法制度是以血缘亲疏划分嫡庶和长幼尊卑关系的等级制度。宗族是个时空概念，“以‘宗’统横，以‘祖’率纵”[②]，通过血亲纽带将各房各支的族人世世代代的维系在村落的周围，利用族谱、族产、宗规、祠堂等因素不断强化宗族认同感和凝聚力。社会人类学家林耀华指出：“宗族乡村是乡村的一种。宗族为家族的伸展，同一祖先传衍而来的子孙称为宗族。村为自然结合的地缘团体，乡乃集村而成的政法团体，今乡村二字连用，乃采取自然地缘团体的意义，即社区的概念。”[③]

---

① 屈大均. 广东新语 · 卷十七 · 宫语 · 祖祠，第465页。

② 唐明. 血缘-宗族-村落-丁村的聚居形态研究[D]. 西安：西安建筑科技大学，2002：9.

③ 林耀华. 义序的宗族研究[M]. 生活. 读书. 北京：新知三联书店，2000.

宗族是“以宗统族”的社会组织，是聚族而居的一种内在机制，从中国宗族的历史发展看，主要为三种类型：“一种是官僚地主或有势力的地主自立为宗，向上追溯共同的始祖，向下以自己的宗族收族，建立新的宗族组织；一种是在原有血缘系统的基础上，按照宋以来新的宗族组织原则，通过择立族长等手段，进行宗族组织的新的整合；一种是非人为组织，却在宗族式官僚地主家周围自然形成。唯马首是瞻的族人的松散组合，即核心家族的外延。”[①]从宗族的发展演变看广府地区的传统村落也可以分为三种：一种是由官宦世家逐渐发展而来，一种是按照血缘关系，自明清以来进行新的组织整合，一种是为了开发沙田，或者谋求生存之地在“造族运动”下产生的。为了方便分析，根据姓氏的多寡这三类宗族村落，可分为单姓宗族村落和多姓宗族村落。此外，在瑶族传统村落中按姓氏集中聚居，呈“大聚居，小杂居”的组团分布格局。

4.2.1.1 单姓村落组团形态

明清时期广州府聚族而居的单姓村落是极为常见的，多为庶民化的宗族村落。在血缘的基础上，与地缘、业缘形成同构关系。通过制定族规、修建族谱、兴建祠堂和书塾、共享族产福利，凝聚宗族成员，以达到敬祖收宗的目的。

单姓宗族通常由祠堂、族谱、族产、族人（族长、各房支成员）组成，根据人口谱系形成“族-房-户”或“族-支-房-户”的组织结构。房支是从族中分离出来的，并根据血缘亲疏远近形成长房、二房、三房等，各房之间通常形成以大宗祠为中心的差序格局和组团式分布。祠堂是宗族村落的核心，其功能类似于城镇中的宫城和衙署。祠堂是进行宗族村落组织的中枢。祠堂是祖宗神祇（牌位）的安居之所，是宗族制度、族谱、部分族产的存放之地，以及举行各种宗族活动，如婚丧嫁娶祭祀的场所空间。因为是祖先神的聚居空间，族长行使族权的场所，所以为了荣耀祖先，彰显族权，祠堂都会被族人营建得规模宏大，装饰得金碧辉煌，努力营造庄严肃穆的环境氛围。在秩序井然、长幼有序的祭祀仪式中对祖先产生崇敬之情，有效地唤起宗族成员对本族血亲关系的归属感和认同感。

从整体上看，宗族成员或者各房支无论如何演变，都尽可能地围绕在大宗祠的周围，并按亲疏远近形成差序格局。从局部观看，各房支也相应地建有房祠，围绕着房祠形成组团式布局，若干房祠就相应形成了若干组团。这样的村落以佛山松塘村、中山市唐家湾村、花都区塱头村等为典型。

1．典例释析：佛山松塘村

佛山松塘村是以区姓为主的聚族而居的宗族村落。血亲关系与各房支的分布区域形

---

① 唐明．血缘-宗族-村落-丁村的聚居形态研究[D]．西安：西安建筑科技大学，2002：12.

成对应性、一致性、组团性。松塘村的组团式布局是在长期的发展过程中形成的。松塘村经过700余年的发展，形成了整体上以大塘岗、舟华岗、文阁岗为中心的“品”字形村落格局。南宋末年（约1273年）区氏先祖桂林公长子区世来、区氏从、区泰来、区茂贤、区茂昌、区基来六兄弟来此开村。有学者研究认为，区村定居之时，六兄弟就分开在附近各处聚居。长房区世来定居于落脚处[①]。区世从则定居于大塘岗外的东边，区泰来一支把房屋修建在舟华岗一侧。区氏兄弟分别定居于大塘岗、舟华岗、文阁岗附近。若干代之后，各支人丁兴旺，聚居区的规模也不断扩大，并以“里”作为各房支的名称，即松塘里、圣堂里和舟华里。各房支的建筑逐渐连为一体，并且各房之间出现了相互迁徙杂居的情况，形成了一个以单姓为主的超级村落，但总体上还是保留着相对独立的界限。其中松塘里的经济和人口都明显强于圣堂里和周华里，所以若干年后，松塘里又衍化出新的里坊，并有了相应的坊名。现松塘村共有9个里坊，即塘西坊、忠心坊、松北坊、桂阳坊、华宁坊、仲文坊、舟华坊、圣堂坊、桂香坊，共同构成松塘村的组团式单元（图4-2-1）。各组团式单元有独立的坊门和巷道划分空间界限，但各里坊的封闭性不强，并没有如古代城镇的“坊墙”，倾向于开放的街巷系统。由于村落位于山水相间的地理环境中，各里坊的形态各异，呈不规则团块状。各里坊团块均采取梳式布局的模式，但朝向不一，朝向的不同也是各里坊的划分依据，坊内巷道则与朝向平行。总体看来，各里坊尽可能的背靠山冈，面朝水塘，形成“巷巷朝塘，百巷归源”的空间形态。

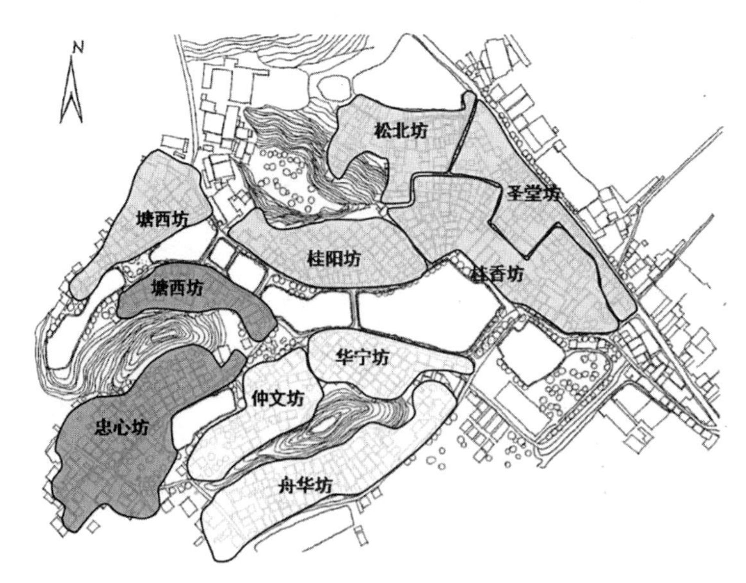

图4-2-1　松塘村区氏九个里坊
（图片来源：陶媛绘）

① 松塘村至今传着“傍松而居”的传说，但最初的落脚的具体位置已无法考证。

村落的组团形态与宗族结构有十分紧密的关系，而祠堂的分布网络则是宗族结构的组织构架，大宗祠和各级房支祠则是宗族结构上的铰接点。宗祠在村落空间形态的构成具有决定性的作用。宗族村落尤其强调祠堂、庙宇在村落空间布局中的位置。其目的在于凸显大宗祠在整个村落、房支祠在各自里坊中的核心地位，同时也是各里坊单元构成组团区分的关键所在。松塘村的祠堂位于民居建筑群的前排，前临水塘。整个村落由多个里坊组成，每个里坊前又有祠堂位于前排，民居又纵向有序排列，强化了各个里坊的相对独立性。这样的组团式格局是与血亲谱系呈同构关系的。总体看来，松北坊、圣堂坊、舟华坊是面向村落外围方向的，而长子世来公后裔发展而来的六坊则朝向村中的水塘。由于三个山冈、九个水塘使得各里坊组团高低错落地有序分布。塘西坊、桂阳坊、桂香坊、华宁坊、仲文坊、是朝向村心水塘。"巷巷朝塘，百巷归源"也主要是说这五个坊。忠心坊则背靠文阁岗，面向仲文坊左侧的一个独立水塘。塘西坊由水塘的南北两部分组成。

各房支的祠堂分布决定了各个里坊组团的分布，并最终确定了九坊并立的村落空间分布格局。祠堂对应的房支与居住建筑群基本呈一一对应的关系。松塘九坊即九个组团单元，"是一种开放的单元模式，它在平面形态上成为勾勒聚落肌理的基本要素，同时也是形成景观格局的基本单元。"[①]（图4-2-2）

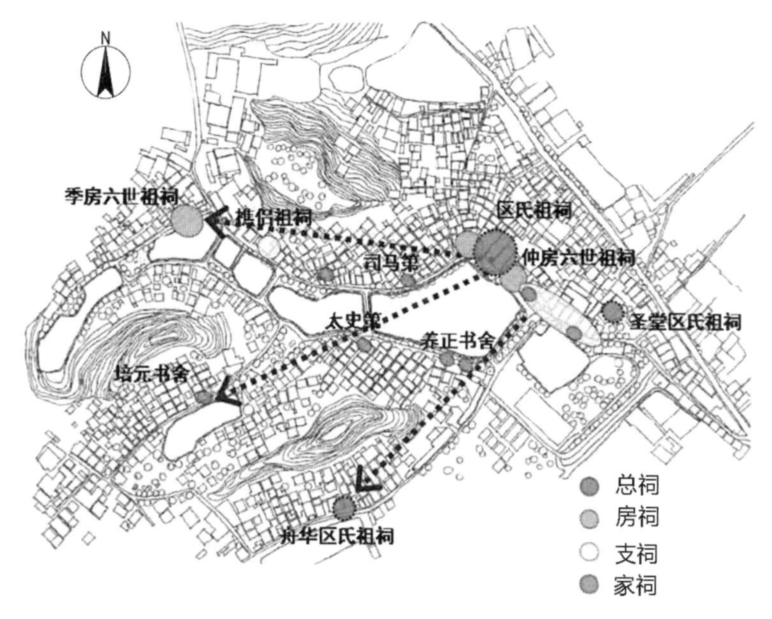

图4-2-2　松塘村祠堂与里坊的分布关系
（图片来源：陶媛绘）

① 陶媛．佛山松塘传统聚落审美文化研究[D]．广州：华南理工大学，2015：39.

2．典例释析：花都区塱头村

塱头村是黄姓宗族村落，七世祖黄仕明来此买地开村，之前的先祖们一直生活在炭布镇水云边（地名）养鸭谋生，十一世祖黄宗善（塱头村第五代乐轩公）创建黄氏祖祠（即敦裕堂，始建于公元1367年），并对塱头村做了整体规划，即将村落规划为塱西、塱中、塱东三部分，标志着塱头村作为一个宗族村落正式定型。乐轩公有五位夫人，生有七子，其中三个儿子的后代构成塱头村的三大房支，即十二世云涯公、景微公、渔隐公。三大房支遵循其父的村落规划设想，分别在塱西社、塱中社、塱东社建祠堂、住屋繁衍后代。最终形成了今天所能看到的塱头三个组团的空间格局。这一形态特征从黄氏祖祠中奉祀的神位也能得到答案。黄氏祖祠既供奉十一世祖乐轩公，也供奉分房祖云涯公、景微公、渔隐公，而且每个房族分别建有“渔隐祖祠”“景徽祖祠”“云涯祖祠”，这从根本上强化了塱头村三大房支的地位和三大组团的村落形态。后面发展的小房支基本是在这个框架中进行小房祠和小支祠的建设。

从目前来看，在村落的前排并列着26座祠堂和三座更楼（门楼），每一座祠堂后面规整地排列着一列三间两廊的民居，全村有笔直的纵巷道17条，整个村落呈梳式布局形态。三大房支的后代经过不断地发展，形成了众多小房支以及对应的里坊建筑群。其中，塱东社从东往西有善庆里、新园里、敦仁里、业堂里、光迪里、大巷里、石室古巷，塱中社自东往西有秀槐里、兴仁里、安居里、廷光里，塱西社从东往西分别有永福里、益善里、仁寿里、泰宁里、福贤里、西华里（图4-2-3）。可见，塱头村是典型的单姓宗族村

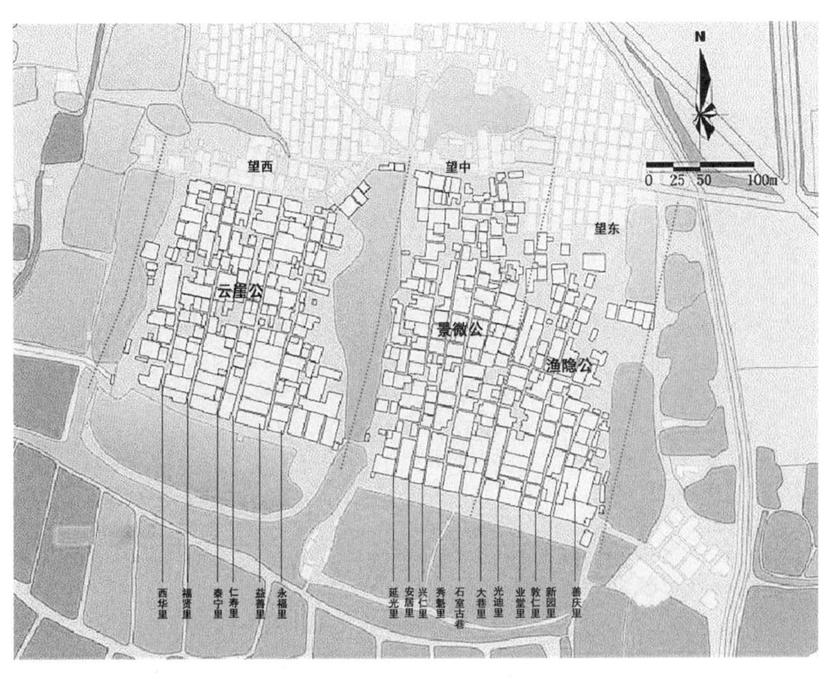

图4-2-3　塱头村三大社区组团与十七里坊
（图片来源：《塱头村保护发展规划》）

落，在初步确定规划思想后，三大房支分别修支祠、建房屋，繁衍后代，基本确定了主要房支的地位，并形成了村落的组团形态。各房支又不断地发展形成若干里坊，并建有相应的公祠和书塾。“祠堂变成了宗族裂变为各房以及展现各房竞争力的标志，这种裂变并不表明各房之间不再有紧密的联系或者相互的敌视，而只是表明村落结构中增加了一个层级，反映于祠堂建设，则是房祠或小宗祠的出现。”[①]这样在村落内部形成树形的宗族谱系结构，反映在村落的外部形态上则是不同级别、不同规模、不同房支的组团形态。

4.2.1.2 多姓村落组团形态

除了单姓的宗族村落外，还有许多村落是由多姓氏组成的复合型宗族村落。各姓氏占据村落一隅，逐渐壮大，形成村落的空间组团形态。这样的村落多是由历史上的墟镇集市发展演变而来，与农商经济紧密相关，如海珠区的黄埔村、佛山的逢简村、顺德碧江村、番禺沙湾古镇村落群等是其典型代表。

沙湾古镇村落群是典型的“聚族而居的多姓村落组团形态”。在沙湾地区聚居地分为聚族而居的宗族村落和逐耕而居，依涌成村的疍民村落，并形成了“宗族—疍民的空间格局”。《沙湾镇志》记载：“一类是聚族而居，绝大多数族群建有宗祠，居地成坊里以至成村，习惯称为民田区。另一类是逐耕而居，依涌成村，各姓混居，既无宗祠，也无里坊，惯称为沙田区。”[②]从南宋末年开始，何、李、黎、王、赵五姓氏陆续迁入沙湾地区开基立村。这五大姓氏依靠政治、经济、社会等优势，垄断了当地包括沙田开发权在内的土地所有权，迅速成为五大宗族聚居区，并形成了主要由这五大家族组成的沙湾古镇的村落群空间分布格局（图4-2-4）。

五大宗族为了实现对土地所有权的长久垄断，在宗族内部和对外制定各种严格的制度以控制自己的宗族聚居区内的属地。在宗族内部禁止变卖族产于外族人，族产必须在族内流通，否则将被逐出宗族。排斥族外人，即使是长期服务于他们的佃农或奴仆也只是拥有临时居住权。在沙湾古镇留有一块“四姓公禁”碑，详细地反映了这一情况，内容为：“我乡主仆之分最严，凡奴仆赎身者，例应远迁异地。如在本乡居住，其子孙冠婚、丧祭、屋制、服饰，仍要守奴仆之分，永远不得创立大小祠宇。倘不遵约束，我绅切勿瞻徇容庇，并许乡人投首，即着更保驱逐，本局将其屋宇地段投价给回。现因办理王仆陈亚湛一款，特申明禁，用垂永久。”五大宗族之间虽然有矛盾冲突，但更多的是利益上的契合。比如为了保护人身财产安全，维护“三街六市”的商业秩序，免遭强盗、土匪的侵扰，五大宗族营建了异性宗族聚居区的防卫体系，[③]这一防卫体系的建立，

① 冯江．明清广州府的开垦、聚族而居与宗族祠堂的衍变研究[D]．华南理工大学，2010：315.
② 广州市番禺区沙湾镇人民政府，中共广州市番禺区沙湾镇委员会沙湾镇志[M]．广州：广东人民出版社，2013：528.
③ 广州市番禺区沙湾镇人民政府，中共广州市番禺区沙湾镇委员会沙湾镇志[M]．广州：广东人民出版社，2013：269.

客观上强化了五大姓氏作为一个整体聚居区的存在（图4-2-5）。共同的利益契合点使得不同姓氏聚居到一起，形成了由沙湾东村、西村、南村、北村组成的村落群，并进而演化为沙湾镇，即异性宗族聚居区。

在这片异性宗族聚居区内各宗族占有相对独立、集中的空间领地，各宗族在各自领

图4-2-4　沙湾村落群主要姓氏分布图
（图片来源：冯楠绘）

图4-2-5　沙湾村落群防御体系
（图片来源：冯楠绘）

地建有相应的大宗祠、房祠、支祠、街巷、坊门、社坛等村落要素，以示我族与他族的空间划分，各宗祠相应地引领着一定规模的里坊。沙湾村落群的异性宗族聚居区主要包括东村、西村、南村、北村。其中沙湾何氏各村皆有分布，但主要集中在以中部为核心的大部分地区，形成一家独大的局面。其他四姓氏则分布各处，规模较小。王氏分布在沙湾西村，李氏分布于东村和西村，赵氏分布于东村。树大分支，族大分房，随着宗族的扩大，血亲远近亲疏关系进一步细化，分出若干大房支和小房支，这些大小房支在空间结构上属于大宗族的空间范畴，但各房之间有相对独立，房支的不断繁衍，意味着宗族空间结构的层级分化。大的房支直接形成一个或若干个里坊，小的房支则因为规模小，关系融洽等因素常常分布在一个里坊中。沙湾五大宗族聚居区在空间结构上形成"一居三坊十三里"[①]，其中东安里、第一里、市东坊、亚中坊、亭涌里、翠竹居、官巷里、侍御坊、石狮里、承坊里、西安里、萝山里、忠心里13个里坊属于何氏宗族，分布于沙湾东西南北四村。江陵里属于赵氏宗族，位于沙湾东村的东部方向靠南。经术里为黎氏宗族，分布于东村的西南方向。三槐里主要位于西村为王氏宗族聚居区，文溪里为李氏族人聚居地（表4-2-1）。可见，从整体上看，各大宗族呈大小不等的组团式分布。此外宗族之间的领地并不是绝对的不变，随着宗族力量的强弱，宗族之间出现土地买卖，会形成此消彼长的趋势。其中何氏的宗族领地不断扩张，比其他四族的总和还大，承坊里和官巷里原为赵氏宗族领地，后赵氏衰弱，领地并入何氏宗族，赵氏一族则退居到江陵里。还有东村经术里本是李氏聚居地，现还保留有李忠简公祠，后李氏宗族衰弱，领地并入黎氏宗族，李氏一族的后人则主要居住在南部的文溪里。这种此消彼长的关系，必然导致各房支在空间分布上出现交叉现象。

沙湾五大宗族聚居区　　表4-2-1

姓氏	分布村落	里坊	祠堂
何	东村西村南村北村（13）	东安里、第一里、市东坊、亚中坊、亭涌里、翠竹居、官巷里、侍御坊、石狮里、承坊里、西安里、萝山里、忠心里	东村：何氏大宗祠（留耕堂）、光裕堂、永思堂、申锡堂、时思堂、衍庆堂、炽昌堂、祐启堂、惠岩何公祠、宗浩何公祠、珠海何公祠、怀德堂；西村：孔安堂、宗濂何公祠；南村：振昌堂；东村：存著堂（北帝祠）、悠远堂、翰林祠（永庆堂）、十世祠（畦乐堂）北帝祠
赵	东村	江陵里	——
黎	东村	经术里	天海黎公祠（赉思堂）、临川黎公祠
王	西村	三槐里	绎思堂、王氏大宗祠、作善王公祠
李	西村 东村	文溪里	西村：本和李公祠 东村：李忠简祠（久远堂）

（图表来源：作者整理）

① 即翠竹居，市东坊、亚中坊、侍御坊，东安里、第一里、亭涌里、官巷里、石狮里、承坊里、西安里、萝山里、忠心里、江陵里、经术里、三槐里、文溪里。

逢简村主要是以李、刘、梁、黎为主的四大宗族聚居的传统村落。由于河涌众多，将村落分割为若干块小沙洲，各姓氏或房支以河涌为界分居村落各处，全村共分为16个社，即见龙、村根、潭头、明远、后街、高社、麦社、午桥、嘉厚、高翔、直街、碧梧、西街、东岸、槎洲、新联。它们形成既相对独立，又联系紧密的异性宗族聚居区。每个社多为一个大房支，每个大房支下又细分为更小的房支，也是典型的多姓氏共居的宗族村落，其组团的生成与沙湾村落群基本一致，这里不再赘述。

4.2.1.3 瑶族村落组团形态："大杂居小聚居"

明清广州府北部的瑶族排瑶支系，有着严密的社会组织结构和相应的组织制度，即"排→龙→房"和瑶老制。这里排瑶虽然姓氏不同，但祭祀共同的祖先盘古王公王婆。我们可以将其视为一个异性的族群共同体来研究社会组织结构和与村落空间形态的关系。

在南岭走廊上的排瑶，为了便于管理，自上而下形成一套严密"树状"社会组织结构。"排"是排瑶社会最上层的组织单位。"排"是周边汉人根据瑶民的村落建筑形态呈排状的"他称"。排瑶借助这样的称呼创造了自己的社会组织结构，即"排–龙–房"（图4–2–6）。这种独特的组织结构直接影响了排瑶村落的演变和村落的空间形态。

在连南、连山、连州、阳山一带历史上形成的"八大排二十四小冲"，就是该区域排瑶的32个社会组织单位，其实就是分布于各地的32个村落。"排"是规模较大的村落，"冲"是规模较小的村落，在排瑶的社会组织结构中属于同一级别。在每个排（冲）的

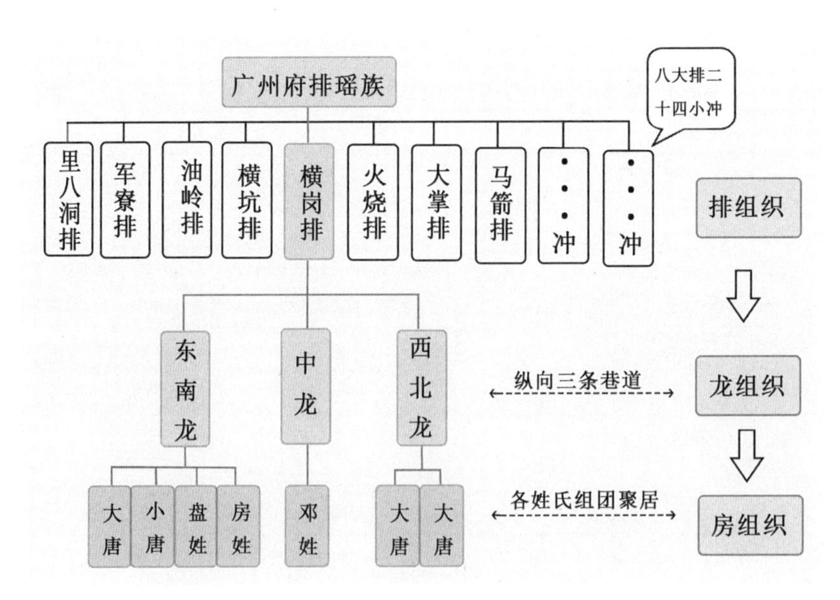

图4–2–6 排瑶社会组织单位结构："排（冲）""龙""房"
（图片来源：作者自绘）

组织结构下是“龙”组织。根据调研，“龙”组织的来源应该是受到汉文化中堪舆文化的影响，即“风水龙脉”。“龙”的数量通常由村落规模决定，规模最大的南岗寨有三条“龙”。当一个村落中有若干条龙时，从组织结构看是平级的，但是通过物质形态的村落肌理来看，就有主次之分，位于村落中间的“龙”明显宽于两侧的。姑且称之为“主龙”和“次龙”。在“龙”的下面就是根据不同的姓氏形成的“房”的组织，是排瑶社会最基层的组织单位，“房”的概念也明显具有汉族宗族文化的特征，这也从侧面反映了排瑶的社会对汉文化的吸收。瑶老制是“排瑶历史上自然形成的管理社会和公共事物的一种政治制度与组织形式”，由村中德高望重的老人组成，其成员有天长公、头目公、管事头。南岗寨有三条龙，相当于一个微型的“政治联盟”，“联盟首领”就是天长公。每条龙设一个龙头，头目公就是每条“龙”的龙头，天长公则是从龙头中轮流选出。所以，“龙”组织是瑶老制度的重要组成部分。因此，南岗寨的村落空间形态或者村落格局的形成与其说是村落规划与建筑营建的结果，不如说是瑶老制、社会组织结构的外在物质表现。

南岗瑶寨有五大姓氏，形成五大“房”的分布格局，这五大“房”由三条“龙”来组织（图4-2-7）。每条龙的顶端会竖一块象征“龙头”的石头（图4-2-8）。由于南岗瑶寨是坐西南朝东北，村落的左右方位为西北、东南向，所以可以称东南方向的纵巷道为“东南龙”，正对寨门巷道的为“中龙”、西北方向的纵巷道为“西北龙”。相应的龙的地缘结构与房的血缘结构结合就形成“东南龙组织”“中龙组织”“西北龙组织”。

东南龙组织由盘姓、房姓、大唐姓和小唐姓组成，各姓氏之间由小巷道大致分割。东南“龙”的外侧是盘姓聚居，内侧的西南向是房姓聚居，内侧的东北向是大唐小唐姓共同杂居。据村民介绍，大唐和小唐本是一姓，小唐是从大唐分出去的。所以，并不违背各姓氏“大杂居、小聚居”的组团式分布。中龙（图4-2-9）组织由邓姓一脉居住，是村落中占地面积最大的血缘组织。西北龙组织由大唐和小唐两姓居住。大唐位于西南向，约占该龙组织面积的2/3，小唐位于该“龙”靠近村寨边缘的东北向。

总体来看，西北龙和中龙的地缘结构是与各姓氏的血缘结构一一对应。西北龙聚居的大唐、小唐两姓，虽然同出一脉，但是在两姓氏交界处，建筑明显稀疏，可以认为是边界的空间划分。东南龙由四姓聚居，虽然龙的地缘结构与房的血缘结构没有一一对应（推测是与不同姓氏迁入南岗寨的时间先后有关，抑或各姓氏发展繁衍程度有关，有待进一步考证），但是仍然遵循按姓氏聚居的原则，各姓氏有明确的小巷道作为边界。各姓氏的聚居区在龙的地缘结构的基础上，按照血缘姓氏集中分布。

事实上，“‘龙’实际上就是排之下的小单位，它以地域为基础，又以传统的聚居

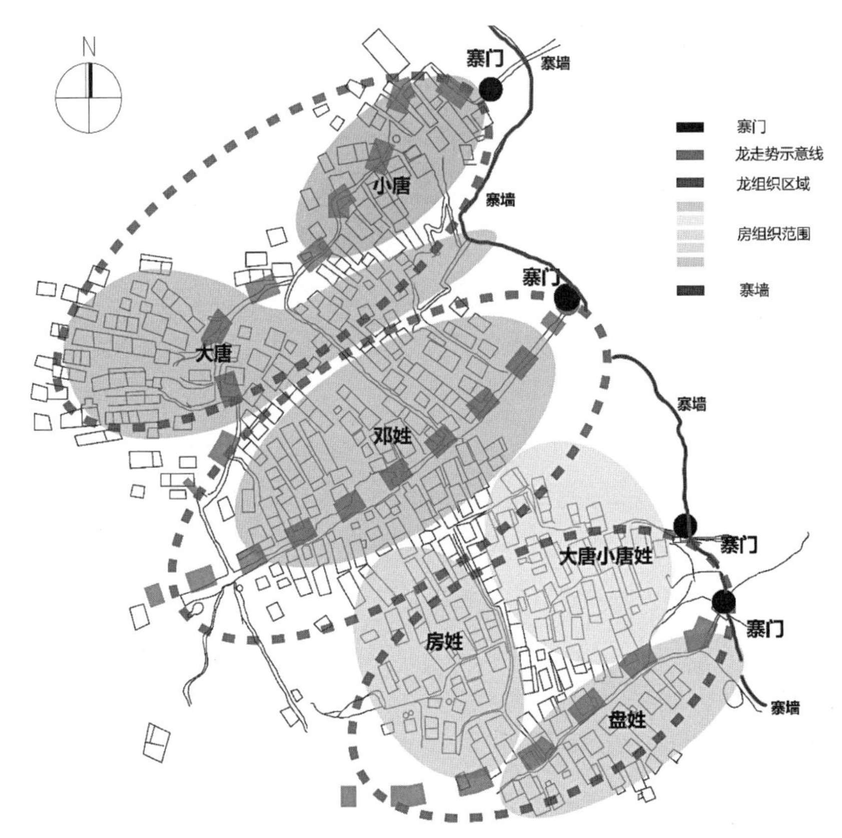

图4-2-7 南岗古排“龙”的示意图
（图片来源：郑淑浩绘）

图4-2-8 龙头石
（图片来源：作者自摄）

图4-2-9 中龙
（图片来源：作者自摄）

和血缘亲属关系使人们集中居住在同一地区。”①是血缘与地缘的结合，是排瑶社会制度文化在村落空间形态上的集中表现，是村落格局与“龙”“房”组织结构同构现象。

① 民族问题五种丛书广东省编辑组：连南瑶族自治县瑶族社会调查·南岗排瑶族社会调查·政治与社会[M]. 广州：广东人民出版社，1987：65.

4.2.2 差序格局反映宗族制度

藤井明在《聚落探访》一书中指出社会和家庭制度在聚落形态生成中的作用："布局理论中社会或者家庭的制度被直接地转化为空间。……家庭制度也被空间体系化。……家庭制度作为有形的东西也可以被看到……直接体现在空间形式中。如果各种因素按照所有关系进行组合排列的话，就很容易绘出血缘关系的家谱。"[①]在宗族村落中，宗族制度、文化对村落空间形态发挥着潜在作用。

4.2.2.1 宗族社会："同心圆圈层模式的差序格局"

中国传统社会的格局是有差序的，宗族社会是传统社会的集中代表。在这样的文化背景下，宗族聚居区或者说宗族村落群呈差序格局也是合理的。"差序格局"由费孝通先生在《乡土中国》一书中提出。费孝通认为"西洋社会是由若干人组成界限分明的一个个的团体，称之为团体格局。中国的社会好像把一块石头丢在水面上所发生的一圈圈推出去的波纹。"[②]通过生育和婚姻构成了若干社会关系网络，每个网络中以"己"为中心，各个网络的中心都不同，以一种同心圆的波纹层层外推，这种类别同心圆波纹的社会关系网络称之为"同心圆模式的差序格局"[③]。同心圆模式的差序格局理论被视为解释中国传统宗族社会关系格局的理论模型。由于宗族村落是宗族社会关系的物质反映，所以将社会学的"差序格局"理论引入建筑学分析宗族村落的分布格局与宗族社会的同构关系，即分析宗族村落的同心圆圈层模式的差序格局，是有积极的学理意义的。

宗族村落的同心圆模式需要厘清三个要点：一是村落空间的中心。差序格局的同心圆圈层模式是从村落空间的中心向外逐渐扩散开来的，村落空间的中心是宗族村落扩展演化的根源所在。个人、家庭、小房支、大房支等各宗族层级就是围绕着这个中心点呈同心圆波浪式的向外延伸；二是村落的空间层级及特点。宗族谱系不断发展，村落规模不断扩大，甚至在母村落的基础上产生新的子村落，根据层级的多寡和远近可以判定宗族的发展状况和各房支与大宗族血亲关系的远近。由此还可判断各房支与宗族中心的距离具有相对性和伸缩性；三是影响同心圆圈层伸缩性的内在因素。这可以追溯到中国的传统礼制，即受到血缘亲属、等级尊卑、长幼有序、男女有别、崇宗敬祖、敬祖收族等传统礼制的深刻影响（图4-2-10）。在厘清了宗族村落的同心圆模式特征后，便可以对照明清广州府的宗族村落进行分析。

① [日]藤井明. 聚落探访 [M]. 宁晶，译. 北京：中国建筑工业出版社，2003.
② 费孝通. 乡土中国[M]. 上海：上海人民出版社，2013：23-24.
③ 费孝通. 乡土中国[M]. 上海：上海人民出版社，2013：23-29.

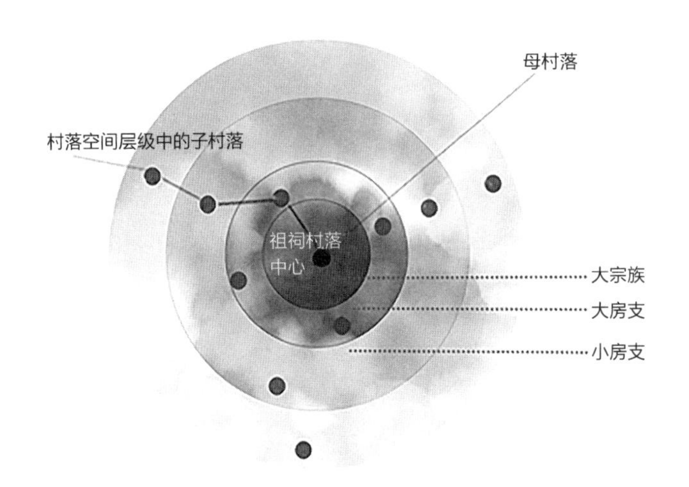

图4-2-10　村落分布的差序格局模型
（图片来源：作者自绘）

4.2.2.2　宗族村落群的差序格局分析

明清广州府内广客民系交融的村落文化亚圈内分布有众多的客家化的村落（围村），这些村落围屋或者变化了的围屋深受客家核心区聚落布局形态，以及宗族社会关系的深刻影响，不仅单体建筑呈现同心圆的差序格局，而且发展演化后的宗族村落群也呈现同心圆的差序格局。这里以龙门县永汉镇刘氏宗族村落群的分布为例进行分析。

1．刘氏宗族村落群概况

龙门县永汉镇虽然属于一个四面环山的小盆地，但总体山多地少，素有“八山一水一分田”之称。这样的土地结构从根本上决定了在有效耕作半径内所获取的粮食有限，必然限制村落规模，总体呈现为“小规模大分散”的格局。魏晋南北朝以来，一些北方大族因战乱南迁至岭南，随着不断地发展，许多宗族发展为岭南各个地方的望族。在明清广州府龙门一带也有不少南迁的文人或官吏，他们文化水平较高，对龙门的经济文化、教育的等各项事业的发展起到积极作用。

史料记载永汉镇的刘氏先祖就是在这样的背景下来到这里开基建业的。永汉的刘氏先祖可以追溯至北宋年间的刘仲明（字廷光）。“刘仲明，北宋宣和年间（1119～1125年）进士，官浙藩参政，被贬惠州。偶过社潭，爱其山水，去官后留居之。”[①]永汉“社潭”是龙门有史料记载的最早村落之一，从古地图可知，社潭位于永汉墟以及永汉河大通桥的南端，即马头岗、官龙围、新园等村落的北端。也有学者考证认为社潭就是马头岗村，即马头岗为龙门刘氏宗族的最早发源地。距今已有近900年的历史。刘氏族人在

① 广东省惠州市龙门县永汉镇七刘，《刘氏族谱》，2011.

永汉镇一带不断地繁衍生息，成为永汉镇现存最大的宗族，现有3000余人。由于资料的缺失，刘氏在永汉8个村落的始建年代已经无从考证。中华人民共和国成立前，在马图岗附近7个刘姓村落，有着永汉“七刘”之称，中华人民共和国成立后，随着行政区划的调整，振东村的马图岗、官龙围、龙石围、新园、松山下五个自然村和上埔村、三角夫、埔田均姓刘，又有了“七刘八村”之说。永汉“七刘”的聚居地也从最初的马图岗村发展为如今的8个刘姓自然村。刘氏村落除了分布在永汉镇外，在增城的派潭镇、东莞的茶山镇等地也有支系分布。这8个村落皆是围绕着马图岗村呈环状布局，两村之间最远距离不超过四公里，彼此关联，村中皆建有刘氏宗祠，并建有大量的民居建筑。通过绘制分布图可以清晰地看到以“马图岗”为圆心，半径约为1公里、2公里、4公里、8公里的同心圆扩散开来的发展轨迹。

2．刘氏宗族谱系

村落的形态或村落布局以特定的社会关系密切相关。永汉镇刘氏宗族的发展与村落的分布有直接的关系，所以有必要对宗族谱系进行梳理。刘氏宗族在永汉镇极为显赫。历史上刘氏子孙人丁兴旺，科甲蝉联。始祖刘仲明开启了永汉镇刘氏宗族的发展历程。刘氏在马图岗一带开基创业，繁衍子孙，从单一的聚居村落，逐渐开枝散叶营建新的村落，发展为以马头岗村为核心的方圆数公里的村落群。由于刘氏族谱在20世纪被毁损，刘仲明的后裔分支的发展状况不能够得到全面的文献史料支持。只能根据存有的族谱信息和村落现状进行分析。

从列表的谱系（表4-2-2）和获取的功名（表4-2-3）可知，永汉镇刘氏在明代中叶已经发展为地方望族。此外，十二世祖刘宗信在马图岗建有高五层的铁汉楼，为碉楼式建筑。陈白沙在《增城刘氏祠堂记》中有写道龙门永汉镇社潭的刘氏大宗祠：“天顺甲申始拓庙旁之地，而新之庙成……成化庚子，瓛之兄瓒又率其族兄弟而增修之，前堂后院栋宇层起焕如也，田垣竹树周遭，过其门者咸以是称焉。”可见社潭已经具有一定规模了。科举的成功为宗族的发展提供了有力的政治、经济、文化等社会条件。宗族的强盛使族众具有强烈的归属感，所建民居皆紧紧围绕祠堂进行圈层建设，即使迫于“土地—人口”的矛盾需要新建村落，也是呈同心圆分布营建，体现了中国传统社会关系的差序格局。

龙门县永汉镇刘氏宗族谱系衍化　　表4-2-2

世系	姓名	备注：功名、官位及相关历史信息
始祖	刘仲明	宋进士；浙藩参政中宪大夫
二世祖	刘元善	文林郎；湖广衡山县尹

续表

世系	姓名	备注：功名、官位及相关历史信息
三世祖	刘友梅	谏议大夫
四世祖	刘文明	元乡举特授文林郎；湖广衡山县尹
五世祖	刘原卿、刘澄齐、刘沧溟	——
六世祖	刘南圃、刘云青、刘北源	——
七世祖	刘佛孙、刘佛护刘佛保	——
八世祖	刘菊庄、刘梅趣、刘子信	其中，刘菊庄生四子：刘耕乐、刘渔乐、刘樵乐、刘读乐
九世祖	刘耕乐、刘渔乐、刘樵乐、刘读乐	刘耕乐居大园，刘渔乐迁居增城派潭，刘樵乐居龙石围，刘读乐居马图岗，后分出官龙围
十二世祖	刘宗信	宾兴升为太学生，送至国子监读书，任沔阳州判。与岭南大儒陈白沙素有往来。刘宗信返马图岗陈白沙送诗一首以兹见证："一雨变新凉，炎埃洗除尽，庐山昨夜灯，已照刘宗信。"
	刘瓖	刘宗信的堂兄，明宣德年间岁贡，任江西宁都主簿
	刘瓒	刘宗信的哥哥，有才干，善经画，好读鉴史，团结诸亲
十三世祖	刘濋	刘宗信的儿子刘濋，明弘治九年龙门设县时，充龙门岁贡
二十一世祖	刘豩	岁贡，76岁逝世时有《章教遗诗》一卷

（图表来源：作者整理）

明清永汉"七刘"获取的功名　　表4-2-3

时间	姓名	简介
明嘉靖年间	刘弁	成为岁贡，任福建龙岩教谕
明崇祯六年	刘旋乾	马图岗人，中举人（1642年）
明崇祯十六年	刘秉聪	社潭人，岁贡
无考	刘行健	社潭人，为明代岁贡
顺治十七年	刘世相	松山下人，为清代岁贡
康熙元年	刘玉	松山下人；为清代岁贡
康熙年间	刘璧	新园人，为清代岁贡
乾隆三十七年	刘应元	马图岗人，为清代岁贡
乾隆五十三年	刘豩	马图岗人，为清代岁贡
嘉庆六年	刘拱辰	新园人，为清代岁贡。其父刘澧为武生（全府第一）
道光三年	刘炜垙	松山下人，为清代岁贡

（图表来源：作者整理）

3．以社潭（马图岗）为中心的村落群

永汉刘氏族谱毁于“文革”期间，现有的族谱仅是根据各家残余族谱复原的，所以“七刘八村”的建村时间已经不可考证，但综合各种文献史料基本可以勾勒出刘氏宗族大致的发展轨迹，即奠基期、发展期、继续发展期、定型期。文献记载开基始祖刘仲明“偶过社潭，爱其山水，去官后留居之”，明确记载了“社潭”是刘氏奠基期的聚居地，但根据现存的永汉镇8个刘氏村落并无此村，有学者考证认为社潭即是现在的马图岗村（距离永汉镇中心东南4里），在马头岗村的前方至今还存留有专门祭祀始祖刘宗信的“宗信刘公祠”，这也可以作为社潭就是马图岗的物证。发展期的刘氏聚居区以八世祖刘菊庄及其三子刘耕乐、刘樵乐、刘读乐开辟的新村为代表，刘菊庄所居的村落已毁，仅剩菊庄刘公祠，位于马头岗村的西边。刘菊庄的四个儿子除了刘渔乐迁居增城派潭镇外，其他三子皆定居于永汉镇，围绕马头岗村分别在西南、西北、东侧建三个自然村，族谱记载刘耕乐居大园，刘樵乐居龙石围，刘读乐居新园，后分出官龙围，距离马头岗村0.2～0.8公里不等。继续发展期以北溪公和官龙围两个自然村为代表，这两个自然村皆位于马图岗和菊庄刘公祠的东北部，距离马头岗村近2公里，其中北溪公村落偏北，官龙围偏东。定型期则是围绕着马图岗和菊庄刘公祠的北、东北、南，约4公里处建有埔田、三角夫、松山下三个村。到了晚清民国后，由于刘氏家族发生了变故，村落向外拓展的趋势基本停止。现在还留有8个村落：马图岗、官龙围、龙石围、新园、松山下、上埔村、三角夫、埔田。

通过厘清永汉刘氏宗族村落演变轨迹可知，随着人口的增加，刘氏族人从最初的马图岗村发展为定型期的10个村落（马图岗、刘菊庄所居的村落、大园、龙石围、新园、北溪公村落、官龙围、埔田、三角夫、松山下，与现存的村落有所出入，但总体没变）。我们可以清晰地看到，一个以马图岗为圆心，在近900年的时间轴上，以半径约为1里、2里、4里、8里为半径的同心圆分四个阶段向外拓展，形成了四层的同心圆结构。事实上形成这样的村落布局形态是宗族社会关系的差序格局的物态反映。宗族的强盛，使子孙有强烈的认同感，在新建村落的时候，紧紧围绕开基祖所居村落呈放射环状进行选址，并根据谱系的不同分不同的圈层，形成以开基村落为中心的同心圆空间图示（图4-2-11）。同时，这样的空间图示也反映了各房支与始迁祖的血亲关系的远近亲疏，圈层的半径越大，距离现在越近，距离始祖越远，血亲关系越淡，但并不影响子孙崇宗敬祖的心理。

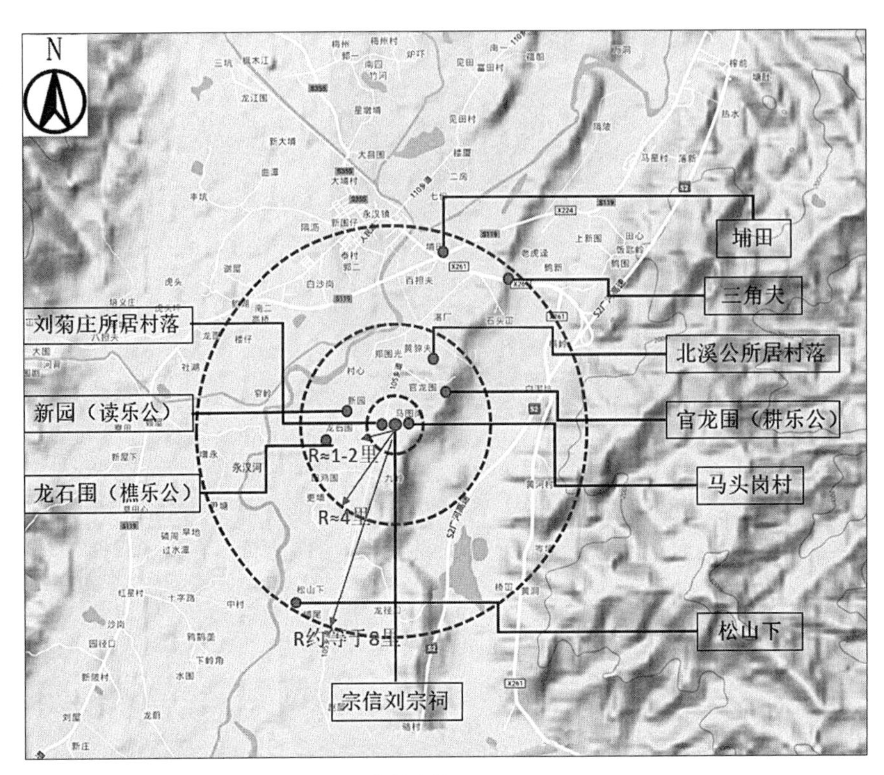

图4-2-11　龙门县永汉镇刘氏村落分布差序格局
（图片来源：作者自绘）

4.2.2.3　客家围村的差序格局

上文已述，明清广州府宗族村落主要是广府村落和客家村落。广府村落的空间布局以梳式布局为主，即以若干祠堂置于村落前方，紧随祠堂营建民居建筑，村落的发展方向为后方和左右，前方则是固定的。事实上，很多时候村落在规划时已经确定左右方向的发展上限，更多的是在村后留有空间，村落的发展朝向主要是向后的，表现为单向性。所以就单个村落来说，同心圆式的差序格局理论并不适应于广府宗族村落。我们再来分析客家村落。客家村落通常是以围屋的形态出现，围屋的两大特征既是以祠堂为中心，祠堂外围根据人口的多寡有若干圈围屋。

从单体建筑来看，客家围屋是以祠堂为中心的建筑，本身就具有“同心圆”的特征，而且不同层次的同心圆呈差序格局排布（图4-2-12）。最中心的位置为供奉历代祖先的神圣空间，祠堂两旁的空间多是开基祖的居住空间。在祠堂外围建第一圈围屋，通常是供开基祖的几大房支居住使用，随着时间的推移，几大房支的成员繁衍了后代，第一圈围屋不能满足空间需求，又加建一层围屋，随着后代人口的不断增加，围屋也不断向外加建，这样不同代的世祖分布于不同的围屋，一个宗族的时间流变在空间上得到了反映。据目前的资料可知，最大的围屋达到11围，可居住上千人，一个围屋就是一个村

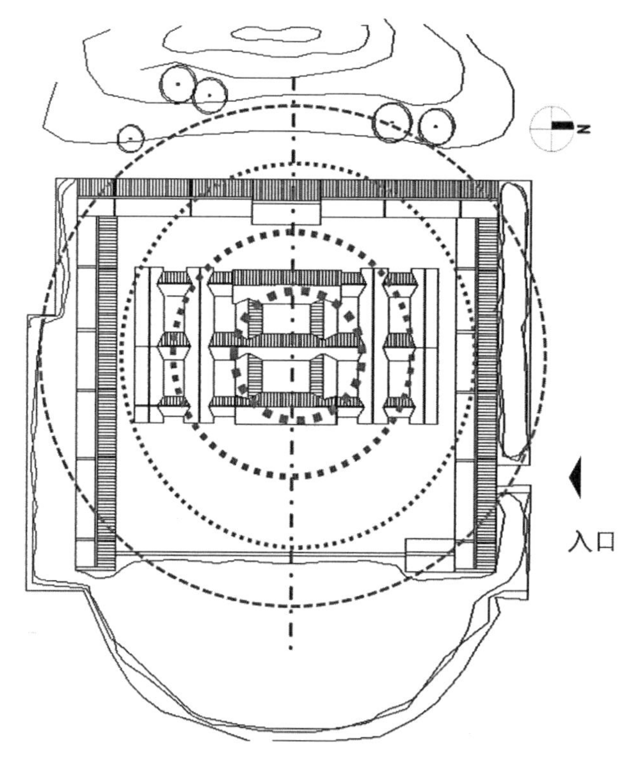

图4-2-12　客家围村的差序格局：鹤湖围
（图片来源：作者自绘）

落。从村落群或者围屋群来看，也是遵循这样的“同心圆的差序格局”。随着人口的增多，有效耕作半径之内的土地不能提供足够的生存资源，一些房支就必须分离出去另立新村。但是分离的各房支并非朝着一个方向迁徙，而是紧紧围绕祖居地的围屋，呈同心圆状分布在不同的方向，形成第一圈村落群，子孙若不断繁衍，则会按此逻辑继续发展新的村落，形成以原村落为中心的多圈层“同心圆分布模式”。

从社会学看，客家围村的“围”的形态一方面反映了宗族的凝聚力。分布在祠堂周围的若干围屋被无形的力紧紧吸引，人们在集体意识和无形力的作用下围绕着祠堂营建围屋，这样一种同心圆的圈层图示与以血亲亲疏关系和聚族而居的宗族村落呈同构关系。这种无形的力或集体意识既是费孝通说的“族权权力”。“族权权力”是祠堂所代表的宗族权力对分布在各圈层的房支的吸引力。

4.2.2.4　宗族村落的同心圆的圈层分类

通过上文对广客文化交融村落文化亚圈的宗族村落群、客家围屋的同心圆的差序格局的分析，可知宗族村落的同心圆圈层从内而外可以分为三类，即祠堂、围屋、衍生的新村。

1. **崇宗敬祖的祠堂空间**

客家人历来重视奉祀祖先，村中最重要的中心位置是留给祖先的，因此祠堂通常建在围屋的中轴线上。按照差序格局中的同心圆圈层关系，祠堂即为圆心。基于圆心以不同的半径向外营建若干圈围屋。客家围屋抑或上文所举的龙门永汉镇刘氏宗族村落，无论是从宗族社会关系还是从建筑的空间分布形态来看，祠堂都是居于核心地位。祠堂除了位置居于核心地位外，祠堂的规模较大、形制较高、装饰工艺精美，族众在此举办红白喜事、商议族中事务以及祭祀祖先。在这里祠堂不仅仅是宗族物质空间的中心，也是宗族日常生活的重心，更是宗族精神凝聚的中心。

2. **亲疏分明的围屋圈层**

在祠堂的左、右、后，根据需要建若干层围屋，这些围屋主要用作住宅。最外围的外墙除了满足自身的围合、承重外，还是防御外敌入侵的屏障。墙体厚重结实，并开有许多射击孔。这些围村按照顺序先建祠堂，再在祠堂两侧建开基始祖的住居。然后根据房支的增加繁衍，再在外围建围屋，根据需要可能有一围、二围、三围不等。可见村落的住居模式是一种基于祖宗的祠堂空间由“亲”到“疏”的关系逐层向外扩散。

3. **衍生的新村**

这类圈层的发生逻辑与围屋圈层的发生是一致的，只是他的单位发生了转变。之前是若干住屋构成一圈围屋，这里则是若干村落构成一个圈层。

村落是村民得以聚居繁衍的生息场所，以物质实体空间为基础，以社会关系和社会组织为纽带。物质空间形态是社会关系的物态反映，社会关系影响物质空间形态的发展演变。费孝通先生提出的“差序格局”理论深刻地揭示了我国传统的宗族社会关系，但差序格局是一个抽象的概念，而“同心圆的圈层”图示是宗族社会差序格局的形象体现，这一图示为社会学的抽象概念与建筑学的空间具象搭建了一座桥梁，为建筑学研究宗族村落或建筑提供了一种有益的借鉴。

4.2.3 规划营建依赖宗族力量

广府宗族村落在强大的宗族力量支持下，以血缘和地缘的宗族组织为主体，采取统一规划、统一分配的做法，营建规整有序、内聚平等的梳式布局，形成广府地区特有的村落景观布局形态。

4.2.3.1 广府村落布局形态的演化与定型

广府村落的布局形态经历了两个时期，一个是品官家庙时期的祠堂居中的“中心式”格局，一个是祠堂庶民化之后，大量的祠堂居于村落的前排引导一系列模式化的三间两廊的民居的梳式布局的村落。[①]在品官家庙时期由于财富力量、社会地位差异显著，往往形成强干弱枝的村落形态，阶级分化明显。明嘉靖年间的“大礼议”和“推恩令”之后，为祠堂庶民化、合法化带来了契机。这个时候广府地区“虚拟造族”兴起，宗族力量得到发展，宗族组织与围田耕耘、沙田开垦的相互结合，相互促进，使得广府农耕经济得到了长足的繁荣发展，同时长期受到海上丝绸之路、海洋商业文明的熏陶，在明朝东南沿海出现了资本主义萌芽。广府区位得天独厚，商品经济快速发展，使得个体私有财产得到快速积累，以传统农耕为基础的大宗族受到冲击，宗族财产的再分配加快，房支不断从宗族中分离出来，“一族之内，亦复分房角胜”[②]。这导致一个中心祠堂变为多个房支祠堂，各房支是平等的。许多善于经商的孤寒小姓或个体，可以凭借经商积累的财富出人头地，建宗立庙。在商品经济的作用下，大家庭逐渐解体，子嗣成年后就另立门户，即各房支下又以核心家庭为居住单位。三间两廊的住居模式运孕而生。这正如芒福德说的“村庄的一般物质结构同它的组织结构是建立在同一基础上”。新的宗族组织结构产生，必然催生相应的村落形态。在这样的背景下，传统的品官大宗族不断受冲击而收缩，庶民宗族不断崛起，房支、小姓的祠堂、里坊大规模营建，他们之间属于相互平等，互不归属的关系。这也是以祠堂为中心的“中心式格局”的村落不断式微，多个祠堂并列建于村前，并引导各房支民居的梳式布局形成的根本原因。

作为广府村落基本型的“梳式布局”规则整齐，巷道横平竖直犹如棋盘，凸显了强烈的规划痕迹和人工色彩：民居朝向基本一致，村前有一横长型的禾坪，若干条纵巷垂直于禾坪，各民居侧向开门，祠堂朝向禾坪开门，当纵巷太长，也会加建一条或几条横巷，禾坪前为半月行水塘。从建筑形态看，民居以三间两廊为基本型，并成为广府民居的定式。村落中的民居在朝向、平面布局、立面造型、空间组合、装饰细部、屋顶式样都表现出很强的同质性。从建筑的规模、形制来看，是很难区别贫富差距、社会地位的。村落建筑的差异主要表现在祠庙庙宇等公共建筑上。

现存的广府村落主要为明清时期所建，尤其是明末以后，这个时候广府的宗族力量不断强化，宗族组织、宗族制度不断完善，兴建的村落从一开始就由宗族主导，“即从宗族层面来规划聚落物质环境，建立有序的空间领域思想：包括先立祠后建宅，以宗祠居于前排并占据聚落最佳风水穴位统帅民宅的建筑等级格局；前月塘，后靠山，雨水经各户天井到纵巷、再经横巷最终汇入月塘的整体环境格局；按房支系统确立纵巷数量，按核心家庭户数（成年男丁数）确定三间两廊民宅单元的数量的聚落规模控制。”[③]这主要依靠宗族中的精英牵头，基于强大的宗族财力，在统一规划思想的指导下进行村落营

① 冯江. 明清广州府的开垦、聚族而居与宗族祠堂的衍变研究[D]. 广州：华南理工大学，2010.

② 《清实录广东史料》乾隆六年二月乙丑条，乾隆三十一年四月壬戌条。

③ 潘莹，施瑛. 湘赣民系、广府民系传统聚落形态比较研究[J]南方建筑，2008（05）.

建，并确定了后代的村落发展方向与建筑形制。

在明清时期广东地区的庶民宗族化程度很高，宗族财力雄厚，这主要得益于围田的耕耘、沙田的开发以及商业经济的发展。通常认为族田占全部耕田的比例多寡是衡量一个宗族力量的硬指标。广东和福建的族田占全部耕田的比例在全国范围内是最大的，其中珠三角番禺等民田地区的族田占比在50%以上，沙田地区更是高达80%。由于祖产所占比重较大，首先能够保证村落的公共建筑（祠堂、庙宇、炮楼、门楼、寨墙）和公共环境（禾坪、池塘、巷道、榕树、社稷坛等）的资金投入和规划性。其次是有利于平衡宗族各户的利益，从民居建筑来看，各户之间很难看出贫富差距，每一户的民居皆为三间两廊，其布局、形制、规模、装饰基本一致，并且非常适合核心家庭的居住需求。

由于广府偏居一隅，长期远离政治中心，加上发达的经济贸易，为谋取私利，常常官商勾结，许多经商致富的宗族成员花钱买官捐爵，加强了庶民宗族的政治地位，这对于宗族之间的竞争，以及增强宗族成员的认同感和凝聚力起到重要作用。此外为了增强宗族力量，即使不是同宗者，也可"虚立名号，联宗通族，建立共同的宗祧关系"。一些相邻的"寒姓单家，也以抽签、占卜方式来确定共同的姓氏，并且虚拟共同的祖先，合同组成一宗族"[①]。这些因素为进行宗族村落的规划与营建奠定物质和精神上的基础。"宗族的影响投射到聚落建设层面表现为，宗族实力越强大，越强调族权，则祠堂数量越多，公共环境的建设质量就越好，聚落规划的目标会更明确统一、实施管理也越有保障，聚落形态也就越规整。"[②]这些物质、制度、文化的因素能保证村落虽然历经若干代仍能保持严谨的秩序和一定规模，确定了后代在营造过程中不偏离祖先确定的村落发展轨道。还有许多村落是一次性建造完成，就不存在村落规划意图被歪曲的可能。比如从化的钟楼村、佛山的大旗头村就是典例。

那么宗族力量在村落的规划与营造过程中到底如何发挥作用，这里我们分别列举广府传统村落和近代广府侨乡村落进行分析。

4.2.3.2 广府传统村落营建中的宗族力量

关于"宗族力量在传统广府村落营建中的作用"的研究，首先要提一下《佛山脚创立新村小引》[③]的一本小册子，这本小册子详细地记录了佛山脚下一个祝姓新村的创立过程，相当于这个村落的规划与建筑设计导则，能够代表明清以来，尤其是清中后期，广府地区宗族村落的具体营建情况，对于地域村落规划营造的研究具有很强的学术价值。这本册子是反映一个以祝姓宗族为主体所主持的"筹地建新村"的相关事宜，并进

① 叶显恩. 徽州和珠三角宗法制比较研究，徽州与粤海论稿，2004（12）.

② 潘莹，施瑛. 湘赣民系、广府民系传统聚落形态比较研究[J]南方建筑，2008（05）.

③ 冯江. 明清广州府的开垦、聚族而居与宗族祠堂的衍变研究[D]. 广州：华南理工大学，2010：141-44.

行村落的规划与建筑形制选择的章程。内容涉及祝姓建新村的选址（章程一），建筑形制（章程一），街巷与地块与建筑尺寸（章程七），建房次序（章程九）的具体规定，还包括建村的目的（章程二），建屋主体的范围（章程三），筹地事宜（章程四、五、六），村民的义务权利（章程八、十五），剩余用地的分配（章程十一），购买宅基地的程序和手续问题（章程十二），土地置换的具体办法（章程十三），以及统筹相关事物的主体（章程十六）。整个过程由宗族一手筹办，各项事宜清晰明了，这从制度上保证了村落规划的统一性，建筑形制的一致性，村落与建筑营造的可行性。可惜这个建于清朝中后期的祝姓新村已经不存在了，无法将章程的内容与实物对照。但从现存的许多广府传统村落的形态来对照这个章程则基本吻合。这从冯江教授根据复原的新村总平面图可以得到证明（图4-2-13）。

从化区太平镇的钟楼村和佛山三水大旗头村就是属于清晚期由宗族统一规划统一营建的典型案例。与佛山祝姓宗族所建新村时间相差不大，这个时期广府村落的整体格局和建筑风貌已经程式化。太平镇的钟楼村欧阳氏与大江埔街道的凤院村是同宗同族，也是由于人口增长而新建的村落。据欧阳氏后裔欧阳宇团回忆默写的《钟楼记》（见附录

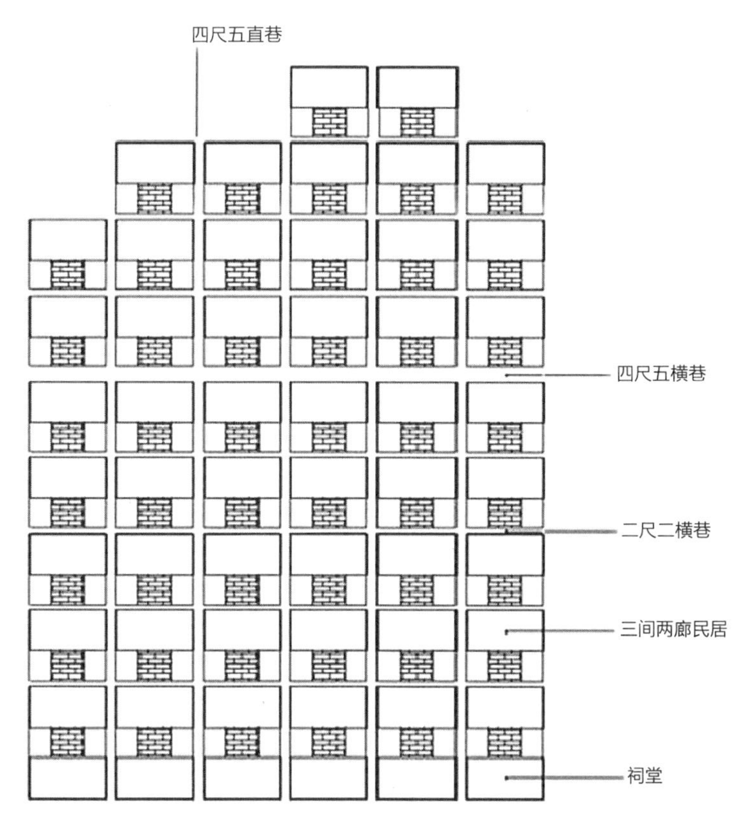

图4-2-13　佛山脚创立新村平面图复原
（图片来源：冯江. 明清广州府的开垦、聚族而居与宗族祠堂的衍变研究[D]. 华南理工大学，2010：147.）

一）可知，始祖欧阳枢和欧阳载兄弟致富后，于清朝咸丰戊午年（咸丰八年，即1858年）兴建钟楼村，于咸丰九年（1859年）建成。钟楼村背靠金钟岭，面朝流溪河，符合“五位四灵”的聚落选址模式。

钟楼村以五进的欧阳仁山公祠为中心，公祠共有99道门，取义“九九归一”。公祠左侧有四条纵巷，右侧有两条，每路有七户三间两廊的民居，所有的三间两廊民居在材料、形制、装饰、空间组合上全部一致，左右和后方的山墙连接的围合界面笔直平整，很明显是经过严格规划、统一营建的。咸丰十年加建了护村墙、四个角楼、护村河、门楼、炮楼，明确了村落的边界和公共建筑，时至今日，并无太多变化。将钟楼村定位为广府村落梳式布局的活化石也是不为过的（图4-2-14）。

此外，佛山大旗头村是首批国家历史文化名村，是典型的梳式布局。其中郑氏宗族聚居区存留有大量的府第、祠堂、民居，村落形态规整有序，建筑风貌统一，质量较高，保存较好。这些建筑群是由当时水师提督郑绍忠[①]主持并一次性规划建造完成的。

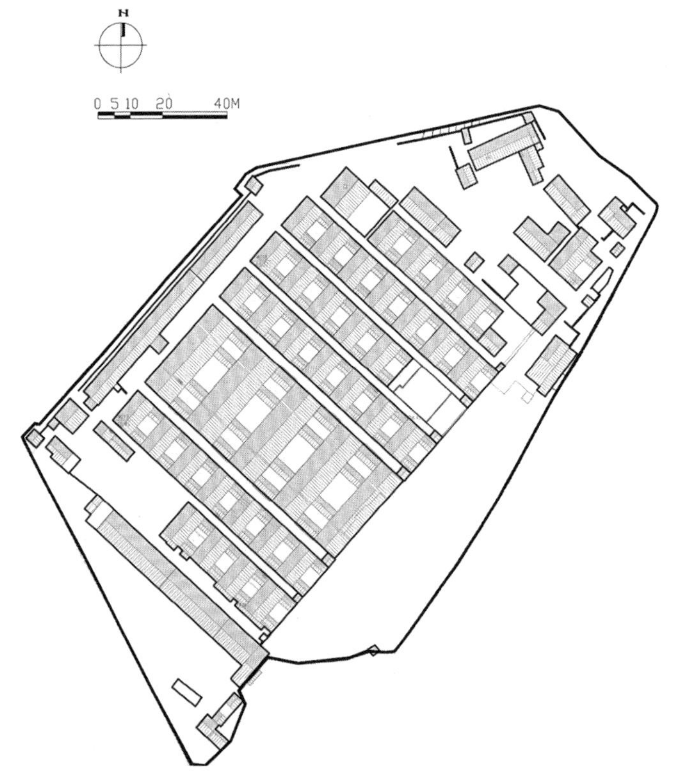

图4-2-14　从化区太平镇钟楼村规整的梳式布局
（图片来源：《从化市钟楼古村保护规划》）

① 郑绍忠咸丰四年（1854年）参加陈金釭领导的农民起义。在陈金釭建立“大洪国”后，封为大元帅。同治二年降清，屡建战功，数获升迁，同治四年（1865年）赐号敢勇巴图鲁，同治六年在左宗棠推举下署南韶连镇总兵，更号额腾伊巴图鲁，家族追封三代，同治七年擢提督，光绪二年（1867年）晋秩一品。其后历任广东陆路提督、湖南提督、广东水师提督，光绪二十年加尚书衔，光绪二十二年卒于虎门。

大旗头村的规划营建有别于一般的以宗族为主体的做法。郑绍忠作为郑氏宗族的精英拥有足够的财力和威望将族众团结在一起进行统一的村落规划和建筑营建。这种情况是比较少见的，但本质上郑绍忠所做的事情也是宗族要做的，只不过在村落规划这件事上，他干预了原有的宗族权力，加速了村落营建的历程，并在确保延续梳式布局、三间两廊的前提下，通过昂贵材料的使用、装饰的精细化、“文房四宝”格局的设定、“四个排水口”（四水归源）的修建，表达了对宗族发展的期许和个人社会地位的反映，确立了郑绍忠一房在宗族中的话语权。（图4-2-15、图4-2-16）

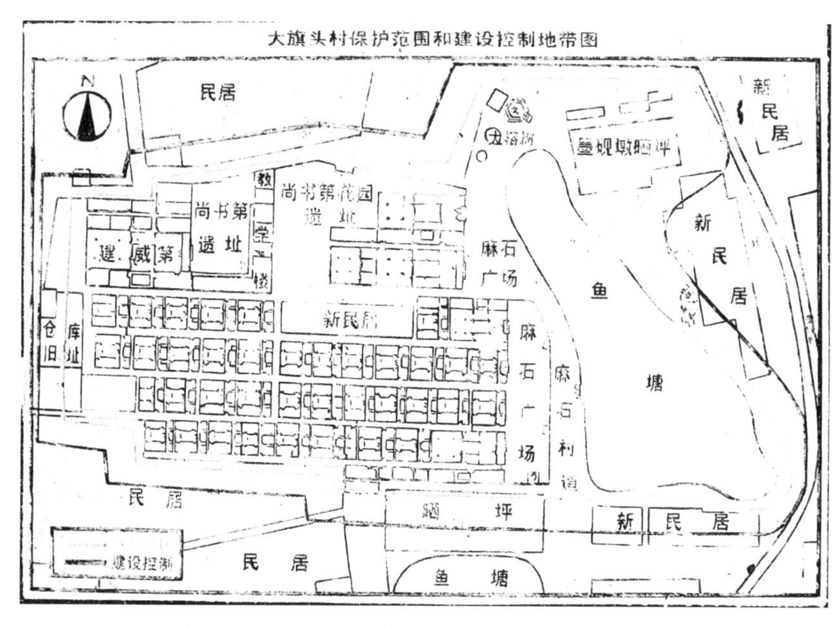

图4-2-15　宗族力量组织营建的规整村落：大旗头村
（图片来源：作者翻拍）

图4-2-16　佛山三水大旗头村正面
（图片来源：作者自摄）

4.2.3.3 广府侨乡村落规划营建中的宗族力量

明清广州府侨乡长期受到外来文化，尤其是欧美的“个人主义”价值观的影响，传统宗族的影响力逐渐式微。但同时由于侨汇经济的不断发展，侨乡地区兴起了大量华侨新村的建设。在这个过程中，宗族又再次充分发挥了组织力量，这也可以说是近代广府宗族力量在村落规划与营造中最后一次充分发挥其自组织的作用，在这之后，由于乡村一级的行政建制不断完善，自组织的宗族组织逐渐退出历史舞台，直到改革开放后，为了有效发挥“村落自治”，开始恢复乡村的自组织，尤其重视宗族在乡村自治管理中的作用。

一方面，侨民用侨汇购买土地，但由于侨汇数额不大，致使购买土地零散，农村土地的“零碎化”问题进一步加剧。另一方面由于传统的族田制度，尤其是“代代提留”习俗，许多地区的族田可能已经接近或超过私人土地的数量，出现了土地产权集中化的趋势，呈现乡族集团地主所有制特点[①]。此外，华侨地区本身就存在人多地少的困境，致使土地价格昂贵。面对土地分散、产权集中、价格高昂的困难，侨乡地区建设新村需要筹备整块的土地，协调传统与现代的意识冲突，以适应时代的变化，所以每个新村都不一样。同时，在村落规划与建筑形制方面也要进行统一，保证所建新村规整有序。为了实现新村的建设和协调各方利益，宗族组织在这个过程中发挥巨大作用。台山的琼林里、潮盛村的建设就是充分发挥宗族力量而建成的。

端芬镇琼林里的梅姓原本居住在琼林里北侧叫锦屏的村落中，到了19世纪末，人口众多，需要另立新村，族人通过设立“同德堂”，一方面以宗族团体的名义筹得72亩宅基地，另一方面所用资金则是借助宗族组织通过族人集股。为了顺利有序开展建村事宜，梅氏宗族订立了《创建琼林里股份章程》(图4-2-17)，该章程详细规定了集股的方式、股份权利、股份出让、建房要求以及相关宗族事务。从该章程中我们可知，琼林里是在宗族主导的前提下，以公开平等的原则建立起来的，村落的建设充分发挥了宗族的力量，并有效地协调族众的利益。为了保证村落规划的统一性、有序性（图4-2-18），在章程中将72亩宅基地除去公用的（池塘、学校）空间外，按认股书划出100块房地，各家建房按照“每股分地二座，先建先得”。在章程中还专门绘制了“琼林里屋地全图式”，上面注明屋地的所属以及空间的使用功能，要求“每人建宅须要按照地图注明某名某年建某字地壹座，所以杜贪婪而免混乱。”

台山白水镇的潮盛村是由谭氏宗族所建。但是由于土地形状、大小不均，土地所有权分属各户，呈犬牙交错的局面（图4-2-19），建房用地矛盾重重，也没有统一的组织进行统筹协调，致使出现“群起购地而建房，由是各结团体，均为私谋，四家八份，于

① 黄志繁. 20世纪华南农村社会史已经述评[J]. 中国农史，2005（01）.

图4-2-17　创建琼林里股份章程
（图片来源：作者翻拍）

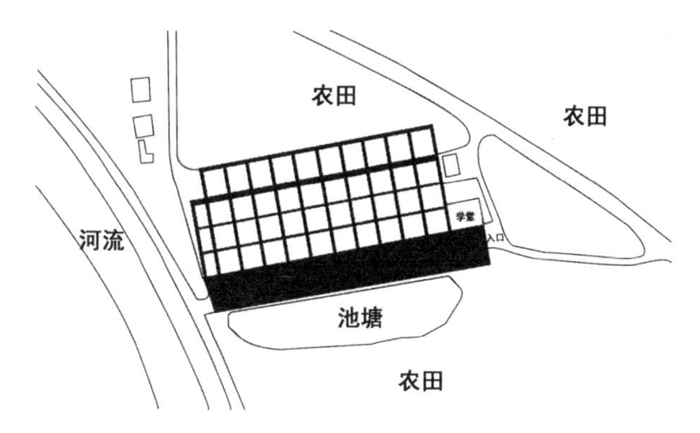

图4-2-18　规整、秩序的琼林里
（图片来源：作者自绘）

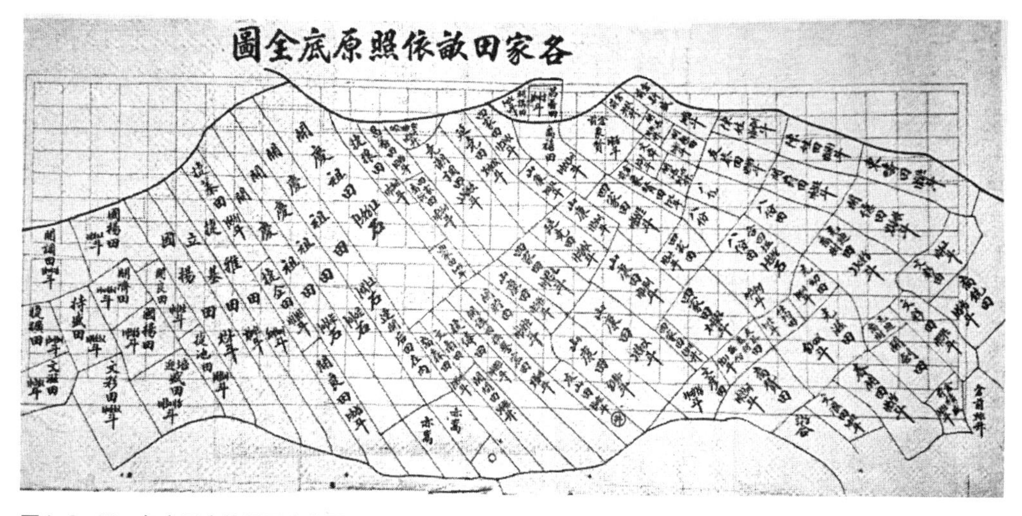

图4-2-19　各家田亩依照原底全图
（图片来源：谭裔森. 谭氏白水潮盛村建置息争录，1929，叶玉芳收藏）

焉以起，两大团体，屹然对峙，联力备资，竞购田亩，各田各建，参差不齐”的混乱局面。基于这样的情况，族中有识之士意识到了统筹协调在新村建设中的重要性。于是在1899年，在宗族各房代表的协商下签订了《潮盛村光绪廿五年乙亥岁友山、友恭子孙合约》，确定“将仓前洞买受税田，创建房屋，评立子午向，定名潮盛村……议立章程……即日眼仝将田亩丈明，绘刊村形。”明确了“彼此均占”“将田取地”“先创先得”的原则，但没有确定宅基地的划分方式，致使经济好的房支抢先建房，破坏了原有的土地所有关系，经济条件差的房支面临失去建房的机会，不能很好地享受宗族福利。面对这种情况族众再次商议调整土地划分方案。根据《民国四年本村丈地议案约章与到场父兄录》的记载确定了“每屋一座，派田一斗正”的用地方案。从绘制的《各家地段依照原田分配图》（图4-2-20）和《潮盛村地段号数全图》（图4-2-21），可知潮盛村“为三十二行之体势，三百零六座之地段矣”。土地划分为规整的棋盘网格状，11行32

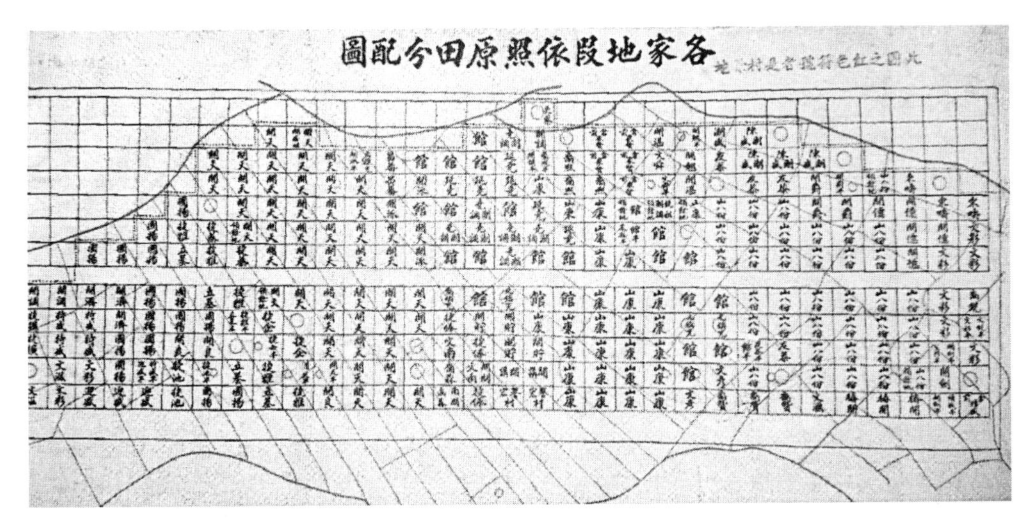

图4-2-20　未经规划的潮盛村空间布局图
（图片来源：谭裔森. 谭氏白水潮盛村建置息争录，1929，叶玉芳收藏）

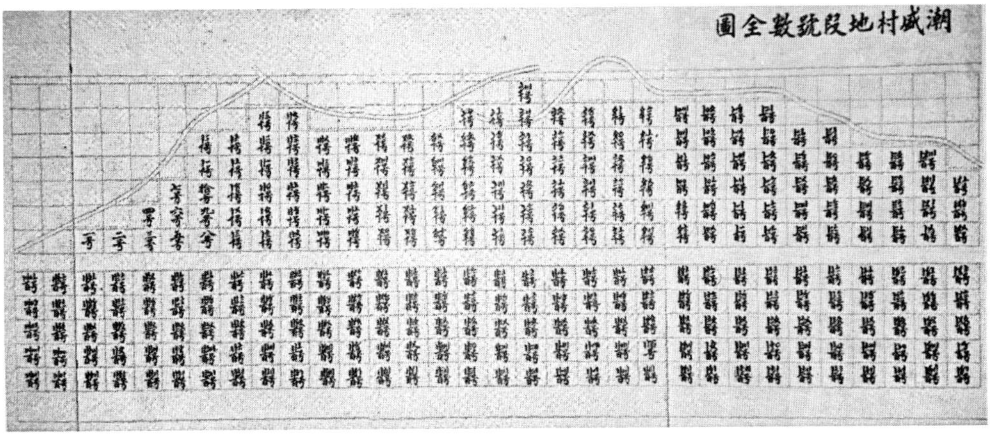

图4-2-21　经过严密规划的潮盛村分布图
（图片来源：谭裔森. 谭氏白水潮盛村建置息争录，1929，叶玉芳收藏）

列，共306个方格，中间一条横巷将村落分为上下两部分。从形态上看，这样的村落规划布局既与广府传统的梳式布局有异曲同工之妙，又与近代西方方格网式的城市布局相似。这也侧面反映了中西建筑文化交融的时代背景。潮盛村各房支依照宗族组织制定的章程，本着相互帮衬，共享宗族福利，使宅基地的使用从杂乱无序到规整有序的变化，凝聚了宗族精英的智慧和族众的力量。

4.2.4　防御体系彰显宗族防卫意识

岭南地区历来多匪患，各民族、民系之间经常会发生摩擦冲突。聚族而居不仅仅是一种聚居模式，同时也是对内防御以自保的现实需要。为了保证宗族的生命财产安全，各民族各民系都修建自己的村落防御体系，并形成独特的村落景观。王绚根据聚落的设防特点将防御性聚落分为“外围线性设防为主”和“局部点式设防为主”①（图4-2-22）。在明清广州府的四个村落文化亚圈内都形成相应的村落防御体系。但各有特点，广客交融区的村落防御性最强，广府侨乡地区多以碉楼和庐居进行防御，少数民族村寨多选择险峻的地势，并营建简单的防御设施。珠三角水乡地区由于商贸经济发达，开放程度较高，村落防御性最弱，只在珠三角水乡边缘与丘陵交接的地区防御性较强。其中，侨乡村落的防御主要是依托碉楼或庐居，这样的防御为“点”式，客家村落和广府水乡传统村落主要是建构整体性的防御体系，为“线性”式，少数民族地区依托自然地理进行防御。

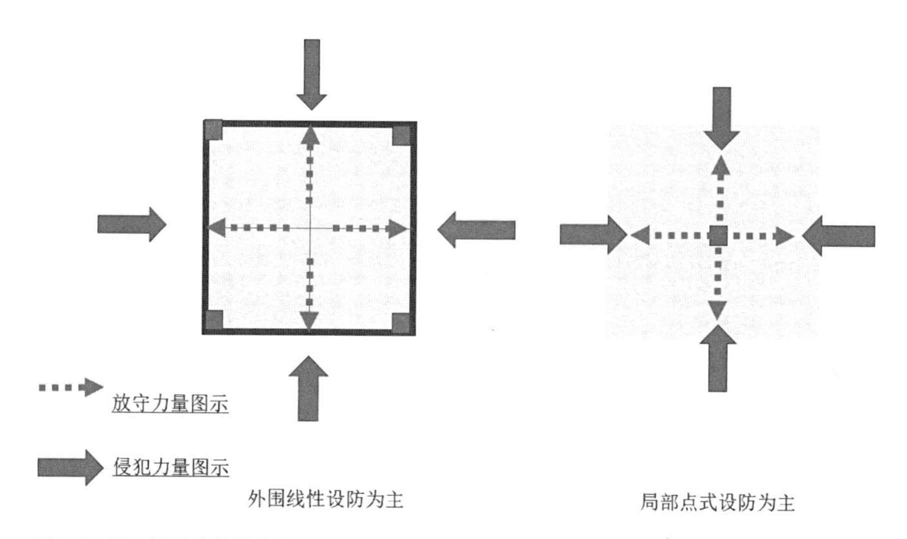

图4-2-22　聚落防御性分类
（图片来源：作者根据《传统防御性聚落分类研究》重绘）

4.2.4.1　外围线性设防

为了保卫村落，村民常常通过人工构筑物形成围合空间，把人身财产集合在有限的空间范围内。这与聚族而居的聚居模式呈对应关系。“这种闭合与有限的空间尺度，有利于减少各种潜在的危险而获得安全感。同时聚落会开设一定的豁口与外界联系，构成闭合通往外部环境的走廊。”②这类防御的村落通常是宗族的凝聚力很强，或者说是族众依赖于宗族组织或异性宗族共同体。村落建筑比较密集紧凑，村落周围建有寨墙、角楼、炮楼、门楼、护村河和吊桥，封闭、内向、防御特征较强。

① 王绚，侯鑫．传统防御性聚落分类研究[J]．建筑师，2006（02）．
② 温泉．西南彝族传统聚落及建筑研究[D]．重庆：重庆大学，2015：109.

1．广客交融亚文化圈的围村

在广客民系交融区的村落，不论是客家民系村落，还是广府民系村落都突出一个“围”字。周围是高大厚重的墙体，四角以及后墙正中建有高耸的角楼和炮楼，在外形上具有很强的威慑力，营造出很强的军事防御性氛围。许多学者认为围屋源于东汉的坞堡。跨越2000多年，围屋和坞堡在形态上和军事防御功能上极为相似，而且六朝时期坞堡逐渐发展为住防一体，在功能上又与围屋更近了一步。广客交融区的村落防御性特征格外突出，这与客家长期迁徙不定、土客矛盾突出、匪患战争的动荡社会环境有密切关系。客家人从中原南迁，途中历经艰难，当他们深入岭南，为了争夺生存空间，不可避免地与当地人发生这样那样的冲突，为了生存他们被迫选择在多山的地区用围屋把自己“围”起来。与客家人杂居的广府人也出于防御需要，积极建立准军事据点与客家人展开资源争夺战。他们学习客家人重防御的营造技艺，使一向开放的广府村落向着广府围村转变。通过围村的建设，建构一套安全防卫体系。因此，围村的形态是长期社会动荡的心理反应，围村的形态可以“为族人制造出依赖感和安全感，而且可以增强族人同心同德，一致对外的凝聚力”①。概括起来，围村的防御体系可以分解为三个层次：第一层次防御系统是护村河，通常在村落的前面挖一个半月形水塘，联通两侧的壕沟，壕沟上建有石桥或吊桥（早期为吊桥，后来改为固定的石桥或水泥桥）。护村河并不是所有的村落都有，多见于水资源比较丰富的地区，如龙门的永汉镇的水坑村、鹤湖围、马头岗村等。第二层防御系统是四周高厚的围墙，2～4层不等，以及四角的角楼、跑马道和后围墙的炮楼。墙体不设窗，但设有一排排的射击孔，角楼向外凸出，便于侧向射击。炮楼通常为村落的制高点，既是瞭望敌情的瞭望塔，也是外敌入侵时坐镇指挥的“大营”。第三层防御是精神防御体系，在围村的中间通常是祠堂，祠堂是祖先聚居，族众聚会议事的空间，是凝聚族众的力量源。通过在这里举行包括祭祖在内的各类仪式，凝聚族众，强化村落空间神圣不可侵犯的意识，通过精神防御最终坚定村民守土保家的决心。（图4-2-23）

2．广府水乡边缘地区的村落防御体系

在广府水乡核心区的村落由于商业发达，村落形态较为开放，村落的防御性较弱，但在广府水乡边缘，接近丘陵地区的村落还是比较重视防御设施的建设。如从化的钟楼村、钱岗村，三水的大旗头东村，增城的派潭镇东兴坊村为典型。

大旗头东村位于三水的东部，虽然是典型的梳式布局，但为了保护宗族的人身和财产安全，该村在营建时加强了防御设施的建设。历史上三水地区多战事，“三水居广州上游，三江汇总，武事不可不饬”②，从地形来看，整体处于丘陵向水乡平原的过度地

① 刘丽川．论深圳客家围堡的历史及文化价值[J]．东岳论丛，2002（02）．

② 《三水县志·兵制》。

图4-2-23　广客交融亚文化圈围村的防御性元素
（图片来源：作者自摄）

带，三水的西北为山地，东、中、南为低缓丘陵，视野开阔，无险要地形可以依托，且远离政府管制中心，易滋生匪患。大旗头东村正好处于这样的历史地理环境中，村民的防御意识自然强烈。加之主持村落规划营建的郑绍忠出生行伍，善治匪患，在村落规划的时候必然重视防御体系的建设，形成了从外而内，由东至西，从整体到局部的防御体系。

宏观看，大旗头东村的东、西、北、南皆有屏障，构成一个众星拱卫的格局：北为小岗，居住有郑姓和钟姓族人，南为郑姓主要房族的聚居地，西侧为大片农田，防卫主要集中于东侧。据村民说以前在村落的左前方200米开外的地方有一座高大雄伟的碉楼——紫东楼，村落的前方禁止栽种高大的林木，目的就是取得开阔的视野。此外，在裕礼郑公祠到振威将军家庙前筑高台，比尚书第和郑氏宗祠前的广场高出1.8～2米，使大旗头东村地势高于其他各方。中观看，在村前建有一个宽达11米的半月形水塘，两侧建有两个门楼，左侧为拱北门，右侧为定南门。鱼塘限定了入村的路线只能是两侧，这样大大缩短了防御的范围，只需在两侧加建围墙和门楼，整个大旗头东村就形成了一个闭合空间。从微观看，主要是对内部重点建筑设防。尚书第是大旗头东村的门户，虽是府第形制，但防御性很强，在正门两侧设有射击孔，东北角设有角楼，角楼墙体上有高度不等的射击孔。角楼与尚书第互为犄角，强化了村口的防御能力。在高台处由振威将军家庙、裕礼郑公祠统领的四列三间两廊民居是郑绍忠房支的聚居区，也是防卫体系的核心区。三条纵巷设有巷门，在紧急情况下，关起巷门这里就形成一个独立的防卫区域。这一区域的建筑材料和构造做法都比其他区域结实，勒脚遍用麻石，墙体为青砖，墙体中间夹有铁板，有效增强了防御性能。

4.2.4.2 广府侨乡村落：局部点式设防

广府侨乡地区多建有庐居和碉楼。由于体量巨大，庐居和碉楼是村中标志性景观建筑，具有很强的识别性特征。庐居建筑具有住防一体的功能，而碉楼则分为住防一体和住防分离两类，但他们都有一个共同特征就是防御性。这类防御性建筑不同于对整个外围界面设防的村落，而是在村落某一位置或几个位置设置防御据点。这些据点具有瞭望、放哨、紧急避难和武力还击的作用。它们高大、坚固、雄伟的形态对入侵者起到了震慑的作用。它的存在使村民在心理上产生安全感，这与物质层面的防御性能相契合，促进了物质性防御与精神性防御相结合。庐居和碉楼作为广府侨乡地区最常见的两类防御性建筑，形态多样，与各自所在的村落相结合，呈现出丰富多样的防御性村落景观。

碉楼是广府侨乡地区最常见的防御性建筑，2007年列入世界文化遗产的开平碉楼与村落是我国独特的村落文化景观。碉楼是伴随着村落经济发展，为了防止匪盗，打击匪盗而出现的防御性建筑。碉楼建筑通常纳入整个村落的规划体系，虽然分布在村落局部，却非孤立的单体建筑，是村落的有机组成部分。在开平新业堂筹办的模范村招股简章写道："此处四面环河，跳梁小丑难以偷渡，邻近乡村星罗棋布，三埠鼎足对峙，互相守望，素称巩固，且村市成立，将来择定适宜地点建筑碉楼数座，设立团警及远射灯以资守卫，则治安尤为周密。"[①]碉楼可以分为众人楼、居楼和更楼三类[②]，众人楼多建于早期，是以宗族或村为单位通过公尝、集资等方式建造的，当遇到战事的时候，为村民提供临时性的避难场所，居住功能与防御功能是分离的。后期侨汇经济不断增加，居楼多为家庭所建，出现了防御与居住逐渐结合的趋势。这些呈点状的碉楼相互配合，由点连线，由线到面，进而实现整个村落的防御。(图4-2-24)

庐居是一种外廊式楼房别墅。近代以来，五邑侨乡地区深受西方个人主义影响，宗族观念淡化，个人意识逐渐增强，一些核心家庭从宗族村落中分离出来，摆脱原有的宗族村落规划体系，并在村落周围单独建楼房，也有的在村落原有位置拆除传统民居，改建为中西合璧的新居。庐居居住与防卫功能合一，从形态上与碉楼的界限比较模糊，"有时候很难区别庐居与碉楼的界限，可以说防御性很强的庐居就是碉楼了，这也是在碉楼数量统计上难以准确的原因之一，因为到目前为止，尚没有一个十分严谨的科学划分碉

① 开平新业堂筹办模范村市招股简章[N]. 大汉公报，1930-12-15（3）.

② 张国雄. 台山洋楼[M]. 北京：中国华侨出版社，2007：29.

图4-2-24　局部点式设防：庐居、碉楼
（图片来源：作者自摄）

楼与庐居的界限，可以明确碉楼和庐居的定义。”[①]庐居外形上设置了一些防御设施，比如厚实的墙体、墙体上的射击孔、铁板制作的门窗、四角或两角的“燕子窝”以及屋顶上的挑檐。庐居的“三段式”“下部封闭”“上部开敞”“左右对称”等防御性元素在碉楼上同样适用。但是从使用主体上看，主要供核心家庭居住，防御的是家庭成员，这一点与整个村落的防御相分离，具有很强的个人主义倾向。

4.2.4.3　民族村落：结合地形进行防御

少数民族村落多分布在粤北山区，族群力量薄弱，长期以来受到汉族统治阶级的压迫、汉文化的同化，以及其他少数民族的侵扰。文献记载，瑶族迁居至粤北到清末民初将近1000年的时间里，该地区发生多次瑶民起义，一直遭到历朝统治者的清剿。为保证族群认同以及生存所需，在村落的外空间形态上强调防守性，在村内空间形态上突出聚居性，即对外严防，对内团结。这里以南岗瑶族为例分析如何结合地形进行村落的防御性建设。

1．村落外空间形态的防御性

南岗瑶寨对外防御可以分为三个层次：首先，充分利用复杂的地形。南岗瑶寨深藏于南岭的山林中，周围是典型的石灰岩丹霞地貌区，在千百年的自然力作用下，地形被侵蚀成起起伏伏的山丘。由于长期受到东南季风的风蚀作用，山头明显向西南方向倾斜，当地村民将这种现象称之为“万山朝王”（图4-2-25）。复杂的山地环境非常有利于防御自保，同时“万山朝王”的称呼反映出村民基于防卫心理将起伏的山丘假想为保

① 程建军. 开平碉楼——中西合璧的侨乡文化景观[M]. 北京：中国建筑工业出版社，2007：40.

图4-2-25　南岗古排：万山朝王
（图片来源：作者自摄）

护古寨的卫兵，体现了物质防御与精神防御的统一。其次，将村落的防御与村前的层层梯田结合考虑。南岗寨选址于海拔655～735米之间的扇形半山腰上，村前的梯田坡度相对平缓，梯田是村民生存之源，物质所需，也是发生战事时的重要缓冲带。山坡上的梯田是沿等高线修建，梯田与梯田之间有很明显的高差，由于若干级梯田垣沿寨前，从防御功能看，跟寨墙类似，甚至由于它的大纵深，其防御效果超过寨墙。最后，营建寨墙、寨门。从山脚经过梯田区，只有一条石板古道与村落连接，可谓“一夫当关万夫莫开”。在朝向村寨的梯田尽端，坡度明显大于梯田，约大于30°，村民选择在坡度最急处沿等高线垒砌寨墙和建筑房屋，借助地形高差加强村寨的整体防御性。根据一般经验，聚落选址坡度超过25°就意味着建设难度大、经济成本高，还容易发生滑坡、泥石流等地质灾害。村民之所以愿意承受高成本，甚至愿意承受自然灾害的威胁，也要在陡坡上建村，因为在村民看来人祸比天灾还要严重。此外在寨墙上根据需要于不同位置垒砌高大的寨门（图4-2-26），寨门和寨墙使用的是当地盛产的石材，不仅坚固，而且与村落环境融为一体，其形象突出却无突兀感。村寨的两侧是峡谷和悬崖峭壁，充分利用险峻的山势以增强军事防御性。在村后有小路通往后山，即使古寨被攻破，村民也可顺着后山小路撤进茫茫大山。总之，这样村落选址和防御设计易守难攻，具有进可攻，退可守的攻防优势。

图4-2-26　南岗古排寨门
（图片来源：作者自摄）

2．防御性影响村落内空间的聚居形态

南岗瑶寨不是单一的姓氏村寨，而是由大唐、小唐、邓、房、盘五大姓氏组成，通过寨墙的围合，强化了不同姓氏作为一个整体的存在。在村落中建有盘王庙（南岗庙），是村民重要的公共空间、仪式空间、神圣空间，庙中供奉的是他们的共同始祖盘瓠以及18位祖先（现只剩下6位），为聚居在一起的不同姓氏提供族群自我认同感。不同的姓氏通过一个共同的遥远祖先联系在一起，并通过“盘瓠神话”的代代相传，将这种认同不断强化。这便是人类学家所谓的通过“继嗣群体”来实现社会关系的联系和结构化社会群体的建立。除了神话中的共同祖先将村民紧紧地聚集在一起外，村落中的瑶王屋和瑶练屋既是瑶王和瑶练的居住空间，也是他们行使管理权、处理事物、团结村民的场所，是半权威空间、半公共空间。瑶王屋位于村后的正中，统摄全村，瑶练屋位于村中，瑶练协助瑶王处理村内事物，是现实中实现村内团结的重要力量。此外从村落格局中各姓氏的分布来看，对内呈“大杂居、小聚居”的空间分布特征，所谓“大杂居”是指不同姓氏在共同祖先盘瓠血缘观念维系的基础上，共同生活在被一个寨墙围合的空间中。所谓“小聚居”是指各个姓氏集中分布，形成相对有序的空间秩序。如果把该村假设为一个建制的“军团”，“盘瓠”是共同的精神信仰，瑶老制成员是“军事委员会”，瑶长是直接的“军事指挥官”，瑶练扮演“参谋”角色，位于村落不同位置的五大姓氏相当于五个“兵营”。这样的聚居特点有利于统筹管理，遇到战事便于调派各成员，有助于促进发挥对内团结，对外防御的作用。

4.3 传统村落空间与社会习俗

上文可知，经济和宗族这两个社会文化因素在明清广州府村落的演变史中具有举足轻重的地位。除此之外还有信仰文化、耕读文化、民俗文化等各种社会行为文化对村落的空间形态、建筑形制的生成也发挥着重要作用。这些文化形态所起的作用具有时效性和场域的局限性，通常是以一种“习俗”“传统”的姿态出现，不可能像经济和宗族那样能对村落的发展演变产生持续的、整体的影响，但他们共同作用于村落，对村落空间形态的塑造发挥着重要作用，而且信仰文化、耕读文化、民俗文化对村落的影响主要是文化空间层面。

文化空间又称文化场所（Culture Place），原指一个具有文化意义或性质的物理空间、场所、地点，在文物学、文化遗产学中指文化遗址、文化群落以及文化建筑，具有“唯物”的空间属性。1997年联合国教科文组织将其作为非物质文化遗产保护的一个专有名词，基于人类学概念，用来指人类口头和非物质遗产代表作的形态和样式，其中的空间是指与传统文化活动所对应的场所，涉及相应的具有周期特点的时间，还涉及人们的一些规律性的活动，具有“唯人”的空间属性。[①]综合以上观点可知，文化空间既包括物质层面的建筑，同时又涉及与之相关的人的主体性活动，抑或文化空间是非物质文化遗产和物质文化遗产之间最直接的纽带。传统村落的文化空间是世代居住在同一块土地上的人们共同创造的产物，同时又为他们所共享。每一个村落文化空间皆是由物质文化和非物质文化遗产共同组成。一般说来，非物质文化总是凭借一定的物质载体而存在，对其把握要突破其物质层面，发掘物质载体中蕴含的文化内涵和传统精粹。因此，对村落文化空间的认知和探索不能一分为二，而要从整体的视野来观之。

在聚族而居的村落人居环境中，文化空间与文化形态是互为表征的，是包括精英文化、民间文化在内的传统文化在村落空间中的集中反映。反之，村落文化空间承载了各民族或民系的民间信仰、耕读精神、民间习俗等社会文化，如果仅仅关注村落的空间形态和建筑的形制，很难理解村落的文化或审美文化，我们还要关注村落的主体——村民，以及与村民有关的信仰活动、民俗活动、耕读文化等。因此，从文化形态研究传统村落的文化空间是研究社会空间形态的重要内容，是研究村落审美文化的重要一环。

4.3.1 村落环境空间反映民间信仰

信仰文化包括民间信仰以及禁忌习俗等内容，与信仰文化有关的村落空间可以称

① 向云驹．论“文化空间”[J]．中央民族大学学报（哲学社会科学版），2008（03）．

之为村落信仰文化空间。岭南自古以来民间信仰兴盛。《史记·封禅书》载："越人俗鬼，而其祠皆见鬼，数有效。"[①]《广府通志》记载："习俗尚鬼，三家之里必有淫祠庵馆，每有所事辄求珓祈签以卜休咎，信之惟谨。有疾病不肯服药而问香设鬼，听命于巫师僧道，如恐不及。嘉靖初提学副使魏校始尽毁而痛惩之，今乃渐革。"[②]清《广州土俗竹枝词》中记载："粤人好鬼信非常，拜庙求神日日忙。大树土堆与顽石，也教消受一炷香。"可见广府地区的民间信仰历史久远，神灵系统庞杂，淫祠庵馆之多，成为推行教化、实行政令的阻碍，以致政府出面打击淫祠。但事实上并不彻底，在今天明清广州府村落中分布有大量供奉鬼神的庙宇祠观，成为明清广州府村落有别于其他村落的一大特色，并深刻影响着村落的风貌。

4.3.1.1 神灵系统与村落信仰文化空间

明清广州府的民间信仰有的是从古南越族的原始崇拜发展而来，有的是随着北方移民而来的，有的是不同历史阶段在本土生成的，有的是国家神民间化、地方化，因此具有多元性和复杂性特征。但概括起来我们会发现以人物神为主，即使是非"人物神"也被赋予了人格化力量。在《广府文化》一书中，陈泽泓先生举例分析了土地神与五羊仙，南海神与天后，龙母、金花夫人与何仙姑，财神与关公[③]。这些鬼神是明清广州府地区所特有，几乎遍布于城乡各地，为人们所熟知，建构了主要的广府神灵信仰系统，但具体到村落又不止这些，我们可以称之为"杂神"。"杂神"的出现与广府人务实的社会心理密切相关，只要村民认为这些神灵具有抵御天灾人祸和消灾祈福的功用，都有可能被奉为神灵并虔诚供奉。这些奉祀对象可能包括历史演进中由乡贤文士、贤臣良吏、英雄武士转化的新的人物神，还有其他特有的大仙小神、灵物等。这些杂神可能是某一区域所特有，有的可能就只是某一个村落所独有。村落的"杂神"与广州府的几大主要神灵融合又构成了村落的神灵信仰体系。

根据笔者对东莞中堂镇传统村落的调研统计，中堂镇的所有村落共有庙宇35座，供奉着各种各样的神灵（表4-3-1）。这些庙宇分布在村落各处，与祠堂、民居一起丰富了村落的建筑文化景观。这些神灵与村民一起生活，神灵庇护村民，村民奉祀神灵，形成人神共居的住居格局。"神鬼几乎无处不在，与神同在，是民间的一种生活程式，最大限度的参与民间的日常活动，是民间神祖神祇得以存在的原因。"[④]因为村落有神灵居住，使得世俗空间具有了神性空间的特征。村民根据约定俗成的规矩定期的奉祀各类神灵，并举行各种仪式，以达成人们的期许。庙宇作为村落要素的重要内容通常有四种作

---

① 《史记》卷二十八，《封禅书第六》，中华书局，1959：1399.

② 嘉靖《广东通志》卷20《民物志一·风俗》。

③ 陈泽鸿. 广府文化[M]. 广州：广东人民出版社，2012：340-360.

④ 陈泽鸿. 广府文化[M]. 广州：广东人民出版社，2012：361.

用：一是为村民提供敬神祈神的场所。满足村民心理祈求是这些庙宇存在的根本原因。各庙宇根据供奉的神仙不同，所司职责也有差异，有的求子嗣，有的求财富，有的求婚姻等。二是道德教化的场域。所供奉的神仙大多是人物神，这些神多是历史上对地方做出过重要贡献，或者具有高尚的情操德行，而被人们所传诵，以致奉为神灵。为了凸显这些神灵的功绩与德行，村民常常通过题写楹联题对的方式来表达。如关帝庙的对联为“千载威名崇祀典，万家宗社属神灵”（中堂镇袁家涌村）。天后宫对联为“覃恩浩荡常流海，厚德巍峨独配天”，横批：神灵显通（中堂镇鹤田村）。土地庙的对联为“公公十分公道，婆婆一片婆心”，横批：齿德俱尊。（中堂镇潢涌村）。三是作为各姓氏的界标。在有多个姓氏共居的村落，通常立庙为界，杜绝各姓氏之间因地皮发生械斗。四是规范人们的内在行为。各行各业都有自己的神灵，神的威严内化为村民的行为准则。以补王法之不足。所以每个庙宇具有很强的地域标示性和文化表征性。

东莞中堂镇传统村落庙宇统计（35座）　　表4-3-1

庙宇名称	奉祀神灵	所属村落	庙宇名称	奉祀神灵	所属村落
北帝庙	玄武大帝	潢涌村	江古庙		斗郎社区
地亩庙	后土娘娘		文昌庙	文昌帝君	
土地庙	土地公公和土地婆婆		张王爷庙	张王爷	江南社区
玉皇庙	玉皇大帝		三元庙	天官、地官、水官	槎滘村
北帝庙	玄武大帝	三涌村	三界庙	三界公	
华光庙	华光、观音	湛翠村	医灵庙	医灵大帝	
福德医灵庙	包公		观音庙	观音	
北帝庙	玄武大帝		建军庙	杨家将	
观音庙	观音		良马庙	马良	
三王古庙	天皇、地皇、水皇	凤冲村	华光庙	华光帝	
北帝庙	玄武大帝		观音庙	观音	下芦村
天后古庙	天后	袁家涌	澶溪古庙	北大公菩萨	马沥村
关帝庙	关帝		天后庙	天后	四乡村
鸡公庙	鸡公爷		北帝庙	玄武大帝	
北帝庙	玄武大帝		泗溪庙	——	
天后庙	天后	鹤田村	天后庙	天后	
洪胜宫	洪圣爷	东泊社区	东溪古庙		东向村
猴王庙	猴王	焦利村			

（图表来源：作者整理）

4.3.1.2 神灵系统与庙宇信仰文化空间

在广府地区，尤其是广府水乡地区还有一个独特的现象就是一座庙宇供奉众多神灵。而这座庙的门匾上通常很明确地写明是“某某庙”，但进入到这个庙宇空间后，很少有只供奉匾额上所说的神仙，而是各种各样的大仙小神。比如中堂镇鹤田村的天后宫就是典型。天后宫为单开间，在匾额上写着“天后宫”三个大字，两侧对联为“覃恩浩荡常流海，厚德巍峨独配天（横批：神灵显通）”，从内容来看确实是天后宫。但是跨入门槛，首先看到的是脚踩鳌鱼，手执毛笔的文曲星雕像。左右墙和后墙密密麻麻地排满了各路神仙。在后墙的正中位置是天后娘娘，面对天后娘娘的方向，从左往右分别为金花圣母、斗母、文昌帝君、天后娘娘、北帝、玄塘、太岁；墙左侧从外到里分别为土地神、红山神、和合二仙、桃花仙女、齐天大圣、送生司马、财帛星君、华光大帝、卓氏五娘、刘氏六娘、李氏大娘、阮氏三娘，陈氏四娘、曾氏生娘；墙右侧从外到里分别为门神、车公爷、保寿爷、医灵大帝、包公丞相、林氏九娘、万氏四娘、高氏四娘、林氏一娘、马氏五娘、许氏大娘（图4-3-1）。鹤田村的天后宫占地面积仅有100平方米，在如此局促的空间中供奉有33位神灵。同样的在袁家涌村的天后宫供奉有9位神仙（后侧为北帝、天后、观音，左侧为华光大帝、南斗星君、北斗星君），关帝庙供奉有14位神仙（后侧为：鸡谷夫人、金花圣母、九天玄女、关帝爷、文昌帝君、包公丞相，左侧为：土地爷、车公爷、太岁、赵公玄檀，右侧为：洪胜爷、医灵大帝、两个财帛星君）。（图4-3-2）从调研情况看，这种情况在广府水乡地区较为普遍。为什么会出现“表里不一”和“同时供奉众多神灵”“神灵庞杂，尤以女性为主”的现象呢？

从大的区域来看，这些神灵大多有专门的庙宇奉祀，这些庙宇分散在相对集中区域的不同村落，许多村落由于规模不大，经济限制，往往建有一到两座庙宇，这有限的庙宇往往供奉的是与村落切身利益有关的神灵，比如保平安的天后、北帝，祈求财富的关公等，这必然不能满足村民对各方面的心理祈求。于是出现了在一座庙宇中供奉众多

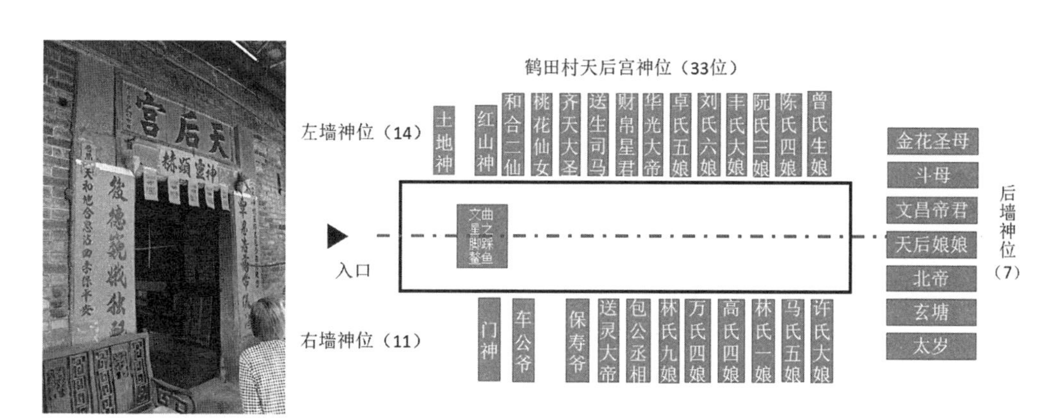

图4-3-1　鹤田村天后宫神位分布示意图
（图片来源：作者自摄、自绘）

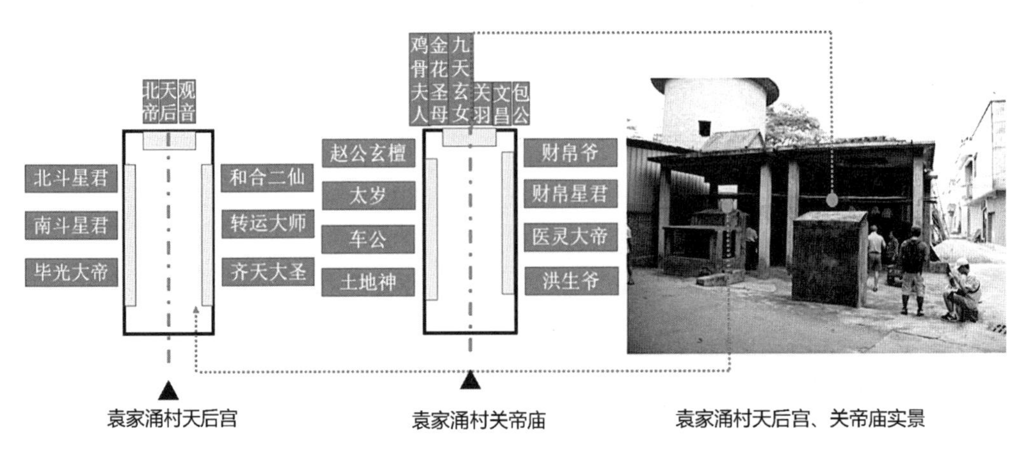

图4-3-2　袁家涌村关帝庙神位分布示意图
（图片来源：作者自绘）

神灵的独特景观。归纳起来，这一现象是“面状”的区域信仰文化在空间逻辑上的延续，将众多神灵集中到一个点状的信仰文化空间（庙宇）。这既是村落规模有限性的反映，也是经济能力不足和广府人务实心理的间接反映。还有就是村民不断地造神，形成了“神灵庞杂”的现象。在历史上的某一刻，某一个人有高尚的德行，并为本地或本村做出了重要贡献，逐渐被当地人传诵，并最终奉为神灵，其中尤以女性为主。如上文中鹤田村的“卓氏五娘、刘氏六娘、李氏大娘、阮氏三娘，陈氏四娘、曾氏生娘、林氏九娘……”，类似的村落女性神灵信仰是明清以来随着经济的发展不断形成的专门的行业女性神。这反映了随着经济能力的提升，女性的社会地位有所提高的社会现象，以及广府地区神灵信仰受中原儒家文化影响较弱，具有游离性和创造性的特征。

4.3.1.3　人神共居的居住空间

“粤人自昔尚鬼巫”，除了在村落中专门设庙宇供奉外，还有许多神灵是与居民一起，分布于民居门、井、天井、堂、厨房等各个位置，形成人神共居的居住格局。不管是广府民系的三间两廊布局，还是客家民系的围屋都有相对有序的生活功能分区，与此对应的各个建筑结构部位分布有各种神灵，堂屋有祖先神、天井有天神和土地神、厨房有灶神、入口有门神、水井有井神等，在宅居生活空间中，鬼神无处不在，构成了一个无形的神灵体系。建筑的堂屋在这里扮演着祖先的居所，天井是沟通天神和土地神的媒介，门神则是沟通内外的分界。比如广府三间两廊的民居建筑从门口经天井到厅堂都分布有一系列的神灵，其序列为：土地神——门官——天官赐福——井泉龙王——定福灶君——九尊大神——祖先位、地主位[①]。这些神灵的住所没有固定的形制，有的只是一

① 朱光文. 清以来珠江三角洲广府“诞会”之特点探析——兼谈非遗视野下的当代传承[J]. 地方文化研究，2015（05）.

图4-3-3　人神共居的居住空间
（图片来源：作者自摄）

个牌位、图像、神龛镶嵌在墙体上，如土地神、天官赐福、灶神、祖先神等。有的都连牌位都没有，村民意念中认为某个位置应该有个神，然后这个位置就成了神性空间。比如许多井神、门神没有任何标志，但村民会在此处置一个小香炉，逢年过节上香祭拜，有的连香炉都没有，直接在缝隙处插香祭拜。现在人们可以制作神灵的图像或神位，直接镶嵌到相应的位置即可（图4-3-3）。在村民看来这些神仙默默地守护着这个家庭。家庭的兴衰荣辱、生老病死、子孙繁衍、升学求职等无不与这些神灵有关系。村民对这些神灵会定期或不定期地举行祭祀仪式。此外，当家里遇到重要的事情，如娶妻嫁女、添丁生子、升学求职等喜事一般都会在宅居里举行相应仪式，感谢各位神仙的庇护，当家里遇到变故时也要拜祀，以求神灵保佑家人顺利渡过难关。

4.3.2　村落文化空间承载民俗遗迹

民俗文化的存在方式和价值是分析其和谐共生的首要前提。民俗文化存在村落中，具有两种存在方式，一是物质性的文化存在，二是精神性的文化存在。我们在强调民俗文化的精神性存在的同时，也要重视其物质存在。民俗文化作为一种文化形态，而非纯粹的艺术审美形态融入传统村落的不同空间中，使传统村落由物质空间转换为文化空间，展现了重要的文化价值。从物质性的文化存在方式看，更多的是一种涉及村民衣食住行等方面的实用价值，比如竹编制品、陶盆瓦罐等；从精神性的文化存在看侧重于对村民的道德伦理、行为方式、思想情感、审美思维等方面的影响，如村落景观要素或者

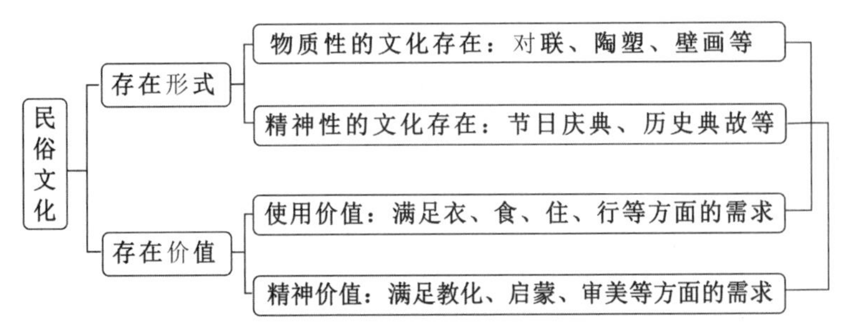

图4-3-4　民俗文化的存在价值与存在分析图
（图片来源：作者自绘）

建筑结构、装饰中的神仙体系、装饰题材、历史典故、题名题对等，在教化、启蒙、审美等形态产生重要影响。可见，民俗文化在传统村落中的文化价值包括实用价值和精神价值（图4-3-4）。这与传统村落是由物质文化遗产和非物质文化遗产组成的内在属性是一致的，这为探讨民俗文化与传统村落的共生性提供了先决条件。

民俗文化与传统村落之间是一种互为存在的关系，他们共同构成了村民的日常生活情境。传统村落为民俗文化提供一个产生、发展、传播、流变的物质空间，是人化的物质存在，而传统村落因为有民俗活动的开展（即村民的存在）而得以延续。比如广客民系交融的村落形成了相对“质朴保守”的民风，在民居建筑形式上修饰不多，整体村落风貌质朴自然；在村落选址布局上重视风水的运用。在营造过程从择日、破土、上梁、封顶、入住等各个阶段都伴随有相应的民俗活动。营造过程中工匠使用鲁班尺、丁兰尺[①]等巫具，以达到趋利避凶的心理需求。由于受古百越族群“巫鬼”信仰的影响，在村落中神巫文化盛行，在村落的建筑空间中有门神、灶神、天神、土地神等，如吕田镇的客家村落中或路口指定某棵树或某块石头为伯公（当地人称为伯公生日，即土地神）。许多庙宇宗祠中（有的也称为民俗建筑）祭祀如龙母、财神、天后、北帝、游禾神等各类神仙，村民对这些神仙定期或不定期地举行祭拜仪式，并伴随有舞狮、舞虾、舞鱼、舞蟹，客家山歌比赛，粤剧、粤曲、粤乐表演等。村落的建筑空间（如庭院天井）为各类工艺品生产，农事活动提供场所。不管是村落建筑营造还是村落中的民俗文化都与传统村落紧密相关，彼此存在，互为场景，共同构成村落的文化整体形态。因此，在传统村落保护发展的实践活动中，既要重视物质存在的村落建筑，也要重视精神存在的民俗文化。

4.3.2.1　传统村落是民俗文化的载体

传统村落的民俗文化主要由村落景观、建筑空间与建筑装饰等物质性实体所承

① 丁兰尺，主要用于建造坟墓或设置祖先牌位及神位时，用以测量，并定吉凶。长一尺二寸八分，一尺约合38.78厘米，分十格，上面刻有“财”“失”“兴”“死”“官”“义”“苦”“旺”“害”“丁”十字，使用时以吉字为宜。参见朱昌琦，吕九芳．话说鲁班尺[J]．家具与室内装饰，2012（06）．

载与容纳。

1．村落景观对民俗文化的容纳

传统村落的景观要素包括巷道、田园、禾坪、亭、桥、河涌、榕树等，是传统村落的重要组成部分，它们通常由各类道路将这些景观要素连接成一个整体，构成民俗活动的游线。这些景观要素既是村落的生产生活空间，也是村落民俗文化的传承场所，兼具自然与人文景观的双重性质。传统村落里的许多民俗活动是由村落的游线承载，在时间的流动中开展。这类民俗如南海神广利大王诞、游禾神等。

太平镇钱岗村的洪圣高庙、木棉村的五岳庙祭祀南海神广利王，在农历二月十三日这天，村民组成一支浩浩荡荡的游行队伍抬着南海神广利王的神像游村寨，伴随着举大旗、舞狮子、放鞭炮、敲锣打鼓、吹唢呐等民俗活动，在一些村落节点，如路口、禾坪、榕树下，游行队伍则进行短暂的民俗表演。北帝诞、游禾神也是类似，抬着相应的神主，走街串巷，游遍全村。广府村落的祭祖活动，从祭祀主体看，分为整个宗族的、各房支的以及核心小家庭的，“在祭祀地点上也贯穿了墓祭、祠祭和家祭等空间范围，呈现出互为表征的空间次序关系。”[①]比如佛山松塘村举行祭祖仪式，先召集族众在大宗祠集合，然后有序地去文阁岗对开村始祖区世来上香叩首（墓祭），礼毕返回区氏祠堂举行祠祭，族人从前堂进入，过中堂，达寝堂然后有序的上香行礼。整个过程庄严肃穆，礼节到位，有抬彩旗的仪仗队，伴随有鞭炮、锣鼓声，傍晚在祠堂中集体聚餐。一周后，还有在各房支宗祠空间中举行的各房祭祖仪式。家祭主要是各核心家庭在厅堂中给祖先上香祈福。[②]

村落前的禾坪，是各种民俗活动的集中场所，通常禾坪是连接田园、池塘、村落的中介，大部分公共建筑如祠堂、书院紧挨禾坪，因此禾坪是传统村落最具活力的民俗文化活动交流场、传承场。各种节日庆典人们都会在此舞狮、唱曲、跳舞等，既娱乐了民众，也促成了各类民俗的延传。此外，在平日农事活动中，闲暇小憩，在田间地头、亭间桥尾、河边树下等不同的村落景观处，村民唱客家山歌，哼粤曲小调，讲历史典故、谈日常琐事，进行各种传统工艺品的制作。

2．建筑空间对民俗文化的容纳

建筑空间既是村民生活起居的场所，也是一些民俗活动的发生地，还是一些传统手工艺的制作空间，这些空间被赋予了文化发生和传承的特点，使其成为容纳民俗文化的场所。在宅居生活空间中，构成了一个无形的神灵体系。村民对这些神灵会定期或不定期地举行祭祀仪式，此外当家里遇到重要的事情，如娶妻嫁女、添丁生子、升学求职等喜事一般都会在宅居里举行相应仪式，感谢各位神仙的庇护，当家里遇到凶事变故时也

① 陶媛．佛山松塘传统聚落审美文化研究[D]．广州：华南理工大学，2015：57.
② 陶媛．佛山松塘传统聚落审美文化研究[D]．广州：华南理工大学，2015：49-82.

要拜祀，以求神灵保佑家人顺利渡过难关。比如“添丁上灯”习俗至今在广府地区广为流传，生下男娃后要到祠堂和社坛挂灯笼，举行上灯仪式的时候，将大花灯挂在宗族祠堂的祖堂上，在村旁的神坛社庙亦挂上小灯笼数十个，然后祭天神、土地神等。上灯过程中鞭炮锣鼓喧天，在“大头佛”的引领下，舞狮队进村贺灯接灯，男女老幼用各种美食去祠堂祭拜祖先，祭拜后，也是放鞭炮，敲锣打鼓，进行戏曲、醒狮、武术等娱乐项目表演，宴席上一定要吃芹菜和酸菜，“芹”与“勤”谐音，“酸”与“孙”谐音，意思是所添男孙将来勤劳。这些民俗活动皆是以村落与建筑空间为载体。此外，建筑的院落、屋檐等空间也是传统手工技艺制作的主要空间，比如从化城郊街的殷家庄竹编工艺品制作就主要是在庭院、屋檐下、禾坪等空间处进行的，反映了民俗文化中的传统手工技艺与村民日常生活空间紧密相关。

3．建筑装饰对民俗文化的容纳

建筑装饰体现了民俗文化物质性和精神性的双重存在方式。一方面它承载着建筑营造中的许多知识和技能；另一方面装饰题材和内容是历史典故、神话传说、农耕事项等。建筑装饰根据不同的位置，采用不同的工艺手法，选取不同的装饰内容和题材。广府的村落建筑装饰工艺有泥塑、灰塑、剪纸、刺绣、书法、砖雕、石雕、木雕等手法。这些传统工匠技艺精湛，且有一定的文化底蕴，他们的内容有反映粤剧的，也有展示地方历史典故、神话传说等内容，如二十四孝、五羊仙人等，还有一些则是反映劳动场景和各种习俗，如耕田放牧、打渔采薪等，这些素材大都来源于日常生产生活。最典型的莫过于钱岗村西楼上的“江城图”封檐板木雕，被誉为“广州珠江清明上河图”，雕刻技艺之高超自不必赘言，该封檐板木雕图反映的是广州珠江河上“行船、码头、北岸城市商馆建筑、五羊传说、闲暇生活、戏剧场景、洋人杂耍以及附近农村市井风情和山水风光……”的内容。可见民俗的两种存在形式和各种民俗类别如传统戏剧、民间文学、历史典故、工艺美术、日常生产生活场景都可以通过村落的建筑装饰为载体而代代相传，使民俗文化的物质性存在和精神性存在达到完美的结合。

4.3.2.2 民俗文化对传统村落及建筑的影响

上文分析了村落民俗文化的载体是村落景观、建筑空间、建筑装饰；反过来，民俗文化也对村落景观、建筑空间、建筑装饰、建筑材料、建筑形制等产生影响。传统村落的规划布局、建筑的空间组合、建筑的装饰装修都遵循一定的传统民俗文化，如风水文化、神巫文化、题对文化等。

1．风水文化对村落景观的制约

在明清广州府传统村落与建筑中，风水意识十分突出，人们普遍相信天体运行（天）、宅地方位（地）与人事行为（人）是对应的。村落建筑的环境与人的旦夕祸福、前途命运密切相关。人们在建村立寨、营建房屋时习惯请风水先生，遵循风水理念，寻龙探穴，查砂观水，寻找最佳的人居环境。这些有关村落选址和布局的理念，直接影响村落环境的风貌。明清广州府地区多山地、丘陵、台地、岗地，传统村落大多依山、岗而建，多集中分布于靠近河流及支流、河涌两岸，以达到靠山面水的村落整体格局，符合“负阴抱阳”之势，整体布局遵循趋利避凶的原则。在村前通常会有一块禾坪，对应风水中的名堂之说，有的村落距离河流或者河涌较远，则会在禾坪前人工挖掘水塘以达到“聚气”的目的，水塘呈半月形，称风水塘。村落重要节点种植榕树，在村落周边则遍植各种果木，寓意村落的发展充满生机活力。在村落的公共空间横巷、禾坪、节点处分布古井若干，在每户三间两廊的民居天井中相同的位置设有古井一口，除了满足生活用水外，也寓意财源滚滚。村落或建筑大门朝向讲究“透气”，前面忌讳障碍物或大山阻隔，村前视野开阔，尽量避免前方有突兀的怪山、怪石。笔者在温泉镇宣星村调研发现一座朝向奇怪的建筑，该村是典型的梳式布局，纵横方向规整布局，民居正门朝向与冷巷的朝向一致。但有一座民居的门向左旋转30°，原因是这座民居正前方有一座突兀的山岭，而旋转后的前方有一个豁口，视野一下就变得开阔，符合“透气”的心理追求。

2．神巫文化对建筑形制的影响

神巫文化包括厌胜文化和镇宅文化，厌胜文化主要是对建筑巫具（如鲁班尺和丁兰尺）的使用，厌胜之术的信仰，如在庭院种植花木。在《相宅经纂》卷四有“东种桃柳，西种栀榆，南种梅枣，北种奈杏”，“宅东有杏，凶；宅北有李，宅西有桃，皆为淫邪”等记载，但这类文化对建筑形制并不能产生实质性影响，更多是求平安的心理诉求。对建筑的形制产生影响的主要是如石敢当、八卦镜、石磨盘、门当、户对、石像以及各类脊饰等。在广府传统村落中石敢当是比较常见的，通常有碑状的石材制成，上刻“泰山石敢当”五字，有的在上面还刻有“狮子吞口”和“八卦”的图案。石敢当一般立于村落道路的尽头，民居的转角处、祠堂正门的两侧，多砌于墙体中或立于墙脚，以迎着道路、河流等自然物居多。从化麻村较典型，在祠堂正门两侧各有一个，体形硕大，实属罕见。门当户对也是比较常见的，门当是宅门前的一对立起的“石鼓”，番禺沙湾北村的何氏大宗祠的两对石鼓硕大，上雕有精美的图案；户对是置于门楣上的砖雕、木雕或石雕的短柱（四边形、六边形、八边形、圆形居多），当地人也不解其文化内涵，有学者从知识考古学分析认为是“原始的生殖崇拜符号，是男根的象征。由于男根是阳具，被认为可以退辟阴祟”[①]。屋顶脊饰多夸张的龙船脊、镬耳山墙、博古脊、龙蛇脊（图4-3-5）和置于正脊两端的倒悬鳌鱼，这些建筑形制与当地盛行龙母、天后信

① 钟福民．赣南客家的建筑民俗与民间信仰[J]．地方文化研究，2013（02）：107-112.

图4-3-5　屋顶脊饰
（图片来源：作者自摄）

仰有密切关系，抑或是海洋文化或者是水文化中图腾崇拜在建筑中的反映，也表现了当地人崇水敬水的审美心理。在村落巷道、门前，庭院天井置有石磨盘，反映的是古代石崇拜、石为阳精的信仰。

3．题名题对习俗对建筑文化的提升

题名题对习俗主要包括楹联文化和匾额文化。楹联活动在广府地区是广大群众喜闻乐见的一种语言艺术形式，这些对联大多张贴在家宅、祠堂、村门楼、书院、庙宇的门口以及建筑内部不同类型的柱子和墙壁上，还有就是如亭塔、牌坊、水榭等小品建筑也有楹联点缀。这些对联结合书法艺术、雕刻技艺、灰塑工艺，有的用笔墨题写在纸上，有的刻于石柱、木柱、木板上，灰塑对联多塑在建筑大门两侧。这些楹联中有不少佳作，如从化钱岗村广裕祠的"诗书开越，忠孝传家"（图4-3-6）；东莞潢涌村黎氏大宗祠的中堂屏风联为"东衍黎宗名门望族大地钟灵家声远，南烟秦裔世代书香华堂瑞气世泽长"……在广府传统村落的牌坊、厅堂、大门上方盛行匾额装饰，村民会在其上镶嵌一石质牌匾，或悬挂木质牌匾。根据具体情况采用不同的书法字体或雕刻，或灰塑或书写若干个字作为装饰。门匾不仅选材考究，做工精细，字体书写唯美，而且内容也很丰富，能给人不同的审美感受。最常见的大门门匾是"姓氏+（大）宗祠、公祠"如"何氏大宗祠"，这类匾额比较直观通俗，主要是昭示家族渊源和姓氏谱系的，反映对祖先的追忆和强烈的家族意识。比如太平镇屈洞村防御使钟公祠，在"防御使钟公祠"牌匾左侧有"文章华国"，右侧有"诗礼传家"，右下有"防御使印"的字样；在牌坊上的匾额主要是显示本家先贤的丰功伟绩或高尚情操。比如太平镇牙马村的"千顷流芳"牌坊，两次间刻有"入孝"（左）"出悌"（右）。在厅堂内部的匾额主要彰显本家的安身立命之本或优良的家风。如"敬思堂""德垂第""忠孝堂""德本堂"等。事实上，传统

图4-3-6　从化区太平镇钱岗村广裕祠楹联
（图片来源：作者自摄）

村落的民居建筑中，各种题词、题诗、题对、题名及各种符号图案非常多，不局限与门、堂、牌坊处，如东莞潢涌村后进寝堂正中悬挂“文章御史”牌匾，在后进门窗上还悬挂“竹苞”“松茂”两块牌匾等。这些题名、题对习俗有助于丰富传统村落与民居建筑的文化内涵，提升文化品位，使得传统村落与建筑既有俗文化的一面，同时也不失书香之气。此外，民俗文化还对建筑材料的使用、建筑营造、建筑形制等方面发挥直接或间接的作用，限于篇幅，不再赘述。

总之，民俗文化是传统村落的重要组成部分，传统村落是村落民俗文化的载体。民俗文化分为物质性存在和精神性存在，体现为实用价值和精神价值。这种存在方式、存在价值与村落建筑有内在的一致性，这为探讨二者的共生性准备了条件。一方面传统村落的村落景观、建筑空间、建筑装饰为民俗文化提供了其存在、传承、发展的场所，为村民创造一个良好的人居空间；另一方面民俗文化中的风水文化、神巫文化、题名题对等习俗对传统村落的格局、景观要素、建筑空间、建筑结构、建筑形制、建筑装饰乃至建筑文化品位的提升发挥巨大的作用。二者共生共融，体现了和谐共生的审美理想，同时二者的结合也使村落的文化形象更为突出，内涵更为丰富。

4.3.3 村落景观空间表征耕读文化

岭南文化具有很强的开放性和兼容性。除了民间文化外，雅文化同样有其生存土壤，雅文化与俗文化之间常常相互吸收，相互转化，形成了雅俗共赏的文化态势。雅文化对于聚落空间规划，景观风貌的塑造，建筑品位的提升产生着重大作用，而这种雅文化在乡村与农耕经济结合形成耕读文化。

4.3.3.1 耕读文化在乡村

中国是一个"以农立国"的农耕社会，同时又是一个重视"礼乐教化"的礼仪之邦。知书达理，学优则仕，既是个人的理想，也是光耀门第的目标。北宋仁宗朝代诏令：士人必须在本乡应试，客观上促进了各地书院、学堂的建设；进士榜的名额分配上优惠南方，只准士人和农家子弟参加科考，这样诏令对农家子弟登入庙堂是十分有利的，于是在"传统的农村，就有了牛角挂书、柳枝为笔、沙地练字、田头秀才"的美谈[①]，使耕读文化发生于乡村，扎根于乡村。

这样的政策也为偏居一隅的岭南乡村子弟入仕带来了契机。同时不管是广府人，还是客家人，抑或潮汕人，都是历代中原人南迁并与当地人融合的结果，尤其是南宋灭亡后，大批中原人士避祸于岭南，耕读文化也带至岭南，并产生了像陈白沙、湛若水等这样的一批大儒。以及在广州、佛山一带形成了以广府官员为主的"南海士大夫集团"，对岭南政治、经济、社会、文化等方面都产生了深远影响。因此，自宋以来文化教育繁荣。不管是城市还是乡村，人们养成了崇文尚学的民风习俗，这为耕读文化的形成奠定了基础。东晋学者郭璞曾说过："南海盛衣冠之士"，清代进士吴荣光曾任湖广总督一职时说："国朝制科，广东九郡举人中额七十有二名，每科广州郡居其半，广州十四郡，南海又居其半。"从考取功名的比例来看，明清广州府的广州和佛山最为突出，这与该区域物产丰富、商业发达、政治较为稳定有密切关系。在士大夫和乡绅阶层地不断倡导下，在岭南地区耕读传家的理念深入乡村，并在明清时期形成"岭南财赋地，广佛人文薮"的现象。

在"万般皆下品，唯有读书高"的科举时代，人们重视读书识字，认为进可出仕荣身，作定国安邦之才，退可居家耕田，享修身养性之福。可见通过耕读产生两个群体，考取功名，进入庙堂，成为士大夫阶层，这个群体占读书人的比例极少。另外就是没有考取功名者的读书人，通常是乡绅阶层的主体，当然也包括辞官退隐的士大夫。乡绅发挥自己的才智，利用自己社会地位建设家乡，这个群体占较大比例。他们虽然很难有定

① 刘沛林. 农耕文化景观与传统人居环境[C]. 人居环境学研究论文集，2007.11.

国安邦，指点江山的机会，但他们可以在自己的家乡运用自己所学建设家园，使自己的家乡在俗文化盛行的同时，也有雅致的一面，延续“半为农者半为儒”的乡居生活。有道是“一等人忠诚孝子，两件事读书耕田”，“亦耕亦读的思想文化传统，同汉民族根深蒂固的聚族而居、安土重迁、春种秋收等追求团圆、追求功利、追求实惠的种种农业文明心态是完全相适应的。”[①]在耕读文化的影响下，在乡村形成了乡绅这样一个特殊的阶层。他们通常是宗族村落的实际领袖，也是宗族村落规划营建的主导者，所以“耕读文化—乡绅—村落空间形态”之间是因与果的关系。明清广州府的传统村落，无论是广府系还是客家系的村落空间格局和景观风貌的形成皆遵循这样的规律。

耕读传家久，诗书继世长。耕读文化是中国农耕社会一种经典的民间传统文化。耕读文化包括农耕文化与科教文化，农耕是经济基础，同时也限定了耕读的区域是乡村。科教文化的“科”指读书取仕，考取功名，“教”则是教育，通过教育读书识字，参加科考。所以在乡村，“耕”是基础，“教”是手段，“科”是目的。伴随着耕读文化，大量的文教建筑在广大的乡村出现，如书院（书塾）、文昌塔、魁星楼以及反映功名的牌坊。在村落规划上为了表达村民渴望考取功名的心理，通常将其规划为文房四宝的村落格局。

4.3.3.2 “文房四宝”的村落格局

明清广州府的许多宗族村落多是由中原地区南迁而来，多是文化底蕴深厚的名门望族。因此在建村之初，便把“昌科教，兴文运”作为村落规划与营建的指导思想。让整个村子充满了浓浓的人文气息，时刻提醒族众重视教育，告诫村中子弟努力学习，也是村民对“读书取仕，光耀门第”的期待。通常这样的村落布局以“文房四宝”来构思规划。“文房四宝”分别为笔、墨、纸、砚，这是古代文人墨客、士大夫书斋生活的重要组成部分。在多山的地区通常会根据周围的山形地貌人为的“赋形”，以象征文房四宝，最常见的是笔架山和墨池；但在地势较平坦的地方没有这样的先天条件，于是村民就自己创造，通常建塔为笔，挖池为墨，筑台为砚，视村落平面为纸，并通过吟诗题对不断强化其内涵。在明清广州府规模大的宗族村落主要分布在平原、水乡、丘陵、平缓山地，所以很难对自然地貌赋予相应的象征意义。所以，文房四宝的村落要素多为人工营建。这样的村落在广州府地区以佛山三水大旗头东村、番禺大岭村、东莞中堂镇潢涌村、惠州龙门永汉镇官田王屋村等为典型。

佛山三水区大旗头村始建于明嘉靖五年（1526年），开基始祖郑康泰重视文教礼仪，重视对子孙耕读文化的培养，其育有四子，取名为“仁义礼智”，四子从大到小分别为裕仁、裕义、裕礼、裕智。四房支以郑氏宗祠为中心分布于南（裕仁房）、北（裕义

① 徐雁．耕读传家——一种经典观念的民间传统[J]江海学刊，2003（02）．

房）、东（裕礼房）、西（裕智房）四方。其子孙在之后的村落建设中也延续了祖先重文化的传统。其中生于道光十四年（1834年）的郑绍忠官至广东水师提督，告老还乡后，主持规划营建了大旗头东村。大旗头东村采用了比拟文房四宝的格局：在村落的左前方为一座三层六边形的文塔，代表着毛笔；塔下有大小两方石，意为大小两个“印章”；在塔的右前方有一块用灰沙捣制的规整晒坪，象征砚台，晒坪周围有灰沙围基保护，则是砚台的边；在村前半亩不规则的鱼塘寓意洗墨池；而祠堂鱼塘之间铺设的麻石地坪为纸，也有的说整个村落为纸。村民说振威将军（郑绍忠）之所以营建笔、墨、纸、砚以及印章的村落人文景观，是因为其行伍出身，识字不多，功名全依赖军功，特意通过这样的村落布局来表达家族兴文运的诉求，以此来启迪大旗头村的后世，崇文尚学，读书取仕，体现了一代文人的千秋文人梦（图4-3-7）。番禺石楼镇大岭村先祖是两宋战乱由南雄珠玑巷辗转南迁至大岭，开枝散叶繁衍至今。大岭村坐落于菩山之下，大岭涌（玉带河）畔，呈半月形布局，谓之“蛎江涌头，半月古村”。该村也是巧妙地融入了中国传统文化的“文房四宝”。在大岭村龙津桥南侧有一座称为大魁阁的三层六角形塔，远望犹如一支文笔耸立，近旁的鱼塘状似墨砚，村前的玉带河为墨，而大岭村则为纸。大岭村文风鼎盛，科甲蝉联，据统计各朝共计出进士5人，举人17人，贡生15人，秀才108人。

4.3.3.3 村落中的文教建筑景观

我们通常将与文教科举相关的建筑称之为文教建筑。明清时期儒学、风水学说在岭南得到相当程度的推广，科考取仕、耕读传家成为人们的价值取向，文教事业得到人们

图4-3-7 佛山市三水区大旗头村文房四宝的村落比附
（图片来源：作者自摄）

的极高关注。在乡村一级，越来越多的农家子弟选择了读书入仕，以求取功名。于是与科举教化相关的文教建筑在村落中得到大规模的兴建。文教建筑在村落景观序列中的地位越发凸显，其中供学子读书的书院（书塾）数量仅次以祠堂，寄托村民愿景的文昌阁或魁星楼等则与风水学说相结合，以祈求文运亨通。

明清以来，民间办学可以很好地弥补官办学校的不足，因此得到统治者的肯定。乾隆曾诏令："书院之制，广学校所不及也……讲席者固宜老成宿望，而从游之士亦必立品勤学……庶人才成就足备朝廷任使，不负教育之意。"[①]于是在许多宗族村落在乡绅、耆老的主持下纷纷兴建书院。广府村落中的书院具有很强的宗族色彩，许多书院的创建是依赖于族产，通常只供本族子弟使用，也有的是几个宗族合建一个书院，供几个族姓的子弟学习，当然也有外族贫寒子弟可以到此免费学习。书院的位置大多与祠堂并列于村落的第一排，书院数量猛增还与祠堂庶民化直接相关。许多人活着的时候以书室、书塾等为名建造了大量的私伙厅或太公屋，等他们死后这些书室和书塾就成为子孙奉祀他们的家祠。例如花都区炭布镇的塱头村，从名字来看有29座书室或书院（表4-3-2），再配上村前若干象征功名的旗杆夹，营造出了一种书香之气，科甲鼎盛的氛围。实际上，这些书室有相当一部分是托书室之名行家祠之实。这些"书室"都有堂号。在广府地区这是个普遍现象。"乾隆以降，珠江三角洲经济文化进入高速发展阶段并达于鼎盛，出现了大量以书院、书斋、书舍、书室、书塾和家塾等为名的祠堂。"[②]，其功能并非供族中子弟学习，而是为那些小房支的祖、考所建的太公屋。"建筑的教育功能通过建筑自身、在建筑中举行的仪式活动以及建筑所表征的意义来实现，而非读书提供的场所。"[③]（图4-3-8）

图4-3-8 塱头村部分文教建筑
（图片来源：作者自摄）

---

① 光绪《钦定大清会典事例》。
② 陈忠烈."众人太公"和"私伙太公"：以珠江三角洲的文化设施看祠堂的演变[J]. 广东省社会科学，2000（01）：70.
③ 冯江，阮思勤. 广府村落田野调查个案：塱头[J]. 新建筑，2010（05）：7-11.

塱头村文教建筑　　表4-3-2

时间	塱东	塱中	塱西	小计
十三世	琴泉公书室 东庄公书室·爱善堂	梅昌公书室 竹坡公书室 翠平公书室 杰生公书室	——	6
十四世	云伍公书室 充华公书室 爱仙公书室·应善堂 友连公书室 耀全公书室·毓善堂 耀轩公书室·毓桂堂 沛林公书室·毓仁堂	俭齐公书室 （其兄弟断记）	——	8
十五世	可参公书室·君茂堂 可佑公书室·君俊堂 可信公书室·君本堂	南野公书室	淑圃公书室	5
十六世	启诒公书室 宜保公书室 大保公书室 二保公书室	文湛公书室	——	5
十七世	启裕公书室	——	——	1
十八世	——	——	台华公书院 湛宇公书室 玉宇公书室	3
二十二世	谷诒公书室·报本堂	——	——	1
小计	18	7	4	29

（图表来源：作者整理）

除了书室或书塾外，文教建筑还包括调节文运和象征科考昌盛的文塔（又称之为文昌塔、文昌阁、文笔塔、文风塔、文明塔、魁星楼、奎楼）。文塔既有风水上的意义，也有祭祀上的功能。文塔由佛塔演变而来，在建设过程中人们融入了风水学说，使文塔成了祈求文运的风水建筑，当然也有弥补自然环境不足的作用，这个时候通常称之为“文笔塔”。除了是风水建筑外，还扮演祭祀建筑的角色。文塔里面通常供奉文昌帝君或魁星，这个时候文塔通常命名为文昌阁、文昌塔，魁星楼。文昌星（文曲星，二十八星宿之一）和魁星（北斗七星之首）都是主文运与功名的星宿。人们期望祭祀文昌星或魁星而使当地保持文风兴盛。文昌塔和魁星楼是村民为掌管文运的神灵创造祭祀的场所，古代读书人科考前都要去文塔祭祀文曲星或魁星，以祈求保佑科考成功。

在明清广州府的传统村落建有许多文塔，如上文说的大旗头东村的文笔塔就具有风水意义。文笔塔建于村落的东南方。在古代风水学中，地盘中的巽位，就是文昌位（文昌位主管文运的星宿），东南方为巽位。所以，在村落的东南方建文塔以祈求文运畅达，塔一层供奉的是土地爷的神像，二层供奉魁星，三层供奉文昌星。番禺大岭村的大魁阁塔是祭祀魁星的，在首层门口两侧有一副对联：奎壁辉煌昭宇宙，星光灿烂耀菩山。奎壁是二十八星宿中奎宿与壁宿的合称，二宿也是主文运。东莞中堂镇潢涌村则建有双文塔，上文塔位于潢涌村东头，下文塔位于潢涌村西头。二塔一东一西，遥相呼应，有“双星塔”之美誉，在塔内均供奉有主文运、功名的魁星，即文昌帝君。在龙门县的永汉镇的官田王屋村右侧也建于一座称为“凌云阁”的文塔，该塔为三层方形，一层有一圈副阶周匝，形制比较特性。文塔一层供奉土地爷，二层供奉魁斗星君，三层供奉文昌帝君。（图4-3-9）

此外，在一些村落还建有一些具有旌表作用的牌坊，对一些考取重要功名或表彰功绩、成就善行而建造的牌坊。如从化大江埔村的流芳百世牌坊（科名牌坊），佛山烟桥村的“旌表孝节”（旌孝牌坊），花都区塱头村与新会古井镇霞路村的“升平人瑞”牌坊和东莞南社村的“百岁坊”（祥瑞牌坊）等（图4-3-10），其中科名牌坊与文运直接关联，但是从文教建筑来看，其他类型的牌坊也应包括，因为教化不仅包括劝学的文教，还包括社会教化。这些牌坊不仅具有教化的功用，同时还是村落景观序列的标示节点，丰富了村落的景观内容。

图4-3-9 文教建筑景观之文笔塔
（图片来源：作者自摄）

新会区古井镇夏露村牌坊

三水区烟南村牌坊

东莞茶山镇南社村牌坊

花都区塱头村牌坊

图4-3-10　具有教化功能的牌坊
（图片来源：作者自摄）

第5章 明清广州府传统村落的审美品格

传统村落蕴含有丰富的审美文化精神，能有效满足人们的精神审美需求。明清广州府传统村落的差异化与各族群主体的心理有密切关联，拥有多元化的价值，体现了整体性、象征性思维，反映了“天人合一”的审美理想。明清广州府村落景观集称文化蕴含“整体和合，直观体悟”的思维模式，“尚静隐逸，诗画桑梓”的审美境界，“崇尚自然，以水为宗”的审美趣味。建筑装饰的人文艺术品格可以概括为务实享乐的审美情趣、兼容创新的社会心理、崇文重教的价值追求、诗意乐生的审美境界。在非物质文化遗产层面，以游艺、粤乐等为代表的时间艺术彰显了务实享乐的审美心理、雅俗共赏的审美情趣。

长期以来，人们常常惊叹传统村落美的形态，在村落审美活动中能获得“劳形舒体”“悦目赏心”的审美感受，但这主要是基于村落的物质空间形态而获得的感官愉悦，或者是基于对社会内涵的把握，逐渐进入到审美体验阶段，却较少从精神文化层面进入到深层次的审美体验，乃至进入审美超越阶段，即金学智先生所说的“因情迁想”“惬意怡神”层次[①]。依据建筑美学“文化地域性格”理论可知，村落的物质空间形态特征是村落审美产生和发生的基础和前提，村落的社会内涵是村落审美体验得以展开的动力，而村落的审美品格则是村落发展和追求的目标、理想。人们将建设良好的人居家园，追求“天人合一”的住居环境，创造村落的精神文化空间或者意境空间作为孜孜以求的目标。作为人居环境重要组成部分的村落，蕴含有丰富的审美文化精神和人文艺术品格，能满足人们物质功利需求和精神审美需求。“人与环境的关系不仅在于人类社会生于环境，长于环境，要从外界环境中获取赖以生存的物质生活资料，而且在于人们寄情于环境，要从外界环境中吸取美感，增进生活的情趣，求得情感的愉悦和审美的享受，前者表明了环境对人的物质功利价值，后者表明了环境对人的精神审美价值。”[②]传统村落的精神审美价值研究是建筑美学研究的集中体现和内在要求。

明清广州府传统村落存在大量的文学艺术，各种书法、壁画、灰塑、雕刻等在内的空间艺术，以及以游艺、粤乐等为代表的时间艺术。所有这些艺术形式汇聚于传统村落之中，极大地丰富了村落的文化精神，提升了村落的艺术境界。其中文学艺术、空间艺术主要集中表现在村落景观集称文化和建筑装饰中。作为时间艺术代表的游艺、粤乐则自成一体。一方面从研究内容看，它们包含着人们世代积淀而成的审美心理、审美价值、思维模式，体现了人们天人合一的住居审美理想；另一方面从研究视野看，村落景观集称文化涵盖村落的宏观环境格局，中观的村落布局、典型建筑、景观要素等内容，建筑装饰则属于村落的微观层面。作为游艺、粤乐的时间艺术则属于村落的非物质文化遗产层面。本章从宏观、中观、微观，物质文化与非物质文化层面系统把握蕴含其中的人文精神和审美品格，彰显明清广州府乡民的审美情趣、审美心理、审美理想、价值取向等方面的内容。

5.1 传统村落审美品格的内涵

传统村落的审美品格具有精神性、人文性、内隐性的特征。传统村落的审美品格是物质空间形态特征、社会文化内涵的“一双看不见的手”，是他们发展、变化、演进的目标、理想。反之，传统村落的物质空间形态特征、社会文化内涵在“目标、理想”的

① 金学智．中国园林美学[M]．北京：中国建筑工业出版社，2005：409-432.

② 唐孝祥．岭南近代建筑文化与美学[M]．北京：中国建筑工业出版社，2010：63.

导引下外化生成，就会以一种实体存在物和某种住居行为模式的出现为结果，并影响审美品格的发展方向、变化速度，乃至审美品格的形成。传统村落的审美品格是中国传统文化基本精神的集中表现。中国传统文化基本精神可以概括为四个方面，即以人为本的人文主义价值系统、重直觉的整体思维方式、自强不息的民族心理、天人合一的审美境界。[①]明清广州府传统村落的审美品格也可作如是观，主要是各族群在发展演变过程中表现出来的民族心理、价值取向、思维方式等内容，并通过审美品格集中表征出来。

5.1.1 传统村落差异化的民族心理

明清广州府传统村落分属不同的民族（或民系）。村落主体的差异在很大程度上导致村落风貌、建筑形态的差异。汉族村落与瑶族等少数民族村落、广府村落与客家村落的审美差异更多的是民族（或民系）审美差异。而每个民族（或民系）的审美的差异又可追溯到民族审美心理层面的差异。民族审美心理是“我族”区别于“他族”的最为内在的心理特征。“民族心理素质是文化的深层心理结构，是表现在民族文化特点上的精神形态”[②]。一个民族“总要强调一些有别于其他民族的风俗习惯、生活方式上的特点，赋予强烈的感情，把它升华为代表这个民族的标志”[③]，同样，瑶族依山建寨，广府人临水而居，客家人以围屋为典型，广府人以梳式布局为代表，这些村落形态上的审美差异归根结底是民族审美心理的差异。村落主体对自身文化的自觉、自尊、自信、自强的内在“力量源”即是民族审美心理。民族审美心理是不同地域、不同民族传统村落文化传承发展的灵魂和内在驱动力。通过把握汉族与少数民族，广府与客家传统村落文化在变迁演进中民族（或民系）审美心理这一脉搏，有利于我们审视明清广州府不同类型传统村落文化的整体面貌。

5.1.2 传统村落的多元化价值取向

在“传统村落保护与发展”的“学术热”背景下，明清广州府传统村落的文化价值正被专家学者关注并深化拓展研究。在“中国传统村落”的评选标准中，专门有“价值评价指标”一栏。可见传统村落的价值观念也是精神文化的重要内容之一。传统村落的文化价值涉及科学价值（真）、伦理价值（善）、美学价值（美）等几个方面的内容。通过建筑的结构体系、营造技艺、建筑材料等表现它的科学技术价值，通过村落建筑功能

① 黄鹤，唐孝祥，刘善仕. 中国传统文化释要[M]. 广州：华南理工大学出版社，1999：201-219.
② 斯大林. 马克思主义和民族问题 · 斯大林全集（第2卷）[M]. 北京：人民出版社，1960：294.
③ 费孝通. 关于民族识别的问题[J]. 中国社会科学，1980（01）.

空间的布局、装饰题材的选择等体现其伦理价值，通过村落的整体布局、村落八景的评选、庭院空间的构思来彰显传统村落与建筑的美学价值，比如广客交融型村落的围龙屋就是通过中间方形的堂横屋和前后半圆形的风水塘、化胎构成“天圆地方”的宇宙图示。增城、龙门、从化北部、深圳的围堡、围楼作为中原坞堡建筑的遗韵，一方面体现了客家人不忘本的性格，另一方面也反映了客家人内向保守的审美价值取向。明清广州府是古代海上丝绸之路的重要节点，其传统村落与建筑历来受到海洋文化的影响，商业文化氛围浓厚，村落与建筑的营建较为务实，形成了“世俗享乐”的审美价值取向。瑶、壮民族深居粤北山区，自然崇拜盛行，形成自然和谐的审美价值取向。

5.1.3 传统村落的整体和象征思维

“思维方式处于文化深层结构的核心地位，是考量一种文化的基本精神的重要视角”[①]。传统村落作为中国传统文化的重要组成部分，其布局深受阴阳、五行、八卦的思维模式影响，而这种模式主要体现为整体性的思维方式。在广府肇庆与佛山交界的高要、南海、三水等地分布有众多的“八卦”形传统村落，如著名的黎槎村、牛渡头村、蚬岗村等。在客家围屋中具有八卦意象和内涵的案例则更多，比如福建诏安在田楼为圆形，分八部分，每部分又分八间，象征八卦和六十四卦；福建永定的“道韵楼全楼三进三环围，共同构成八卦的爻画，有防兵乱、防乡斗、防盗贼、防兽害、防干旱、防火灾、防寒暑、防地震的八防作用”[②]，此外，广东翁源县的八卦围等，不仅在空间上，而且在功能上也遵循八卦的整体思维进行巧妙构思。延续古代城镇“里巷制—棋盘式布局”的广府梳式布局也是受整体性思维的影响。即使在偏远的粤北少数民族地区，其村落也遵循整体布局的思维模式，比如南岗古排就是在“排—龙—房”的社会制度下进行整体的营建。村落景观集称文化也可以看作是整体观指导下的村落景观营造思维模式。除了整体性思维外，还有象征性思维也是很重要的。比如大旗头村、大岭村的“文房四宝”布局，象征人们对考取科甲的向往。此外还有很多龟形布局、蟹形布局、蛇形布局等都是通过某种形式布局村落，以表达象天法地、仿生象物的哲理意匠。

5.1.4 传统村落的天人合一审美理想

审美理想是人居环境追求和向往的最高目标和最高境界，是包括明清广州府在内的中国传统村落审美品格的集中体现。传统村落作为人居环境的重要组成部分，理应加强

① 唐孝祥. 岭南近代建筑文化与美学[M]. 北京：中国建筑工业出版社，2010：24.
② 吴庆洲. 建筑哲理、意匠与文化[M]. 北京：中国建筑工业出版社，2005：31.

对审美理想的挖掘。“审美理想作为审美意识中居于最高层次的核心的审美范畴，是审美主体在审美体验基础上形成的一种以具象形式存在的，体现着抽象概括性的理想的特殊形态。其基本特征是具象性与抽象性的统一，有限性与无限性的统一”[①]。当前村落的研究由侧重物质层面转向社会内涵、精神文化层面的研究，人们开始诠释“天人合一”的住居审美理想。村落是人为自己创造出来的宜居环境，它的本质是“宜居”“贵生”，是人心灵的家园，审美的世界。营造良好的人居环境是人类孜孜以求的梦想，从穴居野处的原始社会，到高楼林立的现代社会，追求天人合一的诗意居所从未停止。古诗“绿树村边合，青山郭外斜”反映的是古人对村落聚居环境的审美选择与追求。“以其废于都，莫如归于田”成为厌倦了都市聚落烦躁喧嚣的精神写照和审美追求。

“天人合一”的住居审美理想在我国传统农耕社会有着丰富的审美文化内涵。在儒道两家“天人合一”有不同的意义旨归。儒家“天人合一”的落脚点在主体性、道德性，关注人与社会的关系，“合”在“人”上，追求村落与建筑空间的伦理秩序，这在客家围屋、晋中民居、北京四合院、广府“三间两廊”等全国范围内的汉族合院式布局的建筑中随处可见。道家的“天人合一”落脚点在客体与自然，关注人与自然的关系，合在“自然”上，追求人与自然和谐之境界。这种思想对具有山环水绕的传统村落布局影响尤其深远。我国传统美学从伦理关系出发，倡导一种不同于西方的“中和之美”“和谐之美”。“中和之美”侧重于人的幸福与生命的安康。“和谐之美”强调人与自然关系。《尚书·尧典》最早提出“中和之美”:“帝曰：夔，命汝典乐，教胄子。直而温，宽而栗，刚而无虐，简而无傲。诗言志，歌永言，声依咏，律和声。八音克谐，无相夺伦，神人以和”。这里“直而温，宽而栗，刚而无虐，简而无傲”“神人以和”就包含有“天人合一”的内涵。在《乐记・乐论篇》写道：“大乐与天地同和，大礼与天地同节。和，故百物不失。节，故祀天祭地。明则有礼乐，幽则有鬼神，如此，则四海之内，合敬同爱矣”。这里通过伦理教化的阐述，实现天人相和，合敬同爱的社会和谐、安居乐业、生命安康的目的。在《乐记・乐象篇》说道：“故乐行而伦清，耳聪目明，血气和平，移风易俗，天下皆宁”。反映的皆是对“天人合一”的住居审美理想的一种期许。中国的传统村落是农耕时代的产物，深刻地体现了中国传统美学的“中和之美”“和谐之美”。对传统村落审美理想的研究既是对传统美学思想的继承，也是对当前社会“工具理性”的一种回应。明清广州府传统村落审美理想的研究也应作如是观。

① 王钦鸿. 论审美理想的特征与价值[J]. 齐鲁学刊，2006（05）.

5.2 传统村落景观集称文化的审美特征

在明清广州府有数量可观的描述村落建筑、村落景观、村落人文的诗、赋、记、楹联题对等文学作品，其中最具代表性的是村落景观集称文化[①]。村落景观集称文化是村落文学艺术的集大成，对其研究具有典型性和代表性。景观集称文化主要是由上流社会的仕宦、乡绅等知识分子主导创造，融入了人文内涵和人文情怀，包含了他们的审美意识、精神体悟、思想情感，并将绘画、诗歌、文学、哲学、美学等领域的精华融于一体，主要以景名、景诗、景词、景赋、景记等文学艺术的形式而呈现，当然也兼有景画的形式。

5.2.1 景观集称文化在明清广州府乡村的演变

5.2.1.1 明清广州府村落景观集称文化的发展

村落景观集称文化现象历史悠久，传承至今。“……发源于先秦，萌芽于魏晋，成熟于两宋，繁荣于明清”[②]，民国至20世纪80年代为沉寂期，改革开放后，随着对传统文化的不断重视以及旅游业的勃兴，景观集称文化再次受到重视。魏晋时期士人的自然审美意识觉醒，“晋人向外发现了自然，向内发现了自己的深情”[③]，其中以陶渊明、谢灵运等为代表的士人，寄情山水，书写了大量的山水田园美文，他们用优美的文辞赋予自然景致以人文内涵。明清广州府各民系的形成大多可以追溯至魏晋以来不断南迁的中原世家大族，他们继承了魏晋士人纵情山水田园的审美意趣，这也是该区域传统村落多景观集称文化现象的原因之一。到了宋朝景观集称文化进入定型成熟期。羊城八景[④]最早也出现在宋朝。这为明清广州府景观集称文化向乡村发展提供了良好的沃土，“有的村八景早在宋朝就已载入族谱”[⑤]。最早为增城腊圃八景之一的《石潭渔钓》，题写八景诗的作者是赖与子，为宋宁宗（1168—1224）时增城县的主簿。[⑥]明朝万历年间，朝廷以强制措施诏令各地上报八景，八景文化在全国范围内得到推广，岭南的府、州、县以及部分的村落都有八景的评选。在明中后期，明清广州府的许多乡村出现了村八景。到清朝，尤其是康乾时期统治者的倡导，八景得到繁荣发展，村落景观集称文化在经济

① 吴庆洲先生是国内较早进行景观集称文化系统研究的学者。1994年吴先生在《华中建筑》上发表《中国景观集称文化》引起了较大反响。2005年该文纳入《建筑哲理、意匠与文化》（P64-75）一书结集出版，2013年该文被《中国建筑史论汇刊·第七辑》（P227-287）收录。本节内容深受吴先生研究成果的深刻影响，这里深表感激。

② 周琼．“八景”文化的起源及其在边疆民族地区的发展——以云南“八景”文化为中心[J]．清华大学学报（哲学社会科学版），2009（01）．

③ 宗白华．艺境[M]．北京：北京大学出版社，1989：131.

④ [清]仇巨川．羊城古钞[M]．广州：广东人民出版社，1993：68.

⑤ 赖邓嘉．增城八景锁谈[J]．羊城古今，2001（02）：54-57.

⑥ 资料来源于陈裕荣，钟雨晴编的《增江诗话》（未公开发行，属于内部资料）。

富庶、文风鼎盛的明清广州府乡村逐渐普及开来（表5-2-1），并伴随着大量的八景诗、八景画的产生。大量的方志、族谱记载了各村的八景，有的还有诗文歌赋和八景绘画。有的还将八景品题、八景诗、八景画刻成铜版画镶嵌在墙壁上。清末，科举的废止，资本主义经济的发展，人们不再固守土地，地方乡绅逐渐退出乡村舞台，传统的村落景观集称文化逐渐式微。中华人民共和国成立后由于特殊的政治导向，传统的宗族组织瓦解，记载有八景以及八景诗、八景画的族谱被大量烧毁，许多景观集称文化遗产也随之消失在历史之中。近代以来，乡村精英的持续断层，村落景观集称文化直到今天也没有像城市八景、风景区八景那样得以恢复。

明清广州府村八景汇总　　表5-2-1

序号	村落	八景品题
1	番禺区穗石村	烟烽水月、星冈牧笛、马毡松风、石台竞渡、社学论文、松冈赛社、虎石垂纶、罟埗渔歌
2	番禺区北亭村	海曲夜渡、荔子浴臼、马埗归帆、水云晨钟、亭梅冷雨、东山旭日、渭桥烟雨、孖墩蒲鱼
3	佛山石湾街八景	九龙出洞、万简朝宗、隔水柴歌、莲丰昼市、塔峰夕照、五马归槽、宝器晨钟（缺一景）
4	三水区西南街道	凤岗桐乳、雁塔瑶簪、浮石春涛、沧江夕照、三溪印月、七曜连云、昆山耸翠、横岭层霞
5	三水区清塘村	福圆彩荫、云谷丹泉、石顶春流、金洲晚渡、溪陵钓月、大陇耕月、竹坞清风、峣山秀色
6	三水区金溪村	谢恩瑞霭，狮带晴云，钓台夜月，莲社春风，虹桥绿荫，石凳清流，排石松涛，环溪竹翠
7	三水区白坭镇	骊溪浣月，洲石垂纶，三涌烟艇，双渡樵歌，西江帆影，苏岭朝晖，榕港观鱼，环洲竞渡
8	三水区三江村	烟岗钟秀、古灶遗丹、金滩跃鲤、曲水拖蓝、神龟挺石、鱼嘴浮舟、三江帆锦、紫石榕阴
9	佛山丹灶镇银河村苏村	银河晚吊、古庙敲钟、金鱼喉窦、窦接银涌、一河两岸、月照西东、横塘夜雨、水顶松风、蚬岗壳浮、鹤归三榕
10	顺德区逢简村	南塘梅竹、明远清风、道院仙踪、石桥返照、东岸务农、西岸渔家、北基松鹤、埜策初日
11	西樵镇松塘村	三台献瑞、九曲凝庥、华岭松涛、横塘月色、奎楼挹秀、桂殿流香、社学斜晖、古榕烟雨
12	佛山市烟桥村	长桥烟锁、水口斜阳、南塘夜月、竹园午赖、平山落雁、松园鹤还、北堑鱼游、沙潭天晓
13	东莞黄涌村	文阁双塔、侍郎双门、水月下宫、上庙栋梁、水色二江、滨江中渡、潮汐平流、渔头沙滩
14	小洲村瀛洲八景	古渡归帆、翰桥夜月、西溪垂钓、孖涌赏荔、登瀛古渡、松径观鱼、古市榕荫、华台奇石

续表

序号	村落	八景品题
15	海珠区黄埔古村	黄埔云樯、海庙神韵、军校雄风、龙山观日、横沙书香、古坞春秋、南岗品海、茅岗鹤舞
16	顺德容桂街道十八景（容奇堡）	十八罗汉朝观音、神仙足迹、榕门古道、凤岭山麻、流花古桥、雨花古寺、锁链井、螺井、银井、无叶井、榕树桥、壮龙桥、沙岗中河、白莲池、雁塔明灯、绿榕古狮、陈家大祠、公守海
17	顺德龙江八景	北山儒隐、南畔农忙、尖峰樵唱、横浦渔歌、石桥秋月、龙穴晓云、古寺晴岚、独岗返照
18	中山濠头八景	虾泉试茗、谷口听莺、香林避暑、山斋步月、文阁观潮、青云晚眺、涌桥夜泊、鹅峰闻笛
19	江门天河乡八景	牛郎织女、五龟朝堂、步云夜月、双凤朝阳、草鞋二洲、美人照镜、狮子滚球、石背凉亭
20	珠海会同村淇澳八景	赤岭观日、鹿岭朝霞、松涧流泉、金星波涛、鸡山返照、岬洲烟雨、婆湾晚渡、蟹珠夜月
21	珠海市石溪八景	坐对川流、石龙溅雪、旷石观莲、石燕迎风、溪池映月、兰亭觞咏、蕉石鸣琴、凤凰云台
22	珠海市金湾区黄杨八景	茶田吐翠、清泉冽水、第一石门、赤脚仙踪、无底深潭、金台银瀑、环海镜面、也字山峰
23	台山浮石村十景《浮石志》	兰涧香泉、龙岩石室、乡潭瀑布、仙鹤晴岚、牛坟秋望、五山踏青、炮台榕树、溪桥夜月、云阁春晓、陂塘晚约
24	花都区港头村	冬谷朝歌、三水朝北、睡狮听鼓、犀牛望月、社坛独钓、松满归鹤、双坑隔社、南塘古寺
25	深圳宝安怀溪八景（清）	龙塘塔影、鹤岭松涛、尖冈坛坪、福海渔村、鲤潭垂钓、凤阁观帆、洲门夜月、沙岸潮声
26	功武八景	东岭松涛，石桥鱼跃；三山笔架，九曲连珠；慈岩古庙，鼓刹钟声；雁塔映潭，香潭映月
27	清远连州保安镇卿是村	庐太顶、笔架山、岗狮山、龙泉井、宏水岩、挂榜山、新庙、莨庙岩（龙泉八景）
28	增城高埔村八景	鹧鸪秋色、凤凰晚翠、蒲涧飞泉、石门清照、蓝山梅放、古庙钟声、横塘别墅（缺一景题）
29	增城腊圃古八景	唧湖春水、帽岭夏云、澄溪秋月、腊圃冬梅、石潭渔钓、山口樵歌、石营耕叟、高丰牧笛
30	增城腊圃新八景	报德春眠、浮岭夏云、澄溪秋月、腊圃冬梅、招贤翠黛、卧虎书声、高丰双桥、庐峒古坟
31	珠海斗门区大赤坎村潮居八景	黄杨天池、龙归清话、郊野畋猎、崖门烟雨、构亭对竹、熏风漫兴、春宵即事、中秋玩月
32	金瓯堡的大富堡	借山古寺、西岭石壁、金盏银盘、村心榕荫、蚁山公寨、南蛇扮路、马廊吊窦、百鸟归巢

（图表来源：作者整理。村八景的来源主要是笔者调研所得，部分是在村落祠堂中展板介绍，部分是记载于族谱村志中，由于"文革"使得各宗族的族谱遭到严重破坏，所以出处比较零散。一部分记载于方志中，少部分是村民口传。由于所调研村落以列入《中国历史文化名村》《中国传统村落》《广东省古村落》的为主，这些村落的文化大多在申报之时已被系统挖掘过，所以部分村八景资料来自网络。）

5.2.1.2 明清广州府村落景观集称文化的发生学诠释

在“八景记”“八景赋”中多有交代村落景观集称文化的产生缘由，“萧军顾而乐之，乃以其景之胜者命为八题。贤士大夫相继为之歌咏，而学士曾君棨既为之序，复以书来属予记之。”[①]“昔班孟坚谓赋为古诗之流，余于雅颂之音，既谢不敏。而所居乡落，四时气备，即景与怀，何能已已！况当海宇清平，花村宁静，嬉游化日之下所为，耳得成声目遇成色者，用濡三寸不律以为其幽致耳，爰序八景而为之赋其词曰”[②]。明清广州府村落景观集称文化也是遵循这样的逻辑产生的。村落景观集称文化的审美主体以士大夫、官宦、乡绅阶层为主，他们或在游历过程中对乡村的山水、田园、民居为之动情，或对生于斯长于斯故土的眷恋之情，纷纷开展村八景的评选活动，并题名、作记，为了扩大村落的影响力，可能还会邀请地方名流乡绅到此游赏，并吟诗绘画，以歌咏传颂之。

仁者乐山，智者乐水，这里的仁者、智者主要是掌握文字的士大夫、乡绅阶层。佛山三水区白坭镇村落景观集称文化创造与传颂的主体是地方乡贤。在明清时期三水地区文人雅士云集，为白坭镇评选了金溪八景、清塘八景、白坭八景，并取了优美的景名。如清塘八景“福圆绿荫、云谷丹泉、石顶春流、金洲晚渡、溪陵钓月、大陇排云、竹坞清风、峣山秀色”，金溪八景“谢恩瑞霭、狮带晴云、钓台夜月、莲社春风、虹桥绿荫、石凳清流、排石松涛、环溪竹翠”。这些景名优美押韵，便于记忆。随着白坭八景渐负盛名，甚至吸引了地方大儒到此赋诗题对。如岭南大儒陈白沙专门对清塘八景的“金洲晚渡”赋诗《舟泊金洲》和《晓枕过金洲》。地方官宦也参与白坭八景文化创造，如白坭镇清塘人陆宣，明天顺三年以书经举乡贡，作为地方乡贤为清塘八景作八景诗，如《大陇耕耘》《金洲晚渡》。梁鹤鸣白坭镇人，明万历元年乡试，历任闽县训阳朔县令、浔州知府，著有针对“钓台夜月”和“金洲晚渡”景名的《钓台》和《金洲山》诗两首。陆允馨、陆嘉士作为地方读书人，专门写有金溪八景的八景诗，即《钓台夜月》《狮带晴云》《莲社春风》《虹桥绿荫》《排石松涛》（陆允馨所写），《连社春风》《虹桥绿荫》《石凳清流》（陆嘉士所写）以及罗俨写的《石顶春流》等。可见参与村落景观集称文化创造的大多为地方儒士，或本地人朝为官的官宦，他们即使在外地为官也不忘为家乡景观建设奉献自己的力量。有的官员告老还乡，著书立说，为家乡的景观点评一二，将其中的名胜列为“八景”。他们都是地方上的精英，交友广泛、视野开阔，学识渊博，既有能力建构村落景观集称文化，也有能力请到地方名流到此写序，邀请骚人墨客吟诗作画。当然，有的村落景观集称文化的诗画皆由当地士人完成。比如番禺碧江

---

① 转引自付小红. 明清时期江西家族“小八景”的初步研究[J]. 南方文物，2005，02：43-47.（明）金幼孜，载同治十年刊《峡江县志》· 象山八景记。

② 《增城腊圃腊氏族谱》第十三卷，第2469-2475页。

图5-2-1　碧江金楼二十四咏铜壁画
（图片来源：作者自摄）

村的二十四景的铜版画以及其上的诗文皆为当地学者完成（图5-2-1）。令人遗憾的是，大量的村落景观集称文化的创作者由于名气不大，湮没于历史之中。但他们所创造的优秀文化与为家乡景观审美提升所做的贡献是不可磨灭的。

乡儒通过评选将村落中最具特色、最有意味、最具审美价值的景点纳入村落景观集称文化范畴。在明嘉靖《香山县志》录入了赵梅南的《潮居八景诗序》①写道："潮居山穷水尽之乡……游目之际，偶与意会，不书所见，使其物迹湮没，是林惭涧恧耳；因成八景诗以寄情志……并诗品题"②。其八景为"黄杨天池、龙归清话、郊野畋猎、崖门烟雨、构亭对竹、熏风漫兴、春宵即事、中秋玩月"。这八个景名内容虽然是个人情感的抒发，但题材内容主要反映的是村中山水、田园、狩猎生活。事实上，能够产生村落景观集称文化的大多数是经济富庶、文化底蕴深厚、自然环境优美的地区。这从根本上为村落景观集称文化的诞生、持续发展提供了条件。

村落景观集称文化在得到统治者的倡导后，成为包括乡村一级的全民性的审美活动，开展八景审美活动就顺理成章了。明清以降，明清广州府地区宗族村落发展迅速，乡绅在其中发挥着重要作用，他们积极地为村落文化的发展奉献自己的力量，为了对内增强村落的凝聚力以及对外宣传村落，人们积极地开展村八景的评选活动，并邀请地方名流士人吟诗作画。村落景观集称文化可以说是对人居环境的审美文化建构，可以提升村落的文化底蕴，以抬高族人的身份。所谓"地灵人杰""事以言传"说的就是这个道

① 赵梅南为南宋皇室后裔魏王八传孙赵怿夫的重孙，退隐于今珠海市斗门区的大赤坎村（潮居里）。

② 明·嘉靖《香山县志》录入赵梅南的《潮居八景诗序》。

理。景名简洁精炼，内容丰富，八景诗押韵、对仗，朗朗上口，便于记忆传颂，使之闻于世，传于后。

5.2.2 传统村落景观集称文化的景题特征

村落景观集称文化在景观“品题系列”[①]形式上与大八景极为相似，但在景观特征却有自己的特色。村落景观集称文化范围属于微观范畴，所以从根本上决定了不可能像“大八景”那样动辄名山大川、名人题词，光彩夺目。村八景代表着各个村落的景观特色，具有很强的标示性、地域性。村落是一个以自然山水、田园景致为底色的实实在在的生活场域，是村民日常行为的载体。因此，附着于村落上的八景有自然性、世俗性、生活性的特征，同时它又是地方乡绅阶层或游历至此的官宦或骚人墨客的审美之举，必然具有诗情画意、清新雅致的一面，表现了岭南文化“雅俗共赏”的审美特征，所以村落景观集称文化包括自然、人文、生活三个方面。

5.2.2.1 传统村落的自然景观序列

自然景观方面包括山水田园之格局与天时之变，表征为山水田园之美与天时之美。

1. 山水田园之美

明清广州府背靠五岭、面朝大海，其间水乡、丘陵、台地、山地呈阶梯状分布，没有任何一个村落可以脱离山水田园而独立成景。《管子·水地篇》记载：“地者，万物之本原，诸生之根菀也。”“水者，何也？万物之本原也。”山水田园是村落的大环境，是骨架，也是村落得以存在之本。山水田园不仅是村落的物质载体，同时也是人们的审美对象。早在典籍中就有“智者乐水，仁者乐山”（春秋·孔子《论语·雍也》），“非必丝与竹，山水有清音。”（晋·左思《招隐》），“山水，质而有趣灵……山水以形媚道，而仁者乐。”（南朝宋·宗炳《画山水序》）……所以中国的山水诗、山水画，田园诗、田园画非常发达，当人们创建“村落景观集称文化”时自然将山水田园纳入其中。“作为审美主体，诗人画家们凭着山水这个生态客体，展开了精神世界的丰富性：感觉、知觉、快感、美感、联想、想象、理智。山水，已成为人们由衷的生态追求，成为人们精神生活的重要组成部分。”[②]

从明清广州府的村落景观集称文化来看主要是以水乡地区为主，水文化特征非常明显，比如穗石村的“烟烽水月”“石台竞渡”“罟埗渔歌”，北亭八景的“海曲夜渡”“马

① 金学智．金学智先生的风景园林品题系列[M]．北京：中国建筑工业出版社，2011.
② 金学智．中国园林美学[M]．北京：中国建筑工业出版社，2005：153.

埗归帆”“水云晨钟”“亭梅冷雨”“渭桥烟雨”“孖墩蒲鱼”都是与水有关。频率最高且与水有关的字眼为水、渡、渔、海、帆、雨、鱼、涛、江、溪、桥、泉、流、洲、钓、涌、艇、滩、鲤、河、岸、塘、滨、潮汐、井、虾、泊、湾、蟹、池、潭、涧等。在笔者所统计的31个村，共262个景名中，直接反映水文化的有86个景名，占总景名的比例为32.8%。反映山之秀丽的景名明显少很多，共34个景名，占所有景名的比例为13%。出现的字眼也很单一：冈、山、岭、岗、台（图5-2-2）。而反映田园风光的景名更为稀少，统计为四处，即大陇耕月、东岸务农、南畔农忙、茶田吐翠。这与该区域农田大多为水田有关。田园风光之景多被纳入水景观系列，“八景”之“水景”的艺术地位和审美风格被凸显，这也是明清广州府村落景观集称文化的特色之一。传统广府村落的水景观是上天的恩赐，如果说山是骨架，使村落巍峨挺拔，那么水是血液，使村落灵动秀美。四季常青是岭南村落与北方村落的差异所在。北方村落进入深秋后，降水骤减，枯叶遍地，寒风萧瑟，大地呈一派寂寥之象，没有水的洗涤，呈污浊之态。相反处于亚热带的岭南广府村落水网众多，降水充沛。水能滋养万物，有了水村落就不会“枯”，一年四季林木葱郁、花木繁茵，可概括为绿茵之美。有了水，便能洗涤万物，村落就不易呈污浊之态，所以岭南广府的村落总是给人干净、清洁、明净之感，这可以概括为洁净之美。山不转水转，水是灵动的，“活”“流”“动”是水的审美特性，正因为这样的审美特性，村落中穿插的河涌、横塘相连，构成特有的水体景观，这些河涌水塘大多曲折有致，具有天然的“曲水流觞”之感。这可以概括为灵动之美。广府的“村八景”中，水是主要的景点，因此，绿茵之美、洁净之美、灵动之美也是对“村落景观集称文化”审美特征的高度概括。

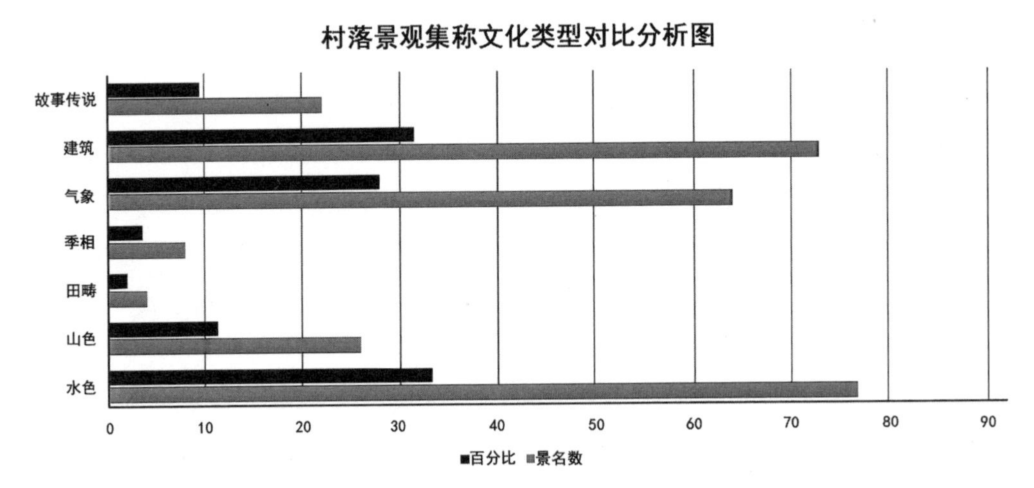

图5-2-2 村落景观集称文化类型对比分析图
（图片来源：作者自绘）

2. 天时之美

上面分析的山水田园是村落景观集称文化的实景，属“实有”部分，那么村落景观集称文化中无声、无色、无味、无形的“天时之景”则为虚景，属于“虚有”部分。虚景对于村落意境美的生发具有重要作用。“虚景”之于村落景观集称文化，相当于“留白”对于山水画。“论画者说：画之奇‘不在有形处，而在无形处’”（王显《东应论画》），“大抵实之妙，皆因虚处而生。”[①]说的就是这个意思。天时之景具有“虚”“流动”的美学品格。村落是一个由时间轴线贯通的空间，在这个空间中有春夏秋冬的季相之变，有晨昏昼夜的时分之变，也有阴、晴、雨、雪、霜、雾的气象之变。这些天时之变依托于空间，在时间中生发。景观集称文化历来将“天时之变”列为重要审美对象，也是村八景景观构成的重要组成部分。在笔者所统计的“村八景”中反映季相美的景名有13个，占总景名的5%，即亭梅冷雨（冬）、浮石春涛、石顶春流、莲社春风、古坞春秋、云阁春晓、香林避暑、石桥秋月、鹧鸪秋色、唧湖春水、帽岭夏云、澄溪秋月、蜡圃冬梅。出现最多的字眼是“春”字，共计8次；其次是“冷”“暑”“秋”各一次；“夏”未有出现，“冬”出现2次，即“蜡圃冬梅”“冬谷朝歌”[②]，但后者不是反映冬天，而是人文景观。反映时分之美的有36出处，占总景名的13.7%，常出现的字眼为夜、日、晨、昼、夕、月、曜、晚、朝、照、午、晓。反映阴、晴、雨、雪、霜、雾等的气象之美的有43处，占比16.4%，这里“时分之美”可以包括在气象之美中（二者有重合）。所以气象之美的景名有64处，占总景名的24.4%，其景象可以列举为晨旭、夕照、夜月、阴晴、烟雨、朝晖、返照、斜阳、春晓等（图5-2-2）。可见，明清广州府村落景观集称文化的“天时之美”中的“气象之美”被凸显，而季相之美，少有笔墨。这也是包括村落景观集称文化在内的岭南景观集称文化不同于其他地区的特色所在。岭南地区由于特殊的气候带、地理环境常年炎热多雨，四季变化不明显，但气候变化无常，阴晴不定，晨昏昼夜变化巨大，这样的地域气候特征在村落景观集称文化中直接得到反映。

作为反映“天时之美”的浮光、掠影、烟雨、晨雾、水声、月光、晚霞等虚景具有缥缈、轻柔、隐蔽、变化、流动的美学品格。这些虚景与田园山水格局等实景组合构成虚实关系。从村落审美活动的发生看，虚景“隐蔽”“缥缈”“寥廓”“幽邃”是变化不定的、朦胧的，给审美主体再创造和想象以无限的空间，诱发他们突破有限的时空限阈，进入无限的时空领域。同时，虚景具有美化实景的功用，通过“虚实结合取得生趣盎然的情趣、气氛、意韵，令人游目骋怀，心旷神怡，从而引发人们产生情感、哲理性

① （清）蒋和. 学画杂论。

② 据花都区港头村的村民说在旧时，每到收获的季节，村里的富商就推着鸡公车，挨家挨户向各租户收取粮食，鸡公车发出嘎吱嘎吱的声响，这形成了港头村一个独特的景观现象，遂被好事者誉为“冬谷朝哥”并列入港头村八景之一。

的遐想。”[①]这也是许多传统村落常常给人以诗情画意之感的原因之一。

5.2.2.2 传统村落的人文景观序列

景观集称文化之所以成为中国传统文化的精粹，就是注入了人文内涵。村落虽然规模小，但大多有着悠久的历史，必然留下一些反映儒、道、佛的信仰建筑、小品景观以及各种神话传说、名人轶事、重大事件。人们创造村落景观集称文化时，便有意识地将这些人文景观纳入景观集称文化体系中，从而强化、美化其存在的意义。

根据所统计的村落景观集称文化景名，反映人文遗迹的有113处，占总景名的43.1%。其中反映建筑的景名占绝大多数，有80处，占总景名的30.5%（图5-2-2），具有社学、亭台、桥、陶窑、道观庙宇、塔、钟、石凳、灶、奎楼、园子、楼阁、门楼、船坞、古道、井、祠堂、炮台等各类村落景观元素，几乎涵盖了岭南地区的建筑类型。比如海珠区小洲村的瀛洲八景中的“古渡归帆”“翰桥夜月”“西溪垂钓”“登瀛古渡”就属于建筑景名。小洲村是典型的水乡，村民出行主要依靠舟楫，当地流传着“水乡路，水来铺，出村入村一把橹”的民谚。在村北建有一个古登瀛码头，傍晚时分村民划着小船归航，若干小船汇集到码头，极富水乡生活气息，所以就有了好事者将这一景象凝练为“古渡归帆”。在小洲村的西部河涌上建有一座翰墨桥，村中历史上的卿官司马出资修建并命名，至今400余年。“翰墨”出自三国曹丕的《典论·论文》：“古之作者，寄身于翰墨，见意于篇籍。”“翰墨”二字既反映了历史上文运昌盛，也表达了村民对后世子孙书运亨通的期许。每当夜幕降临，村民都喜欢到翰墨桥闲坐纳凉，闲谈生活琐事，高论人生理想。桥下水流涓涓，两岸古榕婆娑，在撩人的夜色之下，树影斑驳，翰墨飘香，景色怡人，意境悠悠。“西溪垂钓”中的西溪指的是西溪祖庙，在祖庙外有一条河涌。据说西溪祖庙旁有一棵上百年的水蕹树，枝繁叶茂，榕荫遮天，有一位老者每天都到此悠然垂纶，故得名。

除了建筑景名外还有一些景名是反映神话传说、历史人物和历史事件的。这样的景名有26处，占比为10%（图5-2-2）。比如佛山松塘八景中的“古榕烟雨”一景就讲述了村中的历史人物——区玉麟。《松塘名胜纪》写道：“武庙旁古榕五株，合为一体……浓荫茂叶下可列座百人……乡邻往官山、省、佛者，至此恒为小住。前仁甫吏部（区玉麟）予告归里，每与村内硕彦耆老在此榕荫亭畔品茶，晤叙心数。往来行人其服薯绸拖绉代者，为之绕道，甘棠遗爱，此榕则遗威迄今。树下行人，忆及当时途靖，萑苻尤多，言之而追慕者。至昔人因此树蔽翳阴沉，立石树岩，供以香火，号曰‘鬼榕’，则荒谬甚矣。”在“古榕烟雨”这个景名的记述中不仅有历史人物，增强其文化的厚重

---

① 侯幼彬. 中国建筑美学[M]. 哈尔滨：黑龙江科学技术出版社，1997：285.

感，同时记录的“古榕”来历，也使之披上了一层神秘的面纱，激发人们无限的审美想象。小洲村的“登瀛古渡”一景是海上丝绸之路的一个缩影。广州作为清廷唯一的对外开放港口，成为当时海内外商贾云集的国际化商埠，现虽已没落，但历史的天空留给了后人无限的想象空间。

5.2.2.3 传统村落的生活景观序列

村落是村民生活的场域，村民的社会生活也属于文化景观的一部分。景观集称文化的形成虽与士人游山玩水、怡情养性有关，属于雅文化范畴。但作为“村八景”的审美主体除了士绅、官宦等知识分子外，绝大部分是农民。村落的人文景观根本上还是由生活在这片土地上的人们所创造，即使是被士绅选定为八景的人文景观根源上也是村民创造的，因此村落景观集称文化具有“阳春白雪”与“下里巴人”的双重色彩。在笔者调研的村落景观集称文化中许多是反映日常生活场景的内容，生活气息浓郁。

根据所调研的村落景观集称文化，反映社会生活的景名有45个，占总景名比例的20%（图5–2–2）。其词汇汇总如下：牧笛、竞渡、垂纶、渔歌、夜渡、归帆、晨钟、烟火、柴歌、昼市、钓月、耕月、樵歌、观鱼、敲钟、务农、渔家、垂钓、赏荔、农忙、樵唱、试茗、听莺、避暑、观潮、觞咏、朝歌、观帆等。这些词汇是对人们日常生活行为的描述，尤其是对农耕文化以及水乡地区渔业文化的直接反映。在中山市石岐城区东五公里的濠头村，其景观集称文化中的“涌桥夜泊”则是村前的濠头涌上，一座石桥横跨其上，河涌边停留有若干打渔或供交通之用的舟楫，场景甚是热闹，充满了生活气息。“鹅峰闻笛”则描述得是鹅峰山上一放牛的牧童骑在牛背上，吹着横笛，悠扬的笛声传向四方，韵味悠长。小洲村有着发达的河涌水系，独特的岭南传统建筑风格，小桥流水人家的水乡美景，果林飘香的生态园和延绵不绝的基塘风光，丰富多彩的民间习俗，以及悠然自得、质朴无华的水乡人家。这一切都是生活的真实反映，在瀛洲八景中必然少不了喧闹的、真实的、惬意的、世俗的美学品格。“古渡归帆”再现的是码头归帆的热闹场景，“翰桥夜月”表现的是夜晚村民在翰墨桥上聊家常的情景，“西溪垂钓”则是老者江边垂纶的画面，“孖涌赏荔”则是荔枝成熟之时，人们荡起双桨，划着小船到孖涌赏荔、品荔，“松径观鱼”是指村北的河堤岸上，遍植水松，水松笔直挺拔，形态优美，靓影倒映水中，水中鱼儿自由游弋，相映成趣，引来人们驻足观赏，“古市榕阴”再现的是小洲村历史上一个繁荣的墟镇，舟楫频繁穿梭于河涌，各地商人云集于此，互相吆喝，讨价还价，人声鼎沸，甚为热闹。

总之，村落景观集称文化涉及的场景由晨晓到夜幕各个时间段，既有忙碌的劳作场景，也有游玩的休闲情节。有老者树下惬意的闲适，也有孩童戏水、放牧的自由，也有大人为生活奔波等场景，从各个方面表现了乡村的真实生活。

5.2.3　传统村落景观集称文化的审美意蕴

一方面村落景观集称文化是村落审美文化的凝练，同时又是村落景观的营造手段，是对村落自然、社会、人文景观要素的挖掘、分析、解读、组合，最后进行提炼与概括，并引入诗、祠、画，以表现村落的意境美。村落景观集称文化作为一种景观营造手段，在形式上延续大八景的做法，但在内容上基于村落景观的实际情况，表现出因地制宜的取向，使得村落景观集称文化的地域特色显著。

村落景观集称文化可以说是传统村落景观的一种设计思维，也可以说是村落景观的审美机制。最后所呈现的“设计作品”即“某某村八景”，以及相应的八景诗、八景画、八景词。这种生产机制我们可以从形式和内容两个层面来考量。形式层面延续“大八景”的传统做法，以保证“雅”的美学品格，体现了“整体和合，直观体悟”的思维方式，描绘了“尚静隐逸，诗画桑梓”的审美境界，内容层面则立足于村落的自然、社会、人文的地域特色，恰当地表达村落的景观审美特征，彰显了“崇尚自然，以水为宗”的审美趣味。

5.2.3.1　整体和合，直观体悟的审美思维

景观集称文化是中国士人在与自然环境的交互过程中逐渐形成的一种文化模式。集称的数多为四景、八景、十景、十二景、十六景、二十四景、三十六景等，中国人对“偶数”的集称景名情有独钟，这里“集称数”绝非单纯的数字符号，而是渗透着特有的民族哲理、审美情思。其中“八”是传统文化中的典型代表。比如八卦、八方、八音、八河、八仙、八荒、八手、八斗、八难、八股、八面、八道、八代、八语、八嘴，与“八”有关的成语多不胜数[①]，“八”在中国文化中具有多、全、完整、泛指之意，但追根溯源是由中国传统文化中“整体和合的系统思维”或者“重直觉的整体思维”[②]决定的。景观集称文化采用“八景”来命名蕴含的营造思维，类似于现代建筑设计中的“整体观”。人们为了追求更加宜居优美的居住环境，往往进行景观规划，以改善视觉效果。村落景观集称文化是一种村落景观空间组织的手段。“乡土文士们对自然美改造增益，兴趣盎然的点缀山水，将本村的自然景观、人文景观、历史遗迹、民间传说等加以总结概括，形成‘四景’‘八景’‘十景’之类的景点序列。”[③]

---

① 席卷八荒；七足八手；才占八斗；八难三灾；正经八本；眼观四处，耳听八方；乌七八糟；威风八面；歪八竖八；四至八道；四通八达；四停八当；四荒八极；四通八达；三头八臂（同三头六臂）；三台八座；七纵八横；七子八婿；七支八搭；七言八语；七窝八代；七损八伤；七男八婿；七满八平；九江八河；八面玲珑；七拱八翘；眼观四路，耳听八方；五行八作；四衢八街；四时八节；十之八九……

② 黄鹤，唐孝祥，刘善仕．中国传统文化释要[M]．广州：华南理工大学出版社，1999：206.

③ 赵之枫．传统村镇聚落空间解析[M]．北京：中国建筑工业出版社，2015：78.

村落景观集称文化作为一种传统社会的景观规划营造模式，遵循中国传统文化的整体思维观，强调整体出发，大局意识，考虑局部，穿插细节。所以中国的八景景观布局多为在大空间内进行选点布景。强调主景突出，又重视配景的烘托，主次鲜明，整体有序，与画论相通。在宋李成的《山水诀》中说道“凡画山水：先立宾主之位，决定远近之形，然后穿凿景物，摆布高低。”历代羊城八景都是围绕着广州城而进行选点布局，这些景观的集合共同构成羊城景观意象。村落景观集称文化也是遵循这样的思维，以村民居住区为核心，根据周围的山水、田园、建筑、历史人物、典故等，凡是能代表村落某一方面的文化景观都选入八景之中，形成一个景观系统，比如佛山松塘八景事实上就是松塘村景设计的一个骨架,“三台献瑞”“九曲凝庥”从宏观上确定了村落的山水关系。“华岭松涛、横塘月色”“奎楼挹秀”则属于中观层面的景点布置，这五个景题很好地处理了整体形胜、主体格局、村落近景和远景的构景关系。而“桂殿流香”位于村心,“社学斜晖”位于村尾，“古榕烟雨”位于村落的入口。分别位于村前的重要位置。通过这样的远近与高低，宏观、中观、微观，中心与边缘的景名布置，使得松塘村获得了一个完整的景观意象（图5-2-3、图5-2-4）。这些景观系统是直观的、可感知的，并非抽象的，反映的是村落的自然景观、人文景观、生活景观，与人们的生活密切联系，这也是被广大民众接受的原因所在。

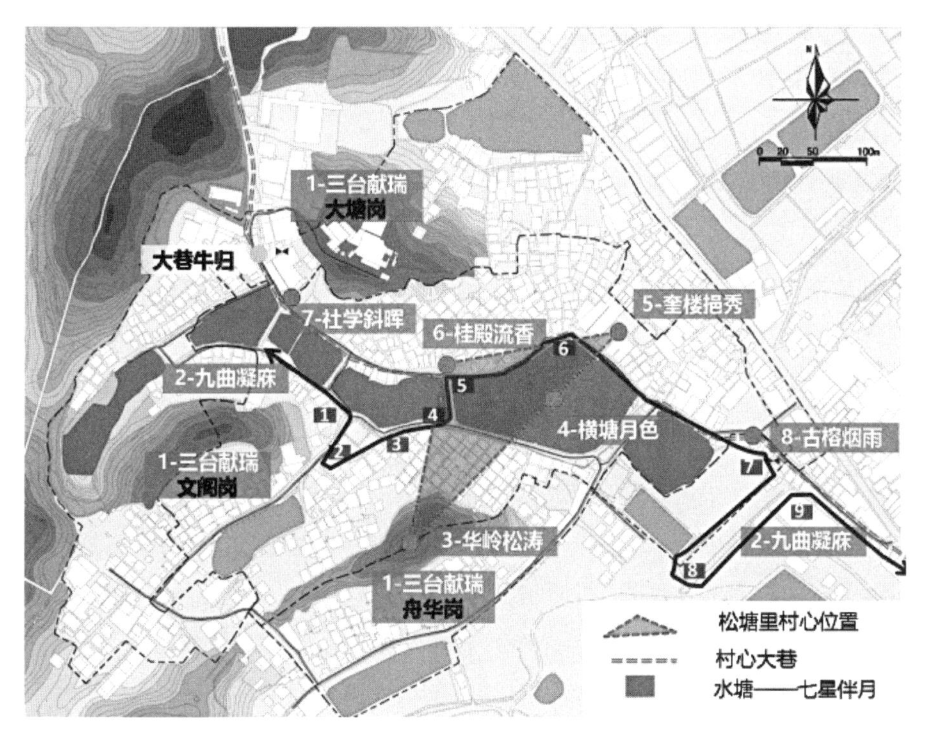

图5-2-3 松塘八景分布图
（图片来源：彭孟宏改绘）

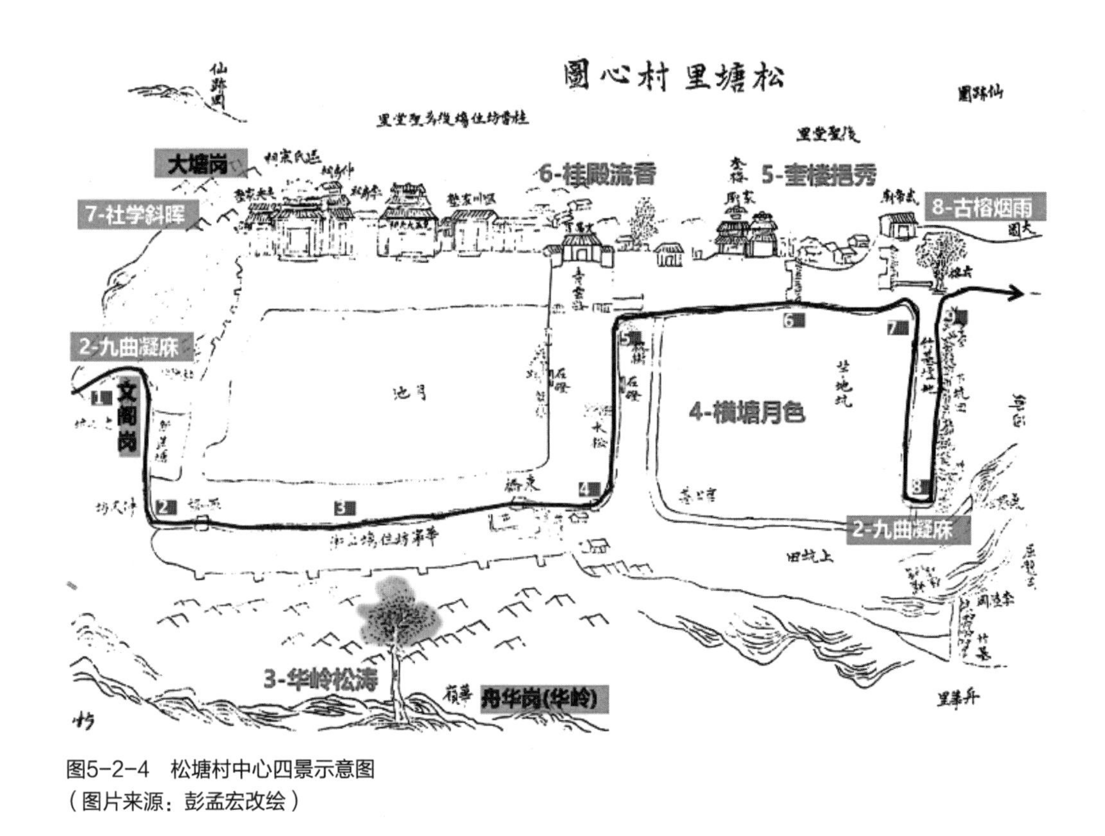

图5-2-4　松塘村中心四景示意图
（图片来源：彭孟宏改绘）

5.2.3.2　崇尚自然，以水为宗的审美趣味

村落景观集称文化源自古代文人在纵情山水时，赋予自然景致以人文内涵，偏重于在自然景观中取景。村落景观集称文化延续了这样的特征，偏重于自然山水田园景致。在岭南基本文化精神中本身就蕴含着“清新活泼，崇尚自然”①的特征。所以研究珠三角村落景观集称文化，崇尚自然是其重要的内容。南宋时期，岭南大儒陈白沙就提出“以自然为宗”的观念。“‘以自然为宗’的审美观要求契合自然之真、生活之真、性情之真，反对矫揉造作，晦涩烦琐，主张直抒胸臆，真切自如”②。村落之美贵在野趣、真趣。

村落景观集称文化中表现“以自然为宗”的审美观念主要是通过山水、田园来表达。在岭南的乡间文人十分重视借山水环境美化乡里。宋代理学家程颐云：“何为地之美者？土色之光润，草木之茂盛，乃其验也”。中国的诗画很早就把山水田园作为独立的表现主题。在村落景观集称文化的营造中，自然就形成了崇尚自然的山水田园模式，或者说是“山水住居”。珠三角背靠五岭，面朝大海，“山文化”和“水文化”分区显著。珠三角核心区以水乡为主，核心区的外延以丘陵、山地为主，大量的村落就分布于这样

① 唐孝祥. 岭南近代建筑文化与美学[M]. 北京：中国建筑工业出版社，2010：25-26.
② 唐孝祥. 岭南近代建筑文化与美学[M]. 北京：中国建筑工业出版社，2010：25.

的山水之间，村落就像从大地长出来的一样，表现了人们对自然的依赖和眷恋，彰显了天人合一、自然天成的传统美学观。“绿树村边合，青山郭外斜”，表现的是山水画境的唯美意境。“清池一泓，茅檐数椽，水木明瑟，地颇雅洁，又名小有余芳……女擎菜篮，儿修鸡删，种斜桥之杨柳，播乐府于村田”，则是对田园景致的描绘。这样的山水田园是自然的流露，是对乡土的眷恋，是对大地的回归，有别于私家园林中残月、枯荷的诗情画意，有别于西方巴洛克奢华享乐的价值取向，有别于陈家祠装饰烦琐堆砌的夸耀心理，而是以一种平常的心境去体验、感悟村落中寻常景致的意境。

在重视自然的前提下，珠三角村落景观集称文化的水文化色彩突出。在所调研统计的景观集称的景名中，反映水文化的占三分之一多。这与所统计的村落以珠三角水乡地区为主有紧密关系。景名中频繁出现的“水月”“渔歌”“夜渡”“归帆”“烟雨”“涌”“滩”“桥”“艇”“塘”“河”等词汇反映了珠三角村落浓郁的水文化特色。珠三角水乡的村落多临水（河、涌、塘）而居。河涌水系、缓丘小岗、村居建筑、人构成了村落的整体意象。村落景观集称文化强调景观的整体美感，其中以水景观为多、为精，所以珠三角村落的水文化是其灵魂之所在。

在禅宗文化的影响下，珠三角村落的水文化也有了禅化色彩。禅宗讲“性即自然”，禅宗要求归复到自然的状态，顺乎自然，存于本性，生存就是本性。禅宗的修行摆脱时空的限阈，主张在日常生活中即可修行，强调与自然和谐共生。所以禅宗虽然强调主观的觉悟与超脱，但却以自然性、世俗性、当下性、生活性为前提。在禅宗思想的影响下，珠三角村落形态往往临水而居，背靠山地冈丘。水为灵动之物，山呈静态之象，村落连接山水，村落的景观构成要素符合生活的规律，任何一处景观都与人们生活紧密相连，或是能满足村民的审美心理需求。村居、祠堂、古庙、河涌、古桥、榕荫、码头、池塘是村落景观的节点或斑块，构成村落景观的整体意象，这些村景往往也列入村八景中。典型的水乡村落景观集称文化主要位于珠三角的核心区域，如小洲村的瀛洲八景中的七景：古渡归帆、翰桥夜月、西溪垂钓、孖涌赏荔、崩川烟雨、登瀛古渡、松径观鱼、古市榕荫，烟桥八景的中的五景：长桥烟锁（图5-2-5）、水口斜阳、南塘夜月、北堑鱼游、沙潭天晓都与水有关。而这水不是单纯的水体，它与人们当下的世俗生活息息相关，水域成了村民生活中不可或缺的一部分。这里河涌水网纵横，村居位于河涌两侧，建筑青砖镬耳，飘逸灵动，小桥横跨于弯曲的河涌之上，水中小舟穿梭，画面感十足，生活气息浓厚，犹如马致远笔下的“小桥流水人家”。水是珠三角村落的血脉和灵魂，水使村落灵动生气，又丰富了村落的文化内涵，正因为如此，与村落有关的水景自然容易被士人、乡绅选入村八景中，形成特有的水文化。

图5-2-5 烟南村长桥烟锁
（图片来源：作者翻拍于烟南村壁画）

5.2.3.3 尚静隐逸，诗画桑梓的审美境界

魏晋时期，特殊的时代背景，形成了“高蹈遁世”的隐逸意识。官场失意的文人士大夫寄情于山水田园，表达自己遗世独立，归隐山林乡间的姿态。魏晋以来名门望族纷纷南下，他们将这种隐逸之风带到岭南，尤其是元灭南宋以来，许多皇族世家、王公大臣、士大夫被迫潜入乡间，主动退隐，终生未仕，其深厚的人文素养得以影响村落的景观审美文化的发展。珠三角村落景观集称文化深受隐逸思想影响。岭南偏于一隅，文化与中原地区差异巨大，这样的自然环境、文化环境更加容易触动乡间士人的内心情感，从而抒发一种貌似闲情野致之情，实则是无奈之感。这些隐居乡间的士人以晋陶渊明为榜样，模拟《归园田居》中的生活环境，创造属于自己的审美境界。

在所统计的村落景观集称文化中，常常出现垂纶、渔歌、归帆、敲钟、观鱼、樵唱、儒隐等关于山水、人文景象的意象，渗透着浓浓的“隐逸之情”。三水区白坭镇的金洲晚渡、溪陵钓月、大陇耕月反映的就是辞官归乡的士人陆宣的生活场景，陆宣把自己想象成划船的船夫、钓鱼的老者、耕地的农夫等。这样的景名内容正好描述了《归园田居》中的审美境界：“少无适俗韵，性本爱丘山……开荒南野际，守拙归园田。方宅十余亩，草屋八九间。榆柳荫后檐，桃李罗堂前。……户庭无尘染，虚室有余闲。久在樊笼里，复得返自然。”辞官回乡的陆宣脱离尘网、樊篱，认为回归山水田园是一种怡然自得的理想生活，可以尽情地纵情山水田园，尽享隐逸之乐，耕耘之趣。在这里“田园乡居”获得了“类园林”的特征。为美化家园，地方士人积极组织八景评选活动，为八景赋诗、绘画、作序，比如三水区白坭镇的清塘八景（表5-2-2）和金溪八景题诗（表5-2-3）。士人门隐居乡间，忙时躬耕于田园，闲时寄情山水，吟诗作画。村八景的评选以及八景诗的内容是乡间士人对理想生活的一种描述，是他们抒发情感的寄托。他们远离庙堂，隐居山林乡间，追求淡薄宁静的乡间生活。

三水区白坭镇清塘八景的景名及题诗　　表5-2-2

景名	景名对应的题诗	作者
金洲晚渡	扁舟一叶似仙槎，来往清津要浦涯。潮漾木兰过绝岛，江吞红日映残霞。青山两岸人临水，绿树孤村客到家。向夜白苹洲渚静，短蓬和月宿芦花。	陆宣
大陇耕云	二月氤氲遍九垓，陇头生事日相催。山前黄犊冲烟去，林下鹁鸪啼雨来。万顷湿光寒不散，一犁生意暖初回。明时欲睹尧天日，犹解翻身起草莱。	

（图表来源：作者整理）

三水区白坭镇金溪八景的景名及题诗　　表5-2-3

景名	景名对应的题诗	作者
虹桥绿荫	村外清溪曲带桥，云林烟树绿萧萧。行人共喜浓阴布，归鸟飞从别浦遥。细水流花穿晓岸，应龙拖雨涨春潮。何人万里新题柱，香雾淋漓玉蝀腰。	陆允馨
排石松涛	虬龙鳞甲倚天游，风卷涛声满小楼。入耳隐君怜雅韵，壮怀枚叔讶清秋。巢云野鹤惊残梦，吸雾鸣蝉不自由。可是伯牙千古调，宫商闲弄草堂幽。	
钓台夜月	一鉴寒光印碧川，石台风细水连天。芦花荡漾迷烟艇，鹤露翻飞点白莲。鸥梦静酣香稻岸，钓丝闲卷湿云边。渔翁自唱沧浪曲，不管乘除伴月眠。	
狮带睛云	碧笙如带倚云限，片片风光槛久堆。叠嶂远浮霄汉合，轻风微荡翠屏开。剪将玉女裁春服，飞入茅檐冷酒杯。最好落霞添补缀，怒狐天畔耸瑶台。	
莲社春风	百尺扶疏古木阴，千秋童冠共招寻。风前文酒丁年会，月下弦歌子夜音。桑柘影余归醉客，莺花春暖逗诗林。邀欢不用陶彭泽，莘野蟠溪共此心。	

（图表来源：作者整理）

村落景观集称文化在彰显士人隐逸之趣的同时，也美化了桑梓，创造了一个诗画的境界。基于农耕文明形成的审美观是浪漫的、自然的，基于村落景观集称文化创造的八景诗、八景画是中国文人创造的优秀文化传统，为营造或者强化诗画村居提供了一种模型。这些诗词绘画对村居环境的描绘虽然有臆想的成分，但他们必须是在村落实体的基础上所进行的高层次的文学艺术创造或者是对村落环境特色的凝练。“中国古代村落为传统耕读文化的产生与发展提供了现实的空间。文人们崇尚山林，常常陶醉于田园山水，把山水诗和山水画的意境引入村落营造，从而实现了村落与诗境、画境的统一。”①

① 赵之枫. 传统村镇聚落空间解析[M]. 北京：中国建筑工业出版社，2015：78.

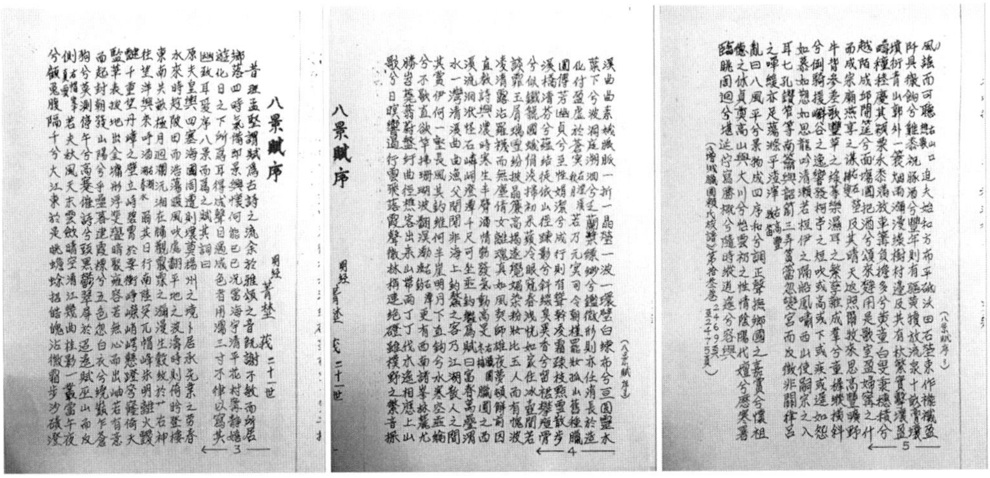

图5-2-6　增城腊圃村“招贤八景”赋序
（图片来源：彭孟宏翻拍《增城腊圃赖氏族谱》）

在珠三角的大多数村落，擅长诗画的士人或乡绅主导村八景的评选，并吟诗作画以提升村落的审美品位。

增城蜡圃村自然环境优美，人文底蕴深厚，历史上有不少骚人墨客为之吟诗作赋。自宋以降，腊圃八景都留有不少名人的诗句墨宝，蜡圃古八景（也称“招贤八景”）诞生于南宋咸淳壬申年（1272年），被认为是第一代乡村八景诗。古八景为：啷湖春水、帽岭夏云、澄溪秋月、蜡圃冬梅、石潭渔钓、山口樵歌、石营耕叟、高丰牧笛。在《增城腊圃赖氏族谱》中还专门写有《八景赋序》（图5-2-6）。地方文人赖德（字慕贤，清代增城痒生）专门针对腊圃村写有《八景联吟》：

浪湖春水绕长湾，帽岭晴云缥缈间。

腊圃冬梅香漠漠，澄溪秋月影潺潺。

石潭渔钓晴偏适，山口樵歌意自闲。

最是石营耕叟乐，高丰牧笛和歌还。

此诗把腊圃八景的景名、特点联合组成一首诗，意境悠远，韵味深长。除了八景联吟外，还有不少诗人对每一个景名题诗（表5-2-4）。

东莞中堂镇的潢涌村的八景诗[①]：

龟地宗祠挹旗峰，壮观双塔耸蓝空。

御赐侍郎双门邸，榕荫水月育村风。

庙梁报雨显神通，水色东江两不同。

潢水潮平中渡汇，渔头沙展兆官功。

① 本书编纂委员会. 东莞市中堂镇潢涌村志[M]. 广州：岭南美术出版社，2010.

蜡圃村招贤八景题诗　　表5-2-4

景名	腊圃村招贤八景题诗	作者
腊圃冬梅	凛凛寒威遍海涯，偶从腊圃见梅花。漫天霜雪何曾惮，单点尘埃更不加。 春信已随群蕊到，岁寒何用众芳夸。东风花柳浑醍品，惟如当为第一家。	陈谦益，增城洪武庚戌举人，任本县训导、教谕
	周遭落叶乱成堆，春色偏多腊圃梅。白凤依稀翔玉宇，美人掩映上瑶台。	赖屿，号璞斋，增城清代宿儒
石潭渔钓	百尺潭开天鉴浮，渔蓑矶石共悠悠。一竿风月芳村晚，数点芦花夹岸秋。 鹤有缟衣频入梦，鸥忘机事惯随舟。凭君莫活归周事，已分苍波对白头。	赖与子 增城腊圃人，宋宁宗时任增城县主簿
	澄溪临寝石，兀坐有渔翁。月下一竿竹，滩头几线风。 醉忘芦雪白，寒拥荻灰红。一任轩车吏，丝轮佐九重。	赖坚，字东塘，增城宣德年间人
帽岭晴云	长夏天边枕帽峰，五云点缀且重重。祝融缥缈层楼里，衡岳巍峨迭阁中。 赤日任教红似火，清阴长自转如蓬。时来霖雨应须降，四海苍生属望同。	张度 字景仪，元末举茂才，任高要教谕，明洪武四年官至吏部尚书
	多奇合事整衣冠，腊圃南山似下宫。随意嵯峨簪紫翠，无心变化集鹓鸾。 参天火伞张空盖，抱日黄龙绕碧盘。肯向辽东较清白，孤日娇娇四时看。	欧文衡 顺德秀才
山口樵歌	四壁山前拥薜萝，山中棋罢又如何。霞烟洞口斧斤晚，一线松风一浩歌。	不详
	盘式樵歌一并栖，虬松风动鸟声啼。秋蝉催日烟村晚，雾气带月归成霞。	赖廷拔，号讷斋，清代增城秀才
澄溪秋月	远浦归帆宿晚流，澄溪一带月光浮。风来水面长堤白，云敛天边四野秋。 倚棹渔歌声细细，翻澜冰镜影悠悠。新凉气序成佳况，古寺疏种到陌头。	赖澄瀚 增城清朝痒生
	澄江一带水悠悠，皓魄分明接素秋。园缺每从溪上转，清光常向水中流。 寒潭倒影吴公树，白露新零范子舟。幸际安澜无事日，好乘月舫到瀛洲。	赖天佐 号翼行，增城道光岁贡，恩赐举人，国子监学正
高丰牧笛	云峯连别麓，绿草带轻烟。牛背频吹笛，梅花乱落天。 龙吟长涧底，鹤唳晚风前。未尽南山曲，冰轮树杪悬。	赖坚 字东塘，增城宣德年间人
浪湖春水	浪湖春到水茫茫，千顷苍波不可量。红杏绿杨烟雨里，一年几度几春光。	赖俊 字两峰，正统时循州河源县令
石营耕叟	植杖西畴石作邻，昂藏古貌曦皇人。江花似笑草茵老，野鹤疑怜雪鬓春。 气象万千供柳眼，桑阴数倾寄浮身。圣朝宪乞征三五，知是幡然起有莘。	赖公衔，号醉心，清代增城人

续表

景名	腊圃村招贤八景题诗	作者
石营耕叟	自是招贤身外身，闲闲陇畔老精神。谁来北郭咨晴语，独对东南辨夜晨。 风送夏畦消伏暑，酒凭春社酌西邻。石营不遂沧桑变，留与年年植杖人。	欧文衡，顺德秀才

（图表来源：作者根据陈裕荣、钟雨晴编的《增江诗话》整理）

根据“潢涌八景”的描述，现在都还能找到相应位置。“文阁双塔”为上下两座文阁塔，“侍郎双门”为侍郎祖居，“水月下宫”为水月宫观音庙，“上庙栋梁”为上庙正中的大梁，“水色二江”为东江与增江合流后水的颜色，“滨江中渡”，即今天滨江公园别墅区对面出南海的渡口，“潮汐平流”，平流是潢涌村的地名，意思是潮水涨潮至平流，“渔头沙滩”指村口的渔头沙滩。

这些景名、八景诗、八景赋等文学艺术大多记载于族谱和地方志中，有效地增加了村落的文化品位和文学气质。此外，在调研中还发现一些村落保留有八景画。这里八景画是八景景名、八景诗、八景词等文学语言的形象表述。所以，从内容上来说仍然纳入文学艺术范畴进行讨论。这些八景画大都无法考证作者的具体信息，但通过八景画可以了解村落的历史发展状况。比如佛山逢简的刘氏族谱中（序言）记载的明代八景就绘有八景图。在竹涯山人李同赞书赞星野[①]先生的一篇文章中列出了逢简八景的景名，即南塘梅竹、明远清风、道院仙踪、石桥返照、东皋务农、西岸渔家、北基松鹤、埜策初日。通过相关诗文绘画的映衬，村落景观集称文化成为一村中的“名高”之物，具有塑造村落特色风貌的功能，可以美化桑梓，提高桑梓的美誉度，增强村民的归属感。（图5-2-7）总之，通过八景的评选以及对八景赋诗绘画的行为正好表征了士人、乡绅尚静隐逸、诗画桑梓的审美理想。

总之，村落景观集称文化作为景观集称文化的重要组成部分，是村落自然景观、人文景观相互作用的结果，是历代士人、乡绅精神追求、表情达意的寄托对象，其内容丰富，寓意深刻，形成了“寓情于景、融妙景于慧思的特点”[②]。对明清广州府传统村落景观集称文化审美特征的研究既是完善岭南风景园林美学体系的学术需要，也是开展村落审美活动的重要内容。

① 星野，名于襄，星野为其号，又别号蓬其。为逢简始祖之十世孙，其父丽川公，祖蓬壶公。星野，时人称之为“隐君子”或“隐逸君子”在族中声誉甚高，荣饮宾宴。

② 周琼．八景文化的起源及其在边疆民族地区的发展——以云南“八景”文化为中心[J]．清华大学学报（哲学社会科学版），2009（01）．

东皋务农

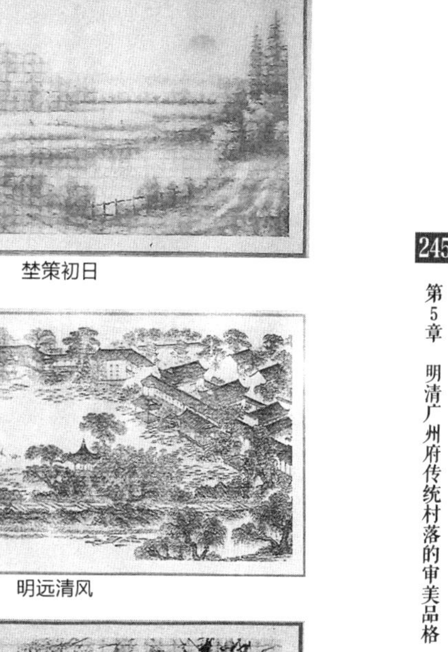

石桥返照

西岸渔家

埜策初日

北基松鹤

明远清风

道院仙踪

南塘梅竹

图5-2-7　逢简村八景图
（图片来源：作者翻拍整理）

5.3 传统村落建筑装饰艺术的文化精神

建筑装饰是各种艺术的载体，是最接近艺术的建筑部件，是最能彰显建筑的审美属性，是一地建筑审美文化之荟萃，它依附于建筑空间而存在，属于空间艺术范畴，蕴含着丰富的人文精神。

明清广州府传统村落建筑装饰作为岭南建筑装饰的重要组成部分，地域特殊，风格迥异，人文底蕴深厚。在水乡地区传统广府村落建筑的装饰主要集中体现在祠堂、庙宇等公共建筑上，装饰技艺精湛，题材的生活性、地域性特征显著，手法多样，体现了岭南特有的务实性、世俗性、享乐性特征，是广府地区传统村落建筑装饰的代表。广府侨乡村落建筑装饰则是借以近代以来中西文化交流的特殊时代背景下形成的一种装饰形态，由于借鉴了西方国家的建筑装饰元素与技法，呈现为新的装饰风格，其建筑装饰最典型的建筑类型为庐居（类似于别墅），表现为开放性、兼容性、创新性的特征。在广客文化交融区的村落，在建筑装饰技法上主要是延续了广府传统。客家村落装饰以素朴著称，许多客家建筑，即使是祠堂也少有装饰，但客家人重伦理、重教化，在建筑上重视楹联、堂号、牌匾的装饰，门榜文化较为发达，这一特点在广客交融区的建筑装饰得到延续。瑶族、壮族村落的建筑装饰性较弱，村落强调与自然环境的融合，其美学特征主要表现为自然之美、质朴之美。所以从整体上看，明清广州府传统村落建筑装饰是以广府建筑装饰为主，在侨乡地融入了外来的装饰元素，在广客交融区则是继承了客家的门榜文化。基于这样的分析，我们在对明清广州府传统村落建筑装饰的材料、工艺、题材分析的基础上，将明清广州府传统村落建筑装饰的人文精神凝练为“务实享乐”的审美情趣，“兼容创新”的社会心理，“崇文重教”的价值取向，“诗意乐生”的审美境界。

5.3.1 精细实用的审美情趣

明清广州府有临海之便，有着悠久的海外经商史，是海上丝绸之路的重要节点，海洋文化、商业文化十分发达。海洋的不可预测性，使得人们重视当下性，重视及时享乐。商业的重实利性，造就了广府人务实、理性、世俗享乐、豁达的品格，概括起来就是经世致用，世俗享乐。“主济人致世，不为无用之高谈论”，他们“追求生活的真实，注重生活的过程和意义，关心和需要的是现实和身心的体验，不停留在表面的矫饰和虚幻的风雅。”[①]不论是村落建筑的住宅区还是庭园[②]区充满了务实享乐的气息，这种将庭园区和住宅区融合的做法，“是将生活园林化，也是将园林生活化、世俗化。这种你中

① 赵文斌．岭南建筑环境文化观[J]．华中建筑，1997（03）：5-6.

② 庭院具有园林的色彩，故可称之为庭园，岭南庭园为中国三大园林之一。

有我、我中有你的处理，无疑提高了家居生活的质量，使人在寻常生活起居中，随时可以享受园林之美，体味游乐之趣。”[①]为了提高庭园区、居住区的审美情趣，人们依据享受、游乐的审美需求进行庭园和居住区的装饰。

从建筑装饰的工艺看，明清广州府的建筑装饰工艺可以概括为“三雕两塑一画”，即砖雕、木雕、石雕、灰塑、陶塑、壁画，具有浓郁的乡土气息。装饰的位置包括建筑的屋基、屋身、屋顶各处，庭园区主要是由后进建筑的前檐和前进建筑的后檐，以及左右廊或者左右墙体围合，所以庭园区的装饰最终也是落实在建筑实体上。屋基以石雕为主，兼砖雕，屋身的外墙体以灰塑、砖雕为主，内墙体以壁画为主，兼石雕、木雕、陶塑。梁架以木雕为主，兼石雕。屋顶以灰塑、陶塑为主，兼木雕。屋基、屋顶、外墙体以石雕、砖雕、灰塑、陶塑为主，内墙体、梁架以木构壁画为主，一方面是适应“湿热风”的气候环境，另一方面是装饰工艺内在属性使然。陶塑、灰塑、石雕、砖雕具有耐腐蚀、防潮防火的特点，运用于墙基和屋顶正好顺应了这样的特性，具体说石雕用作门框、柱础、外檐柱、月台、墪台、门枕石、墙裙等。砖雕用于墀头、漏窗、照壁等。灰塑低成本，可塑性强，耐风化，色彩艳丽，样式丰富，用于搏风、屋脊、檐墙等处。陶塑经陶土塑成所需形体后，经高温煅烧成型，多用于重要建筑的正脊、垂脊、望脊等处，以聚焦视线，并以琉璃瓦配套，显得富丽堂皇。木雕和壁画惧怕风雨，用于室内，是工艺本性使然。木雕有浮雕、圆雕、沉雕、镂雕、透雕、线雕、贴雕、通透雕等手法，使得梁架精巧细腻、玲珑多姿，有利于营造奢华享乐的环境氛围。壁画易于制作，从色彩、形式可以根据屋主人随意调配，能很好地美化室内环境，备受广府人欢迎（表5-3-1）。

装饰部位与工艺类型　　表5-3-1

<table>
<tr><th>位置</th><th>部件</th><th>工艺</th><th colspan="2">位置</th><th>装饰部件</th><th>工艺</th><th>备注</th></tr>
<tr><td rowspan="5">屋基</td><td>台基</td><td>石雕</td><td rowspan="11">屋身</td><td rowspan="5">墙体</td><td>墙檐</td><td>灰塑</td><td rowspan="11">1．建筑装饰工艺主要是“三雕两塑一画”，即砖、木、石雕（具体为浮雕、圆雕、沉雕、镂雕、透雕线雕、贴雕、通透雕）；灰塑有平面做、半边做、立体做三种做法；陶塑有贴塑、捏塑、捺塑、模制；壁画有山水画、人物画、花鸟画、诗词文章。
2．壁画主要位于室内屋顶与墙体交接处</td></tr>
<tr><td>柱础</td><td>石雕</td><td>搏风</td><td>灰塑</td></tr>
<tr><td>月台</td><td>石雕</td><td>墀头</td><td>砖雕/石雕</td></tr>
<tr><td>门枕石</td><td>石雕</td><td>头门中墙</td><td>壁画/木雕</td></tr>
<tr><td>墙基</td><td>石雕/砖雕</td><td>花窗</td><td>陶塑/砖雕</td></tr>
<tr><td rowspan="6">屋顶</td><td>正脊</td><td>灰塑/陶塑</td><td rowspan="6">梁架</td><td>梁头</td><td>木雕</td></tr>
<tr><td>垂脊</td><td>灰塑/陶塑</td><td>梁身</td><td>木雕</td></tr>
<tr><td>望脊</td><td>灰塑</td><td>雀替</td><td>木雕/石雕</td></tr>
<tr><td>封檐板</td><td>木雕</td><td>水束</td><td>木雕</td></tr>
<tr><td>镬耳山墙</td><td>灰塑</td><td>驼峰/驼墩</td><td>木雕</td></tr>
<tr><td>瓦面</td><td>陶瓦</td><td>檐梁斗栱</td><td>木雕/石雕</td></tr>
</table>

（图表来源：作者整理）

① 赵文斌．岭南建筑环境文化观[J]．华中建筑，1997（03）．

从装饰题材看，主要是与人们生活息息相关的瓜果蔬菜、古树林木、当地的山山水水、花鸟虫鱼，以及耳熟能详的名人典故、传说故事，这些题材源于现实生活、历史典故，是人们熟悉场景的再现，具有亲切、生动之感，能给人以美的享受，提升人们的生活情趣。陶塑通常是富户民居或者祠堂庙宇等建筑中普遍使用的装饰手法。陶塑主要用在屋脊和花窗上，花窗以格子纹为主，相对模式化，屋脊上题材丰富，形态多样。陶脊是“南国陶都”石湾民窑的特产，“集陶瓷艺术、建筑艺术与雕塑艺术三位一体的造型艺术。”①。由于是民窑极少受主流文化（官窑文化）的影响，其题材主要来源于可感的民间传说、花鸟虫鱼、器物纹案、粤剧戏曲等。熟识的生活场景，体现了民俗性、民间性、生活性的人文特征。陶脊的题材有各种历史故事，熟知的典故如“八仙过海”“郭子仪拜寿”“五子登科”“梁山聚义”等，反映了乡民的世俗理想。广府人喜爱粤剧，粤剧对广府建筑脊饰影响深远，通常采用折子戏的方式出现，生、旦、净、末、丑等各种角色、场景、道具一应俱全。花果蔬菜、鸟兽虫鱼是脊饰中一直使用的题材，通过形象、内涵、谐音表情达意，如莲花、梅花、白菜、荔枝、波罗、石榴等花木果蔬，喜鹊、鸭子、鱼儿、狮子等鸟兽虫鱼。器物纹案为次要题材，但也表征美好的寓意，如暗八仙代表长寿吉祥，花瓶和月季表示四季平安等。东莞中堂镇潢涌村的黎氏大宗祠头门正脊为陶脊。前正中脊部分刻画场景正是“梁山聚义图”，采用横幅画卷式构图，晁盖手持令牌坐于正中，左侧站立的是军师吴用，左侧有13个，右侧12个文臣武将，27个人物形态各异，栩栩如生。其背景为中西合璧的亭台楼阁，体量最高、最大，两侧建筑体量逐渐递减。在“梁山聚义图”的左侧刻有“光绪乙未”四字，右侧为“文如璧造”四字。“文如璧造”的右侧为“八仙祝寿图”，“光绪乙未”的左侧为“竹林七贤图”，在两图的上方各塑有鳌鱼一只。其下的脊座从左往右依次为卷草纹、暗八仙之渔鼓、蜡梅、麒麟、寿石、古松、牡丹、暗八仙之扇子、卷草纹。在正脊左右端的脊眼、脊耳题材一致。从左端脊眼部分看，“博古架”的右侧空洞中置一插有荷花的花瓶，左侧的上部置放两寿桃的盘子。在脊耳部分则是一个茄子。从黎氏大宗祠正脊的题材看，内容丰富多彩，生活气息浓郁，表现村民的各种世俗理想，如社会正义、美好品格、吉祥长寿等。（图5-3-1）

再以木雕装饰题材为例分析装饰的世俗性、生活性、享乐性特征。东莞中堂镇潢涌村黎氏大宗祠头进封檐板，从化区太平镇钱岗村西楼的“江城图”封檐板木雕是其典型。“江城图”反映的是广州珠江上行船、码头、埠岸、北岸城市商业建筑、闲暇生活、洋人杂耍，以及附近的山水景致、市井风情，具有生活化、商业化、娱乐化的美学特征，被誉为“广州珠江清明上河图”。（从左往右按顺序）左段主要是珠江及支流的自然

① 周彝馨，吕唐军. 岭南传统建筑陶塑脊饰及其人文性格研究[J]. 中国陶瓷，2011（05）.

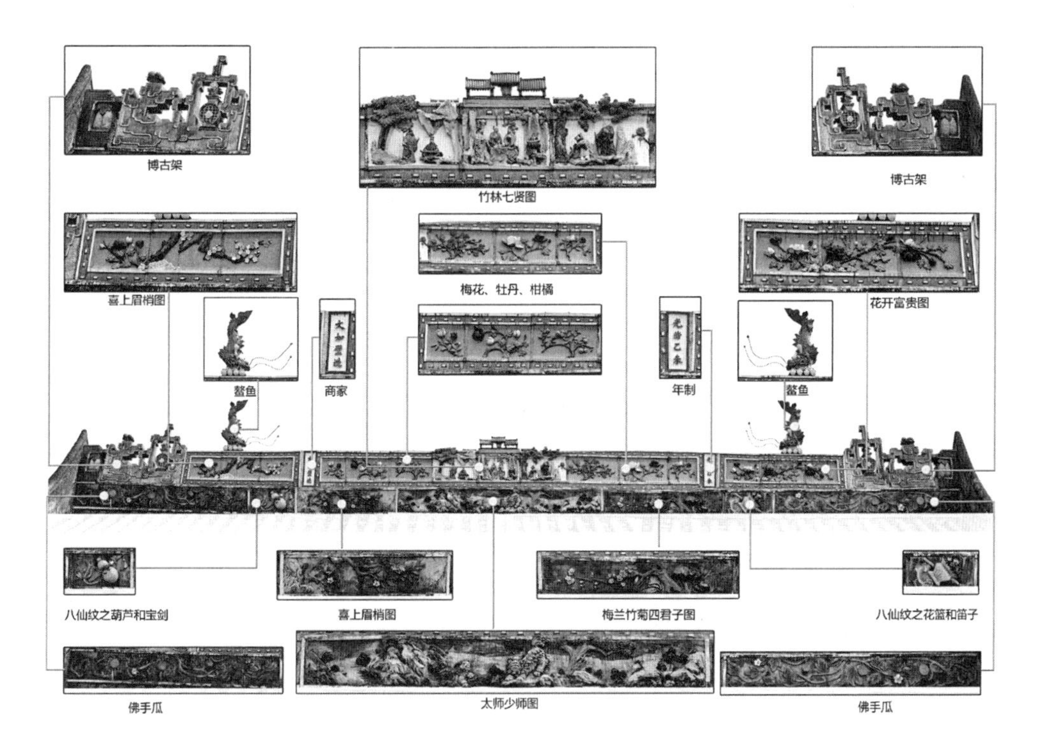

图5-3-1　黎氏大宗祠头门正脊
（图片来源：郭焕宇绘）

风情和人文风情，中段主要是珠江上的商业景象：大小船只27艘，船上各式人物24个，船上或划桨，或扬帆，或笙歌游乐，其中三角帆船上还有穿西服戴礼帽的洋人，堤岸上是繁荣的广州城的各类建筑：码头、商铺、城楼、亭台、炮台……众多的商铺中，3家酒楼的幌子迎风飘扬。右段跟左段一样是山林风光，山上有民宅5座，塔1座，山坡上一位穿西洋礼服的洋人与两兽作马戏表演。山上一樵夫肩挑柴禾。山下以农夫扛着锄头归家。往右一牧羊人在放牧。丛林中一人在吆喝一头猪。山下一人在赶两头牛……江城图描绘的是老广州各阶层真实的生活景象，层次多样，内容丰富，是一件具有历史艺术价值的风俗木雕（图5-3-2）。[①]除了陶塑、木雕之外的石雕、砖雕、灰塑、壁画在题材的选择上也是遵循这样的规律，这里不在一一列举。

广府文化是俗文化的代表，具有世俗性、务实性、享乐性的特征，位于庭园、住宅区的不同建筑装饰的工艺、题材内容正诠释了这种世俗文化的特性。通过选择具有地域性、生活性的装饰题材，表征村民的世俗、务实的审美心理，满足他们享乐的精神需求。

① 陈建华. 广州市文物普查汇编·从化卷[M]. 广州：广州出版社，2008：266.

图5-3-2 钱岗村西楼的“江城图”封檐板木雕
（图片来源：陈建华. 广州市文物普查汇编·从化卷[M]. 广州：广州出版社，2008：265.）

5.3.2 兼容创新的社会心理

岭南文化是以农业文明、海洋文明为根底，不断吸收中原汉文化和外来文化逐渐建构而成的，特殊的地理环境使得不同形态的文化在此碰撞交汇，使得岭南文化具有开放、兼容、创新、多元的特征。明清广州府的村落建筑装饰也表现出这样的社会心理特征。在明清广州府村落建筑装饰中既有反映古百越的文化基因和中原文化基因，也有外来文化因子。明清广州府建筑装饰的兼容创新是岭南文化的基本精神之一，尤其是到近代以来，呈现为积极主动的全面开放形势，这种兼容创新得到了淋漓尽致的彰显。

古百越文化在建筑装饰中的遗迹主要表征为巫文化和水文化。《汉书·郊祀志》记载：“粤人勇之言粤人俗鬼，而其祠皆见鬼，数有效。粤巫立粤祀祠，安台无坛，亦祠天神帝百鬼……”源于对大自然的敬畏，古越人处于恶劣的生存环境中，鬼巫之分盛行也是很自然之事。在敬鬼神的同时也表达了吉祥安康的追求。经过历史变迁，及多种文化的融合，百越文化形成有别于原有“巫鬼”信仰的新文化形态，并以建筑装饰部件为载体表现出来。在建筑的许多位置有奉祀各种神灵崇拜的小空间，以及表现鬼神存在的符号，比如在门口奉祀门神的香炉，正对大门墙壁上镶嵌的“泰山石敢当”碑，门楣上悬挂的“八卦镜”，门口抱鼓石上的日神和月神，进门口右侧专门供奉土地爷的砖雕壁龛等。还有在屋顶垂脊前端多置灰塑狮子。狮子是舶来品，但经过岭南化后，灰塑狮成了广府特有的装饰物。灰塑狮子全身多红色，鼓睛暴眼，昂首翘尾张口，形象十分凶猛狰狞，建筑装饰中较为普及应用。在对广府建筑装饰进行审美鉴赏时易引起审美

沙湾北村留耕堂牌坊的龙舟脊饰

潢涌村的陶塑狮子

北亭村青云门楼的龙蛇脊饰

潢涌村的鳌鱼装饰

图5-3-3 丰富的建筑脊饰
(图片来源：作者自摄)

注意的是造型夸张的龙舟脊、博古脊和镬耳山墙。这与广府发达的水文化有关。“越人以蛇为图腾”[①]，随着民族迁徙融合，其他地区的龙文化与越人的蛇文化融合，在发达的水文化基础上，孕育了广府特有的龙蛇崇拜。在建筑装饰上作为图腾的龙蛇十分显著。南越人“习于水斗，便于用舟”[②]，舟楫是他们的主要交通工具。将脊饰做成龙舟的形式也是能理解的。“疍人俱善没水，旧时绣面文身，以像蛟龙……称为龙户。”（《粤中见闻》）至今在广东沿海沿江仍然盛行龙蛇崇拜。基于这样的水文化背景，在建筑脊饰中形成了博古脊饰、龙舟脊（以及派生的卷草龙船脊）饰、陶塑狮子、龙蛇脊饰、鳌鱼饰（图5-3-3）。蛇、鱼、舟、卷草、龙成了常用的装饰因子。博古纹本为一种传统的装饰纹案，但严格上说是夔龙纹饰[③]，但他结合了博古架的形式，形成有别于夔龙纹的造型。所以博古脊根源上也是龙文化的反映（图5-3-4）。镬耳山墙是江南马头墙（风火山墙）与岭南水文化结合的产物。镬耳又称“鳌耳”[④]，鳌鱼为“龙头鱼身”形象，是龙和鱼的

---

① 吴庆洲. 建筑哲理、意匠与文化[M]. 北京：中国建筑工业出版社，2005：218.
② 班固. 汉书 · 卷64· 严助传。
③ 龙的早期形式，是以鳄、蛇为原型与玄鸟复合演化而来。夔龙期大体自仰韶文化、红山文化、大汶口文化、山东龙山文化，经商周延续到秦汉，以商周的夔龙为代表，参见王东，唐孝祥. 粤西南江流域传统村落与建筑的文化地域性格探析[J]. 小城镇建设，2015（08）.
④ 王东，唐孝祥. 粤西南江流域传统村落与建筑的文化地域性格探析[J]. 小城镇建设，2015（08）.

商朝夔龙纹

博古梁架

博古脊饰

图5-3-4　夔龙纹与建筑博古纹饰
（图片来源：作者自摄）

合体，所以镬耳山墙本身就具有“龙鱼”的象征。

明清，尤其是清中后期、民国以来，随着中国与世界的联系不断加强，外来的建筑装饰工艺不断传入国内，建筑装饰的异域色彩越加浓重。如彩色玻璃作为舶来品传到岭南，进入到民宅、祠堂等建筑中，并与中国传统的窗花装饰纹样结合，如梅兰竹菊、方胜图案，抑或与广府地区的瓜果蔬菜、鸟兽虫鱼等地域图案结合形成了具有中西合璧美学特征的满洲窗。在庭园的两廊的立面装饰引入西方的装饰手法，采用西方的柱式、拱券做法，柱式有圆柱，有方柱，出现三开间的连续拱券，檐部不再是传统的封檐板，而是向外突出的皮条线屋檐的上部类似于女儿墙的栏杆，栏杆中间的长方形空间置有若干陶瓷花瓶，从整体看，立面已经西化了，但两侧所填充的材料仍然是广府地区的水磨青砖，庭园的前后立面仍然延续传统的装饰手法。这样的例子如番禺碧江村金楼中的泥楼，屋主人有留学背景，归国后看两廊颓危，将其改为拱券柱廊，左边为三开间两方柱，右边为三开间两圆柱。可以说是“洋为中用”的代表。上文所说的潢涌村黎氏大宗祠的正脊上的“梁山聚义图”的背景建筑就已经融入了西洋的建筑装饰做法，这说明外来装饰元素已经纳入广府装饰体系之中。

类似在明清广州府的许多村落都会零星地存西洋装饰做法，但开放兼容性最强的、最典型还是在五邑侨乡地区。五邑地区存有大量著名的侨化村落，这些村落“经历了中外建筑文化由接触到冲突到融汇创新的全过程，最大程度地体现了近代岭南建筑的三大特征：中西合璧的时代特征、适合气候地理的自然适应性特征和兼容并蓄的文化综合性特征。”[①]新会、台山地区的华侨数量众多，在他们的影响下，村落建筑装饰呈现出了积极主动和全局的开放意识。在侨化的村落中有大量的骑楼、洋楼、别墅、庐居、碉楼、西式学堂等建筑。这些建筑的外在装饰形象多是来源于华侨居住国的建筑装饰元素。因此装饰形态呈现出五花八门、形态各异的特征。如古罗马式、巴洛克式、伊斯兰式、德国城堡式、新古典式、美国别墅式、中国传统式、中西合璧式等。这些多元的装饰形态表征的既是开放性特征。

在全面开放的基础上，兼容创新成为可能。这里的“创新”是建立在“折中中外，融合古今”的基础上的。这里从装饰材料、工艺，造型，题材内容展开分析。在装饰材料、室内陈设和工艺上既有近代工业化特质，又有传统的工艺印迹。钢筋、水泥、铸铁、彩色玻璃、瓷砖等装饰材料的大量运用，以及电灯、沙发、壁炉、卫浴洁具、新式橱柜、唱片机等室内陈设的引入。比如在墙面、地面上大量使用水泥抹面，也用水泥预制栏杆、柱式等。将水泥与传统的灰塑工艺结合，形成了“水泥塑”[②]。铸铁装饰多用于门、窗、栏杆、吊灯、壁灯等处。在装饰造型上大量使用西洋山花、穹顶、柱式、拱券、门窗线脚、几何纹样英文字母的同时，也不忘传统的建筑装饰元素，如飞檐翘角、盔顶、方胜屋顶造型，楹联、匾额、雀替、脊饰等，这些中外元素被工匠有意识地拼贴在一起，形成了新的建筑装饰风格。这种现象在台山、新会等地的村落建筑中大量存在。比如台山市端芬镇庙边模范村翁家楼群的玉书楼，整体看为一座西式别墅，但屋顶建有一个中国传统造型的亭子，柱子为红色，梁柱间施有雀替，屋顶为蓝色琉璃瓦。在别墅入口上方的门楣处的挑檐为传统做法，为半个亭子屋面，两条垂脊向外翘起，以蓝色琉璃瓦覆面。转角处的挑窗（俗称“燕子楼”）的顶部造型类似于故宫和天坛的一半屋顶（图5-3-5）。从题材内容来看，中国传统装饰题材十分丰富，有反映吉祥如意的，有反映世俗生活的，有反映历史文化的，还有田园风光的。当然也有反映西方风土人情的，如飞机、大炮、水手、轮船、现代城市形象、宗教等内容。出现最多的中国元素是匾额和楹联，如在巴洛克风格的山花中央署有楼名，如“某某楼”“某某庐”“某某居”等。山花和楼名以灰塑方式制作，字体常用传统的楷书、隶书、行书等，力求端庄醒目。有的还在门两侧悬挂楹联。这些对联有表达家族历史的，有祈求家庭幸福的，有表达国泰民安的，也有表达个人情操的。在门窗、檐部多选择“福”“禄”“寿”的字形题材，以及龙、凤、鹿、蝙蝠、铜钱等图案题材。入口屋顶与墙体交接的檐下位置为广府地区的壁画，有人物画、花鸟画、山水画、诗词书法等。

---

① 唐孝祥. 岭南近代建筑文化与美学[M]. 北京：中国建筑工业出版社，2010：138.

② 郭焕宇. 近代广东侨乡民居文化比较研究[D]. 广州：华南理工大学，2015：177.

图5-3-5 端芬镇庙边模范村翁家楼群的玉书楼——兼容性的装饰风格
（图片来源：作者自摄）

中外各种建筑装饰文化在侨乡建筑上的事实性存在体现为兼容性，虽然这种兼容具有模仿、符号拼贴、生硬组合的嫌疑，但它所呈现的形象确实有别于以往的传统建筑装饰，所以具有创新性特征。总之，兼容创新已成侨乡建筑装饰的时代特征。

5.3.3 崇文重教的价值取向

人们通常认为岭南文化以俗文化为主，雅文化不发达，人们重视商业开拓，弱化教育和文化。从调研情况老看，此观念有失偏颇。岭南人大多源于中原的世家大族，他们在发展商业，追求世俗享乐的同时也重视子孙的读书教育，并形成“雅俗共存”的审美文化格局。明清广州府的大多数乡村，通过多种教化手段既提升人们的学识素养，以便考取功名，光宗耀祖，同时引导他们明理养德，弘扬儒家的忠孝礼仪、灌输忠君爱国的思想。这样的文化精神在建筑装饰中多有体现。在传统广府乡村主要是通过“三雕两塑一画”中的题材以及楹联匾额的内容来表现崇文重教的，而在广客民系文化交融型村落装饰比较朴素，由于受到客家门榜文化的影响，主要的装饰元素是楹联匾额，故崇文重教的价值取向也主要是通过楹联匾额来表现。五邑侨乡村落装饰受西式建筑装饰影响较大，其崇文重教更多体现的是对西方文化、西方教育的模仿和学习。

广府传统村落的建筑装饰题材有相当一部分是对忠孝礼仪、忠君爱国观念的倡导，通过这样的题材教化人们。传统的儒家知识分子以正心、修身、齐家、治国、平天下为信条。反映这样观念的许多历史典故被广泛运用于建筑装饰中，如郭子仪拜寿、三顾茅庐、渭水访贤、韩信点兵、三国群英会、岳飞大战金兵、海屋添寿等。“郭子仪祝寿”题材广泛运用在木雕的封檐板上，砖雕的墀头上以及内墙的壁画等处。佛山顺德大墩村梁氏家庙金漆封檐板、东莞潢涌村黎氏大宗祠头进前檐金漆封檐板就是郭子仪祝寿

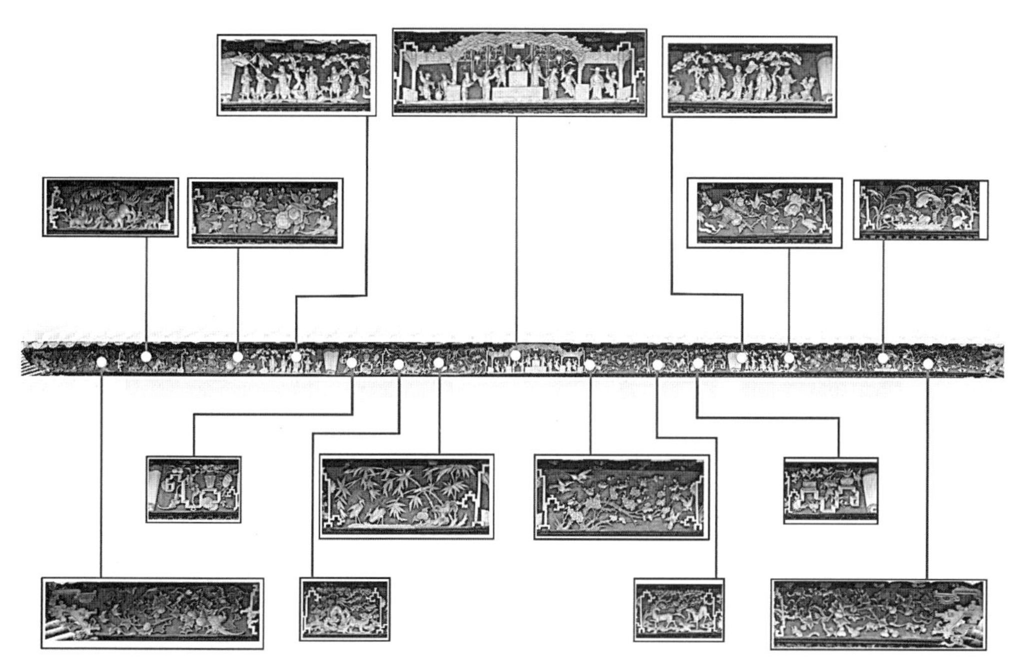

图5-3-6　潢涌村黎氏大宗祠头进封檐板
（图片来源：郭焕宇绘）

图[①]。黎氏大宗祠的头进前檐封檐板是木雕中的精品，木雕内容以郭子仪祝寿为主，分三个部分，中间反映的是室内场景，11个人物。左右两侧为室外场景，各5个人物。各部分之间刻有反映广府文化的题材，如太狮少狮图、牡丹凤凰图、年年有余（鱼）图、喜上眉梢、麒麟图、藤蔓绵延的南瓜和葫芦图等（图5-3-6）。这幅封檐板有反映忠君爱国的内容（儒家主流文化），也有反映广府世俗文化的题材（岭南地方文化），体现了广府建筑装饰的双重性格。"海屋添寿（筹）"也是祠堂、民居装饰中常用的题材。如顺德区杏坛镇上地村松涧何公祠中堂的前步梁，番禺区石楼镇石楼村西街陈氏宗祠头门的驼峰，顺德乐从沙边何氏大宗祠的檐枋梁均雕有"海屋添寿"图。祠堂乃是奉祀祖先，教化后代的场所，"海屋添寿"图是子孙表达崇宗敬祖的一种方式，同时通过举行敬祖仪式以及现场讲解，强化他们仁义礼智信的意识。

除了图案装饰外，楹联匾额是最能体现崇文重教的价值取向。楹联大多以镌刻、悬挂、张贴的方式置于于门框两侧、檐柱。也有的中厅所有柱子都挂有楹联，也有的在祠堂的中厅两山墙挂满了楹联。匾额主要挂于大门、厅堂正中的高处，显眼的位置。楹联匾额的每一个字都是高度凝练，文辞简练，又蕴含着深厚的文化意蕴。有草书、楷书、隶书等字体，是融书法艺术、雕刻艺术、诗文艺术于建筑空间之中，是文学艺术与建筑的焊接。这在明清广州府村落中是一个极为普遍的现象。现将东莞潢涌村黎氏大宗祠楹

① 郭子仪为盛唐时期杰出将领，文韬武略，忠君爱国，为大唐立下汗马功勋。郭子仪祝寿反映的他奉旨出征西凉，到边关，恰逢郭子仪七十大寿，他传令邀请敌将复验，寿宴上，他晓之以情动之以理说服敌将，化干戈为玉帛，边关得以修好。

联统计如下（表5-3-2），从该表可以看出楹联是广府村落祠堂建筑中常见的文化现象，而且从内容来看以追溯宗族历史，教化子孙后代为主。门、厅堂、柱各处置楹联有助于营造有意味的文化空间，同时成为教育后人的场所（图5-3-7）。现列举几处：深圳龙岗镇罗瑞合村鹤湖新居祠堂正屋写到“诗书礼乐继承先祖振家声（左），慈孝友恭佑启后人昭世德”，佛山三水区大旗头村振威将军家庙“威武南天，振兴粤海”，碧江村的职方第“诗书继世长，忠厚传家远”，新会区霞路村村口牌坊“路贯远白沙尚怀圭丽仿儒

图5-3-7 潢涌村荫后园左右亭子
（图片来源：作者自摄）

东莞潢涌村黎氏大宗祠楹联统计　　表5-3-2

位置	楹联内容	作者
头门	系出豫章由莞博而溯惠雷衍派支分雁序与凰溪并远 郡原京兆诞忠贤而联科举文经武纬鹏飞偕旗岭高标	清代前期 黎尤吉
	门对旗峰百代孝慈高仰止，祠环潢水千年支派永流长	黎溢海
中堂前柱	教孝教忠修以家永怀旧德，允文允武报于国式换新猷	黎溢海
中堂屏风	东衍黎宗名门望族大地钟灵家声远， 南姻秦裔世代书香华堂瑞气世泽长	不详
中堂山墙	祖祠重光螽斯蛰蛰千年旺，宗堂焕彩瓜瓞绵绵万代兴	不详
	精乃武美乃文百代子孙承懿德， 盛于明始于宋千秋频藻奉先人	杨宝霖
	忠传后哲代代文豪长显贵，孝继前贤时时武杰永留香	不详
	庆维新美轮美奂龙盘虎踞，歌盛世肯堂肯构凤舞蛟腾	黎屋围
寝堂前柱	祠庙饰新颜百代子孙长衍派，屏风开胜景千年宗德永流传	黎志诚
寝堂内柱	孔惠孔时介尔景福，以乡以祀赉我思成	黎溢海
荫后园东门联	荫庇族群千载盛，后承宗德万年青	黎桂康
荫后园长廊东联	日月韶光长临孰池，士人贤德永续斯人	黎胜仔
荫后园长廊西联	立德立言立功必先立志，修仁休禊修业必先修身	张铁文

（图表来源：作者整理）

宗，霞升登狮岭遥望崖门念忠烈”，新会区良溪村罗氏大宗祠头进楹联“蓢底肇鸿基，珠玑留厚泽”。良溪村被称为后珠玑巷，罗氏大宗祠的这副楹联言简意赅地阐释了前后珠玑巷的关系。与此楹联相呼应在祠堂的最后一进山墙上写到“发迹珠玑，首领冯、黄、陈、麦、陆诸姓九十七人，历险济艰尝独任，开基蓢底，分居广、肇、惠、韶、潮各郡万千百世，支流派别尽同源”。这两幅楹联讲述了村中各族的来龙去脉，同时也讲述了祖先迁徙的艰辛，告诫子孙要珍惜今天来之不易的生活，各宗支派流要同心同德团结互助云云。

匾额内容有堂号匾额、功名匾额、德行声望匾额以及门匾四种类型。堂号匾额如留耕堂、忠孝堂、光裕堂、敦本堂、穆远堂、敬思堂等。功名匾额则是将所取得功名或官位悬挂于中厅梁架间，功名如状元及第、榜眼、探花、进士、解元、会元、举人、文魁、武魁、贡生等，官位如内阁中书、工部主事、礼部尚书、某某通判、某某知府等。德行声望的如“德本”“竹苞”“松茂”“文章御史”“宝树流芳”等。这里以沙湾北村的何氏大宗祠为例分析。头门为“何氏大宗祠”，牌坊的正面为“诗书世泽”，背面为“三凤流芳”，进入中厅有三间四排匾额，从左到右，第一排为：“工部主事”“户部员外郎（左次间）”“忠孝传家（明间）”“内阁中书”“武昌府通判（右次间）”；第二排：“武进士”“武魁（左次间）”“进士”“进士（明间）”“进士”“文魁（右次间）”；第三排：“族盛家荣（左次间）”“大宗伯（明间）”“□□（右次间，字不清）”；第四排：“文魁”“文魁（左次间）”“□□”“象聚堂”“□□（明间）”“文魁”“进士（右次间）”（注：“□□”为字不清）。祖厅为“留耕堂”。在沙湾北村的何氏大宗祠包括的匾额的四种类型（图5-3-8）。“何氏大宗祠”为门匾，“留耕堂”“象聚堂”为堂号匾额，“诗书世泽”“三凤流芳”“忠孝传家”“族盛家荣”可以归为德行声望匾额。这些匾额内容深厚，有颂祖的、励志的，对于教化子孙起着很大的促进作用。镌刻于牌坊上的“诗书世泽”“三凤流芳”说明了何氏宗族对读书的高度重视、人才辈出。“诗书世泽”是何氏宗族历代在诗书传家的基础上建立的功业成就，并以之激发后辈发奋读书的热忱，“三凤”指北宋政和五年（1115年）兄弟三人何棠、何栗、何矩同中进士，时称“何家三凤、花萼交辉”，何栗荣登状元，封翰林学士，为徽宗驸马，官至副宰相，兼中书侍郎。其蕴含的传统文化、历史典故时刻启迪着激励着后世子孙。

在广客民系文化交融型村落也主要是通过楹联匾额来彰显崇文重教、明理养德的价值取向。虽然客家人以“耕读传家、崇文重教”闻名于世，但由于远离客家核心文化圈，经济较弱，定居历史短，多为孤寒小姓的杂姓村落，其建筑装饰极为朴素，最引以为豪的门榜文化也不及广府核心区。比如像龙门县永汉镇王屋村历史上人才辈出，多人考取功名，其文祐王公祠仅正门有两幅楹联：五世启鸿基，三阳开泰运；乌巷灯花灿，槐堂桂花香。二进为屋顶悬挂“出德堂”，三进为“福寿华堂”，四进为祖堂。他主要是

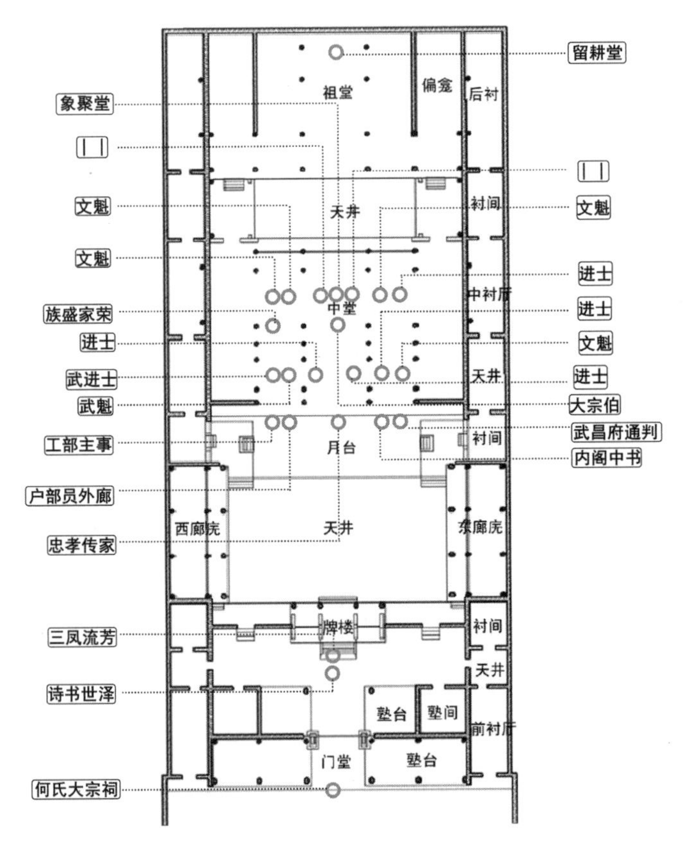

图5-3-8　沙湾北村何氏大宗祠牌匾分布图
（图片来源：作者自绘）

通过营造一种宁静、肃穆的空间，让子孙感恩祖先。“出德堂”体现了族人对德行操守的重视，也是一种教化的方式。我们是否可以认为客家的崇文重教已经内化于心，外显于形，并不需要通过装饰来表达，这有待进一步挖掘。

5.3.4　诗意乐生的审美理想

广府文化具有“雅俗共存”的特征，广府传统村落建筑装饰历来重视与文学绘画的结合，“意味着在物质性最强的建筑艺术中，掺和了精神性最强的艺术要素。”①人们通过在墙体上题诗文、绘壁画，在门、柱、横梁等处悬挂、张贴、镌刻楹联匾额等文学绘画题材，既可以美化建筑空间，又可以状物、言志、抒情，强化建筑的人文意趣，升华建筑的审美意蕴，彰显广府村落建筑诗意雅致的一面。

首先从建筑装饰壁画说起。广府传统建筑装饰技艺为“三雕、两塑、一画”，一画即是“壁画”。在广府传统村落中，壁画是最具特色的建筑装饰内容之一，“表现了岭南

① 侯幼彬．中国建筑美学[M]．哈尔滨：黑龙江科学技术出版社，1997：289.

文化丰富多彩的内涵，且数量众多，是我国历史壁画文物中一个重要的类别。它同表现佛教文化的敦煌壁画和表现皇家贵族文化的中原古代墓葬壁画一样，具有自己独特的民间文化特色”[①]。这里将广府民间建筑壁画与佛教壁画、皇室贵族墓葬壁画相提并论，可见其具有的历史地位。这些乡村中的壁画多为当时本地的职业画家所绘，具有传统国画的特征，又有岭南的文化特质，“是当时广府乡绅阶层普及传统文化和道德教化的重要工具，是晚清广府民间社会大众文化的肖像，从一个侧面表现出广府化的历史状态。”[②]在广府乡村有如此众多的壁画是罕见的，这也侧面说明了壁画形式和内容在广府具有重要影响。壁画内容以传统经典题材为主，其形态直观，内容具体，是当时社会、经济、文化等方面的直接反映，是研究村落史、村落美学难得的图像资料，其内容之丰富是“三雕两塑”无法比拟的，这些题材内容除了能对乡民普及传统文化知识，进行教育引导外，也是乡绅士大夫诗意乐生生活审美情趣的反映。

广府建筑壁画主要位于祠堂、庙宇，重要民居的头门、侧廊，中厅的内墙与屋顶交接的位置。题材多为古代家喻户晓的神话传说、人文典故，有反映饮酒作乐、吟诗作画、逍遥快活的道家隐逸之风的，有反映耕读传家、诗书礼仪、科甲取士的儒家传统的，有反映岭南山川风貌、水域景致的地方风物，有行、楷、隶、篆等各种书法形体写就的诗词散文、民谚警句、醒世良言等，有梅、兰、竹、菊、牡丹等传统国画的常有题材，有狮子、喜鹊、金鱼、仙鹤、龙、锦鸡等祥禽瑞兽。画中有关于绘画内容、作者相关信息的题词、题诗、落款等信息，用笔讲究清新绚丽，层次分明，线条圆润流畅，与岭南庭园风格接近，俨然一副传统的国画形态（图5-3-9）。壁画有单幅画也有组合画，单幅画由画心、画框、小品组成[③]。组合画是由若干不同题材的画组成。建筑的头门隔墙上方正中多为人物画，两侧配以诗词书法，形成一幅长卷的组合画。白云区江高镇两上村邝氏宗祠、太和镇太源村扬浩徐公祠的头门皆是组合画。邝氏宗祠头门的组合画内容丰富，是为典型。（图5-3-10）

概括起来，从壁画的题材内容看，有人物画、山水田园画、花鸟画、诗词书法画四类，这四种壁画虽然形式、内容上有巨大差异，但他们共同反映了广府人诗意乐生的审美境界。广府建筑壁画中的人物画多是以老百姓喜闻乐见的历史、传说、典故为题材，从化区太平镇燕颜村陆氏大宗祠上就是竹林七贤图，从右上角的款识可知，该图于1868年由石文瑞所画，并赋诗一首：山水绿回竹一林，中藏茆屋缘云深。趣若有心皆作者，风流千古仰知音（戊辰岁，要邑，石文瑞题）。“竹林七贤”是晋代的七位名士（阮籍、嵇康、山涛、刘伶、阮咸、向秀、王戎），他们“弃经典而尚老庄，蔑礼法而崇放达”，

① 黄利平，王成晖.《广府传统建筑壁画》编辑手记[N]. 中国文化，2013-12-31（011）.
② 黄禾平. 晚清广府壁画——广府文化的肖像[J]. 中国文化遗产，2015（03）：90-93.
③ 谢燕涛，程建军等. 胥江祖庙的壁画艺术探析[J]. 华中建筑，2014（07）.

图5-3-9　松塘村壁画
（图片来源：作者自摄）

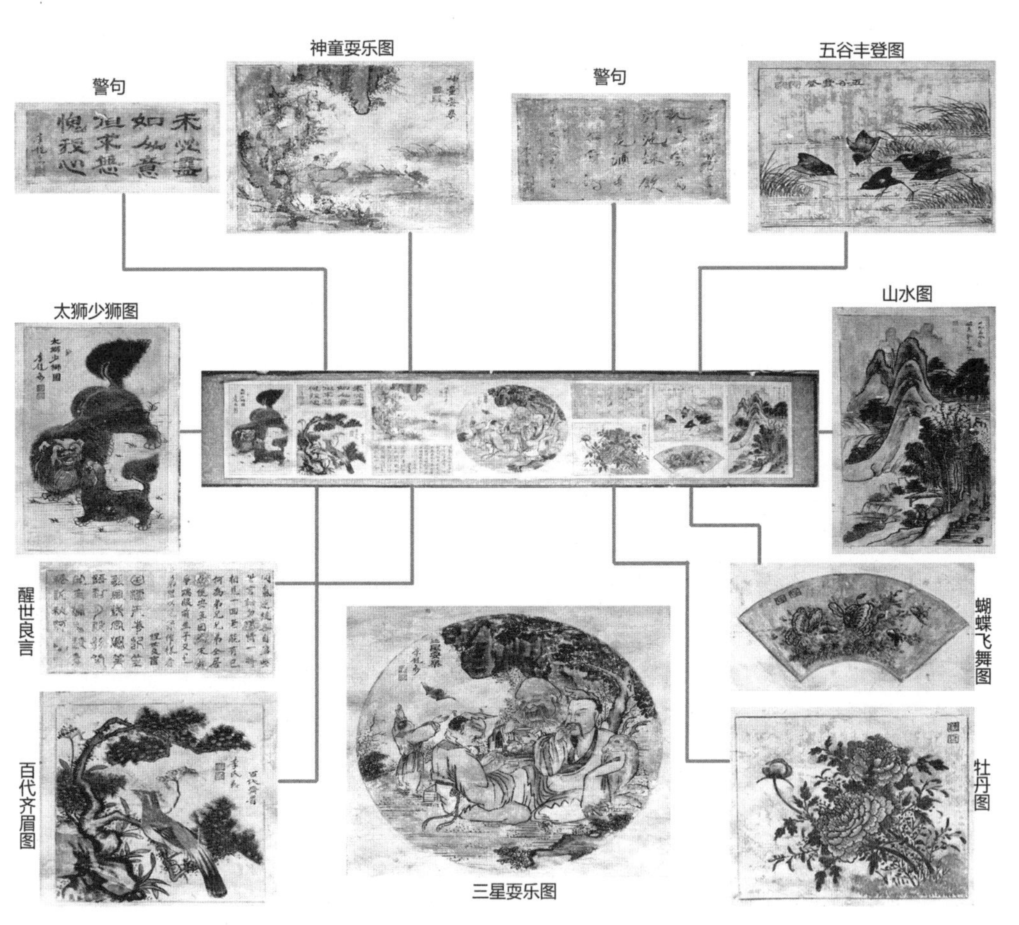

图5-3-10　组合画：白云区江高镇两上村邝氏宗祠
（图片来源：作者整理）

寄情山水，徜徉于竹林之间，以诗酒为乐，表达了对当时朝政的不满。从石文瑞在宗祠上的绘画赋诗看，也是表达了对当时朝廷腐败，内忧外患的国情的无奈，只好秉承古代士人“达则兼济天下，穷则独善其身”的理念，做一个乡间隐士，追求诗意的生活。在天河区长兴街道周总理视察岑村纪念旧址，有一幅“秋饮黄花酒”图，表达的也是类似的情趣，该图由杨瑞石于1884年所绘，其款识：陶渊明素性爱菊，九月九日静坐于东篱，时郡守王公知其故遣白衣人送酒与之，陶得酒采花赏之。类似的题材还有如东坡赏荔、渊明归庄、商山四皓等。以石文瑞、杨瑞石为代表的地方乡绅或知识分子，既能绘画又能作诗，他们通过壁画的形式表达向往古人诗意的生活境界。（图5-3-11）

广府建筑壁画中的山水田园画多位于侧廊、内山墙顶部、穿插于头门隔墙之间。壁画秉承传统山水画的精髓，以山川、河流、石头等为主要内容，其中少有人物肖像，强调人对宇宙生命的体验，主张人的自由乐生，追求厚重的情思。具有道家的无为、禅宗的意境，并以诗文、题名提供鉴赏指引。当我们在品赏这些山水田园壁画时常有“远上寒山石径斜，白云深处有人家”“绿树村边合，青山郭外斜”“明月松间照，清泉石上流”的唯美意境之体验。番禺石楼镇茭塘东村表黄海公祠的山水画位于侧廊墙，由于侧廊墙顶有斜坡，整幅画呈菱形。作者为清末广府著名的壁画家杨瑞石。在提款处题有王维的诗《山居秋暝》：空山新雨后，天气晚来秋。明月松间照，清泉石上流。画家通过壁画的形式勾勒了广府某个雨后的山村秋景，整幅画卷给人于清新、宁静、淡雅，再配

从化区太平镇颜村陆氏大宗祠：竹林七贤图

天河区长兴街道周总理视察岑村纪念旧址：秋饮黄花酒图

图5-3-11　人物图
（图片来源：作者整理）

以《山居秋暝》的田园诗，更加渲染了山青云淡、万物空灵之美。从化区太平镇上塘村羽善西公祠头门隔墙上的一幅方形的山水画，画中远处的山在云雾笼罩下，朦朦胧胧，近处古木林荫，以及雾气笼罩的河流，整个画面如仙境一般。在左上角题有“远观山有色，近看水无声”（作者周恒山）的字样，明确点化了其诗境内涵。（图5–3–12）山水田园壁画数量多，质量高，这里就不一一列举。将文学与建筑焊接是中国传统建筑的一种特有现象。其中诗词书法是广府建筑壁画上不可或缺的装饰题材。其中诗词多是精选中华诗词宝库中的经典，并以唐宋诗词为主。书法则有隶书、楷书、草书、行书、篆书等。但总体上相对于山水画和人物画，诗词书法较少。珠海区新滘南路上涌村梁氏宗祠，于1913年由梁锦轩采用隶书书写的李白《清平调》：云想衣裳花想容，春风拂槛露华浓。若非群玉山头见，会下瑶台月下逢。黄埔区萝岗街萝枫坑村青紫社学则是1909年由张寿田用行草书写王维《酬张少府》：晚年性好静，万事不关心，松风吹解带，明月照弹琴。黄埔区长洲社区下庄村金花古庙于1876年由杨瑞石采用行书书写程颢的《春日偶成》：云淡风轻近午天，傍花随柳过前川，时人不识余心乐，将谓偷闲学少年。广州市花都区狮岭镇西头村玉山林公祠于1841年由杜柏洲采用篆书书写王建的《十五夜望月寄杜郎中》：中庭地白树栖鸦，冷露无声湿桂花。今夜夜明人尽望，不知秋思在谁家。（岭南弄岩山柏洲居士偶临）（图5–3–13）。通过不同书体的运用，选用一些意境悠远，富有诗意的诗词作为书写对象，增强了建筑的意蕴美。

以上人物画、山水田园画、诗词书法更多表现的是“诗意”的生活态度，而花鸟画则通过寓意、谐音等手法彰显乐生的生活期冀。以花鸟虫鱼、祥禽瑞兽等为对象的画称之为“花鸟画”。广府人生活中凡事讲究“兆头”。花鸟画中处处体现好兆头，反映生

番禺石楼镇茭塘东村表黄海公祠

从化区太平镇上塘村羽善西公祠

图5–3–12　山水田园图
（图片来源：作者整理）

珠海区新滘南路上涌村
梁氏宗祠《清平调》

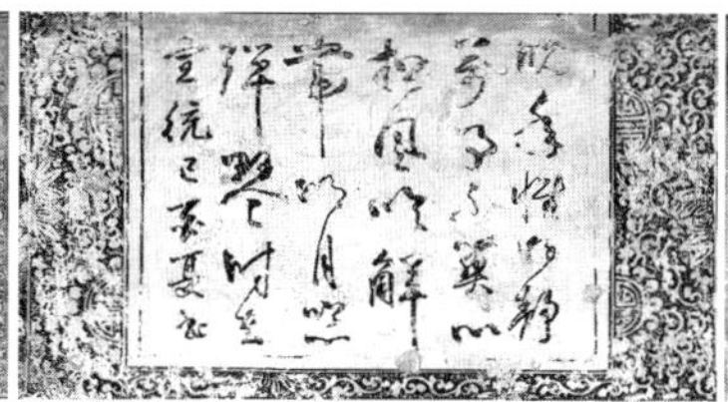
黄埔区萝岗街萝枫坑村青紫社学《酬张少府》

黄埔区长洲街长洲社区下庄
村金花古庙《春日偶成》

花都区狮岭镇西头村玉山林
公祠《十五夜望月寄杜郎中》

图5-3-13 书法
（图片来源：作者整理）

活，关乎人事。比如一只喜鹊站立梅花枝头，称之为“喜上眉梢”，就是将喜鹊的特性与人们对喜事的期盼结合，取意“喜事连连”。这样能发挥“识于鸟兽草木之名”的科学认知作用，又有“夺造化而移精神遐想”的精神怡情作用。如此通过花鸟虫鱼、瑞兽的审美活动，提升人们的精神生活。番禺沙湾镇三善村神农古庙和花都区赤坭镇莲塘村卿品骆公祠有“太狮少狮图”。古代有太师、少师的官职，“大”与“太”谐音，“小”与少谐音，“狮”与“师”同音，故大狮子称太师，小狮子称少师，这里寓意世代高官厚禄，子孙瓜瓞绵绵。还有“蝙蝠”寓意幸福美满，“鹿”谐音“禄”等等均是表达对美好生活的向往。在建筑壁画中通过对类似的题材的选用，以表现“乐生”“崇生”“贵生”的生活态度。（图5-3-14）

此外，在门、柱、庭园等处悬挂张贴、镌刻楹联题对等文学题材，也对村落建筑的审美活动提供导引功能，具有美化建筑空间、提升建筑意趣的作用。海珠区小洲村简氏宗祠的左右小庭园墙上分布赋有“闲看秋水心无事，静听天和兴自浓。云影秋山书画

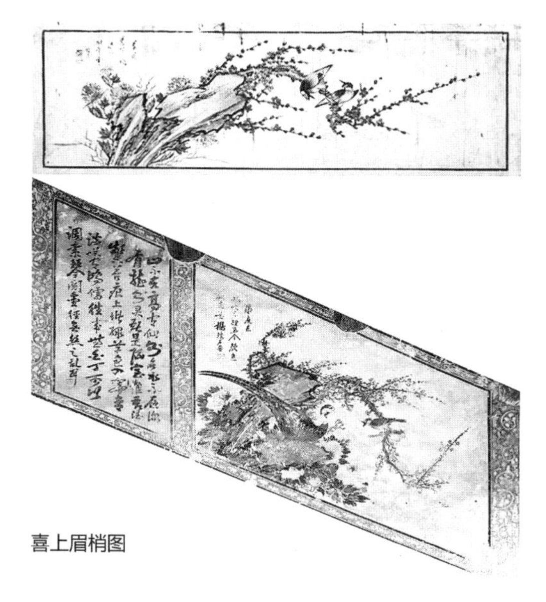
喜上眉梢图

太狮少狮图

图5-3-14 花鸟虫鱼、祥禽瑞兽图
（图片来源：作者整理）

禅，松风水月皆诗意”。番禺碧江村金楼的“三兴”门上对联为“江天景泰月重明，碧江钟灵花在艳”，金楼的“揽月”亭对联为“月影浮光映大千，抱微吐翠杨天宇”。楹联题对具有诗词精炼的格调，又有诗的高度凝练的特点，并蕴含深邃的理趣，在村落建筑审美活动过程中，有利于引发审美主体的审美想象，进入诗画境界。楹联题对“自身还是书法、雕刻的荟萃，集文学美、书法美、雕刻美和工艺美于一身。”①同时，楹联题对还与“三雕两塑一画”中的文学、诗词相结合，既是对建筑的画龙点睛，又为村落审美主体提供了有效的审美鉴赏指引。（图5-3-15）

可见，人物画、山水田园画、花鸟画、诗词书法、楹联题对等装饰内容是广府传统村落极为常见的装饰题材。这些装饰内容不仅仅是一种文学、绘画艺术，而且承担着一定的教化功能，包含着丰富的社会价值，现了人们诗意乐生的审美趣味。

海珠区小洲村简氏宗祠的左右小庭园

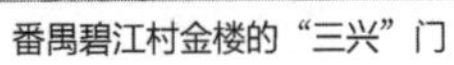

番禺碧江村金楼的“三兴”门

碧江村金楼的“揽月”亭对联

图5-3-15　文学题材：张贴、镌刻楹联题
（图片来源：作者自摄）

① 侯幼彬. 中国建筑美学[M]. 哈尔滨：黑龙江科学技术出版社，1997：296.

5.4 传统村落非物质文化遗产的审美追求

传统村落由物质文化遗产和非物质文化遗产共同组成。非物质文化遗产在表现人们的情感、精神层面有内在的优势。在经济发达、文化昌盛的传统村落通常是集萃式的综合艺术空间，包括像景观集称文化这样的文学艺术，装饰这样的空间艺术，也有如民歌、戏曲之类的时间艺术。时间艺术最大的特征就是在空间中随着时间的推移而呈现，并随着时间的流逝而消失。明清广州府传统村落中的时间艺术内容主要是节庆游娱活动中出现的飘色、孔圣诞等巡游活动以及粤剧、曲艺等粤乐。

5.4.1 游艺：务实享乐的审美心理

在明清广州府乡村至今保存着名目繁多的游艺活动，这些游娱活动大多伴随着节庆或游神活动。在节庆中衍化出许多有地方特色的游艺活动，如各种“出色”和舞龙舞狮。这些游艺活动表现了明清广州府人务实性、享乐性的审美特征。

佛山市松塘村是明清广州府传统村落的典型代表，有着丰富多样的特色民俗游娱活动（表5-4-1）。这里以飘色巡游为例。在子、午、卯、酉年的正月初四松塘村都会举行盛大的飘色巡游（图5-4-1）。在整个巡游过程中，伴随着杂剧、粤乐、舞蹈、游行、魔术、戏剧等表演艺术的发生。这个活动通常是在村落空间既定的游线中开展，属于民俗性很强的时间艺术。大年初四这天各坊村民集中到关帝庙前掷杯决定“出色游行”次序，每个坊的“出色”都有一个靓仔抗着写有坊名的牌在前面引路，在出色后面依次为社稷神、关帝爷、北帝神、华光大帝、文昌帝君五个神像。神像后则是舞龙、舞狮，鼓乐队则穿插其中，坊中的其他族人紧跟其后，这样依次组成各坊的出色巡游队伍。整个“出色”队伍结集好后，来到区氏大宗祠，从这里出发，首先围绕村中的池塘巡游一圈，其次分别巡游每个坊，最后游遍整个金瓯。这样的巡游具有娱人和娱神的双重功能，一是营造一种欢乐、祥和的气氛，表达生活的美好，也是取悦神灵，求神灵保佑族众的表达。

在松塘村人们十分重视子孙的教育，专门建有供奉孔子、文昌、魁星的文庙，并在每年的农历八月二十七日这天举行“孔圣诞”游娱活动（图5-4-2）。孔子乃万世师表，斯文在兹，是科考教育的象征。族众子弟每有考学，必来祭拜，祈求保佑。“孔圣诞”由族中有德行的长者主持，在孔圣庙前上香以致敬，随后百名身穿汉服的小学生诵读圣贤文章，其次为当年考学成功的大学生、硕博士生颁奖，接下来是到场的年轻学子“谒孔圣庙，步青云路，登翰林门，成翰林学士”，绕村心池塘一圈，接着到区氏大宗祠学习国学。整个过程庄严肃穆。通过这样的仪式表达出村民对子孙成才的期盼。广府的广州、佛山、三水、新会等地都有类似的活动，即旧俗中的“破蒙”礼，只是学子不再穿

松塘村特色非物质文化遗产列表　　表5-4-1

时间	名目	内容
子、午、卯、酉年正月初四	飘色巡游	三年一届，彩色的长“飘”凌空撑起，设坛建醮，酬神演戏，锣鼓声喧，鞭炮不断
二月初二	土地诞	用糯米粉，杂以番薯、白芝麻等物料做成汤丸状叫“茶蛋”，以油炸熟，拜祭土地之神——土地公，祈求一年风调雨顺，五谷丰登
四月初八	闭墓	家家做“栾茜饼”拜祖
六月二十四	武圣诞	由村民捐款集资，请来粤剧戏班演出，酬谢神恩。平时闲日，村民早晚都上炷香：祈神庇佑，国泰民安
七月初七	乞巧节	村中姑娘除了拜“七姐”外，还造出各种手工艺品，也有选取家中收藏的珍古之物，在大祠堂摆设陈列，比拼才艺
七月十五	盂兰节	设坛建醮超度亡魂之举
八月二十七	孔子诞	到孔圣庙拜祭孔子，祈求孩儿读书聪颖，事业有成。当日“千年松塘孔圣庙，今日学子聚翰林”；“拜孔圣人，走青云路，过翰林门，领翰林利是，成翰林学士”。奖励当年考学成功者
九月二十九	华光诞	坊民集资演戏，以表敬奉之情

（图表来源：参考胡龙霞，郭焕宇，刘兴东. 广东省古村落：松塘村[M]. 广州：华南理工大学出版社，2015：103-118）

图5-4-1　松塘村出色巡游
（图片来源：松塘村提供）

图5-4-2 松塘村孔圣诞
（图片来源：松塘村提供）

秀才服，而是改穿汉服或博士服，通过对孔子行三拜九叩大礼、朱砂开智、敲钟鸣志、诵读圣贤书等仪式，以迎合家长望子成龙的世俗心理。

关于各种节庆中的游艺活动在明清广州府还有许多，如华光诞、武圣诞、土地诞等这里不再一一赘述，但这些游艺活动具有娱人和娱神的双重功能，体现了世俗性、享乐性的审美趣味。

5.4.2 粤乐：雅俗共赏的审美趣味

粤乐在广府乡村至今还广泛流传。随着粤乐的发展，近些年在珠三角的乡村建有众多“音乐厅”式的“私伙局”，比如东莞的中堂、虎门，中山的小榄、沙溪番禺的南村、钟村等，这些“音乐厅”有效地丰富了村落的精神文化。粤乐包括粤剧、曲艺等在内的艺术形式。作为一种精神性极强的艺术，能有效地反映明清广州府传统村落的审美品格。关于粤乐审美品格的探讨众说纷纭，究竟是世俗的，还是高雅的，至今无定论。

从粤乐发生的历史与场所来看，它依托于一定的实体空间，而这个实体空间不需要富丽堂皇的音乐厅，可以是民居的厅堂，也可以是村头巷尾，田间地头，是乡间人们喜闻乐见的一种艺术形式。人们通过粤乐来享乐消闲，来调节精神生活。虽然粤乐是时间艺术，随时间的流逝而消失，但村落中会留下许多粤乐的空间，比如榕荫广场、河涌水埠，村民在这些空间唱乐，消遣时光。所以从粤乐在村落中发生的场所来看，具有平民性特征，这种平民性也是一种乐生的生活态度。从粤乐的内容上看，也反映了平民的乐生态度。比如《赛龙夺锦》《鹏程万里》，分别表现的就是老百姓生活中的普通场景和世俗的心态。《雨打芭蕉》《平湖秋月》表现的则是自然场景,《步步高升》《娱乐升平》《渔樵问答》展现的是世俗的生活情趣，以及对美好生活的向往。所有的这些都展现了乡民一种世俗的态度。

虽然岭南文化的特征讲求世俗性，但粤乐既有世俗性的一面，也因为创作者的文化艺术修养较高，故而也有“雅”的一面。今天粤乐已经走过了营利性的兴盛时期，他的受众面正在急剧收缩，主要以“私伙局”的形式得以延续，是业余爱好者的挚爱，强调非功利性，是一种自娱自乐、自我消费的形式，类似于明代士大夫阶层的“清赏”。“简而言之，就是在酒宴雅集上或家庭内，依托家班、家乐、曲社进行的演唱活动”[①]。粤乐优劣的评价标准为是否有“韵味”，不仅对粤乐的形式内容要求雅致，而且对于承载的空间也要求格调，以适应这样的雅趣。如番禺沙湾古镇的“沙湾广东音乐馆”“三稔厅”，作为粤乐的承载空间，异常雅致（图5-4-3）。

总之，作为时间艺术的游艺、粤乐既是明清广州府传统村落落审美文化的重要组成部分，也是传统村落非物质文化遗产的重要内容。作为村落中精神性极强的元素能比较集中地表现明清广州府传统村落务实享乐的审美心理和雅俗共赏的审美情趣。

沙湾广东音乐馆

馆内正在演奏《雨打芭蕉》

沙湾三稔厅沙湾三稔厅

三稔厅内部空间

图5-4-3　沙湾广东音乐馆与三稔厅
（图片来源：作者自摄）

① 何滋浦. 粤乐寻源·辨踪[M]. 北京：世界图书出版社，2015：123.

附录

附录1：从化区太平镇钟楼村《钟楼记》原文

窃念钟楼之作也，非一朝一夕之谋，其由来者久远矣。然而安土重迁，类多游移姑待。而及毅然迁之，人因起而议之，谓迁地弗能为良，往往如是。况吉本无多，生今之时，倍难于古昔也。从邑僻处偏隅，龙行未往，水走如飞。若东若南，散龙擘脉；若西若北，蝉翼分枝。其中聚之场，久为世家巨族。凤院一乡，邑人称最，旧址不归，新基安择？智乎愚乎？不待辩而知之矣。吁！志趣暨殊，趋朝自异，人情之不可强同也，不独此事为然矣。试备言之：恭维我十五世凤台祖生三子焉：长字诰君，次字纪君，三字彩君。长留凤院居住，次三徙于城东。约传四世，长三之子若孙，已无传矣！唯我纪君太高祖一房，论粮仅堪糊口，计丁只得廿（nian）余。由是观之，安得迁者非，而不迁者是哉？仆方弱冠，叹前代之流离，见今时之孤弱，不觉忧从中来也。时虽负笈从师，未免分心学地。披阅青鸟白鹤之经，研究黄石青囊之秘。星霜屡易，梦寐不忘。内得诛心，外征诸世。祸福验如桴鼓，吉凶间不容发。而知东华之不可久居，迁侨之志切，择地之心专焉。

夫生于斯，长于斯，熟悉于斯，一旦弃如敝屣，其何故哉？盖里内仅弹丸，居者姓有八九，前后左右，地属他人。显有困难，更视亵形。而欲其有发越也，断断难矣。此议曾于伯前父前言之，亦谓不谬，第未卒以举事也。呜呼！未几父也伯也相继辞尘，众昆弟自具肺肠，诸事为各存意见。所谓和衷共济者，又何可得乎？丁艰服阕，结砌父坟，朝思夕思，见见铺毡甚广，可作阳基，俯察九之，私心窃喜，惧即生焉。何也？此名家巨族，公众之业也。缘木求鱼，得无类是？而乃人谋天合，可借一枝。重金不惜，局外莫解何为；启齿良难，局中却有成见。虽然得地固难，而成功尤难言，今念及此，耿耿不能成寐也。率成俚句二章：从邑开弘治，行将四百秋。生财无大道，自古叹穷愁。紧急数千金，莫知哪出寻？还须勤于俭，敬谨候天心。遂与弟商量，往复是以此举也。宛如大将行军，而为破釜沉舟之策，竭力倾囊，有进无退。弟曰：唯唯！默运心思，时有胸中楼阁。绘其模范，不啻地面堂厅。方以庇财更始，适遇妖氛腾。咸丰甲寅（1854）之浑蜀也，举世仓皇矣。滔滔皆是，难挽既倒之狂澜；娇娇不群，端借中流之砥柱。数月城池恢复，远近闾里粗安。夫何一波未平，一波复起，未审肃清何日。反复思维，纵迟之又久，未必万全之策，日引月长，利钝更难逆睹也。

不以见机而作，乘间图功。丙辰秋末，丁巳春初。窑筑两处，工集百人。运材于水于陆，刻刻关心；程工有重有轻，时时顾虑。精神独运，顿望几度春秋；心力并营，罔知备尝辛苦。戊午兴建，乙未告成。围墙工竣于庚年，进伙原居于戊月。

回溯初迁，今已九载。问居处之奚若？想人事于今兹。男女丁添十口，国课米长数升。次男业经进痒，举家亦皆处顺。来者未可知，往者乃如斯矣。是果天眷在斯乎，抑亦地灵致之也？旷观秀拔之龙，重重沙卫；静看朝迎之水，处处源归。灵光毕照于内，生气团聚于中。发祥有待，积善宜先。心为先天太极，斯言诚当三服也。

嗟乎哉！白驹过隙兮日月逝，花甲有二兮何所利，最恨山川名胜兮未览游，犹幸适情不远兮当门第。屋靠青山，郁郁者苍松畅茂；门环玉带，漪漪者秀竹婆娑。看不尽南亩之桑麻，听不完西园之诵读。春花秋月，无限诗情；净几明窗，尽多逸致。餐加不尚佳肴，蔬园可采；客至虽无兼味，埘桀堪求。此虽异摩诘之辋川，而更难同乎居易之孟城也。聊曰：吾亦爱吾庐，而不失儒家之风味焉耳！奚必以兰亭之雅，盘谷之乐然后为快哉！

问作记之岁次年月：为皇清之同治，己巳之清和。

资料来源：作者调研收集。

附录2：增城区腊圃村《八景赋序》

明经　二十一世

菁埜莪

昔班孟坚谓赋为古诗之流，余于雅颂之音，既谢不敏。而所居乡落，四时气备，即景与怀，何能已已！况当海宇清平，花村宁静，嬉游化日之下所为，耳得成声目遇成色者，用濡三寸不律以为其幽致耳，爰序八景而为之赋其词曰。

原夫皇舆四塞，海国周遭，则壤奠扬州之境，卜（疑此为写错字打了个叉号[①]）居承先业之劳。春水来时，趁陂田而浩荡；暖风吹处，翻平地之波涛。时则倚盼登楼，东南共亩，极月迴澜，沅湘在牖。观霢霂之弥漫，生縠纹于艹右，神往望洋，与来呼酒。“右瀓湖春水”。

尔其日行南陆，突兀帽峰，朱明离火，叆叇千重。望丹嶂之壁立，峙碧霄于要冲。峥嵘峭崿，悬登穹隆。倚天监华表，拔地出金墉，彤浮斐迭，暗聚雍容。若无心而出岫，若有意而起对。朝发山阳兮乎迭，暮建霞标兮五色。忽白衣兮绕巅，乍苍狗兮莫

① 作者注。

测。停午兮高蹇，催诗兮头黑，郁（鬱）翠屏于迢遥，赋巫山而反侧。“右帽峰夏云”。

若夫秋风天末，云敛晴空，清江几曲，桂影一丛（丛）。当午夜兮，顾兔腹，隔千兮大江东。于是，眺蟾蜍招皓魄，沾微霜，步沙碛，澄溪曲曲，素娥派派，一折一晶莹，一波一环壁。白练布兮亘圆灵，木叶下兮波洞庭。溯回兮乏兰桨，缥缈兮鑑微形。则亦任消长于造化，付盈虚于苍冥“右澄溪秋月”。

若乃元冥司令朝槿，罢妆孤山旧种腊圃传芳幽贞兮，至性娟洁兮，成行则有耸干凌霜疏枝点雪散步，溪桥清芬兮，蕴结徒依山经疏（踈）影兮，斜缀臭异香兮，留裙攀庾骨兮，似铁号国蛾（□）淡扫初采蘋冷眼窥春泄，恍如家住冰壶间，若谈霏玉屑瑞雪纷披，晶帘高揭，遂觉媚染粉妆比玉人而有愧，波凌清露，沾罗袜而无尘倩女离魂，真如夙契师雄夜萝顿解前因，直教诗与浓时寒生半臂，酒情勃发气动高旻“右腊圃冬梅”。

腊圃之西，溪流洄洑，怪石嶙峋，澄潭千尺，可坐乘钓。继为赋曰：富春万迭，渭水一湾，清溪曲曲，渔父闻闻，非海上钓鳌之客，乃江湖散人之间，其赏伊何，一蝥长风，其钓维何，半崖明月。下直钩兮水寒，空乘纶兮不歇。直欲竿拂珊瑚，波翻溟渤“右石潭渔钓”。

更有西南诸峰林麓尤胜，岩荛蓊蔚，盘纡曲径。樵客出来，山带雨丁丁，伐木遥相应。上山歌兮，日暝，响遏行云飞落霞，声彻林梢连绝磴。虽朴野之繁音，采风谣而可听。“右山口樵歌”。

及其晴天返照，尔牧迫夫始和方布，平砥沃田石莹东作，褦襶盈阡具彻饷兮，鸡黍祝豚酒兮，丰年则有驱黄犊放流泉十亩，膏壤坟衍青山郭外一蓑烟雨，弥漫绿树村边，及其有秋繁实击壤盈畴种陆庆其颖栗禾黍满放，车篝负檐多兮，黄童白叟秉穗积兮，越陌成邱开筵兮，面场圃把酒兮，颂来彝用是歌室，盈妇宁（甯）之什而成宗庙燕享之谋，“右石莹耕叟”。

来思，高丰旷野，牛背层差，歌丰草之绿蓐，乐湿耳之繁孳，雑成群兮，童稚纵横，斜兮倒骑。援嶰谷之逸响，发柯亭之短吹，或高或下，或急或迟，如怨如慕，如愬如思。龙吟清濑，若桓伊之隔船；凤啸西山，使嗣宗之入耳。七孔钻竿，等南籥与韶箾；三弄筼筜，忽变宫而反征。非关律吕之啴缓，亦足荡涤乎渣滓“右高丰牧笛”。

乱曰：八风平兮景物成，四序和兮调正声。抚乡国之嘉赏兮，怀祖德之休贞。奠高山与大川兮，怡云礽之性情。阴阳代嬗兮历寒暑，临眺周迴兮堪延伫。写胜概兮随时，从逍遥兮容与。

《增城腊氏族谱》第十三卷2469-2475页。

资料来源：本附录为彭孟宏调研收集，作者首稿整理校订，孙振亚二稿核对。

参考文献

一、志史文献

[1] 陈坤．粤东剿匪纪略·红巾军起义资料辑（二）[M]．广州：广东中山图书馆油印本，1959.

[2] 杨坚．郭嵩涛奏稿[M]．长沙：岳麓书社，1983.

[3] 中共广州市番禺区沙湾镇委员会．广州市番禺区沙湾镇人民政府[M]．广州：广东人民出版社，2013.

[4]《中国少数民族社会历史调查资料丛刊》修订编辑委员会．瑶族〈过山榜〉选编[M]．长沙：湖南人民出版社，1984.

[5]《民族问题五种丛书》广东省编辑组．连南瑶族自治县瑶族社会调查·南岗排瑶族社会调查·政治与社会广州[M]．广州：广东人民出版社，1987.

[6]（清）仇巨川．羊城古钞[M]．广州：广东人民出版社，1993.

[7] 广州市文物普查汇编编纂委员会，从化市文物普查汇编编纂委员会．广州市文物普查汇编·从化卷[M]．广州：广州人民出版社，2008.

[8] 江门市地方志编纂委员会．江门市志[M]．广州：广东人民出版社，1998.

[9] 台山县地方志编纂委员会．台山县志[M]．广州：广东人民出版社，1998.

[10] 新会县地方志编纂委员会．新会县志[M]．广州：广东人民出版社，1995.

[11] 谭其骧．中国历史地图集（第七册）[M]．北京：中国地图出版社，1982.

二、学术著作

[1] 吴良镛．人居环境科学导论[M]．北京：中国建筑工业出版社，2001.

[2] 唐孝祥．岭南近代建筑文化与美学[M]．北京：中国建筑工业出版社，2010.

[3] 余英．中国东南系建筑区系类型研究[M]．北京：中国建筑工业出版社，2001.

[4] 陆元鼎．岭南人文、性格、建筑[M]．北京：中国建筑工业出版社，2005.

[5] 吴庆洲．建筑哲理、意匠与文化[M]．北京：中国建筑工业出版社，2007.

[6] 朱雪梅．粤北传统村落形态和建筑文化特色[M]．北京：中国建筑工业出版社，2015.

[7] 周馨彝. 移民村落空间形态的适应性研究——以西江流域高要地区“八卦”形态村落为例[M]. 北京：中国建筑工业出版社，2014.
[8] 朱光文. 岭南水乡[M]. 广州：广东人民出版社，2005.
[9] 陆琦. 广府民居[M]. 广州：华南理工大学出版社，2013.
[10] 陆琦. 岭南园林艺术[M]. 北京：中国建筑工业出版社，2004.
[11] 程建军. 岭南古代大式殿堂建筑构架研究[M]. 北京：中国建筑工业出版社，2002.
[12] 程建军. 风水与建筑[M]. 北京：中央编译出版社，2010.
[13] 郑德华. 广东侨乡建筑文化[M]. 香港：三联书店（香港）有限公司，2003.
[14] 罗一星. 明清佛山经济发展与社会变迁[M]. 广州：广东人民出版社，1994.
[15] 彭一刚. 传统村镇聚落景观分析[M]. 北京：中国建筑工业出版社，1992.
[16] 刘森林. 中华聚落——村落市镇景观艺术[M]. 上海：同济大学出版社，2011.
[17] 刘沛林. 家园的景观与基因——传统聚落景观基因图谱的深层解读[M]. 北京：商务印书馆，2014.
[18] 广东省文物局. 广府传统建筑壁画[M]. 广州：广州出版社，2014.
[19] 陈泽泓. 广府文化[M]. 广州：广东人民出版社，2012.
[20] 谭元亨. 广府海韵：珠江文化与海上丝绸之路[M]. 广州：广东旅游出版社，2001.
[21] 司徒尚纪. 广东文化地理[M]. 广州：广东人民出版社，2013.
[22] 司徒尚纪. 岭南历史人文地理：广府、客家、福佬民系比较研究[M]. 广州：中山大学出版社，2001.
[23] 杨恒达. 尼采美学思想[M]. 北京：中国人民大学出版社，1992.
[24] 张文勋，等. 民族文化学[M]. 北京：中国社会科学出版社，1998.
[25]（美）斯蒂文·霍尔. 无声的语言[M]. 何道宽，译. 北京：北京大学出版社，2010.
[26] 风孝伦. 人类生命系统中的美学[M]. 合肥：安徽教育出版社，1999.
[27] 庄孔韶. 人类学概论[M]. 北京：中国人民大学出版社，2006.
[28] 汪廷奎. 广东通史（古代上册）[M]. 广州：广东高等教育出版社，1996.
[29] 曹林娣. 东方园林审美论[M]. 北京：中国建筑工业出版社，2012.
[30] 周兴. 海德格尔选集[M]. 上海：生活·读书·新知三联书店，1996.
[31] 李建华. 西南聚落形态的文化学诠释[M]. 北京：中国建筑工业出版社，2014.
[32] 宋蜀华，白振声. 民族学理论与方法[M]. 北京：中央民族大学出版社，1998.
[33]（意）布鲁诺·赛维. 空间建筑论：如何品评建筑[M]. 张似赞，译. 北京：中国建筑工业出版社，2006.
[34]（英）李约瑟. 中国之科学与文明（第二册）[M]. 台北：台北商务印书馆，1997.
[35] 唐孝祥. 大美村寨，连南瑶寨[M]. 北京：中国社会出版社，2015.

[36] 王旭晓．美学原理[M]．上海：上海人民出版社，2000.
[37] 侯幼彬．中国建筑美学[M]．哈尔滨：黑龙江科学技术出版社，1997.
[38]（德）黑格尔．精神现象学（上卷）[M]．北京：商务印书馆，1979.
[39] 唐孝祥．美学原理[M]．广州：华南理工大学出版社，2007.
[40]（美）乔治・巴萨拉．技术发展简史[M]．周光发，译．上海：复旦大学出版社，2000.
[41] 罗香林．客家研究导论[M]．上海：上海文艺出版社影印本，1992.
[42] 谢重光．客家源流新探[M]．福州：福建教育出版社，1995.
[43] 肖平．客家人[M]．成都：成都地图出版社，2002.
[44] 吴卫光．围龙屋建筑形态的图像学研究[M]．北京：中国建筑工业出版社，2010.
[45]（美）阿摩斯·拉普卜特．寨形与文化[M]．常青，徐箐，李颖春，张昕，译．北京：中国建筑工业出版社，2007.
[46] 王维堤．龙凤文化[M]．北京：人民出版社，2000.
[47] 牟宗三．中国哲学之特质[M]．上海：上海古籍出版社，1997.
[48] 张岱年，方立克．中国文化概论[M]．北京：北京师范大学出版社，1994.
[49] 刘平．被遗忘的战争——咸丰同治年间广东土客大械斗研究[M]．北京：商务印书馆，2003.
[50] 曹树基．中国移民史（五）[M]．福州：福建人民出版社，1997.
[51] 王李英．增城方言志[M]．广州：广东人民出版社，2001.
[52] 张国雄．开平碉楼[M]．广州：广东人民出版社，2005.
[53] 方雄普．华侨华人百科全书（侨乡卷）[M]．北京：中国华侨出版社，2001.
[54] 王克．文行化育：用侨乡优秀文化精髓办学育人[M]．珠海：珠海出版社，2008.
[55] 台山县人民政府侨务办公室编．台山县华侨志[M]．北京：中国年鉴社，1992.
[56] 梅伟强，张国雄．五邑华侨华人史[M]．广州：广东高等教育出版社，2001.
[57] 夏建中．文化人类学理论学派[M]．北京：中国人民大学出版社，1997.
[58] 费孝通．深入进行民族调查・费孝通文集（第8卷）[M]．北京：群言出版社，1999.
[59] 练铭志．试论广东壮族的来源・广东民族研究论丛・第十辑[M]．广州：广东人民出版社，2000.
[60] 崔功豪，魏清泉，陈宗兴．区域分析与规划[M]．北京：高等教育出版社，1999.
[61] 练铭志，马建钊，李筱文．排瑶历史文化[M]．广州：广东人民出版社，1992.
[62] 程建军．开平碉楼——中西合璧的侨乡文化景观[M]．北京：中国建筑工业出版社，2007.
[63] 潘谷西．中国建筑史[M]．北京：中国建筑工业出版社，2004.

[64] 梁钊，陈甲优. 珠江流域经济社会发展概论[M]. 广州：广东人民出版社，1997.
[65] 曾晓华. 岭南最后的古村落[M]. 广州：花城出版社，2013.
[66] 赵冈. 中国传统农村的地权分配[M]. 北京：新星出版社，2006.
[67] 李秋香. 中国乡土建筑初探·宗族与村子管理[M]. 北京：清华大学出版社，2012.
[68] 林家劲，等. 近代广东侨汇研究[M]. 广州：中山大学出版社，1996.
[69] 林金枝，庄为玑. 近代华侨投资国内企业史资料选辑（广东卷）[M]. 福州：福建人民出版社，1989.
[70] 林耀华. 义序的宗族研究[M]. 北京：生活·读书·新知三联书店，2000.
[71]（日）藤井明. 聚落探访[M]. 宁晶，译. 北京：中国建筑工业出版社，2003.
[72] 费孝通. 乡土中国[M]. 上海：上海人民出版社，2013.
[73] 张国雄. 台山洋楼[M]. 北京：中国华侨出版社，2007.
[74] 叶显恩. 徽州和珠三角宗法制比较研究·徽州与粤海论稿[M]. 合肥：安徽大学出版社，2004.
[75] 宗白华. 艺境[M]. 北京：北京大学出版社，1989.
[76] 金学智. 风景园林美学——品题系列的研究、鉴赏与设计[M]. 北京：中国建筑工业出版社，2011.
[77] 金学智. 中国园林美学[M]. 北京：中国建筑工业出版社，2005.
[78] 黄鹤，唐孝祥，刘善仕. 中国传统文化释要[M]. 广州：华南理工大学出版社，1999.
[79] 赵之枫. 传统村镇聚落空间解析[M]. 北京：中国建筑工业出版社，2015.
[80] 鲍山葵. 美学三讲[M]. 上海：上海译文出版社，1983.
[81] 覃召文. 岭南禅文化[M]. 广州：广东人民出版社，1996.
[82] 梁思成文集[M]. 北京：中国建筑工业出版社，1982.
[83] 叶郎. 现代美学体系[M]. 北京：北京大学出版社，1999.
[84] 宗白华. 宗白华全集·中国艺术意境之诞生（第二卷）[M]. 合肥：安徽教育出版社，1994.
[85]（德）海德格尔. 荷尔德林诗的阐释[M]. 孙周兴，译. 北京：商务印书馆，2000.
[86] 何滋浦. 粤乐寻源·辨踪[M]. 北京：世界图书出版社，2015.
[87] 冯江. 祖先之翼——明清广州府的开垦、聚族而居与宗族祠堂的衍变[M]. 北京：中国建筑工业出版社，2010.

三、学术期刊

[1] 夏之放．论审美意象[J]文艺研究，1990（01）．

[2] 陈良运．意境．意象异同论[J]．学术月刊，1987（08）．

[3] 陆元鼎．中国民居研究五十年建筑学报，2007（11）．

[4] 陆琦，潘莹．珠江三角洲水乡聚落形态[J]．南方建筑，2009（06）．

[5] 朱光文．榕树·河涌·镬耳墙——略谈岭南水乡的景观特色[J]．岭南文史，2003（04）．

[6] 潘建非，邱丽．岭南水乡景观空间形态的分析与营造[J]．中国园林，2011（05）．

[7] 唐孝祥，陶媛．试论佛山松塘传统聚落形态特征[J]．南方建筑，2014（06）．

[8] 肖旻，杨杨．广府祠堂建筑尺度模型研究[J]．华中建筑，2012（05）．

[9] 费孝通．关于民族识别的问题[J]．中国社会科学，1980（01）．

[10] 杨宏海．深圳客家民居的移民文化特征[J]．特区理论与实践，2000（04）．

[11] 王炎．离异与回归——从土客对立的社会环境看客家移民的文化传承[J]．中华文化论坛，2008（01）．

[12] 杨希．清初至民国深圳客家聚居区文化景观及其驱动机制[J]．风景园林，2014（04）．

[13] 张卫东．客家村落风水——以深圳坑梓村为例[J]．赣南师范学院学报，2008（04）．

[14] 赖作莲．论明清珠江三角洲桑基鱼塘的发展[J]．农业考古，2003（01）．

[15] 丁宁．当代美学理论的新探索——聚落美学理论构建[J]．美与时代（上），2014（02）．

[16] 王东．中国村镇聚落美学理论与方法[J]．学术探索，2015（07）．

[17] 王东．广州从化传统村落空间分布格局探析[J]．华中建筑，2016（05）．

[18] 王东，唐孝祥．从化传统村落与民俗文化的共生性[J]．中国名城，2016（08）．

[19] 姚文放．"审美文化"概念的分析[J]．中国文化研究，2009.

[20] 李岳川，唐孝祥．近代厦门与汕头侨乡民居审美文化比较初探[J]．南方建筑，2015（06）．

[21] 方洁，杨大禹．云南傣族传统民居的地域审美文化特征[J]．南方建筑，2011（03）．

[22] 袁忠．中国乡土聚落的空间审美文化系统论[J]．华南理工大学学报（社会科学版），2008（02）．

[23] 朱岸林．传统聚落建筑的审美文化特征及其现实意义[J]．华南理工大学学报（社会科学版），2005（03）．

[24] 庞朴．文化结构与近代中国[J]．中国社会科学，1986（05）．

[25] 潘莹，施瑛．湘赣民系、广府民系传统聚落形态比较研究[J]南方建筑，2008（05）．

[26] 李岳川．近代岭南建筑的审美文化探析：读《岭南近代建筑文化与美学》[J]．南方

建筑，2012（06）.
[27] 浦新成，王竹. 国内建筑学及其相关领域的聚落研究综述[J]. 建筑与文化，2012（05）.
[28] 余英. 东南传统聚落研究——人类聚落学架构[J]. 华中建筑，1996（4）.
[29] 风孝伦. 审美的根底在人的生命[J]. 学术月刊，2000（11）.
[30] 韩森. 建筑——向着人的生命意义开拓[J]. 华中建筑，1999（4）.
[31] 洪涛. 我对主文化亚文化研究的几点看法[J]. 新疆大学学报（哲学·人文社会科学版），2005（01）.
[32] 杨少娟，叶金宝. 文化结构的若干概念探析——兼谈中西文化比较研究的若干问题[J]. 学术研究，2015（08）.
[33] 顾嘉祖. 从文化结构看跨文化交际研究的重点与难点[J]. 外语与外语教学，2002（01）.
[34] 李西建. 审美文化结构系统[J]. 学习与探索，1992（06）.
[35] 唐培勇. 论油画民族化与民族审美文化——心理结构[J]. 陕西师范大学继续教育学报，2006（03）.
[36] 唐孝祥. 论建筑审美活动中的情感作用[J]. 华南理工大学（社会科学版），2010（04）.
[37] 程志坚，张明坤. 论文化心理结构在产品设计中的作用[J]. 艺术百家，2007（07）.
[38] 许苏民. 文化心理的表层结构中层结构、深层结构[J]. 人文杂志，1988（06）.
[39] 安介生. 中国古史的“万邦时代”——兼论先秦时期国家与民族发展的渊源与地理格局[J]. 复旦学报（社会科学版），2003（3）.
[40] 王鑫，贾文毓. 广东省清远市村名与地理环境因素[J]. 山西师范大学学报（自然科学版），2013（04）.
[41] 许桂林，司徒尚纪. 中西规划与建筑文化在广东五邑侨乡的交融[J]. 热带地理，2005（01）.
[42] 吴于勤. “水口园林”与“风水理念”[J]. 安徽建筑，2002（05）：23-24.
[43] 谭金花. 碉楼与庐：五邑侨乡建筑风格的演变及文化根源[J]. 五邑大学学报（社会科学版），2016（01）.
[44] 胡波. 碉楼：一个时代的侨乡历史文化缩影——中山与开平碉楼文化的比较和审视[J]. 学术研究，2005.
[45] 叶显恩. 略论珠江三角洲的农业商业化[J]. 中国社会经济史研究，1986（02）.
[46] 刘志伟. 地域空间中的国家秩序——珠江三角洲“沙田—民田”格局的形成[J]. 清史研究，1999（02）.

[47] 傅衣凌．论明清社会与封建土地所有形式[J]．厦门大学学报（哲学社会科学版），1978（Z1）．
[48] 李锡周．台山之经济及交通状况[J]．燕大月刊，1928（第3卷）（1–2期）．
[49] 刘玉遵，成露西，郑德华．华侨，新宁铁路与台山[J]．中山大学学报（哲学社会科学版），1980（04）．
[50] 黄志繁.20世纪华南农村社会史已经述评[J]．中国农史，2005（01）．
[51] 王绚，侯鑫．传统防御性聚落分类研究[J]．建筑师，2006（02）．
[52] 刘丽川．论深圳客家围堡的历史及文化价值[J]．东岳论丛，2002（02）．
[53] 叶国泉，罗康宁．粤语源流考[J]．语言研究，1995（01）．
[54] 莫自省．连山壮族村寨民居的建筑风格特色及其演变 [J]．清远职业技术学院学报，2011（01）．
[55] 向云驹．论“文化空间”[J]．中央民族大学学报（哲学社会科学版），2008（03）．
[56] 钟福民．赣南客家的建筑民俗与民间信仰地方文化研究[J].2013（02）．
[57] 徐雁．耕读传家——一种经典观念的民间传统[J]江海学刊，2003（02）．
[58] 陈忠烈．“众人太公”和“私伙太公”：以珠江三角洲的文化设施看祠堂的演变[J]．广东省社会科学，2000（01）．
[59] 冯江，阮思勤．广府村落田野调查个案：塱头[J]．新建筑，2010（05）．
[60] 吴庆洲．中国景观集称文化研究[J]．中国建筑史论汇刊，2013（01）．
[61] 吴庆洲．中国景观集称文化[J]．华中建筑，1994（02）．
[62] 周琼．“八景”文化的起源及其在边疆民族地区的发展——以云南“八景”文化为中心[J]．清华大学学报（哲学社会科学版），2009（01）．
[63] 冉毅．宋迪其人及“潇湘八景图”之诗画创意[J]．文学评论，2011（02）．
[64] 付小红．明清时期江西家族“小八景”的初步研究[J]．南方文物，2005（02）．
[65] 赵文斌．岭南建筑环境文化观[J]．华中建筑，1997（03）．
[66] 周彝馨，吕唐军．岭南传统建筑陶塑脊饰及其人文性格研究[J]．中国陶瓷，2011（05）．
[67] 王东，唐孝祥．粤西南江流域传统村落与建筑的文化地域性格探析[J]．小城镇建设，2015（08）．
[68] 黄利平．晚清广府壁画——广府文化的肖像[J]中国文化遗产，2015（03）．
[69] 谢燕涛，程建军，等．胥江祖庙的壁画艺术探析[J]．华中建筑，2014（07）．
[70] 张波，肖大威，等．兰溪公园：五邑侨乡村落水口园林的近代化[J]．中国园林，2014（09）．
[71] 何镜堂．基于“两观三性”的建筑创作理论与实践[J]．城市环境设计，2013（10）．

[72] 王钦鸿．论审美理想的特征与价值[M]．齐鲁学刊，2006（05）.
[73] 杨少娟，叶金宝文化结构的若干概念探析——兼谈中西文化比较研究的若干问题[J]．学术研究，2015.
[74] 郑力鹏，郭祥．南岗古排——瑶族村落与建筑[J]．华中建筑，2009（12）.
[75] 庞朴．阴阳五行探源[J]．中国社会科学，1984（03）.
[76] 王炎．离异与回归——从土客对立的社会环境看客家移民的文化传承[J]．中华文化论坛，2008.

后记

本书是以自己的博士论文为基础修改而成稿的。因此首先要感谢我的博士生导师唐孝祥教授。恩师学识渊博、治学严谨、谦和儒雅，不嫌我愚陋，不遗余力地为我提供各种学习的机会，多次带我参加中国民居建筑学术年会，引导我进入学术圈，不辞辛劳地指导我撰写学术论文，传授我课题的论证方法，获益颇多。学术研究外，恩师还教我做人的道理，他常说“学术可以不做，但一定要学会做人”，这句话镌刻在我心中，从不敢忘怀。

本书的选题是在传承恩师“建筑美学”理论思想的前提下，以传统村落为研究对象展开的，即以建筑美学视域研究传统村落。经过反复斟酌，最终确定了“传统村落空间审美维度”作为研究专题。然而传统村落文化底蕴深厚，美学价值丰富，限于能力而难以面面俱到，只能有针对性地选择一个点展开。因此本书以“明清广州府传统村落”为例，通过“以点带面”的方式，一方面大致勾勒出“传统村落空间审美维度”的框架，另一方面期望为抽象的“传统村落空间审美维度”研究专题展开生动、具体的诠释。由于精力有限，本书侧重于传统村落审美客体的论述，对于审美主体的研究相对较少，弥补的意愿只能寄希望于本人未来的研究中。

本书的最终完成离不开众多前辈的谆谆教诲，离不开师友的支持与协助，因此在这里一定要提出感谢。感谢开题专家组成员何镜堂院士、吴硕贤院士、吴庆洲教授、肖大威教授、程建军教授、肖毅强教授、周健云教授提出的宝贵意见，感谢答辩专家组成员吴庆洲教授、程建军教授、朱雪梅教授、郑力鹏教授、董黎教授就论文的篇章结构安排，写作的规范性，重要理论的使用，创新点提炼等方面提出了许多中肯的建议，使我获益颇多。在求学过程中，有幸得到中国民居建筑大师陆元鼎先生的指点，并鼓励我开展“聚落美学”研究。感谢建筑学院的陆琦教授、郭谦教授、王国光教授、程建军教授、刘业教授，华南理工大学出版社建筑分社社长赖舒华等老师的帮助，有幸得到校外中国文联副主席李丽娜主席的提携与指导，感谢调研过程中得到众多乡绅和村民的热情帮助，在此深表感激。在开展调研的过程中感谢师门的郭焕宇、薛汪祥、郑淑浩、冯惠诚、查斌、李越、冯楠等的鼎力支持。

感谢中国建筑工业出版社唐旭主任、陈畅编辑提出的宝贵意见及付出的艰辛努力，感谢中国建筑工业出版社提供的平台，保证了本书的顺利出版。

2021年3月　于贵阳